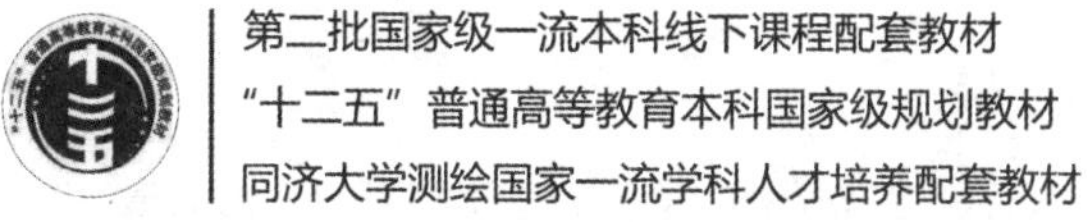

第二批国家级一流本科线下课程配套教材
“十二五”普通高等教育本科国家级规划教材
同济大学测绘国家一流学科人才培养配套教材

第六版 SIXTH EDITION

测量学

ELEMENTARY SURVEYING

冯永玖 吴杭彬 许 雄
杨 玲 王 超 楼立志 编著

· 上海 ·

内 容 提 要

本教材是测绘工程、地理信息工程、遥感科学与技术、智能建造、环境工程、交通工程等专业的测量学基础课程配套教材。整部教材共分为11章，第1章介绍测量学的起源、内涵、任务与发展，第2章介绍坐标系统与测量的基本内容，第3章介绍测量误差及处理方法，第4章介绍水准测量，第5章介绍角度和距离测量，第6章介绍GNSS测量与定位，第7章介绍平面和高程控制测量，第8章介绍地形图与地形测量，第9章介绍数字测量前沿技术，第10章介绍数字地形图应用，第11章介绍工程测量及应用。

本教材以测量学的基本原理、测绘新技术、应用新领域为主要内容，力图超越传统测量学教材编写的桎梏，为相关专业学生提供一本前沿性教材，也可供测绘高等教育和专业人士参考。

图书在版编目(CIP)数据

测量学 / 冯永玖等编著. --6版. --上海：同济大学出版社，2024.7.-- ISBN 978-7-5765-1249-6

Ⅰ. P2

中国国家版本馆 CIP 数据核字第 2024W75J79 号

测量学(第六版)

冯永玖　吴杭彬　许 雄　杨 玲　王 超　楼立志　编著

责任编辑：李　杰 | **责任校对：**徐逢乔 | **封面设计：**完　颖

出版发行：同济大学出版社 www.tongjipress.com.cn
(地址：上海市四平路1239号　邮编：200092　电话：021-65985622)
经　　销：全国各地新华书店
印　　刷：启东市人民印刷有限公司
开　　本：787mm×1092mm　1/16
印　　张：20.25
字　　数：468 000
版　　次：2024年7月第6版
印　　次：2025年2月第2次印刷
书　　号：ISBN 978-7-5765-1249-6
定　　价：59.00元

第六版前言

测量学是测绘工程及相关专业的专业基础课，其主要教学目的是筑牢学生学习 GNSS、摄影测量、遥感、地理信息等后续课程的理论基础，并使其能熟练掌握空间信息采集的基本实验方法。同济大学测绘学科历史悠久，是我国民用测绘高等教育的发祥地，测量学的教学也源远流长。早期测量学课程讲义由叶雪安教授、夏坚白院士、陈永龄院士等我国测绘学科的开创者共同编写，后由同济大学测量教研室融合国外测量学内容形成《测量学讲义》，并于 1974 年铅印出版。过去几十年，许多前辈和老师为本教材各版本的面世作出了巨大的贡献，在此我们谨向叶雪安、夏坚白、陈永龄等我国测绘领域先驱，以及测量学讲义和教材贡献者顾孝烈、程效军、鲍峰、杨子龙、都彩生、洪丙隆、仲正民、邹敖齐等前辈致以最崇高的敬意。

随着社会需求变化和科学技术发展，测绘学科和测量学的内涵及外延在不断革新，从模拟测图到电子测图，从自动化测图到智能化测图，尤其是信息科学和人工智能的日新月异，为测量学注入了新的生机和活力。因此，测量学的教学内容也需与时俱进，予以修订和革新。在学院和出版社的要求下，我们诚惶诚恐承担起改版的重任。在教材大纲形成之前，我们参考了几乎所有的国内外测量学教材，经过多番研讨和求教资深专家，形成了目前的体系结构。新版教材的重要变化包括删除陈旧内容和新增前沿技术：将测量误差基本知识提前、删除仪器检校内容、删除经纬仪相关内容、删除 CAD 作为技术途径的数据处理内容、将工程测量相关内容大幅缩减，同时将角度测量和距离测量合并为一章，增加 GNSS 测量与定位、地形测量前沿技术（包括数字摄影测量、三维激光扫描、低空无人机测图、移动测量系统）等章节。此外，我们在每一节都给出了一道具有一定挑战性的思考题，这些题目没有标准答案，更多的是希望启迪学生和读者的思维；同时，我们在新版教材中植入了 20 多个实验项目的视频介绍，这些实验介绍链接到出版社网站，也会根据技术发展和社会进步不断更新。我们希望通过上述改变，呈现一个更加符合测绘新技术发展趋势的基础测量学内容，尽早将学生引入自动化、智能化测绘的殿堂。

本教材编写分工如下：冯永玖编写第 1 章、第 2 章、第 10 章；吴杭彬编写第 5 章、第 8 章，参编第 9 章；许雄编写第 4 章，参编第 9 章；杨玲编写第 3 章、第 6 章，参编第 7 章；王超编写第 7 章、第 11 章；楼立志组织和参编实验项目。同济大学潘国荣、伍吉仓、姚连璧三位教授对本教材的大纲提出了宝贵意见。全书由冯永玖提出大纲、负责统稿和最终审校。

本教材的面世得益于大家的共同努力，也非常感谢同济大学本科教材出版基金的资助。教材编写是一项既有教育意义，又非常严肃的专业性任务，与作者对专业知识、教育教学和人才培养的认识密切相关。限于我们在专业造诣和教育教学上的局限，本书不免有谬误和不足之处，期待读者批评指正。

编写组

2024 年 7 月

第五版前言

2014年《测量学》被遴选为“十二五”普通高等教育本科国家级规划教材，该教材的第四版出版于2011年2月，至今已有4年多时间。随着近年来测绘新科技的迅速发展，电子仪器（电子全站仪、数字水准仪、GNSS接收机、地面激光扫描仪等）已逐步成为测绘工作的常规仪器，测绘数据的自动采集、利用计算机软件的数字化成图已成为常规的测绘方法。“测量学”为测绘工程、土木工程、城市规划、土地信息系统等专业的基础课，对测绘科技的新进展应有及时的反映。此次修订重点在于测绘新技术及其应用，包括GPS定位技术、计算机程序设计和应用、数字化成图的新方法、地形和地物的三维模型建立等，并力求使教材能反映测绘科技的最新成果在工程测量中的应用；在原理阐述、概念说明、公式推导、方法介绍等方面注意逻辑性与实用性的结合；文字通俗易懂，便于教授讲解和学生自学。在内容编排上考虑学习的系统性，前后呼应，深入浅出，有利于掌握测量学课程的基本理论和基础知识。

根据本教材的使用者和读者的需要，修订时在附录中增加了各章思考题与练习题中计算题的参考答案，并更新和充实了配书的CD-ROM。CD-ROM的内容包括：全书讲课用的讲解提纲、图片和相片的PPT文件，导线和交会定点计算的EXCEL系列应用程序，机助成图中的AutoLISP系列应用程序，CAD地形符号集，地形图及建筑三维模型图形文件，以及CAD图形文件等。本书所介绍的计算机应用程序均属作者所设计编写的源代码，在书中公开了其全部内容，希望对读者有所帮助。

本教材的历次再版更新的内容均为作者在教学、科研和生产实践中的经验和成果。由于水平有限和科技的迅速发展，可能存在谬误和不足之处，期待读者指正。

编　者

2015年12月

第四版前言

《测量学》(第三版)出版于2006年5月,至今已有4年多时间。随着近年来测绘科技的迅速发展,电子仪器(电子全站仪、数字水准仪、GNSS接收机、地面激光扫描仪等)已逐步成为测绘工作的常规仪器,测绘数据的自动采集、利用计算机软件的数字化成图也已逐步成为常规的测绘方法。"测量学"为测绘工程、土木工程、城市规划、土地信息系统等专业的基础课,对测绘科技的进展应有及时的反映。在掌握必要的理论知识的同时,仍应注重各专业的实际应用。此次修订,重点放在阐明测绘的基本原理及其发展方向、新型测量仪器的使用、有关测量与绘图的计算机程序编制、数字化成图的基本原理与方法、数字地形图的应用以及与专业有关的工程测量新方法等。

掌握测绘新技术除了了解必要的测绘新仪器以外,熟悉有关的程序设计也十分关键。有鉴于此,本次修订中或增加或补充了一系列程序设计的内容:新型计算器的BASIC程序设计、EXCEL计算表程序设计、AutoCAD二次开发的AutoLISP程序设计等,以解决控制测量中导线和交会定点计算、数字化成图中自动展点和连线、图形编辑中自定义图形函数的设计、道路工程中的缓和曲线计算等问题。讲解程序设计时,也尽量做到设计原理与实例相结合,由浅入深,"解剖一只麻雀",使能举一反三。

为满足读者的需要,在第四版中新增加配书的CD-ROM。其中主要包括:全书讲课用的讲解提纲、图片和照片的PPT文件(也可以作为复习提纲),导线和交会定点计算的EXCEL系列应用程序,机助成图中的AutoLISP系列应用程序(书中受篇幅所限仅是程序的举例和分析),CAD地形符号集,地形图及建筑三维模型图形文件,以及用于数字地形图应用习题的CAD图形文件等。所介绍的计算机应用程序均属作者设计编写的源文件,公开全部内容,希望对读者有所借鉴和帮助。所有图形文件亦为作者制作。

本书的历次再版所更新的内容大部分为作者在教学、科研和生产实践中的经验总结和成果。由于作者的水平有限和科技的迅速发展,本书可能存在谬误和不足之处,期待读者指正。对本教材及配书CD-ROM,读者如有疑问,可通过同济大学网站cxj@tongji.edu.cn与作者联系。

编　者

2010年10月

第三版前言

本书为同济大学出版社1990年出版的《测量学》的第三版。曾于1999年经修订后出版第二版，本书是在第二版的基础上经两年多时间进行增、删和修改，于2006年春完成文稿。根据测量学的教学大纲、测量学的教学实践和测绘科学的发展，以技术上的推陈出新、顾及发展方向和文字图表上的精练、深刻、通顺为修订主旨。

测绘学科在测量学的范围内，以测绘仪器的电子化和自动化、测量计算的程序化和成图的数字化为发展方向，以适应对其精度要求的提高和应用范围的扩大。本次修订注意到了这些方面，因此，在大量删除陈旧内容的同时，依据作者在科研、教学、生产中的实践经验和成果，更新和充实下列一些新的内容：新型测量仪器的使用；导线、交会定点、道路曲线计算的程序设计；数字测图的软件开发；建筑测绘和工业测绘方面扩大数字化图的应用；等等。

测量学是一门基础技术课，其教学须着重于对基础理论的理解和对基本技术的掌握。应深入浅出，便于自学和实践。因此，在历次修订中，不仅重视文字的梳理，而且十分重视文中插图的设计及制作。在本次修订中，全书400余幅插图均由作者重新设计并用AutoCAD绘制，使其内容和成图质量均有所改进和提高。

本书第三版仍由顾孝烈、鲍峰、程效军执笔修订。由于科学技术的进展迅速，加以作者的水平有限，书中落后于现状、不妥和不足之处在所难免，恳请读者批评指正。

编　者

2006年5月

第二版前言

本书为同济大学出版社1990年出版的《测量学》的再版，是在原书的基础上，将内容作了较多增删，重新编写而成的。

随着现代科学技术的迅猛发展，它在测绘学科中得到了广泛的应用，从而大大促进了该学科的发展。卫星定位技术已被利用于控制测量。测量仪器原来是以机械仪器和光学仪器为主，目前又增加了电子仪器，并逐步上升至主导地位。原来以手工为主的测量的计算和绘图作业，目前已全部由可编程序的电子计算器和计算机来完成，数字化测图和机助成图也已成为今后的发展方向。

测绘科技的重大改进与革新，在测绘学科中以介绍地形测量和工程测量为主的《测量学》教材中应有适当的反映。由于经济和技术发展的不平衡，传统的测量仪器和方法仍在广泛采用，因此，在教材内容的新旧增删过程中也应作适当的处理。本教材在修订过程中，保持了学科的原有体系，尽可能多地介绍符合发展方向的新的内容，慎重地删去了一些陈旧的内容，并全面进行文字上的修饰，新增和重绘了一些插图，力争做到推理严密，文字通顺，深入浅出，便于教学和自学。

本教材原有配套的教学资料有《测量学思考题与练习题》和《测量学实验任务书》。前者在本次修订中已并入教材，附于每一章之末；而后者已于1996年更新内容后定名为《测量学实验》，由同济大学出版社出版。

本书的编写分工如下：顾孝烈编写第一章至第七章和第十章，程效军编写第八章和第九章，鲍峰编写第十一章至第十四章。全书由顾孝烈担任主编。

本书可能还存在这样那样的问题，恳请使用本教材的师生和读者批评指正。

编　者

1999年1月

第一版前言

本书前身是同济大学测量系为校内各土建专业所编写的《测量学讲义》，自从1974年在校内铅印出版以来，历经1976年、1981年、1984年三次修改，基本上满足本校每年约1 000名学生上测量学课的需要，并为一些兄弟院校所采用。近几年来，由于各土建专业的测量学教学大纲的修订、测量科技的进展和本系教师对测量学教学经验的积累，于1989年2月组织有关教师作再次修订，以适应教学形势发展的需要，并于1990年2月完成，通过学校审查，作为正式教材公开出版。

在修订过程中，曾力图做到下列几点：

(1) 根据各土建专业测量学教学大纲、保证测量学的基本内容、适当照顾各专业的不同需要来组织教材内容，尽量做到精练内涵、除旧更新；

(2) 注意教学内容的系统性和逻辑性，深入浅出，通俗易懂，便于自学，难点力求分析透彻，解释清楚；

(3) 适当介绍和引用测量科学的新技术，例如测量新仪器的介绍，计算部分结合介绍电子计算器的使用技术，并在附录中介绍两个典型的测量电算程序，以适应科技发展的方向；

(4) 测量工作的内容力求结合我国的实际情况和生产标准，有关技术参数根据建设部1985年颁布的《城市测量规范》的规定选取；

(5) 测量学中的插图为正文的有机组成部分，应密切配合，因此，在修订中重新设计并绘制了全部插图。

本书编写的分工如下：杨子龙编写第一章和第三章；都彩生编写第二章和第四章；顾孝烈编写第五章、第六章、第四章中"电磁波测距"部分和附录；洪炳隆编写第七章和第八章；仲正民编写第九章和第十二章；邹教齐编写第十章和第十一章。本书由顾孝烈负责主编并担任插图的设计和绘制。

作为本书的配套教学资料，有《测量学思考题和练习题》、《测量学实验任务书》各一本，由同济大学教材科于校内出版。

本书由上海勘察院吴克明高级工程师和同济大学陆剑鸣副教授担任审稿工作，他们曾对本书提出过宝贵的意见，为此，谨致谢意。

本书编者谨请使用本教材的教师与读者批评指正。

编　者

1990年2月

目　录

第10章 数字地形图应用 247

第11章 工程测量与应用 277

参考文献 309

第 1 章

绪　论

测量学(Surveying 或 Geomatics)是测绘、遥感、地理信息等相关学科的基础课,一般定义为确定地表实体点的绝对位置或相对位置的理论、技术与实践,采集地表及与人类生活环境相关的空间信息,并以各类空间数据产品或服务的形式进行传播与应用。新时代,测绘工作已经扩展到深空、深地、深海,这表明测绘工作不仅存在于地球观测中,也存在于地外天体探测任务中。学习本课程的目的是掌握测量学的基本知识和测量的基本工作,能够进行地形地貌测量、大比例尺地形图绘制和应用,了解测绘学科的发展前沿,为后续学习测绘遥感高阶课程或开展工程实践奠定基础。

本章学习重点

- 掌握测量学的内涵与任务,了解测绘相关学科;
- 理解测量学的典型应用、前沿技术与发展趋势。

1.1 测量学的起源、内涵与任务

1.1.1 测量学的起源

测量学具有悠久的历史,古代测量技术起源于水利工程建设和农业生产。古埃及尼罗河洪水泛滥,水退之后两岸土地重新划界,这时便已经有了测量工作。我国汉代司马迁在《史记·夏本纪》中记载了公元前 22～21 世纪禹治理洪水、开发国土而进行测量工作的概况:“左准绳,右规矩,载四时,以开九州,通九道,陂九泽,度九山。”其中,准、绳、规、矩就是最古老的测量工具,“准”和“绳”用于测定物体的平、直,“规”是校正圆的工具,而“矩”是画方形的曲尺。在《周髀算经》中也有对矩的记述:“平矩以正绳,偃矩以望高,覆矩以测深,卧矩以知远。”通过“矩”这一工具可以测量高、深、平、远,即距离、水平和高程。

测绘成果主要以地图为载体进行表达,因此,对地球形态的认识和地图制作方法的改进是测绘学发展的重要标志。公元前 3 世纪,我国西晋时的地图学家裴秀编制了《禹贡地域图》,开创了中国古代地图绘制方法,并总结出著名的制图理论“制图六体”——分率、准望、道里、高下、方邪、迂直,即地图绘制的比例尺、方位、距离等测绘原则,使当时的地图制图有了较为合理的标准。近代发现,我国长沙马王堆汉墓中已有绘在帛上的具有方位和比例尺的地图(图 1-1)。公元 7～8 世纪,唐代僧人根据天文观测计算出相当于地球子午线 1°的长度。公元 13 世纪,元代朱思本采用“计里画方”的方法绘制出《舆地图》,并标绘出南海诸岛。公元 16 世纪,明代罗洪先以朱思本编绘的《舆地图》为基础加以校正勘误,再增绘其他地图编绘成《广舆图二卷》(图 1-2),这是保存至今最早的一部综合性地图集。

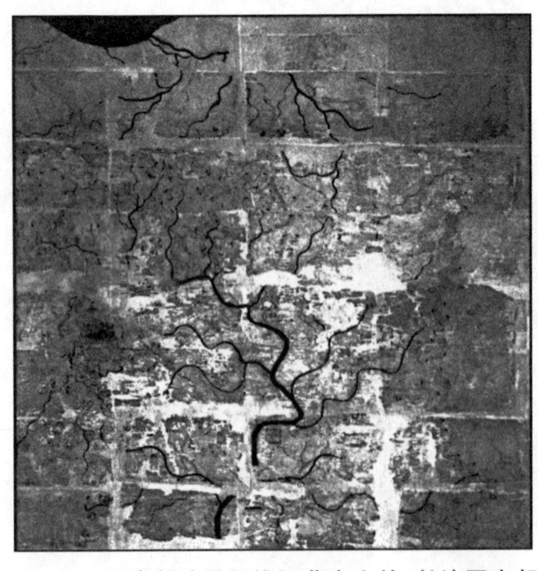

图 1-1　湖南长沙马王堆汉墓出土的《长沙国南部地形图》

图 1-2　元代朱思本撰、明代罗洪先增补《广舆图二卷》局部图

测量学随人们对地球认识的加深而不断发展，测量数据增多、制图标准提高，对数据处理方法提出了更高的要求。1795 年，德国数学家高斯（C. F. Gauss）首先提出了“最小二乘法”（Least Squares Method），为测量数据处理奠定了理论基础。1822 年，高斯提出一种由椭球面变换为平面的地图投影方法，后经德国大地测量学家克吕格（J. H. L. Krüger）扩充完善成为“高斯-克吕格投影”。该投影方法较好地解决了椭球面图形向平面转换的问题，迄今仍为各类测绘工作和地图制图所广泛采用。为了准确认识地球的形状，1834 年，德国数学家贝塞尔（F. W. Bessel）推导出了地球椭球参数；1873 年，德国数学家利斯廷（Listing）提出了用“大地水准面”（Geoid）作为地球形状的理论；1945 年，苏联大地测量学家莫洛金斯基（Молоденский）创立了用测定重力加速度和垂线偏差值以研究真实地球形状的理论。1960 年代出现了计算机辅助制图，产生了数字地图，制图精度和效率有了很大的提高，并在计算机软硬件的支持下发展了表达和显示各类型基础空间数据的技术方法。

测量学的发展同样离不开测绘仪器的发明和进步。公元 2 世纪，古希腊地理学家托勒密（C. Ptolemaeus）提出了用地图投影和测经纬度来定地面点的方法，而在后续的 1 000 多年里，人类对地球和测绘的认识有了巨大的飞跃，开始发明和利用测量仪器开展大规模测绘工作。16 世纪已经能够根据实地测量结果绘制国家规模的地形图。16 世纪中叶起，欧洲国家出于航海需要，相继研究海上测定经纬度的各类技术来为船舶定位和导航。1730 年，英国机械师西森（Sisson）利用望远镜制成测量角度用的第一台经纬仪，促进了三角测量的发展，随后又陆续制成了测定地面高差用的水准仪和实测地形图用的平板仪等测绘相关仪器，使控制测量和地形测量的精度提高并渐趋成熟。18 世纪发明的时钟，促进了以天文观测方式测定经纬度，并开创了大地天文学，成功实现了地面点经纬度和方位角的测定。1850 年代，摄影技术问世并被应用于测量；1915 年出现了自动连续航空摄影机，将航摄像片在立体测图仪上绘制成地形图，创立了航空摄影测量方法。1950 年代，测绘仪器向电子化和自动化方向发展，1948 年出现的电磁波测距仪可精确测定长达几十千米的距离，实现了测距技术的飞跃。随着计算机的出现和计算机技术的进步，产生了用计算机控制的电子设备和测绘仪器，如电子经纬仪、全站仪和自动绘图仪，使测绘工作更为简便、快速和精确。

人造卫星、移动设备、人工智能技术推动了传统测绘向航天、泛在、智能方向发展。1957 年，苏联第一颗人造卫星发射成功，之后美国、法国、日本也相继发射了人造卫星，促进了卫星测绘学科的创新和发展，地面测绘向航天测绘方向拓展（图 1-3）。进入 21 世纪，人工智能理论、方法、技术不断向测绘领域渗透，促进传统测绘向智能化测绘方向发展，尤其是自然语言人工智能（如 ChatGPT 等）的发展，对智能化测绘带来革命性的变化（图 1-4）。专业设备轻便化、移动互联网设备及小型传感器出现并在多领域广泛使用，促进了测绘向生产和生活的方方面面渗透，专业化测绘向泛在测绘方向发展。随着世界各国竞争月球与深空探测的科技战略制高点，测绘呈现从地球观测向深空探测拓展的趋势。

图 1-3　通过卫星遥感实现大范围地表观测

图 1-4　人工智能给测绘带来巨大的机遇

1.1.2　测量学的内涵

传统测量学被定义为研究地球形状和大小、确定地表实体的几何形状及其空间位置的科学。随着测绘理论方法和技术的进步，测量学的研究对象已不局限于地球及地表实体，而是不断扩展到地外天体。2022 年底召开的测绘科学与技术国务院学科评议组会议，在进行充分论证之后，确定测绘的英文表达为 Geomatics and Geo-Informatics，其定义为：研究地球和其他实体的时空分布信息的采集、存储、处理、分析、管理、传输、表达、分发和应用的科学与技术，其中“其他实体”指的是月球与行星等地外天体。因此，测量学可概括为研究三维实体空间信息的采集、处理、管理、分析和应用的科学与技术。虽然测绘的内涵已从地球发展到深空，但测量学的主要研究对象仍以地球为核心，主要包括以下几个方面。

(1) 地球属性与空间坐标：测定地球形状和大小、与此相关的地球重力场，并建立统一的空间坐标系统，用空间坐标来表示实体的准确几何位置。

(2) 控制测量与地形测量：测定一系列地面控制点的空间坐标，称为控制测量，在此基础上进行详细的形貌和人工实体的测绘工作，统称为地形测量，包括地表的各种自然实体(如地貌、水系、土壤、植被等)和各种人工实体(如居民地、交通线、建筑物、土地权属界线等)，最终绘制成各种尺度、各种类型的数字化地形图，是国家和区域基础地理信息的重要组成部分。

(3) 工程测量与信息系统：在各种基础设施建设的规划、设计、施工和运营管理中，都需要进行控制测量和地形测量，并利用测绘手段来标识设施测设、设施监测、设备安装等工作，总称为工程测量。此外，利用测绘仪器、传感器、位置感知移动设备等，可获取实体的空间位置与分布信息，研制成各类型专题空间信息系统，对研究自然和社会现象、服务国家经济建设、服务国家战略发展具有重要作用。

1.1.3 测量学的任务

测量学是测绘学科的基础课,学习本课程是为了掌握测量的基本理论、方法和技能,包括水准测量、点位测量、GNSS测量、控制测量、地形测量、地形图应用和工程测量等技术,以及这些技术的发展前沿。

地形测量涉及地形点的空间位置和属性的采集、计算和整理(简称"测量"),其主要成果是地形图。不同任务(如公众信息服务、工程建设、设备安装、探月工程等)对地形信息的内容及其精度的需求不同,但其获取方法是基本一致的,因此,在测量学中将介绍地形信息的精度评价和地形图应用的基本方法。在工程建设中,首先需要将规划设计的工程在实地定位,称为设计点位测设或施工放样;其次,点位的测设需要明确定位方法和定位精度。因此,设计点位的空间位置测设的理论和方法是其重要内容(简称"测设")。

随着卫星定位、遥感、地理信息、移动感知、航空航天等现代技术的发展,测量学的任务也在不断发生变化,其服务范围和对象不仅包括测量、制图和测设,还包括地理空间信息的分析与服务等。

思考题

测量学的起源与发展既受科技进步的影响,也对科技的发展产生推动作用。请你就此主题,分析测量学如何影响科技的发展,并给出具体的历史事件或实例进行论述。同时,讨论在未来科技迅速进步的大趋势下,测量学可能会有哪些新的发展方向或应用场景。

1.2 测量学的相关学科

测量学在国外同类书籍中被称为基础测绘学(Elementary Surveying),其主要内容是测绘学科的基础理论和技术,涉及大地测量学中地球基本形态的知识部分,工程测量学中测量仪器、测量误差知识、控制测量、地形测量、施工测量的基础部分,以及摄影测量与遥感、地图制图、地理信息等的地形图测量、制图与应用的基础部分。测绘科学与技术是我国学科目录中的一级学科,涉及大地测量、摄影测量、遥感、地图制图、地理信息、空间智能等,以及面向具体领域和应用的工程测量和海洋测量等多分支学科。

对于测绘工程、遥感、地理信息等专业,测量学是后续学习大地测量学、摄影测量学、遥感、工程测量学、地图制图学、地理信息系统等课程的基础;对于土木工程等相关专业,测量学课程的学习有助于掌握地形图测绘、施工放样、设施监测、灾害防治等测量手段。

1.2.1 大地测量学

大地测量学(Geodesy)是研究地球、月球、行星的重力场和形状及其时变特征,建立高精度时空基准,实现空间位置精密测定及应用的理论、技术与方法的学科(图1-5、

图 1-6)。其主要任务包括:①重力场确定的大地测量边值问题理论,重力测量技术与方法;②高精度时空基准建立与维持的理论和方法;③地球物理联合反演理论与方法,地球动态变化的物理机制及动力学解释;④行星地形地貌测绘与深空探测的理论与方法;⑤重大工程和科学装置的精密定位及安全监控技术与方法;⑥智能监测及变形分析理论方法与技术系统;等等。

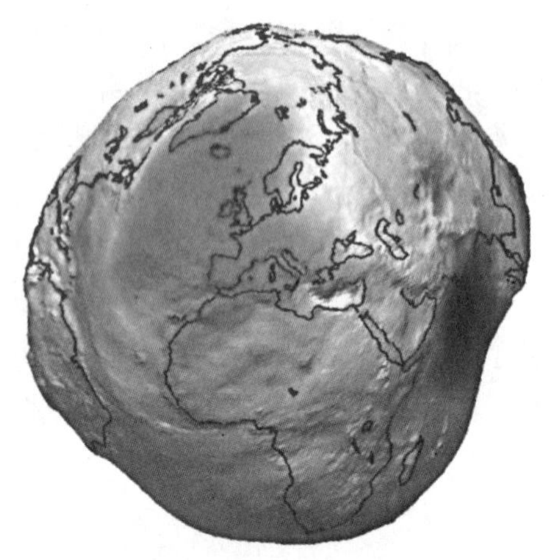

图 1-5 欧洲航天局重力场与稳态海洋环流探测卫星获得的地球大地水准面

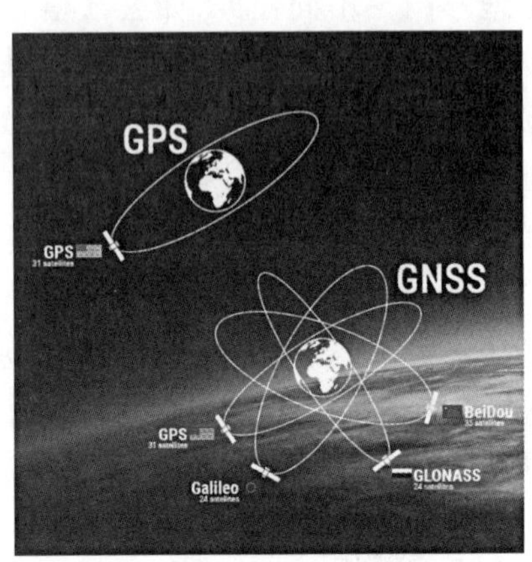

图 1-6 全球导航卫星系统

大地测量学因观测手段的进步、研究方法的差异和应用领域的拓展,形成了不同的分支学科,包括物理大地测量、空间大地测量、地球物理大地测量、海洋大地测量、月球和行星大地测量等学科。随着高精度连续观测的发展,点位测定精度日益提高,促进了大地测量理论的进步,使得静态大地测量学向动态大地测量学发展,为地球动力学、行星学、大气学、海洋学、板块运动学和冰川学等提供基准信息;同时,大地测量学与地球科学、空间科学等交叉融合,使得研究地球板块移动和固体潮等成为可能。目前,大地测量学已成为推动地球科学、空间科学和军事科学发展的前沿科学之一。

1.2.2 工程与工业测量学

工程测量学(Engineering Surveying)是在工程建设和自然资源开发各环节中,为城市规划、勘测设计、施工建设和运营管理的位置控制、地形信息采集和处理、地籍信息测量、施工放样、变形监测、分析和预报,提供测量测设、信息处理、管理使用的一门学科。

工业测量学(Industrial Surveying)是在工业生产和科研各环节中,为设备和产品的设计、模拟、测量、放样、仿制、仿真、质量控制、产品运动状态跟踪,提供测量技术支撑的一门学科。

工程测量包括规划设计阶段的测量、施工兴建阶段的测量和竣工后运营管理阶段的测量。其中:①规划设计阶段的测量主要提供准确的地形信息;②施工兴建阶段的测量主要是按照设计要求,在实地准确地标定出建筑物各部位的平面和高程位置,作为施工和安装的依据;③运营管理阶段的测量是指工程竣工测量(图 1-7)、工程设施监测,如果进行周期性重复测量,则为变形监测。针对不同设施及测量要求,工程测量可分为普通工程测量与精密工程测量。

工业测量针对不同的工业产品和设备(如大飞机、汽车、工业设备等,图 1-8),选择合适的仪器、方法、技术,进行设计、模拟、放样、仿制和质量控制等的测量。常用的仪器有测角仪、三维激光扫描仪、工业测量传感器等。

图 1-7 工程测量中的竣工测量

图 1-8 针对飞机安装的精密工业测量

1.2.3 海洋测量学

海洋测量学(Marine Surveying)是以海洋和江河湖泊为研究对象,准确测定和描述其空间要素的几何和物理性质的综合性学科,包括海洋大地测量、海洋重力测量、海洋磁力测量、海道测量、海洋工程测量、海洋专题测量、海洋遥感测量等分支。海洋测量学的主要任务是为地球形状研究、海底地质构造运动监测、海洋资源开发、海洋环境保护等提供所需的定位导航和空间信息(图 1-9)。

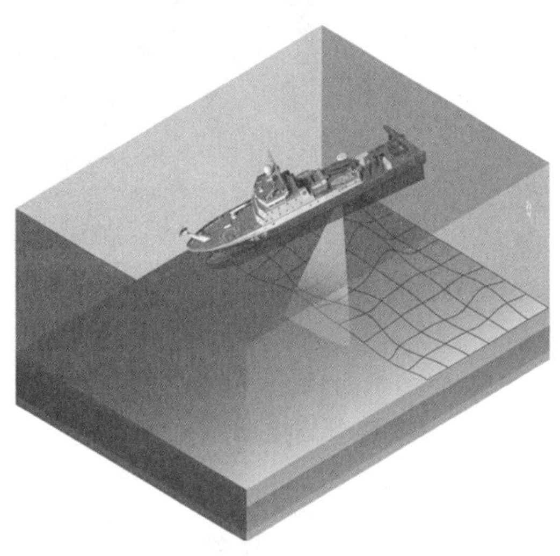

图 1-9 通过多波束探测设备进行海底地形测量

与陆地测量相比,由于潮汐、海流和温度等的影响,海洋测量具有动态性,且很难进行重复观测。为了提高测量精度,通常使用多套不同的仪器系统进行测量,同时完成多个观测项目,并考虑潮汐等因素对测量结果进行修正。海底控制点坐标的测定常采用无线电/卫星组合导航系统、惯性导航系统、多基线水声联合定位系统、卫星/声学联合系统等来实现;水深和海底地形测量常采用船载水声仪器测量、激光三维扫描、航空测量、水下摄影测量等方法来实现;海洋地球物理测量常采用卫星观测、航空测量、海洋重力测量、磁力测量等方式来实现。

1.2.4 摄影测量学

摄影测量学(Photogrammetry)是研究利用航天、航空和地面传感器对地球及其他天体的地形、地物、目标及环境获取成像或非成像的几何和属性信息,并进行量测、解译、分析、表达及应用的理论、技术与方法的学科。其主要研究内容包括:①星基、空基和地基平台遥感信息获取与处理技术;②探测与解译月球和行星形貌及环境的特色技术与方法;③解译及监测地表场景、地物目标与环境变化,生成应用于不同行业的专题产品的理论与方法。

摄影测量按照平台载体可分为航天摄影测量、航空摄影测量、近景摄影测量等。航天摄影测量利用航天器(卫星、飞船等)中的摄影机或其他传感器来获取地球影像和相关数据(图 1-10),近十余年来也应用于月球、火星等的轨道器摄影测量;航空摄影测量利用航空器(飞机、气球等)拍摄的图像获取地面信息,目标对象主要是地形和地貌;近景摄影测量是指非地形摄影测量和中近距离立体摄影测量,利用近距离拍摄的非地形目标的图像,来测定被摄物体的几何形状和运动状态。贴近摄影测量、智能化摄影测量、高速视频摄影测量等是该学科的新发展方向,在实景三维中国、战场环境等建设中发挥了重要作用。

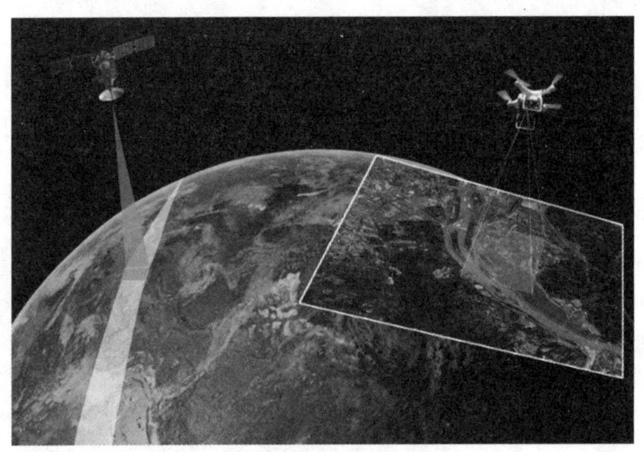

图 1-10 摄影测量原理示例

1.2.5 遥感科学与技术

遥感(Remote Sensing)是以非接触方式获取物体信息的一种技术,既可以用于地球观测,也可以用于深空探测,在水文、生态、气象、海洋、地质等地球科学领域和军事、情报、商业、经济、规划等社会科学领域广泛应用。遥感是一门典型的新兴交叉学科,其主要任务包括传感器研制、遥感机理研究、数据获取和处理等遥感技术研发、面向实际问题的遥感应用等,在探测方式上分为被动遥感和主动遥感两种,涉及遥感理论、遥感技术和遥感应用三个方向。

遥感通过搭载在卫星(轨道器)、飞机、气球、汽车或地面固定位置的传感器(图 1-11),对目标物的电磁波辐射、反射特性进行探测,进而通过成像或非成像方式对目标物的性质、状态进行分析和应用,其核心科学问题是理解不同尺度观测量的形成及不同尺度观测量之间的关系。遥感的特点是大面积同步观测和高度时效性,可以在短时间内对同一区域进行重复观测,从而通过遥感数据发现目标物本身的性质及变化。

图 1-11 我国高分三号 SAR 遥感卫星和高分六号光学遥感卫星

1.2.6 地图制图学

地图制图学(Cartography)是一门研究地图制图基础理论以及设计、编绘、复制技术与方法的学科,将自然、经济、文化、政治等要素进行划分、综合、叠加到具有空间坐标的地图上,研究内容包括地图制图的基础概念、制作方法和工艺、理论方法体系等多方面,其核心为地图投影、地图编制、地图整饰以及地图制印(图 1-12)。

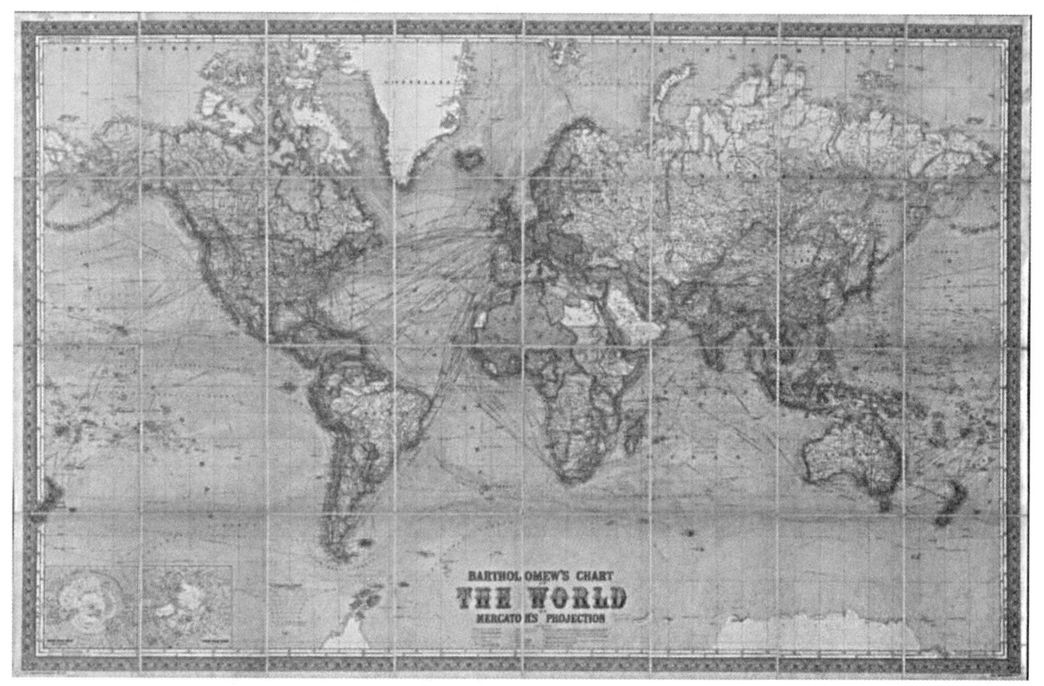

图 1-12 墨卡托投影下的世界地图

遥感、地理信息、计算机图形学、人工智能、移动感知、时空大数据等理论和技术的发展,促进了自动化制图技术的进步,各类对地观测(包括深空探测)数据成为制图的主要信息来源。全球导航卫星系统为大、中、小比例尺地图的测绘和更新提供了准确的位置数据，推动了制图技术的根本变革。当前，数据处理已成为地图制图的核心，计算机制图改变了传统的地图生产方式，提高了地图生产效率和生产质量。数字化地图成为地图产品的主流形式，如矢量和栅格地图、数字正射影像、数字高程模型等，方便了地图在各行各业中的应用。

1.2.7 地理信息系统

地理信息系统(Geographic Information System, GIS)是对地球和地外天体进行空间数据获取、存储、编辑、处理、表达和显示，进而进行空间信息的分析与应用，实现多要素、多目标空间信息服务的科学技术。建立 GIS 的关键是自然和社会经济等空间数据及其相关的地图数据库，而这些空间数据是通过各种测量方式获得的，因此，测量学是 GIS 的基础。

综合考虑 GIS 的基础条件、科学技术与应用服务，可认为 GIS 由三部分构成：硬件和设备、空间数据和数据库、空间数据处理软件。GIS 的应用范围和领域广泛，典型的有自然资源开发与管理、工业与经济建设、社会与公众服务、防灾减灾与应急、国防与军事建设、月球与深空探测等。典型的 GIS 包括专业数据处理系统(如 ArcGIS、IDRISI 等)、在线地图服务系统(如 OpenStreetMap、高德地图等，图 1-13)。GIS 的发展，使得测量人员获取的数据更加准确，以便能够更加便捷地为公众服务，从而产生巨大的社会效益和经济效益。

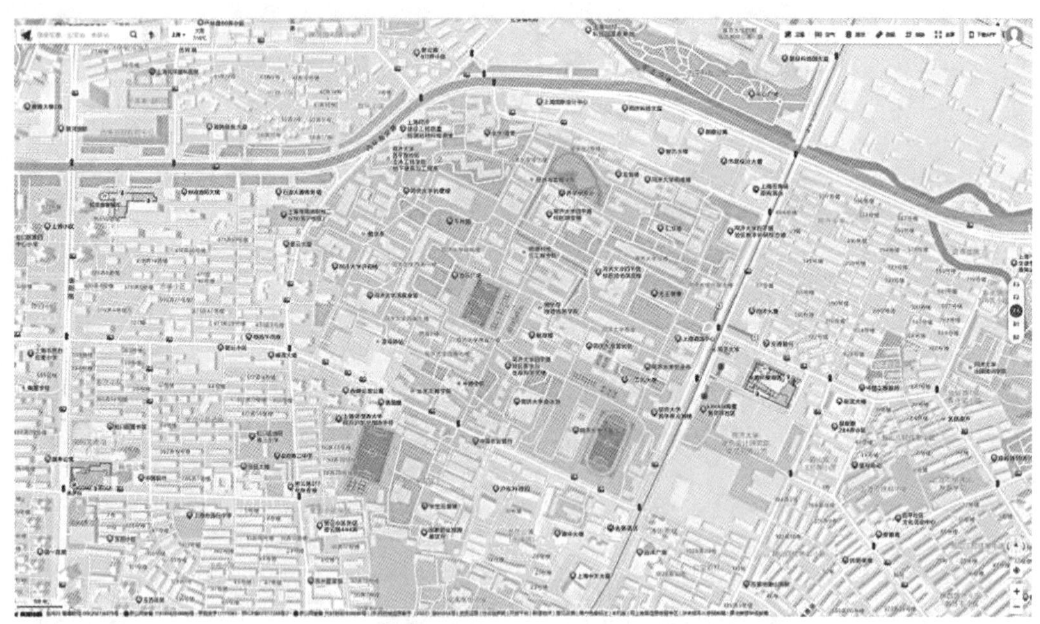

图 1-13 典型地理信息系统——高德在线服务地图

思考题

测量学是一门交叉性极强的学科，请探讨测量学与你认为最相关的一门学科之间的关系，包括但不限于曾经的相互影响历程、理论和技术的交融、未来可能的融合趋势。另外，若要在这两个学科之间建立更紧密的联系，请探讨可能需要面对的挑战及其解决方案。

1.3 测绘学的应用与发展

1.3.1 测绘学的典型应用

测绘是人类认识和改造世界的重要手段，是突破科学前沿、解决经济和社会发展中重大问题的技术基础。测绘用于获取人类环境甚至深空要素的各类信息，包括全球和区域导航、地形图绘制、资源开发勘测、地质构造勘测、基础设施测量、海洋和水文信息测量、战场环境建设等。以下列举了测绘的四类重要应用。

1. 卫星导航与地球观测

导航卫星系统是测绘学的典型代表，可以为全球地表、近地空间的任何地点提供全天候的三维空间坐标下的位置、速度、加速度以及时间信息，是保障现代社会实时、动态、安全运行的战略基础资源。典型的全球导航卫星系统有 GPS、Galileo、GLONASS 和 BeiDou，广泛应用于空间数据采集、跟踪监控、航空航海、导航和制导、时间和同步、机械控制、大众消费等领域。

对地观测是多系统测绘的重要任务，由搭载于陆地、飞机、卫星及其他平台上进行观测的设施组成，这些设施通过全球或区域的合作而实现，无论是在技术上还是在范围上均是传统测绘方法无法完成或覆盖的。对地观测的应用领域包括地图测绘、气象预报、国土普查、城市治理、作物估产、海洋预报、环境保护、灾害监测等方面，其数据与信息已经成为国家的基础性战略资源，在国民经济和社会发展中发挥着不可或缺的作用。我国从 1970 年代末开始研制地球观测卫星，目前已有中巴地球资源卫星、气象卫星、海洋卫星、环境减灾卫星、高分卫星、立体测绘卫星等系列卫星，形成了不同分辨率、多谱段、稳定运行的卫星观测系统。

2. 资源勘探与工程建设

自然资源是指自然界中人类可以直接获得用于生产和生活的物质，包括不可再生资源和可再生资源，而测绘在这些资源的勘探中承担着先行者的作用，部分资源勘探工作则与测绘的地球观测任务重合。在森林调查、地质勘察、矿产开发中，涉及控制测量、矿山测量和线路测量等，通过测绘大比例尺地图，供地质普查和各种建筑物设计施工使用。资源勘探对测绘的需求量较大，我国许多高校的测绘工程专业具有地质或矿业背景。此外，矿山测量是我国测绘学科七个重要方向之一，其培养的专业人才为行业发展和资源开发提供了重要的测绘服务。

在国土空间规划与城乡建设中，在勘测、设计、施工和管理等各阶段必须进行各种测量工作，例如，勘测阶段的各种比例尺的地图测绘、工程建设阶段的施工放样测绘、验收阶段的竣工测绘、运行阶段的监测等，上述测绘即为工程测量。随着测绘技术的发展，工程测量的仪器和手段不断更新，从简单的水准仪和全站仪，发展到测量机器人、GNSS、三维激光扫描仪、高速视频相机以及多类型测绘仪器组合的移动测量和工程监测系统，逐渐向电子化、数字化、自动化和智能化方向发展，保障了重大工程各阶段的顺利开展。

3. 国防建设与国家安全

测绘在国防建设与国家安全中发挥着重要作用,是国防信息化建设的先行者和中坚力量。领土完整是国家安全的核心之一,需要测绘技术来生产领土、领海、领空、边疆、周边及世界热点地区的地理信息,同时为国防建设中的人民防空、装备和物资部署等奠定信息化基础。

测绘是国防建设的知识化和信息化保障,典型任务包括战场地理环境建设、作战要素位置关系判定、军事行动利弊分析和战场态势综合判定等,因此,测绘作为基础性保障的同时,又具有实时性和伴随性。例如,测绘为军事行动提供军用地图和三维仿真战场环境,也为导弹等提供迅速定位和导航,包括提供精确的地心坐标和精确的地球重力场数据。在国防信息化系统建设中,测绘地理信息是该系统的支柱,为其提供不同性能、不同用途、信息共享的地理信息基础平台。以综合信息资源为保障的军队信息化建设,需要信息化的测绘保障,地方测绘信息资源也可为国防建设提供基础。在测绘信息共享时代,可对测绘装备、测绘成果等进行整合,实现军民协同、合作双赢的国家测绘信息化。

4. 三深探测与前沿科学

三深探测是指深空探测、深地探测、深海探测,是人类生产生活空间拓展和技术研发的国际战略竞争制高点。测绘是国家重大任务成功实施中不可或缺的技术,主要提供基础性信息保障。

深空探测是航天领域国际竞争热点,是推动外星生命存在性、历史气候及其变化过程、地质系统起源和演化等科学探测,拓展人类活动空间、推动基础领域科技进步的重要手段,而测绘在其中承担了重要的保障作用。各国通过发射轨道器对月球、火星和小行星的天体尺寸、全球形貌和重力场参数进行测绘,通过遥感巡视器对局部地区的精细形貌、地层构造和物质组成进行测绘。例如,三维激光遥感技术在我国嫦娥三号、四号、五号探月任务和天问一号火星探测任务的着陆中,起到了关键性的地形和障碍测绘作用,保障了着陆安全。

深海探测是指在 6 000 m 及更大深度下对海洋进行科学探测,并调查深海金属矿产与海底生态、寻找海底沉船、搜索有害废料等。海底地形测绘和水下导航等测绘技术,与声学、光学、电磁学和热学等深海传感探测技术一起,构成了深海探测的综合技术系统。例如,在中国国家海底科学观测网的建设中,测绘遥感技术是从海底到海面的全天候、实时和高分辨率的多界面立体综合观测系统的重要组成部分。

地球深部具有丰富的地热和油气,因此,深地探测关乎国家能源安全。深地探测可揭示地质灾害的深部机理和过程,也可为特殊材料的存储开拓地下空间。测绘作为直接和间接观测技术,可为其中深部矿产资源立体探测、深部探测综合集成与数据管理提供关键保障。

1.3.2 测绘学的新发展

测绘学通过各种测量仪器、传感器及其组合获取地球和地外天体的时空信息,制成各类型知识化服务的空间信息产品,建立各类型空间信息平台和嵌入式空间服务系统,面向静态和动态目标开展位置和姿态等测量,为研究地球时空现象和地外天体科学探测、自然与社会和谐共生、国民经济创新发展和国防高质量建设提供关键技术支撑和空间数据保障。

从1980年代到21世纪初，测绘学实现了从传统测绘向数字化测绘的转变，近10年正向智能化测绘迈进和跨越。新时代，测绘信息的获取手段日趋多元化，处理技术不断智能化，应用领域持续广泛化，使得测量和测绘的理论、方法、技术与应用在国家战略、社会需求与自身变革的背景下发生了深刻变化，形成了泛在智能测绘新趋势。现阶段测绘科学与技术主要是以卫星导航定位、摄影测量、地理信息为代表的现代测绘技术作支撑，发展空间信息的实时获取、自动化处理、智能化分析和云端化服务，建立较为完善的高精度、动态更新的现代化测绘基准体系，建成现势性好、类型丰富的基础地理信息资源体系，基于天空地海多平台、多传感器的实时空间信息获取体系，基于空间信息网络和集群处理技术的一体化、智能化、自动化空间信息处理体系，以及基于丰富的空间信息产品和共享服务平台的云端服务体系。

1. 趋势一：从地球测绘到地外天体测绘

测绘技术首先发源于地球观测，随着空间探测技术不断进步，月球与深空探测已成为测绘遥感的前沿领域。在绕轨探测、巡视探测、采样返回、载人登月、基地建设等多类型深空探测任务的驱动下，测绘遥感技术也得到了新的发展。从人类第一次探月至今，国内外已开展了数十次各类深空探测任务，其中对地外天体全球遥感数据智能处理、绕轨遥感测图、全球控制网精化、着陆导航遥感避障、巡视环境感知与视觉导航定位等方面，是典型的测绘技术在地外天体探测中的拓展。

2. 趋势二：从静态测绘到动态测绘

静态测绘是传统测绘的主要方式，包括对地形和静态实体的测量，以及采用相对静止的方式对物体进行测绘。例如，国家平面和高程控制网、基本比例尺的各类型地图、基础地理信息等测绘工作，以及经济建设中的工程测量等。随着社会发展和需求更新，对地面高动态变化实体实施测量的需求日趋增多，例如对动态物理几何参数的实时测量（行驶中的汽车、高铁等）、高速视频摄影测量（房屋的爆破过程、导弹打击过程）、卫星视频遥感等。需求的变化和升级将静态测绘推向动态测绘，也促进了测绘理论、方法和技术的发展。

3. 趋势三：从数字化测绘到智能化测绘

从手工技术到模拟技术，测绘技术经历了上千年的历史；从自动化技术到数字化技术，测绘技术经历了几十年的历史。如今，随着深度学习、启发式学习等人工智能算法的进步，AlphaGo、ChatGPT等国际前沿人工智能技术的问世和应用，以及卫星导航定位、卫星和地面遥感、无人机、物联网、大数据等产生了海量的数字化测绘数据，迫切需要研究以知识为引导、算法为基础的智能化测绘技术，解决空间数据获取实时化、信息处理自动化、服务应用知识化等诸多新难题，实现测绘技术的突破和升级。

4. 趋势四：从专业化测绘到泛在测绘

测绘是经济发展、工程建设、对地观测、地外天体探测等任务的先行者，这些任务都需要专业化的仪器、知识、技术和系统才能完成。随着大众化移动设备（智能手机、移动平板、电子卡片等）的普及，人类活动留下的位置记录呈现爆发式增长，因此，泛在测绘数据的来源多种多样，虽然其精度不及专业化测绘，但其潜在的测绘服务价值不可估量。泛在智能测绘是以天空地海自动化测绘仪器和各类非专业终端为基础，借助云计算和人工智能等新技术,实现任何地点、任何时间的复杂环境空间感知、空间认知、信息服务等的测绘新方向。

5. 趋势五:从数据生产到信息服务

传统测绘以数据生产和测设服务为主,典型的有综合地形地貌图和专题图(交通、水系、房产、地籍等)的生产,在这些图件数据和工程建设需求的基础上开展工程测量服务。然而,随着测绘数据来源广泛且日益丰富,测绘产品不再稀缺,如何通过已有测绘数据和产品甚至实时测绘为生产和生活提供空间信息服务,是当前测绘领域亟须解决的重大问题。以导航定位、在线地图等为代表的新型测绘信息和位置服务应运而生,进而扩大信息服务范畴甚至创新商业模式,以期取得更大的社会效益和经济效益。

思考题

测量精度和数据质量是专业测绘应用的基本保证,而非专业众源空间数据虽然应用广泛但精度远不如专业测绘,请思考数据精度与应用价值之间的对立统一关系。

课后习题

[1-1] AI是当前发展最迅速的技术,试探讨AI对测量方法有何挑战?有何推动作用?

[1-2] 测量学的内涵和任务是什么?结合你了解的生活和生产中的实例,阐述其与测量学的联系。

[1-3] 测量学在你所学的专业中发挥着怎样的作用?结合自身专业简要阐述测量学的重要性。

[1-4] 当前测量学与其他学科相互融合产生了很多新型测量技术,扩展阅读测量学前沿技术资料,列举至少三种新型测量技术。

[1-5] 查阅相关专业文献,简述城市实景三维、数字孪生城市与智慧城市之间的联系和区别。

第 2 章

坐标系统与测量的基本内容

在测量工作中，任意实体的空间位置都是由三维坐标来表征的，即通过确定平面(球面)位置的坐标系和确定空间高度的高程系来定位，而三维坐标与其所在的坐标系是相关的。例如，对道路上某辆汽车进行位置测定，报告其三维坐标，该坐标则需依赖于某一既定坐标系统来测定；对某一大型设备进行组装，为确保各部件安装正确，需要针对该设备建立一个独立坐标系统。因此，坐标系统是描述地理空间点位的参照，一个完整的坐标系统由坐标系和特定基准所构成。坐标系是描述空间位置的表现形式，是定义坐标如何实现的一套理论方法，包括定义原点、基本平面和坐标轴的指向，同时还包括基本的数学和物理模型。基准是指描述空间位置而定义的一系列点、线、面，即确定点在空间中的位置而采用的地球椭球或参考椭球的几何参数、物理参数及其在空间的定位、定向方式，以及在描述空间位置时所采用的单位长度定义。

本章首先介绍坐标系统的基准和坐标系的基本内容，然后介绍如何确定地面点位的空间位置，最后介绍测量工作的基本内容和有关理论。

本章学习重点

- 理解大地水准面的定义，外业测量和内业处理的基准；
- 掌握各种坐标系的定义及相互转换关系；
- 掌握基本观测量和测量工作的基本原则；
- 掌握水准面曲率对观测量的影响及计算方法。

2.1 地球形状的表达

2.1.1 地球的自然形状

要在地球上开展测绘工作,首先要认识地球及其表面形态(如地球的形状和大小),这也是测绘学科的主要任务之一。地球的自然表面有海洋、平原、盆地、丘陵、高山等地形地貌,是一个不规则的曲面。陆地最高峰珠穆朗玛峰高达 8 848.86 m,海洋最深处马里亚纳海沟深达 11 022 m,但是,这与 6 371.5 km 的地球近似半径相比,只能算是极其微小的起伏。就地表覆盖而言,海洋面积约占 71%,陆地面积约占 29%,因此可认为地球是一个由水面包围的球体。

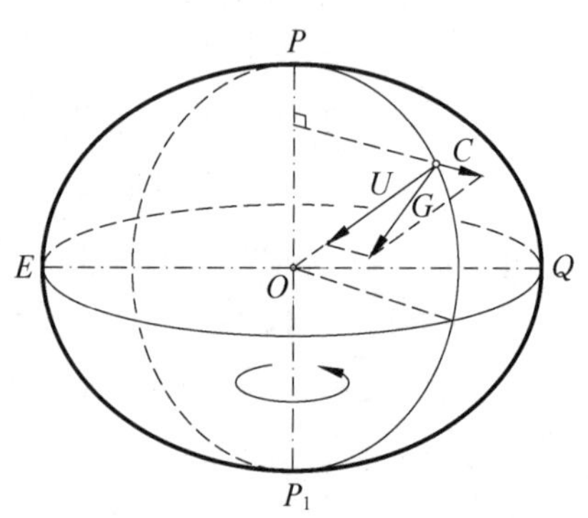

图 2-1 地球形态和地球重力

地球的形状是引力、离心力和内部应力平衡的结果。地球上任一质点在静止状态下同时受到两个作用力:①地球质量产生的引力 U;②地球自转产生的离心力 C。如图 2-1 所示,直线 PP_1 为地球自转轴,弧 EQ 为赤道,引力 U 指向地球质心,离心力 C 垂直于地球自转轴,引力和离心力的合力称为重力 G,重力方向线称为铅垂线(又称为重锤线)。在地球上任一点,用细线挂一重锤,待其静止,细线方向即该点的铅垂线方向。地球离心力在赤道处最大,随纬度增加而减小,至两极处为零,致使地球成为赤道较为突出而两极较为扁平的近似椭球体。

2.1.2 大地水准面

为了在数学上实现地球自然表面的简化,并能测量地表实体的高程,需要建立大地水准面,即地球形状的一种模型。处于静止状态的水面称为水准面,是水体受地球重力的影响而形成的重力等位面,水准面上任一点的铅垂线都垂直于该点的水面。地球上的水面有高低,不同地点的水准面具有不同高度,因此水准面有无数个。假设全球海洋水面处于静止平衡状态,并延伸到大陆下面,构成一个包围全球的闭合曲面,定义其为大地水准面,并以此代表整个地球的实际形体。地球自然表面存在起伏[图 2-2(a)],内部物质的质量分布不均匀,导致重力分布存在时空变化,使铅垂线方向产生不规则的变化,因而使水准面和大地水准面存在不规则的起伏变化,成为十分复杂的曲面[图 2-2(b)]。

2.1.3 地球椭球体

测绘中的平面制图是二维的,而地球是不规则的三维球体,因此对地球进行制图需要从三维投影到二维,但由于地球曲面很不规则,投影计算十分困难。为了解决这个问题,

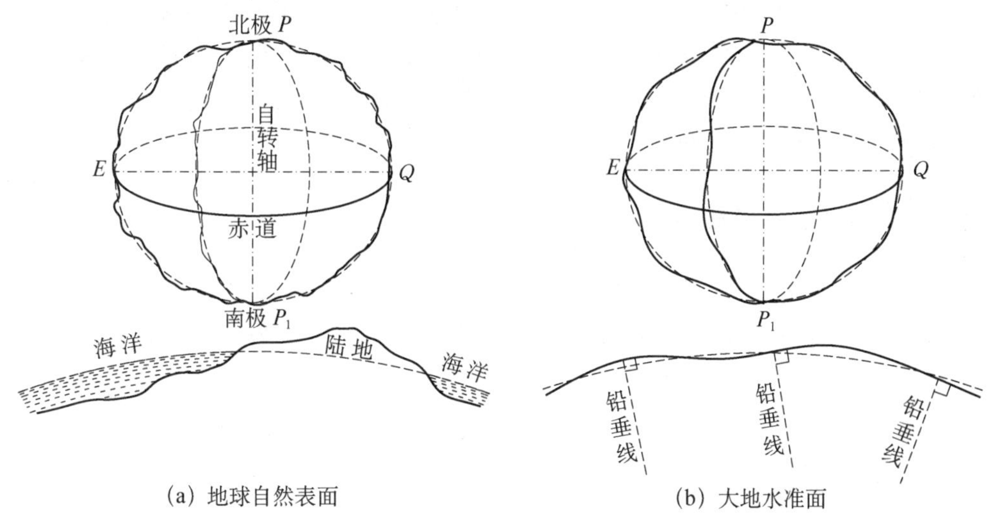

图 2-2　地球自然表面与大地水准面

可以选用一个能用数学公式表示的几何形体来建立一个投影面，这个形体需要非常接近大地水准面。一般地，定义这个理论形体为：以地球自转轴 PP_1 为短轴、以赤道直径 EQ 为长轴的椭圆，其绕短轴 PP_1 旋转构成的椭球体，称为地球椭球体(图 2-3)。决定地球椭球体形状大小的参数为椭圆的长半径 a 和短半径 b。由长、短半径可以计算出扁率 f：

$$f = \frac{a - b}{a} \tag{2-1}$$

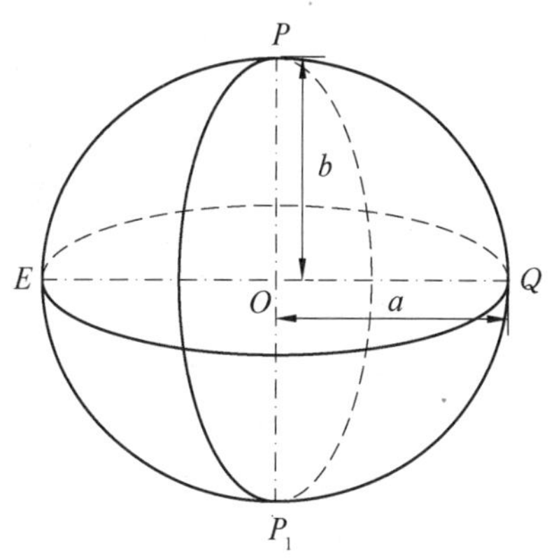

图 2-3　地球椭球体

先进测绘技术测定的长、短半径和扁率的精确值分别为：$a = 6\ 378\ 137$ m，$b = 6\ 356\ 752$ m，$f = 1/298.257$。

由于地球椭球体的扁率甚小，当测区面积不大时可以把地球当作圆球看待，其半径 R 按下式计算(其近似值为 6 371 km)：

$$R = \frac{1}{3}(2a + b) \tag{2-2}$$

思考题

测量工作需要进行外业测量和内业处理，请查阅资料了解外业和内业的基准面和基准线是什么。

2.2　坐标系统

为了确定地面点在参考椭球面或投影面上的空间位置，需要建立相应的坐标系，点的空间位置须用三维坐标来表示。在测量工作中,点的空间位置有两种表示方式:①大地坐标系,即球面坐标;②平面直角坐标系和高程系统,即通过平面位置(二维)和高程(一维)来表示。在卫星测量中,通常会用到三维空间直角坐标系。地面点坐标和各种几何元素可以在不同坐标系之间进行换算。

2.2.1 球面基准大地坐标系

大地坐标系又称地理坐标系,是以地球椭球面作为基准面,以首子午面和赤道平面作为参考面,用经度和纬度来表示地面点的球面坐标系。如图 2-4 所示,地面点 A 的大地经度(L)为通过 A 点的子午面与首子午面(起始子午面,通过英国格林尼治天文台)之间的夹角,由首子午面起算,向东 0°～180°为东经,向西 0°～180°为西经;A 点的大地纬度(B)为通过 A 点的椭球面法线与赤道平面的交角,由赤道面起算,向北 0°～90°为北纬,向南 0°～90°为南纬。大地经纬度 L、B 是地面点在地球椭球面上的二维坐标,另外一维为地面点的大地高(H),是沿地面点的椭球面法线计算,点位在椭球面之上为正,在椭球面之下为负。大地坐标 L、B、H 可用于确定地面点在大地坐标系中的空间位置。地面点的经纬度如果是用天文测量方法测定的,则分别称为天文经度(λ)和天文纬度(φ)。

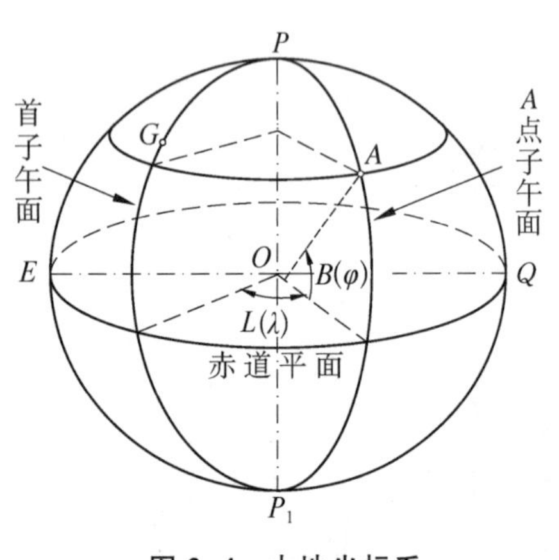

图 2-4 大地坐标系

相比于球体,椭球体能更好地近似行星的形状,因为处于流体静力平衡状态的旋转体近似于椭球体。椭球体是一个椭圆绕其短轴旋转而产生的三维表面。描述椭球体的形状需要两个参数:一个是赤道半径,即长半轴 a;另一个是极半径,即短半轴 b(也可以用扁率 f 或离心率 e 来表达),这三者是相关的:

$$\begin{cases} f = \dfrac{a-b}{a} \\ e^2 = 2f - f^2 = \dfrac{a^2-b^2}{a^2} \\ b = a(1-f) = a\sqrt{1-e^2} \end{cases} \tag{2-3}$$

表 2-1 列出了地球和地外天体(月球、火星、水星和金星)的参考椭球体的基本参数。第二列给出了天体的平均半径,第三列和第四列给出了最优拟合椭球体的赤道半径和极半径。根据国际天文学联合会(International Astronomical Union, IAU)制定的标准,火星采用极半径为 3 376. 2 km、赤道半径为 3 396. 19 km 的椭球体作为参考面,而月球、水星和金星则以球体作为参考面。

表 2-1　不同行星的参考椭球体参数　(单位:km)

行星	平均半径	赤道半径	极半径	来源
地球	6 367.5	6 378.1	6 356.7	IUGG1979
月球	1 737.4±1	1 737.4±1	1 737.4±1	IAU2000
火星	3 389.5±0.2	3 396.19±0.1	平均:3 376.2±0.1 北:3 373.19±0.1 南:3 379.21±0.1	IAU2000
水星	2 439.7±1.0	2 439.7±1.0	2 439.7±1.0	IAU2000
金星	6 051.8±1.0	6 051.8±1.0	6 051.8±1.0	IAU2000
金星	6 051	6 051	6 051	IAU1985

注:IUGG(International Union of Geodesy and Geophysics)是指国际大地测量学和地球物理学联合会。

2.2.2　空间三维直角坐标系

空间三维直角坐标系是以地球椭球的中心(即地球体的质心)为原点 O,首子午面与赤道面的交线为 X 轴,在赤道面内通过原点与 X 轴垂直的轴为 Y 轴,地球椭球的旋转轴为 Z 轴(图 2-5)。地面点 A 的空间位置用三维直角坐标 (x_A, y_A, z_A) 表示,A 点可以在椭球面之上,也可以在椭球面之下。

空间三维直角坐标系与大地坐标系可以进行相互转换:

$$\begin{cases} X=(\bar{N}+h)\cos\varphi\cos\lambda \\ Y=(\bar{N}+h)\cos\varphi\sin\lambda \\ Z=[\bar{N}(1-e^2)+h]\sin\varphi \end{cases} \tag{2-4}$$

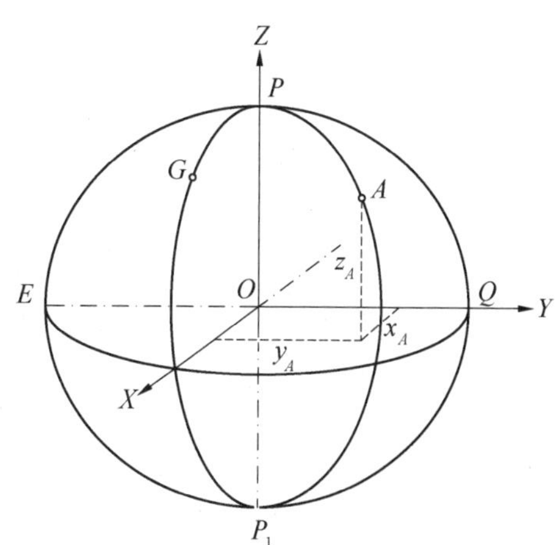

图 2-5　空间三维直角坐标系

式中,$\bar{N}$ 为卯酉圈曲率半径。椭球上一点的曲率半径取决于该点在椭球上的位置,曲率半径的大小与纬度有关,在东西和南北方向上是不同的,分别为卯酉圈曲率半径 $\bar{N}$ 和子午圈曲率半径 $\bar{M}$。曲率半径与物理半径不同,物理半径是指从地心到椭球面的距离。卯酉圈和子午圈曲率半径可按下式计算:

$$\begin{cases} \bar{N}(\varphi)=\dfrac{a}{\sqrt{1-e^2\sin^2\varphi}} \\ \bar{M}(\varphi)=\dfrac{a(1-e^2)}{(1-e^2\sin^2\varphi)^{3/2}} \end{cases} \tag{2-5}$$

2.2.3 高斯平面直角坐标系

大地坐标系和空间三维直角坐标系一般适用于少数高级控制点的定位，或作为点位的初始观测值，但这类坐标系对于大量地面点位测定工作来说，尤其是需要将点位绘制在二维平面上时，就显得不直观也不方便。这就需要采用地图投影的方法，将球面坐标变换为平面坐标，或直接在平面坐标系中进行测量。由椭球面变换为平面的地图投影方法很多，最常用的是高斯-克吕格投影（简称高斯投影），所建立的平面直角坐标系称为高斯平面直角坐标系。

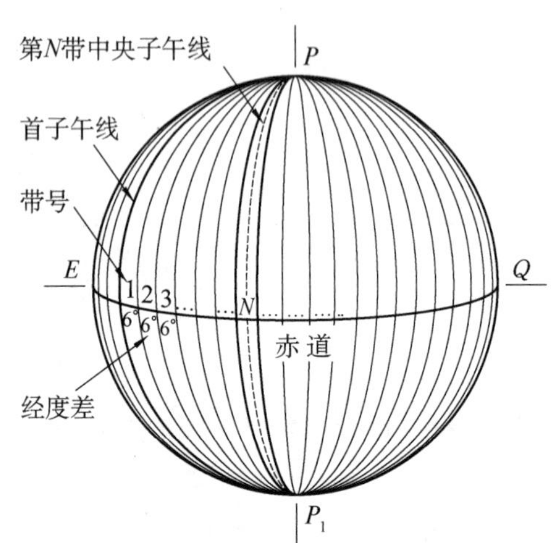

图 2-6 高斯-克吕格投影分带

1. 高斯投影的基本原理

高斯投影方法首先将地球按经线划分成带状区域，称为投影带。投影带是从首子午线起（0°经线），每隔经度 6°划为一带，称为 6°带（图 2-6），自西向东将整个地球划分为 60 个带，带号从首子午线开始，用阿拉伯数字表示，这样的全球分带方法称为统一投影带。从西经 1.5°开始，每隔经度 3°划为一带，称为 3°带。位于各带中央的子午线称为该带的中央子午线（图 2-7），其计算方法如下：

$$\begin{cases} \lambda_0 = 3(N-1), 3^\circ\text{带} \\ \lambda_0 = 6N-3, 6^\circ\text{带} \end{cases} \tag{2-6}$$

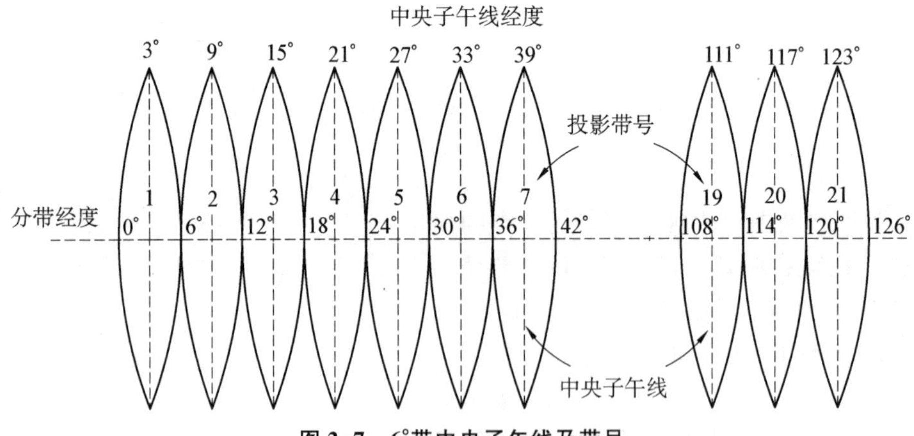

图 2-7 6°带中央子午线及带号

基于投影带划分，可进一步实现高斯投影。高斯投影的基本原理是：设想取一个椭圆柱面与地球椭球的某一中央子午线相切，如图 2-8 所示，在椭球面图形与柱面图形保持等角的条件下（称为正形投影），将球面图形投影在椭圆柱面上；然后将椭圆柱面沿着通过南、北极的母线切开，展开成平面。在这个平面上，中央子午线与赤道成为相互垂直相交的直线，分别作为高斯平面直角坐标系的纵轴（x 轴）和横轴（y 轴），赤道上两轴的交点 O

作为坐标的原点，如图 2-9(a)所示。在该坐标系内，规定 x 轴向北为正，y 轴向东为正。位于北半球的国家，境内的 x 坐标值恒为正，y 坐标值则有正有负。例如，图 2-9(a)中，A 点和 B 点的横坐标为：$y_A=+27\ 680$ m，$y_B=-34\ 240$ m。坐标为负值会对计算造成不便，为避免坐标出现负值，将每个投影带的坐标原点向西移 500 km，则投影带中任一点的横坐标值也恒为正值。例如，图 2-9(b)中，$y_A=500\ 000+27\ 680=527\ 680$ m，$y_B=500\ 000-34\ 240=465\ 760$ m。为了能确定某点在哪一个 6°带内，在横坐标值前冠以带的编号。例如，设 A 点位于第 20 带内，则其横坐标值为 $y_A=20\ 527\ 680$ m。

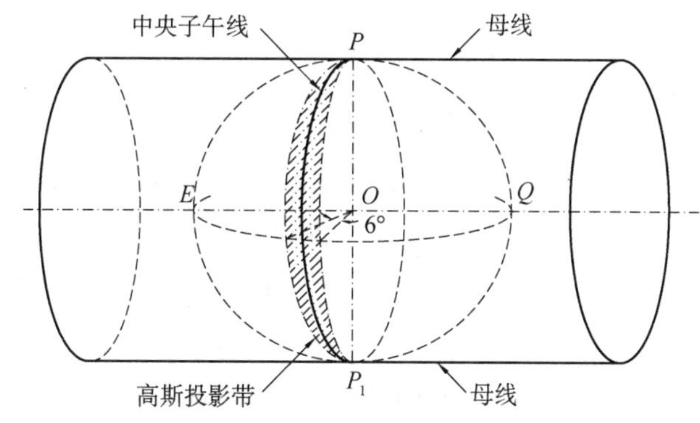

图 2-8　高斯投影基本原理

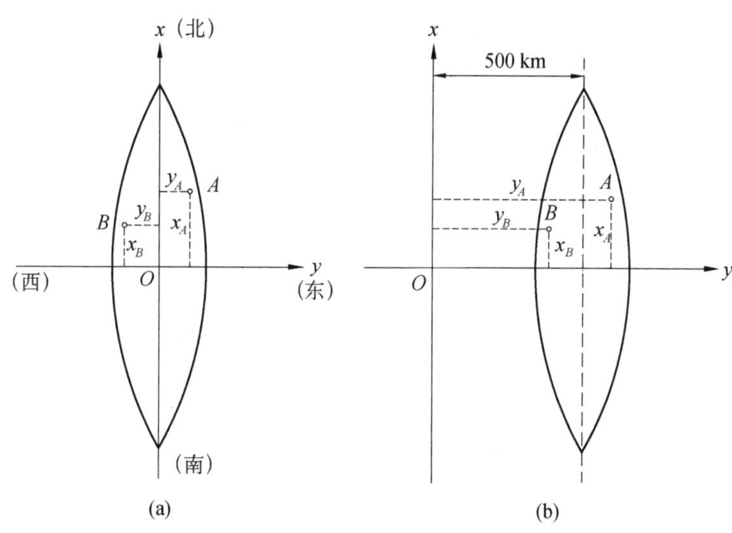

图 2-9　高斯平面直角坐标

思考题

普通数学坐标系的 x 轴为东西向、y 轴为南北向，而测量坐标系与此相反，测量工作中为什么要规定 x 轴为南北向、y 轴为东西向？

2. 高斯投影的距离改化

在高斯投影中，球面图形的角度和平面图形的角度保持不变，即二者在图形上具有相似性,因此,高斯投影又称为高斯正形投影。但是,球面上任意两点间的距离 S 会产生变形,投影在平面上的距离 (σ) 大于球面距离,称为投影长度变形。平面距离与球面距离的差称为距离改化 ΔS,$\Delta S/S$ 称为相对距离改化,其数学表达式如下:

$$\begin{cases} \sigma = S + \dfrac{y_m^2}{2R^2} \cdot S \\ \Delta S = \sigma - S = \dfrac{y_m^2}{2R^2} \cdot S \\ \dfrac{\Delta S}{S} = \dfrac{y_m^2}{2R^2} \end{cases} \tag{2-7}$$

式中,y_m 为直线两端点横坐标的平均值;R 为地球平均曲率半径。

表 2-2 所示为 $y_m = 10 \sim 100$ km 时的相对距离改化数值,表明两个端点离开中央子午线越远,则长度变形越大。例如,当进行 1∶10 000 或更大比例尺测图且测区离中央子午线较远时,要求投影长度变形较小,须采用 3°带投影或 1.5°带投影,以限制横坐标的数值。

表 2-2 高斯投影的相对距离改化

y_m/km	10	20	50	100
ΔS/cm	1	10	156	1 235
$\Delta S/S$	1/810 000	1/200 000	1/32 000	1/8 100

3. 高斯投影的方向改化

由于高斯投影保持等角条件,故球面图形投影到平面上的每个角度都分别相等。如图 2-10 所示,A、B 为球面上两点,投影到某一投影带的平面上为 a、b,向 X 轴的投影点为 a_1、b_1,这两个投影点在球面上的相应点为 A_1、B_1。由球面三角关系可知,球面四边形 ABB_1A_1 的内角之和等于 360°再加其球面角超 ε 。球面角超的计算式为

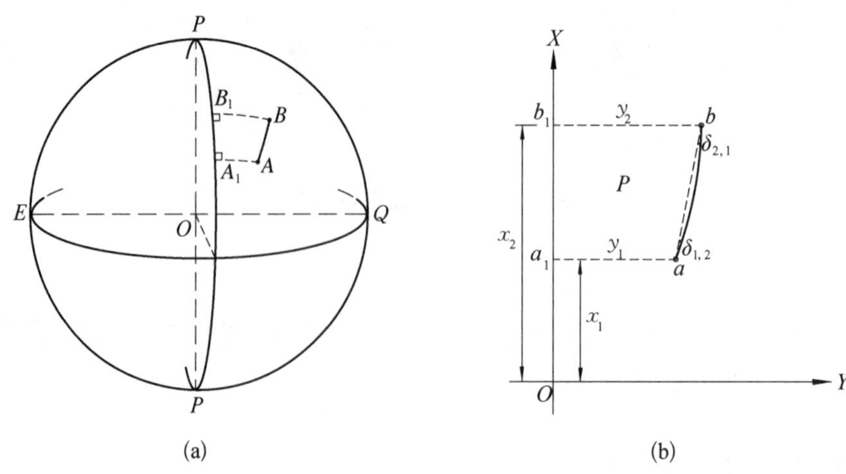

图 2-10 高斯投影的方向改化

$$\varepsilon'' = \frac{P}{R^2} \cdot \rho'' \tag{2-8}$$

式中，P 为球面多边形面积；R 为地球平均曲率半径；ρ 表示 1 rad（弧度）的度分秒制的角度值，$\rho''=206\,265''$。

要使球面多边形的每个角度投影到平面上保持不变，则必须使投影线段 ab 为向图形外凸的曲线。a、b 两点的直线与曲线的切线之间的水平夹角 $\delta_{1,2}$ 和 $\delta_{2,1}$，称为直线 ab 的方向改化。当 A、B 两点的距离不大于数千千米时，可以认为 $\delta_{1,2}$ 和 $\delta_{2,1}$ 相等。方向改化是由于球面角超而产生的，因此

$$\delta'' = \frac{\delta_{1,2} + \delta_{2,1}}{2} = \frac{1}{2}\varepsilon'' \tag{2-9}$$

将球面多边形的面积 P 用其投影在平面上的多边形 abb_1a_1 的面积代替，此面积为

$$P = \frac{1}{2}(y_1 + y_2)(x_2 - x_1) = y_m(x_2 - x_1) \tag{2-10}$$

则式(2-8)可改写为

$$\delta'' = \frac{y_m}{2R^2}(x_2 - x_1)\rho'' \tag{2-11}$$

式中，y_m 为两点横坐标的平均值。

由此可见，方向改化的数值大小取决于 ab 线离开轴子午线的远近以及两点端纵坐标差的大小。例如，当 $y_m = 200$ km，$x_2 - x_1 = 5$ km 时，方向改化 $\delta'' = 2.5''$。

2.2.4　地区平面直角坐标系

地区平面直角坐标系又称独立坐标系。由式(2-7)可知，高斯投影的相对长度变形与测区离中央子午线的距离的平方成正比，当达到一定距离或者相对长度变形达到一定程度（如 1/40 000）时，就不能满足地区测量的精度要求。因此，在城市测量中，城市平面直角坐标系经常以城市中心某点的子午线作为中央子午线，同时将坐标原点移到测区以内，据此进行高斯投影，这样的地区平面直角坐标系统称为城市独立坐标系（简称城市坐标系），它是一种典型的局部坐标系。例如，上海市并不位于统一的高斯投影 6°带或 3°带的中央子午线附近，其边缘投影长度变形超过地区测量的精度要求。因此，以上海市中心国际饭店楼顶的旗杆中心作为城市坐标系的坐标原点，把整个市区分为Ⅰ、Ⅱ、Ⅲ、Ⅳ四个象限，建立城市独立坐标系。但是，城市独立坐标系与全球统一投影带的高斯平面直角坐标系之间应有联测关系，二者可以进行坐标变换。

此外，当测量的范围很小（例如数平方千米）时，可以将该测区地表的一小块球面当作平面看待，对于地物的平面位置，可以不考虑地图投影问题。将坐标原点选在测区西南角，使坐标均为正值，建立该地区的独立平面直角坐标系。当然，这样的独立坐标系也需要与国家坐标系或城市坐标系进行联测，使不同坐标系下的坐标能进行相互转换。

2.2.5 高程(垂直距离)系

在高程系统中,地面点到大地水准面的铅垂距离称为绝对高程(简称高程,又称海拔、正高),常用于局部测量和工程测量。地面点沿参考椭球面法线到参考椭球面的距离称为大地高,常用于卫星系统对高度的定义。图 2-11 中,A、B 两点的绝对高程分别为 H_A、H_B。由于海水面受潮汐、风浪等影响,其高低时刻在变化,因此,通常在海边设立验潮站,进行长期观测,求得海水面的平均高度作为高程零点,也就是假设大地水准面通过该点,建立一个国家或地区的高程系。大地水准面为高程的起算面,大地水准面上的绝对高程为零。在局部地区,有时需要假定一个高程起算面(水准面),地面点到该水准面的垂直距离称为假定高程或相对高程。图 2-11 中,A、B 两点的相对高程分别为 H'_A、H'_B。相对高程系和绝对高程系之间需要进行联测,也就是测定相对高程系零点的绝对高程,使二者能进行相互换算。

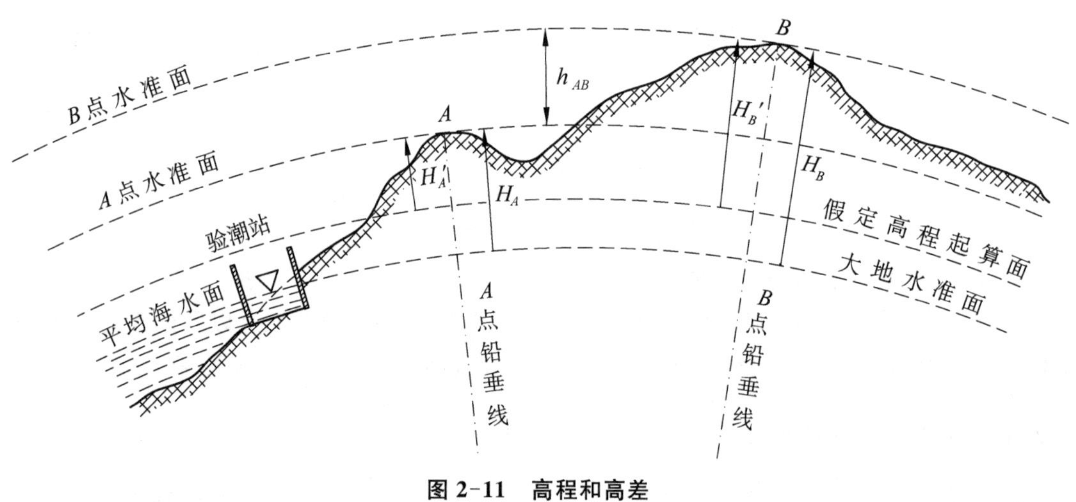

图 2-11 高程和高差

地面上两点间绝对高程或相对高程之差称为高差,用 h 表示。对高差而言,无需顾及是绝对高程还是相对高程。如图 2-11 所示,A、B 两点间的高差为

$$h_{AB} = H_B - H_A = H'_B - H'_A \tag{2-12}$$

由于大地高(h)不考虑重力因素,在实际应用中需要转换为正高(H)进行计算,二者的转换关系(图 2-12)如下:

$$h = N + H\cos\xi \tag{2-13}$$

式中,ξ 为法线与铅垂线的夹角。由于 ξ 通常小于 $60''$,则 $\cos\xi$ 大于 0.999 999 995,非常接近于 1,可忽略(全球范围内最大误差小于 0.4 mm),则式(2-13)可写为

$$h = N + H \tag{2-14}$$

式中，N 为椭球面间距或大地水准面高度。要将大地高转换为正高，必须有高精度的参考系统。以 WGS84 椭球为例，在全球范围内 N 已知。在工程项目中，要求 N 的精确度须优于 h，以便通过卫星数据提取精确的正高。为此，许多国家的测绘组织(如英国地形测量局)进行了大量的工作，提出了能够精确量化大地水准面及其与局部椭球面关系的模型。

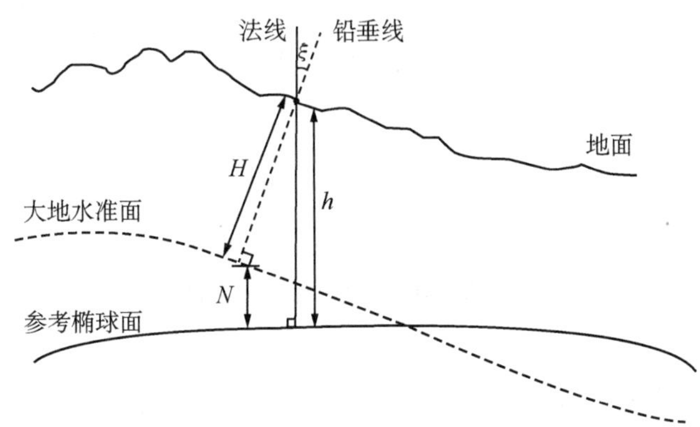

图 2-12　正高(H)、大地高(h)与大地水准面高度(N)的关系

思考题

三维笛卡尔坐标系Ⅰ与坐标系Ⅱ之间是通过绕 Z 轴旋转(逆时针)90°来实现的，请写出坐标系Ⅰ与坐标系Ⅱ转换的旋转矩阵。

2.3　地面点位置确定与坐标变换

2.3.1　地面点的相对平面位置

任意两点在平面直角坐标系中的相对位置，可以用下面两种方法确定。

1. 直角坐标表示法

直角坐标表示法是用两点间的坐标增量 Δx、Δy 表示任意两点的相对位置。例如，图 2-13(a)中 A、B 两点的坐标增量为：

$$\begin{cases} \Delta x_{AB} = x_B - x_A \\ \Delta y_{AB} = y_B - y_A \end{cases} \tag{2-15}$$

某点的坐标也可以看作坐标原点至该点的坐标增量。

2. 极坐标表示法

极坐标表示法是用两点连线(边)的坐标方位角 α 和水平距离(边长)D 表示任意两点的相对位置。例如，图 2-13(b)中 A 点至 C 点的坐标方位角 α_{AC} 和水平距离 D_{AC}。某点的坐标也可以用坐标原点至该点的坐标方位角和水平距离表示。

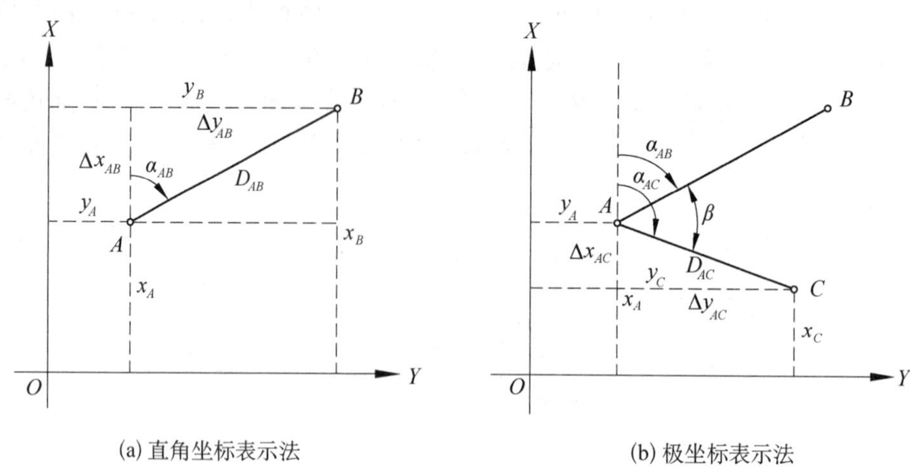

图 2-13　地面点的相对位置和极坐标法定位

2.3.2　坐标变换（转换）与正反算

地面上同一点的大地坐标、空间三维直角坐标和高斯平面直角坐标之间，均可以根据其数学关系进行坐标换算，称为坐标变换或转换。坐标变换主要分为平面坐标变换和三维坐标变换。

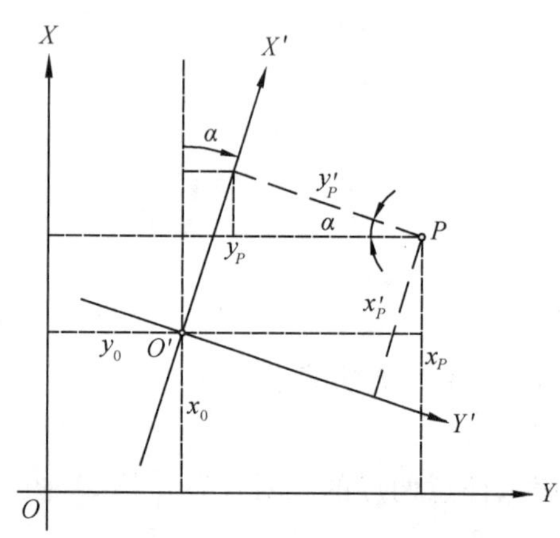

图 2-14　建筑坐标与城市坐标的换算

首先，介绍平面直角坐标系中独立坐标系之间的坐标变换。例如，建筑坐标系与城市坐标系是两种局部的独立坐标系（图 2-14），设 XOY 为城市坐标系的坐标轴，$X'O'Y'$ 为建筑坐标系的坐标轴。如果对这两种坐标系已进行过联测，则需要 4 个坐标转换参数：比例因子（s）、已测定建筑坐标系的原点在城市坐标系中的坐标（x_0，y_0）、已知建筑坐标系的纵轴在城市坐标系中的坐标方位角（α），就可以进行这两种坐标的换算。比例因子起着距离缩放的作用，在比例因子为 1 的特殊情况下，距离在坐标换算中保持不变，这也称为同余变换，转换的参数也从 4 个变成了 3 个：2 个平移参数 x_0 和 y_0，以及 1 个旋转参数 α。坐标方位角（Coordinate Azimuth）是平面直角坐标系中某一直线与坐标主轴（X 轴）之间的夹角，从主轴起算，沿顺时针方向，坐标方位角取值范围为 0°～360°。

设已知 P 点的建筑坐标为（x'_P，y'_P），可按下式换算为城市坐标（x_P，y_P）：

$$\begin{bmatrix} x_P \\ y_P \end{bmatrix} = s\begin{bmatrix} \cos\alpha & -\sin\alpha \\ \sin\alpha & \cos\alpha \end{bmatrix}\begin{bmatrix} x'_P \\ y'_P \end{bmatrix} + \begin{bmatrix} x_0 \\ y_0 \end{bmatrix} \tag{2-16}$$

如果已知 P 点的城市坐标（x_P，y_P），则可按下式换算为建筑坐标（x'_P，y'_P）：

$$\begin{bmatrix} x'_P \\ y'_P \end{bmatrix} = \frac{1}{s} \begin{bmatrix} \cos\alpha & \sin\alpha \\ -\sin\alpha & \cos\alpha \end{bmatrix} \begin{bmatrix} x_P - x_0 \\ y_P - y_0 \end{bmatrix} \tag{2-17}$$

其次，介绍不同三维坐标之间的转换方法，主要涉及空间三维直角坐标系之间的转换、空间三维直角坐标系和大地坐标系之间的转换。

空间三维直角坐标系之间的转换如图 2-15 所示，设 $X_V Y_V Z_V$ 为某一种空间三维直角坐标系的坐标轴，$X_L Y_L Z_L$ 为另一种空间三维直角坐标系的坐标轴。如果对这两种坐标系已进行过联测，即已知比例因子（s）、3 个旋转参数（α, β, λ）、3 个平移参数（ΔX, ΔY, ΔZ）等 7 个参数，则可以进行坐标换算。其中，（ΔX, ΔY, ΔZ）为 $X_L Y_L Z_L$ 坐标系的原点在 $X_V Y_V Z_V$ 坐标系中的坐标，α、β、λ 分别表示绕 X、Y、Z 轴旋转的角度，那么空间三维直角坐标系之间的转换可按如下公式计算：

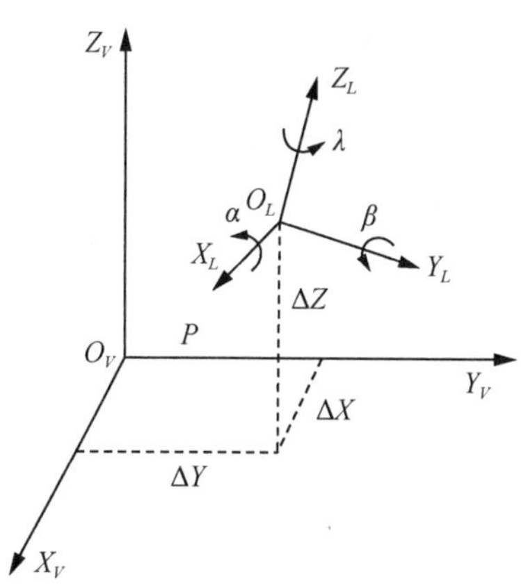

图 2-15　空间三维直角坐标系之间的换算

$$\begin{bmatrix} X_V \\ Y_V \\ Z_V \end{bmatrix} = s\boldsymbol{R}(\alpha, \beta, \lambda) \begin{bmatrix} X_L \\ Y_L \\ Z_L \end{bmatrix} + \begin{bmatrix} \Delta X \\ \Delta Y \\ \Delta Z \end{bmatrix} \tag{2-18}$$

旋转矩阵 $\boldsymbol{R}(\alpha, \beta, \lambda)$ 被定义为一系列欧拉旋转，旋转的顺序很重要。例如，可以先按 Z 轴旋转，再按 Y 轴旋转，最后按 X 轴旋转，也可以按其他顺序，则 $\boldsymbol{R}(\alpha, \beta, \lambda) = \boldsymbol{R}_Z \boldsymbol{R}_Y \boldsymbol{R}_X$，其中，$\boldsymbol{R}_X$、$\boldsymbol{R}_Y$、$\boldsymbol{R}_Z$ 的定义式如下：

$$\begin{cases} \boldsymbol{R}_X = \begin{bmatrix} 1 & 0 & 0 \\ 0 & \cos\alpha & \sin\alpha \\ 0 & -\sin\alpha & \cos\alpha \end{bmatrix} \\ \boldsymbol{R}_Y = \begin{bmatrix} \cos\beta & 0 & \sin\beta \\ 0 & 1 & 0 \\ -\sin\beta & 0 & \cos\beta \end{bmatrix} \\ \boldsymbol{R}_Z = \begin{bmatrix} \cos\gamma & \sin\gamma & 0 \\ -\sin\gamma & \cos\gamma & 0 \\ 0 & 0 & 1 \end{bmatrix} \end{cases} \tag{2-19}$$

思考题

现实生活中有哪些活动或者工作涉及平面坐标系或三维坐标系之间的转换，请举例说明。提示：自动驾驶是当今前沿性技术，是否需要对数据进行坐标转换？

2.4 测量工作程序及基本内容

2.4.1 基本观测量

在开展各种测绘工作时,可以根据距离、角度和高差来确定点与点之间的相对空间位置,因此,上述三个量称为测绘的基本观测量。例如,图 2-16 中空间 A、B、C 三点,为确定它们之间的相对位置,需要测定下列基本观测量。

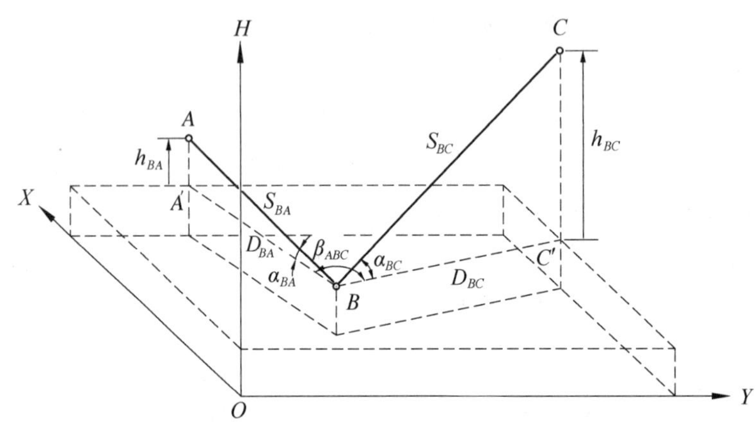

图 2-16 测绘的基本观测量

1. 距离

距离分为倾斜距离 S(斜距)和水平距离 D(平距)。斜距是不位于同一水平面内的两点之间的距离,如图 2-16 中的 $BA(S_{BA})$和 $BC(S_{BC})$;平距是位于同一水平面内的两点之间的距离,如图 2-16 中的 $BA'(D_{BA})$和 $BC'(D_{BC})$。

2. 角度

角度分为水平角和垂直角。水平角 β 为同一水平面内两条直线之间的交角,如图 2-16 中的$\angle A'BC'(\beta_{ABC})$;垂直角 α 为同一竖直面内的倾斜线与水平线之间的交角,如图 2-16 中的$\angle ABA'(\alpha_{BA})$和$\angle CBC'(\alpha_{BC})$。

3. 高差(垂直距离)

高差 h 为两点之间沿铅垂线方向的距离,也称为垂直距离或者垂距,如 $AA'(h_{BA})$和 $CC'(h_{BC})$。

2.4.2 测量的基本原则

测量工作应遵循的基本原则为:在测量的布局上,由整体到局部;在测量的次序上,先控制后细部;在测量的精度上,从高级到低级。

地球表面的外形是复杂多样的,在测量工作中,一般将其分为两大类:地表面自然形成的高低起伏等变化,如山岭、溪谷、平原、河海等,称为地貌;地面上由人工建造的固定附着物,如房屋、道路、桥梁、界址等,称为地物。地貌和地物总称为地形。使用全站仪等传统光学测量仪器测绘地形图时，要在某一个测站上用仪器测绘该测区所有的地貌和地物是不可能的。如图 2-17 所示，在 A 点设测站，只能测绘 A 点附近的地貌和地物，而位于小山后面的部分以及较远的地区就观测不到。因此，需要在若干点上分别施测，最后才能拼接成一幅完整的地形图。图中 P、Q、R 为设计的房屋位置，也需要在实地从 A、F 两点进行施工放样测量。因此，进行某一测区的测量工作时，首先要用较严密的方法和较精密的仪器，测定分布在全区的少量埋设稳固的控制点（图中的 A、B、…、F）的坐标，作为测图或施工放样的框架和依据，以保证测区的整体精度，称为控制测量。然后在每个控制点上施测其周围的局部地形，或放样需要施工的点位，称为细部测量。

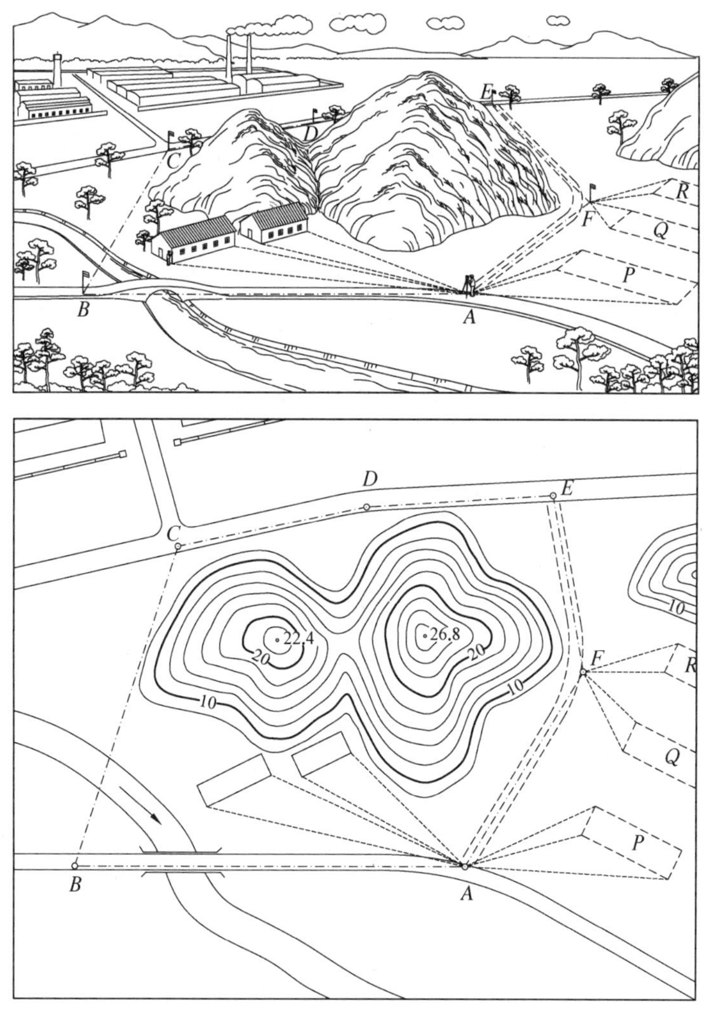

图 2-17　控制测量与细部测量

2.4.3　控制测量

控制测量分为平面控制测量和高程控制测量，由一系列控制点构成控制网。平面控制网以连续的折线构成多边形格网，称为导线网，如图 2-18(a)所示，其转折点称为导线点，两点间的连线称为导线边，相邻两边的水平夹角称为导线转折角。导线测量通过测定这些转折角和边长，以计算导线点的平面直角坐标。平面控制网如以连续的三角形构成，则称为三角网或三边网，如图 2-18(b)所示，前者测量三角形的角度，后者测量三角形的边长，以计算三角形顶点的坐标。平面控制网如果对边、角都进行观测，则称为边角网。

高程控制网是由一系列水准点构成的水准网，通过水准测量或三角高程测量测定水准点间的高差，以计算水准点的精确高程。

全球导航卫星系统(Global Navigation Satellite System，GNSS)是可以同时测定平面坐标和高程的卫星系统，其建立的测量控制网称为 GNSS 控制网，其布网形式与导线网和三角网大致相同。

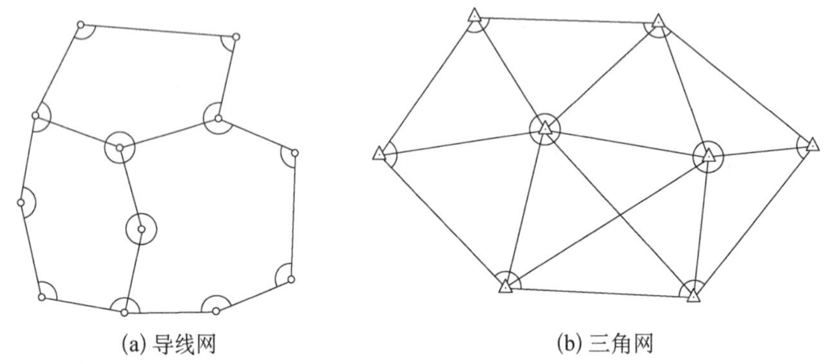

图 2-18　平面控制网

2.4.4　细部测量

在控制测量的基础上进行细部测量，以测绘地形图或进行施工放样。例如，图 2-19 所示为地物细部测量，其中 A、B 为已知坐标和高程的控制点，P_1、P_2、P_3、P_4 为待测的细部点。首先，在 A 点(设站点)架设测量仪器，瞄准 B 点(后视点)，按 AB 的坐标方位角将度盘定向。然后，转动仪器依次瞄准 P_1、P_2、P_3、P_4 点，测定 A 点至这些点的坐标方位角、垂直角和距离，按极坐标定位法计算这些点的平面坐标和高程。最后，根据测量和计算得到的平面坐标和高程信息，绘制成地形图。除了全站仪等传统仪器外，还可以使用测量机器人、GNSS、三维激光扫描仪等进行细部点的平面坐标和高程测量。

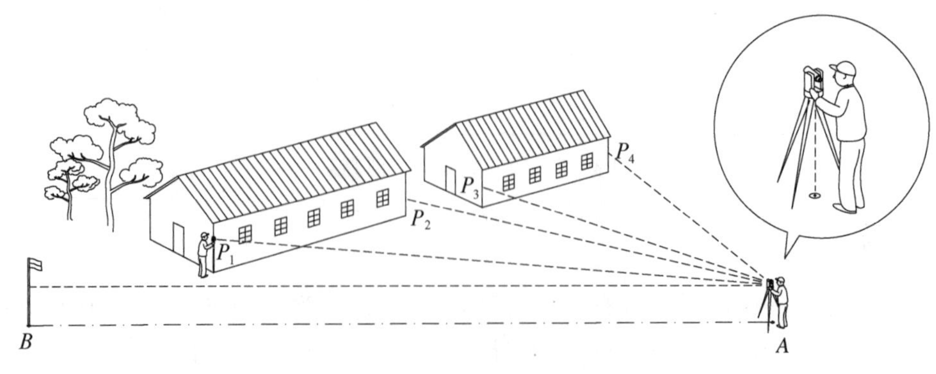

图 2-19　地物细部测量

针对地形测图，可以根据控制点的坐标和高程，测定一系列地形特征点的三维坐标(即平面坐标和高程)，据此可绘制以等高线表示的地貌(图 2-20)，其中标注于等高线上的数字为地面高程。

针对施工放样，细部测量是把图上设计的建筑物的详细位置在实地标定出来。如图 2-17 所示，在控制点 A、F 附近，由城市规划部门设计指定 P、Q、R 地块(图中用虚线表示)用于建造住宅，需要在实地标定它们的位置。根据控制点 A、F 的坐标及地块界址点的设计坐标，用坐标反算法计算出水平角度和距离，据此在控制点上用测量仪器按极坐标法定出地块的界址点。

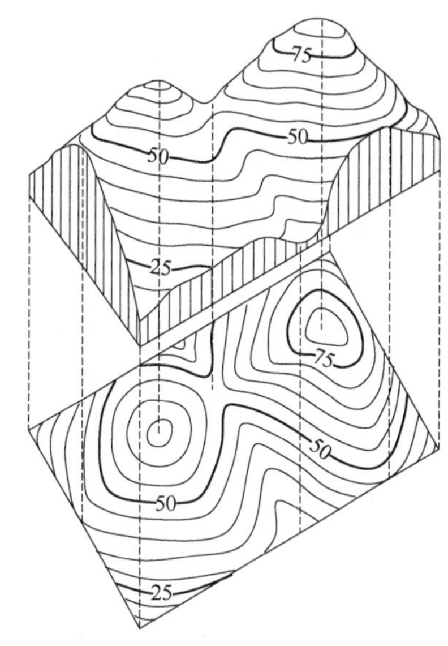

图 2-20　用等高线表示地貌

思考题

假设你是一名测量工程师，你的任务是测量一个小公园的面积。请回答以下问题：你会使用哪种类型的测量工具？你会按照什么步骤进行测量？如果你的测量结果出现误差，你会如何修改？

2.5　水准面曲率对观测量的影响

测量工作是在不同高程的水准面上进行的。水准面是一个曲面，曲面上的几何图形(包括基本观测量)投影到水平面上会产生变形，也称为水准面曲率(地球曲率)的影响。实际上，如果把测站附近的一小块水准面当作平面，其产生的变形如果不超过测量或制图误差的允许范围，则是可行的。这表明，在局部范围内，可以用水平面代替水准面；而对于较大的范围，则需要对曲率的影响进行消除。

2.5.1　对水平距离测量的影响

设水准面 L 与水平面 P 在 A 点相切(图 2-21)，A、B 两点在球面上的弧长为 S，投影在水平面上的直线距离为 D，设地球的半径为 R，弧 AB 所对的球心角为 β(rad)，则

$$S = R\beta \tag{2-20}$$

$$D = R\tan\beta \tag{2-21}$$

因此，以水平长度代替球面弧长所产生的误差为

$$\Delta S = D - S = R\tan\beta - R\beta = R(\tan\beta - \beta) \tag{2-22}$$

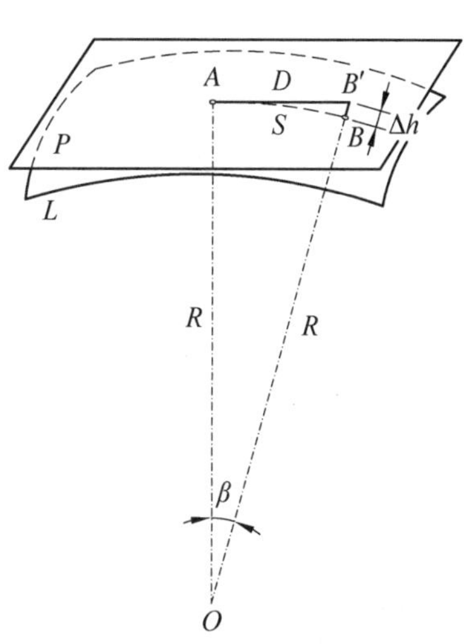

图 2-21　水平面代替水准面对水平距离和垂直距离(高差)的影响

将 $\tan\beta$ 按泰勒级数展开，由于 β 角很小，可略去 3 次以上的高次项，取

$$\tan\beta = \beta + \frac{1}{3}\beta^3 \tag{2-23}$$

顾及 $\beta = S/R$，得到

$$\Delta S = \frac{S^3}{3R^2} \tag{2-24}$$

$$\frac{\Delta S}{S} = \frac{S^2}{3R^2} \tag{2-25}$$

取地球近似半径 $R=6\ 371$ km，并以不同的待测长度 S 代入式(2-24)和式(2-25)，得到以水平面代替水准面引起的绝对距离误差 ΔS 和相对距离误差 $\Delta S/S$(表 2-3)。

表 2-3　水平面代替水准面引起的绝对距离误差和相对距离误差

距离 S/km	绝对距离误差 ΔS/cm	相对距离误差 $\Delta S/S$
10	0.8	1/1 200 000
25	12.8	1/200 000
50	102.7	1/49 000
100	821.2	1/12 000

由表 2-3 可知，当距离为 10 km 时，以平面代替曲面所产生的相对距离误差为 1/120 万，这样微小的误差，就是在地面上进行最精密的距离测量也是容许的。因此，在半径为 10 km 的范围内，即在面积约 300 km^2 的范围内，以水平面代替水准面所产生的水平距离误差可以忽略不计。

2.5.2　对垂直距离测量的影响

图 2-21 中，A、B 两点在同一水准面上，所以二者高程是相等的。将 B 点投影到水平面上得到 B' 点，则 BB' 为水平面代替水准面所产生的垂直距离(高程)误差。设 $BB'=\Delta h$，则

$$(R+\Delta h)^2 = R^2 + D^2 \tag{2-26}$$

即

$$\Delta h = \frac{D^2}{2R+\Delta h} \tag{2-27}$$

式中，由于 S 和 D 非常接近，因此可以用 S 代替 D，并顾及 Δh 与 $2R$ 相比可忽略不计，则

$$\Delta h = \frac{S^2}{2R} \tag{2-28}$$

以不同的距离 S 代入式(2-28)，可以得到相应的垂直距离(高程)误差(表 2-4)。

表 2-4　水平面代替水准面引起的垂直距离(高程)误差

S/km	0.1	0.2	0.3	0.4	0.5	1	2	5	10
Δh/cm	0.08	0.3	0.7	1.3	2	8	31	196	785

由表 2-4 可知，以水平面代替水准面，在 200 m 的距离上，有 3 mm 的垂直距离（高程）误差；在 1 km 的距离上，垂直距离（高程）误差就有 8 cm。因此，当进行高程测量时，一般应顾及水准面曲率的影响，并加以改正。

2.5.3　对水平角度测量的影响

由高斯投影的方向改化可知，水准面曲率对水平角度的影响十分微小，其误差大小可通过球面角超 ε 公式(2-8)计算得到。取地球近似半径 R=6 371 km，以不同的面积 P 代入式(2-8)，可以得到相应的水平角测量误差(表 2-5)。

表 2-5　水平面代替水准面引起的水平角误差

P/km^2	10	50	100	400	1 000	2 000	2 500
$\varepsilon/('')$	0.05	0.25	0.51	2.03	5.08	10.16	12.70

由表 2-5 可知，以水平面代替水准面，在面积为 10 km^2 范围内产生的水平角误差为 0.05″，对测量的影响非常微小。因此，在小区域测量工作中，一般不考虑由水准面曲率引起的水平角误差。

思考题

假设你正在测量川藏铁路的一段直线路段，两端点的距离为 20 km。已知地球平均半径为 6 371 km，不考虑其他因素（如地形的不规则性和大气折射），请回答以下问题：由于地球曲率，你测量出的距离和实际直线距离之间可能有多大的差异？你将如何校正这种由地球曲率导致的测量误差？

课后习题

[2-1]　地球曲率对水平距离、高程和水平角的影响如何？

[2-2]　在什么情况下能够用水平面代替水准面？

[2-3]　测量工作有哪些基本观测量？

[2-4]　测量工作程序的基本原则是什么？

[2-5]　控制测量和细部测量的主要区别是什么？

[2-6]　测量工作的基准面和基准线是什么？

[2-7]　什么是相对高程？什么是绝对高程？

[2-8]　某一位置在空间三维直角坐标系中的坐标为 X=3 798 580.857 m，Y=346 993.872 m，Z=5 094 780.835 m，试计算出该位置在大地坐标系下的坐标。

［2-9］ A 点的高斯坐标为 $x_A = 112\,240$ m，$y_A = 19\,343\,800$ m，则 A 点所在 6°带的带号及中央子午线经度分别为多少？

［2-10］ 根据已知导线点 M、N，在实地放样设计点 P 的平面位置，其中已知点 M、N 和设计点 P 的坐标如下：

$$M:\begin{cases} x_M = 657.262 \text{ m} \\ y_M = 843.482 \text{ m} \end{cases} \qquad N:\begin{cases} x_N = 912.775 \text{ m} \\ y_N = 835.741 \text{ m} \end{cases} \qquad P:\begin{cases} x_P = 788.859 \text{ m} \\ y_P = 954.876 \text{ m} \end{cases}$$

在测站点 M，试用“极坐标法”测设 P 点的坐标数据。

第 3 章

测量误差及处理方法

对于客观存在的物理量，其具有的不以人的意志为转移的客观大小称为真值。而测量活动是依据一定的理论方法，使用特定仪器，在特定环境中进行的主观行为，测量结果与客观真值之间总会存在或多或少的偏差，这一偏差就称为误差。误差的存在性并不会因仪器精密程度的提高而变化，从古代原始的绳尺到现代高精尖的激光测距仪，任何测量活动中都会产生误差。作为测量人员，掌握误差的产生原因、分布特性和处理方法等是必要的。

本章首先介绍测量误差的来源、分类与特性，然后介绍测量精度的评价方法与指标，最后介绍误差传播定律与应用。

本章学习重点

- 理解测量误差的产生原因和分类；
- 掌握偶然误差的特性；
- 掌握测量精度的评价方法；
- 掌握误差传播定律的使用方法。

3.1 测量误差分类与处理原则

3.1.1 测量误差的来源

测量工作的实践表明,对于某一客观存在的量,例如地面某两点之间的距离或高差、某三点之间连线构成的水平角等,尽管采用了合格的测量仪器和合理的观测方法,测量技术人员的工作态度也是认真负责的,但是,多次重复测量的结果总是有差异,这说明观测值中存在测量误差,或者说,测量误差是不可避免的。产生测量误差的原因概括起来有以下三个方面。

1. 仪器的原因

测量工作需要借助测量仪器开展,尽管测量仪器在不断改进,但总是受到当前科学技术和生产水平的限制而只具有一定的精确度,使测量结果受到影响。例如,一般测角仪器的度盘分划误差可能达到±2″,由此使所测的角度也产生误差。另外,仪器结构的不完善(如测量仪器轴线位置不准确)也会引起测量误差。

2. 人的原因

由于观测者的感官鉴别能力存在局限性,所以在对中、整平、瞄准、读数等仪器操作过程中都会产生误差。例如,在厘米分划的水准尺上,由观测者估读毫米数,则 1 mm 左右的读数误差是完全有可能的。另外,观测者的技术熟练程度也会给观测成果带来不同程度的影响。

3. 外界环境的影响

测量工作进行时所处的外界环境中的空气温度、气压、风力、日光照射、大气折光、烟雾等情况时刻在变化,也会使测量结果产生误差。例如,气温和气压变化使光电测距产生误差,风力和日光照射使仪器的安置不稳定,大气折光使望远镜中目标瞄准时产生上下或左右的偏差。

人、仪器和环境是测量工作得以进行的必要条件,但是,这些观测条件都有其本身的局限性和对测量精度的不利因素。因此,测量成果中的偶然误差是不可避免的。偶然误差的大小决定了观测值的精度。偶然误差小,则精度高;偶然误差大,则精度低。凡是观测条件相同的同类观测(例如测角或测距),称为等精度观测;观测条件不同的同类观测,称为不等精度观测,在处理观测成果时应有所区别。

3.1.2 测量误差的分类

测量误差按其产生的原因和对观测结果影响性质的不同,可以分为系统误差、偶然误差和粗差三类。

1. 系统误差

在相同的观测条件下,对某一量进行一系列的观测,如果出现的误差在符号和数值上都相同,或按一定的规律变化,则这种误差称为系统误差。例如,用名义长度为 30 m 而实际正确长度为 30.004 m 的钢卷尺量距，则每量一尺段就使距离量短了 0.004 m，即具有 −0.004 m 的距离误差，误差的符号不变，且与所量距离的长度成正比。因此，系统误差具有一定的方向性和明显的累积性。

系统误差对观测值的影响具有一定的数学或物理上的规律性，如果这种规律能够被找到，则系统误差对观测值的影响可以被改正，或者采用一定的测量方法使系统误差抵消或削弱。

2. 偶然误差

在相同的观测条件下，对某一量进行一系列的观测，如果误差出现的符号和数值大小都不相同，从表面上看没有任何规律性，则这种误差称为偶然误差。偶然误差是由人力所不能控制的或无法估计的许多因素（如人眼的分辨能力、仪器的极限精度和变化无常的气象因素等）共同引起的测量误差，其数值的正负和大小纯属偶然。例如，在厘米分划的水准尺上读数，估读毫米数时，有时估读过大，有时估读过小；大气折光使望远镜中目标成像不稳定，瞄准目标时有时偏左、有时偏右。因此，多次重复观测，取其平均值，可以抵消一部分偶然误差。

偶然误差是不可避免的，在相同的观测条件下观测某一量（属于等精度观测）所出现的大量偶然误差具有统计学的规律，或称为具有概率论的规律。关于这方面的内容，以后再作进一步分析。

3. 粗差

由于观测者的粗心或受某种干扰造成的特别大的测量误差称为粗差，如瞄错目标、读错大数等。粗差也称错误，是可以避免的，包含粗差的观测值应该舍弃，并重新进行观测。在测量误差理论的讨论中，应不包括粗差。

3.1.3　偶然误差的特性

测量误差理论主要研究以下问题：在具有偶然误差的一系列观测值中，如何求得最可靠的结果和评定观测成果的精度？为此，需要对偶然误差的性质作进一步的讨论。设某一量（例如一段距离或一个角度）客观存在的量值称为真值，用 X 表示。对此量进行 n 次观测，设得到的观测值为 $l_1, l_2, \cdots, l_n$，在各次观测中产生的偶然误差（相对于“真值”而言又可称为“真误差”）为 $\Delta_1,\ \Delta_2,\ \cdots,\ \Delta_n$，将其定义为

$$\Delta_i = X - l_i,\ i = 1,\ 2,\ \cdots,\ n \tag{3-1}$$

从单个偶然误差来看，其符号的正负和数值的大小没有任何规律性。但是，如果观测的次数很多，观察大量的偶然误差，就能发现隐藏在偶然性背后的必然性规律。统计的偶然误差数量越大，其规律性也越明显。下面结合某观测实例进行说明和分析。

在某一测区，在相同的观测条件下共观测了 358 个三角形的全部内角，由于每个三角形内角之和的真值（180°）为已知，因此，可以按式（3-1）计算每个三角形内角之和的偶然误差 Δ（称为三角形闭合差），将它们分为正误差和负误差，并统计误差绝对值，按绝对值由小到大排列次序。以误差区间 $d\Delta = 3''$ 统计误差个数 k，并计算其相对个数 k/n（$n = 358$），k/n 称为该区间的误差出现频率。偶然误差的统计见表 3-1。

表 3-1　偶然误差的统计

误差区间 $d\Delta''$	负误差		正误差		误差绝对值	
	k	k/n	k	k/n	k	k/n
0～3	45	0.126	46	0.128	91	0.254
3～6	40	0.112	41	0.115	81	0.226
6～9	33	0.092	33	0.092	66	0.184
9～12	23	0.064	21	0.059	44	0.123
12～15	17	0.047	16	0.045	33	0.092
15～18	13	0.036	13	0.036	26	0.073
18～21	6	0.017	5	0.014	11	0.031
21～24	4	0.011	2	0.006	6	0.017
24 以上	0	0	0	0	0	0
$\sum$	181	0.505	177	0.495	358	1.000

为了直观地表示偶然误差的正负和大小的分布情况，可以按表 3-1 的数据作图(图 3-1)。图中以横坐标表示误差的正负和大小，以纵坐标表示误差出现在各区间的频率除以区间$[(k/n)/d\Delta]$；每一区间按纵坐标作成矩形小条，则每一个小条的面积代表误差出现在该区间的频率(k/n)；对于整个统计数据，各小条的面积总和应等于 1。图 3-1 在统计学上称为误差频率直方图。

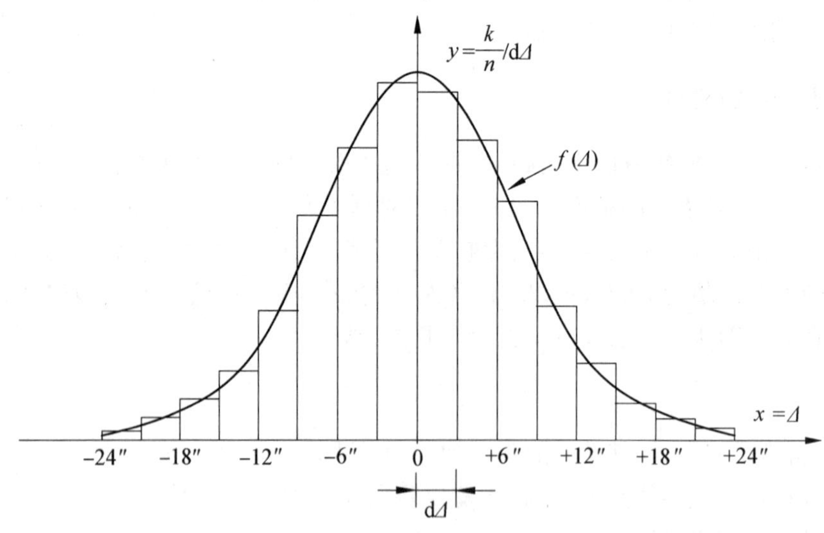

图 3-1　误差频率直方图

从表 3-1 的统计中，可以归纳出偶然误差的特性如下：

(1) 在一定观测条件下的有限次观测中，偶然误差的绝对值不会超过一定的数值；

(2) 绝对值较小的误差出现的频率较高，绝对值较大的误差出现的频率较低；

(3) 绝对值相等的正、负误差出现的频率大致相等；

(4) 当观测次数无限增大时,偶然误差的理论平均值趋近于零,即偶然误差具有抵偿性,用公式表示为

$$\lim_{n\to\infty}\frac{\Delta_1+\Delta_2+\cdots+\Delta_n}{n}=\lim_{n\to\infty}\frac{[\Delta]}{n}=0 \tag{3-2}$$

式中,方括号[·]表示取括号中数值的代数和。

以上根据358个三角形角度观测值的闭合差作出的误差频率直方图的基本图形,表现为中间高、两边低并向横轴逐渐逼近的、基本对称于纵轴的图形,这并不是一个特例,而是统计偶然误差时出现的普遍规律,并且可以用数学公式来表示。

若观测的次数无限增多,误差的个数也无限增多($n\to\infty$),同时又无限缩小误差的区间$\mathrm{d}\Delta$,则图3-1中各小长条的顶边所构成的折线就逐渐成为一条光滑的曲线。该曲线在概率论中称为误差的正态分布曲线,它完整地表示了偶然误差出现的概率P,即当$n\to\infty$时,上述误差区间内误差出现的频率趋于稳定,成为误差出现的概率。正态分布曲线的数学方程式称为概率密度函数。

$$f(\Delta)=\frac{1}{\sqrt{2\pi}\sigma}\mathrm{e}^{-\frac{\Delta^2}{2\sigma^2}} \tag{3-3}$$

式中,圆周率$\pi\approx3.141\,6$,自然对数的底$\mathrm{e}\approx2.718\,3$,在统计学上$\sigma$称为标准差,标准差的平方($\sigma^2$)称为方差。方差为观测次数趋近于无穷大时,偶然误差平方的理论平均值。

$$\sigma^2=\lim_{n\to\infty}\frac{\Delta_1^2+\Delta_2^2+\cdots+\Delta_n^2}{n}=\lim_{n\to\infty}\frac{[\Delta^2]}{n} \tag{3-4}$$

因此,标准差的计算式为

$$\sigma=\lim_{n\to\infty}\sqrt{\frac{[\Delta^2]}{n}}=\lim_{n\to\infty}\sqrt{\frac{[\Delta\Delta]}{n}} \tag{3-5}$$

由式(3-5)可知,标准差的大小取决于在一定条件下偶然误差出现的绝对值的大小。由于在计算标准差时取各个偶然误差的平方和,因此,当出现较大绝对值的偶然误差时,在标准差的数值大小中会有明显的反映。

正态分布的概率密度函数以偶然误差Δ为自变量,以标准差σ为概率密度函数的唯一参数,也是正态分布曲线两侧拐点的横坐标值。

思考题

既然更换更精密的测量仪器也无法避免测量误差的产生,那么我们为什么还要不断升级测量仪器?试结合本节所学知识加以说明。

3.2　测量精度评定的标准

3.2.1　误差处理的原则

为了防止粗差的发生和提高观测成果的精度,在测量工作中,一般需要进行多于必要

观测次数的观测,称为多余观测。例如,一段距离往返丈量,如果将往测作为必要观测,则返测就属于多余观测;由三个地面点构成一个平面三角形,为确定其形状,在三个点上进行水平角观测,其中两个角度属于必要观测,第三个角度的观测就属于多余观测。由于观测值中的偶然误差不可避免,有了多余观测,观测值之间必然会产生矛盾,如存在往返差、不符值、闭合差等,根据这些差值的大小,可以评定测量的精度。差值如果大到一定程度,就认为观测值中含有粗差(不属于偶然误差),称为误差超限,应进行重测。差值如果不超限,则按偶然误差的规律加以处理。例如,取平均值或按闭合差进行改正,以求得较为可靠的数值。因此,在测量工作中进行适当的多余观测,可以发现粗差(避免粗差)、评定观测值的精度和提高观测成果的精度。

至于观测值中的系统误差,应尽可能根据其产生的原因和规律加以改正、抵消或削弱。例如,进行精密的光电测距时,测定气温和气压,对测得的距离进行气象改正;全站仪的检验校正和测角时盘左、盘右观测而取其平均值;水准仪的检验校正和高差测定时使前、后视距相等。这些规定都是为了消除由测量环境和测量仪器产生的系统误差。

下面对测量误差处理的理论和方法的讨论中,假定仅存在偶然误差而不包括粗差和系统误差。

3.2.2 绝对中误差

为了统一衡量在一定观测条件下观测成果的精度,以标准差 σ 作为依据,在理论上是合理的。但是,在实际测量工作中,不可能对某一量进行无穷多次观测,因此,定义按有限次观测的偶然误差求得的标准差称为中误差,记为 m,即

$$m = \pm\sqrt{\frac{\Delta_1^2 + \Delta_2^2 + \cdots + \Delta_n^2}{n}} = \pm\sqrt{\frac{[\Delta\Delta]}{n}} \tag{3-6}$$

在统计学上,对某一量(称为母体)有限次的观测值称为子样,因此,中误差又称为子样标准差,在有关计量的规范中称为不确定度。

对于有限次的观测,用中误差评定其精度,实践证明是比较合适的。例如,对 10 个三角形的内角进行了两组观测,根据两组观测值中的偶然误差(三角形的角度闭合差一真误差),分别按式(3-6)计算其中误差,列于表 3-2 中。

表 3-2 按观测值的真误差计算中误差

观测次序	第一组观测值			第二组观测值		
	观测值 l	$\Delta/('')$	$\Delta^2/('')^2$	观测值 l	$\Delta/('')$	$\Delta^2/('')^2$
1	180°00′03″	−3	9	180°00′00″	0	0
2	180°00′02″	−2	4	179°59′59″	+1	1
3	179°59′58″	+2	4	180°00′07″	−7	49
4	179°59′56″	+4	16	180°00′02″	−2	4

（续表）

观测次序	第一组观测值			第二组观测值		
	观测值 l	$\Delta/('')$	$\Delta^2/('')^2$	观测值 l	$\Delta/('')$	$\Delta^2/('')^2$
5	180°00′01″	−1	1	180°00′01″	−1	1
6	180°00′00″	0	0	179°59′59″	+1	1
7	180°00′04″	−4	16	179°59′52″	+8	64
8	179°59′57″	+3	9	180°00′00″	0	0
9	179°59′58″	+2	4	179°59′57″	+3	9
10	180°00′03″	−3	9	180°00′01″	−1	1
$\sum$（绝对值）		24	72		24	130
中误差	$m_1=\pm\sqrt{\frac{\sum\Delta^2}{10}}=\pm2.7''$			$m_2=\pm\sqrt{\frac{\sum\Delta^2}{10}}=\pm3.6''$		

由此可见，第二组观测值的中误差 m_2 大于第一组观测值的中误差 m_1。虽然这两组观测值的误差绝对值之和是相等的，但在第二组观测值中出现了较大的偶然误差（$-7''$，$+8''$），因此，计算出来的中误差就较大，或者说其观测精度较低。

在一组观测值中，如果标准差已经确定，就可以画出它所对应的偶然误差的正态分布曲线。根据式(3-3)，当 $\Delta=0$ 时，$f(\Delta)$ 有最大值；如果以中误差代替标准差，则其最大值为 $\frac{1}{\sqrt{2\pi}m}$；曲线拐点的横坐标为 $\pm m$。

因此，当 m 较小时，曲线在纵轴方向的顶峰较高，在纵轴两侧迅速逼近横轴，表示大误差出现的频率较低，小误差出现的频率较高，误差分布比较集中；当 m 较大时，曲线在纵轴方向的顶峰较低，曲线形状平缓，表示误差分布比较离散。以上两组观测值误差的正态分布曲线如图 3-2 所示。

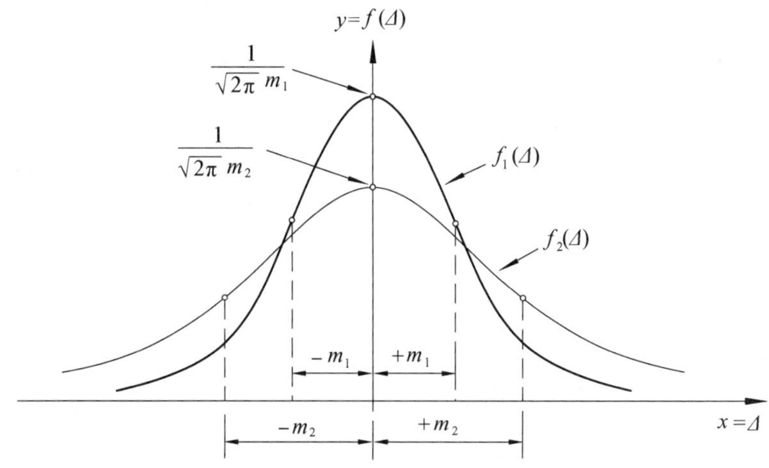

图 3-2　两组观测值误差的正态分布曲线

3.2.3　相对中误差

在某些测量工作(如长度和面积等观测)中,有时仅用绝对中误差来衡量观测值的精度还不能正确反映出观测值的质量。例如,用光电测距仪测量长度分别为 1 000 m 和 200 m 的两段距离,测距的中误差都是±2 cm,但不能认为二者的测量精度是相同的,因为距离测量的误差大小与其长度有关。为此,用观测值的中误差与观测值之比的形式描述距离测量的精度(面积测量也应如此),称为相对中误差(用分子为 1 的分式表示)。在上述例子中,前者的相对中误差为 0.02/1 000=1/50 000,而后者为 0.02/200=1/10 000,前者的测距精度高于后者。

3.2.4　极限误差

由频率直方图(图 3-1)可知:图中各矩形小条的面积代表误差出现在该区间中的频率,当统计误差的个数无限增加、误差区间无限减小时,频率逐渐趋于稳定而成为概率,直方图的顶边即形成正态分布曲线。根据正态分布曲线,可以表示出误差出现在微小区间 $d\Delta$ 中的概率:

$$p(\Delta) = f(\Delta) \cdot d\Delta = \frac{1}{\sqrt{2\pi} m} e^{-\frac{\Delta^2}{2m^2}} d\Delta \tag{3-7}$$

对式(3-7)积分,可以得到偶然误差在任意大小区间中出现的概率。设以 k 倍中误差作为区间,则在此区间中误差出现的概率为

$$P(|\Delta| \leqslant km) = \int_{-km}^{+km} \frac{1}{\sqrt{2\pi} m} e^{-\frac{\Delta^2}{2m^2}} d\Delta \tag{3-8}$$

分别以 $k=1$、$k=2$、$k=3$ 代入式(3-8),可以得到偶然误差的绝对值不大于 1 倍中误差、2 倍中误差和 3 倍中误差的概率:

$$\begin{aligned} P(|\Delta| \leqslant m) &= 0.683 = 68.3\% \\ P(|\Delta| \leqslant 2m) &= 0.954 = 95.4\% \\ P(|\Delta| \leqslant 3m) &= 0.997 = 99.7\% \end{aligned} \tag{3-9}$$

由此可见,偶然误差的绝对值大于 2 倍中误差的情况约占误差总数的 5%,而大于 3 倍中误差的情况仅占误差总数的 0.3%。一般进行的测量次数有限,3 倍中误差很少遇到。因此,以 2 倍中误差作为允许的误差极限,称为允许误差,或称为限差,即

$$\Delta_{允} = 2m \tag{3-10}$$

思考题

某些测量活动中不可避免地会遇到观测值存在粗差的情况,试结合本节所学知识以及概率论与数理统计的相关知识,给出将粗差探测排除的思路。

3.3　观测量的精度评定

3.3.1　算术平均值

在相同的观测条件下，对某个未知量进行 n 次观测，其观测值分别为 l_1，l_2，…，l_n。将这些观测值取算术平均值 $\bar{x}$，作为该量的最可靠值，也称为最或然值。

$$\bar{x}=\frac{l_1+l_2+\cdots+l_n}{n}=\frac{[l]}{n} \tag{3-11}$$

对同一量进行多次观测，获得多个观测值而取其算术平均值的合理性和可靠性，可以用偶然误差的特性来证明：设某一量的真值为 X，各次观测值为 l_1，l_2，…，l_n，其相应的真误差为 Δ_1，Δ_2，…，Δ_n，则

$$\begin{cases}\Delta_1=X-l_1\\ \Delta_2=X-l_2\\ \quad\vdots\\ \Delta_n=X-l_n\end{cases} \tag{3-12}$$

将式(3-12)中的等式相加，并除以 n，得到

$$\frac{[\Delta]}{n}=X-\frac{[l]}{n} \tag{3-13}$$

根据偶然误差的第四个特性，当观测次数无限增多时，$\frac{[\Delta]}{n}$ 就会趋近于零，即

$$\lim_{n\to\infty}\frac{[\Delta]}{n}=0 \tag{3-14}$$

$$\lim_{n\to\infty}\frac{[l]}{n}=X \tag{3-15}$$

也就是说，当观测次数无限增多时，观测值的算术平均值在理论上趋近于该量的真值。在实际工作中，不可能对某一量进行无限次的观测，但是将有限个观测值的算术平均值作为该量的最或然值，由于偶然误差的抵消性，可以不同程度地向真值逼近，即提高该量的观测精度。

思考题

从概率统计学的角度讲，这里计算得出的“最或然值”具有哪些性质？

3.3.2　观测量的改正值

最或然值与观测值之差称为观测值的改正值，记为 v，此处的最或然值是算术平均

值,即

$$\begin{cases} v_1 = \bar{x} - l_1 \\ v_2 = \bar{x} - l_2 \\ \quad \vdots \\ v_n = \bar{x} - l_n \end{cases} \tag{3-16}$$

将式(3-16)中的等式相加,得

$$[v] = n\bar{x} - [l] \tag{3-17}$$

再根据式(3-11),得到

$$[v] = n\frac{[l]}{n} - [l] = 0 \tag{3-18}$$

一组观测值取算术平均值后,其改正值之和恒等于零。这一公式可以作为计算算术平均值及各个观测值的改正值时的检核。

对于一组等精度观测值,取其算术平均值作为最或然值是合理的,因为各个观测值的改正值符合偶然误差的最小二乘法的数据处理原则,也就是使各个改正值的平方和为最小。

$$[vv] = [(\bar{x} - l)^2] = \min \tag{3-19}$$

以此作为条件来求待定值 $\bar{x}$,需要使式(3-19)的一阶导数为零,即令

$$\frac{\mathrm{d}[vv]}{\mathrm{d}x} = 2[(\bar{x} - l)] = 0 \tag{3-20}$$

由此得到

$$n\bar{x} - [l] = 0, \quad \bar{x} = \frac{[l]}{n} \tag{3-21}$$

由此证明式(3-11)符合最小二乘法原理。

3.3.3 中误差的计算

观测值的精度最理想的是以标准差 σ 来衡量,其数学表达式见式(3-5)。但由于在实际工作中不可能对某一量进行无穷多次观测,因此,只能根据有限次观测,用式(3-6)估算中误差 m 来衡量其精度。但是应用式(3-6)时,还需要满足观测对象的真值 X 为已知、真误差 Δ_i 可以求得的条件。例如,用全站仪观测平面三角形的三个内角,每个三角形的内角之和的真值(180°)为已知,因此,求得的三角形闭合差为真误差。

通常情况下,观测值的真值 X 是未知的,真误差 Δ_i 也就无法求得,此时,就不能用式(3-6)求中误差。由 3.2 节可以知道:在同样的观测条件下对某一量进行多次观测,可以取其算术平均值 $\bar{x}$ 作为最或然值,可以算得各个观测值的改正值 v_i;$\bar{x}$ 在观测次数逐渐增多时将逼近于真值 X。因此,对于有限的观测次数,以 $\bar{x}$ 代替 X 即相应于以改正值 v_i 代替真误差 Δ_i。参照式(3-6),得到按观测值的改正值计算观测值中误差的公式:

$$m = \pm\sqrt{\frac{[vv]}{n-1}} \tag{3-22}$$

将式(3-22)与式(3-6)对照可见,除了以$[vv]$代替$[\Delta\Delta]$之外,还以$n-1$代替n。简单直观的解释为:在真值已知的情况下,所有n个观测值均为多余观测;在真值未知的情况下,则有一个观测值是必要的,其余$n-1$个观测值是多余的。因此,两个公式中的n和$n-1$是分别代表真值已知和真值未知两种不同情况下的多余观测数。

式(3-22)可以根据偶然误差的特性来证明。根据真误差[式(3-12)]和观测值的改正值[式(3-16)],将式(3-12)中各式与式(3-16)中各式分别相减,得到

$$\begin{cases}\Delta_1 = v_1 + (X - \bar{x}) \\ \Delta_2 = v_2 + (X - \bar{x}) \\ \qquad\vdots \\ \Delta_n = v_n + (X - \bar{x})\end{cases} \tag{3-23}$$

将式(3-23)等号两端各取其总和,并顾及$[v]=0$,得到

$$[\Delta] = n(X - \bar{x}) \tag{3-24}$$

$$X - \bar{x} = \frac{[\Delta]}{n} \tag{3-25}$$

再取其平方和,得到

$$[\Delta\Delta] = [vv] + n(X - \bar{x})^2 \tag{3-26}$$

式中,

$$(X - \bar{x})^2 = \frac{[\Delta]^2}{n^2} = \frac{\Delta_1^2 + \Delta_2^2 + \cdots + \Delta_n^2}{n^2} + \frac{2(\Delta_1\Delta_2 + \Delta_1\Delta_3 + \cdots + \Delta_{n-1}\Delta_n)}{n^2} \tag{3-27}$$

式(3-27)右端第二项中$\Delta_i\Delta_j\ (j \neq i)$为任意两个偶然误差的乘积,它仍然具有偶然误差的特性。根据偶然误差的第四个特性,可以认为

$$\lim_{n\to\infty}\frac{\Delta_1\Delta_2 + \Delta_1\Delta_3 + \cdots + \Delta_{n-1}\Delta_n}{n} = 0 \tag{3-28}$$

当n为有限值时,式(3-28)的值为一微小量,再除以n后,更可以忽略不计,因此,式(3-27)可写为

$$(X - \bar{x})^2 = \frac{[\Delta\Delta]}{n^2} \tag{3-29}$$

式(3-26)可写为

$$[\Delta\Delta] = [vv] + \frac{[\Delta\Delta]}{n} \tag{3-30}$$

进而得到

$$\frac{[\Delta\Delta]}{n}=\frac{[vv]}{n-1} \tag{3-31}$$

根据式(3-31),就可以按式(3-6)演化出式(3-22),用于对同一量进行多次观测时的观测值精度评定。例如,对于某一水平距离,在相同观测条件下进行 6 次观测,求其算术平均值及观测值的中误差,计算在表 3-3 中进行。在计算算术平均值时,由于各个观测值必然大同小异,因此,令其数值的共同部分为 l_0,差异部分为 Δl_i,即

$$l_i=l_0+\Delta l_i \tag{3-32}$$

则算术平均值的实用计算公式为

$$\bar{x}=l_0+\frac{[\Delta l]}{n} \tag{3-33}$$

表 3-3　按观测值的改正值计算中误差

次序	观测值 l/m	Δl/cm	改正值 v /cm	vv/cm^2	计算算术平均值及观测值中误差
1	120.031	+3.1	−1.4	1.96	算术平均值： $\bar{x}=l_0+\frac{[\Delta l]}{n}$ $=120.017$ (m) 观测值中误差： $m=\pm\sqrt{\frac{[vv]}{n-1}}$ $=\pm 3.0$ (cm)
2	120.025	+2.5	−0.8	0.64	
3	119.983	−1.7	+3.4	11.56	
4	120.047	+4.7	−3.0	9.00	
5	120.040	+4.0	−2.3	5.29	
6	119.976	−2.4	+4.1	16.81	
$\sum$	(l_0=120.000)	+10.2	0.0	45.26	

3.4　误差传播定律与应用

3.4.1　观测量的函数表达

以上介绍了对某一量(例如一个角度、一段距离等)直接进行多次观测,以求得其最或然值,计算观测值的中误差,作为衡量精度的标准。但是,在测量工作中,有一些需要知道的量并非直接观测值,而是根据一些直接观测值按一定的数学公式(函数关系)计算而得,这些量称为观测值的函数。由于观测值中含有误差,函数受其影响也含有误差,这称为误差传播。讨论测量的误差传播时,一般有下列一些函数关系。

1. 和差函数

例如,两点间的水平距离 D 分为 n 段来测量,各段测量的长度分别为 d_1, d_2, …, d_n,则 $D=d_1+d_2+\cdots+d_n$,即距离 D 是各分段观测值之和,这种函数称为和差函数。

2. 倍函数

例如,用尺子在 1∶1 000 的地形图上量得两点间的距离 d,其相应的实地距离 $D=$

1 000×d,即 D 是 d 的倍函数。

3. 线性函数

例如,计算算术平均值的公式为

$$\bar{x} = \frac{1}{n}(l_1 + l_2 + \cdots + l_n) = \frac{1}{n}l_1 + \frac{1}{n}l_2 + \cdots + \frac{1}{n}l_n \tag{3-34}$$

线性函数可以看作在直接观测值 l_i 之前乘某一系数[不一定如式(3-34)一样是相同的系数],并取其代数和的结果。从这个角度讲,可以把算术平均值看成是各个观测值的线性函救,同样地,和差函数和倍函数也属于线性函数。

4. 一般函数

例如,测量直角三角形斜边 c 和一锐角 α,便可求出其对边 a 和邻边 b,公式为 $a = c\sin\alpha$, $b = c\cos\alpha$。凡是在自变量之间用到乘、除、乘方、开方、三角函数等数学运算符的函数称为非线性函数。线性函数和非线性函数在此统称为一般函数。

根据观测值的中误差求观测值函数的中误差,需要应用误差传播定律。根据误差传播定律,将函数与观测值的误差关系表达成一定的数学公式。

3.4.2　乘积函数的中误差

首先,用一个测量矩形长、宽求面积的例子来说明一般函数的误差传播,这个例子具有很直观的几何意义。在图 3-3 中,设测量矩形的长度为 a 和宽度为 b,求其面积 P,则矩形面积是矩形的长和宽的函数:

$$P = ab \tag{3-35}$$

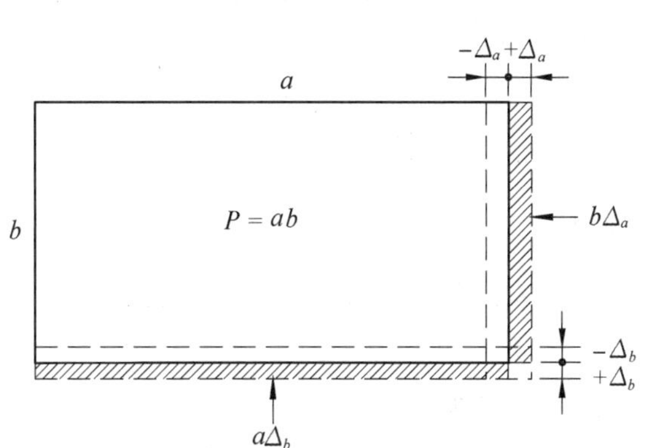

图 3-3　矩形的面积误差

式(3-35)是含有两个自变量(a, b)的一般函数。设 a 和 b 中包含偶然误差 Δ_a 和 Δ_b,分析由此产生的面积误差 Δ_P。由于偶然误差是微小量,误差传播是函数的微分关系,因此,将式(3-35)对 a 和 b 求偏微分:

$$\mathrm{d}P = \frac{\partial P}{\partial a}\mathrm{d}a + \frac{\partial P}{\partial b}\mathrm{d}b \tag{3-36}$$

$$\mathrm{d}P = b\,\mathrm{d}a + a\,\mathrm{d}b \tag{3-37}$$

将式(3-37)中的微分元素以偶然误差代替：

$$\Delta_P = b\Delta_a + a\Delta_b \tag{3-38}$$

将式(3-38)与图 3-3 相对照，可以看出：$b\Delta_a$ 与 $a\Delta_b$ 为两小块狭长矩形的面积，二者相加而形成矩形的面积误差 Δ_P；至于 $\Delta_a\Delta_b$ 形成图形右下角的一小块面积，它与 Δ_P 相比，属于更高阶的无穷小，可以忽略不计。这就是上述微分公式的几何意义。

设对矩形的长度 a 和宽度 b 进行 n 次观测，则有下列一组偶然误差关系式成立：

$$\begin{cases} \Delta_{P_1} = b\Delta_{a_1} + a\Delta_{b_1} \\ \Delta_{P_2} = b\Delta_{a_2} + a\Delta_{b_2} \\ \quad\vdots \\ \Delta_{P_n} = b\Delta_{a_n} + a\Delta_{b_n} \end{cases} \tag{3-39}$$

取式(3-39)中各式的平方和：

$$[\Delta_P\Delta_P] = b^2[\Delta_a\Delta_a] + a^2[\Delta_b\Delta_b] + 2ab[\Delta_a\Delta_b] \tag{3-40}$$

将式(3-40)两边同时除以 n：

$$\frac{[\Delta_P\Delta_P]}{n} = b^2\frac{[\Delta_a\Delta_a]}{n} + a^2\frac{[\Delta_b\Delta_b]}{n} + 2ab\frac{[\Delta_a\Delta_b]}{n} \tag{3-41}$$

两个不同的偶误差的乘积仍然具有偶然误差的性质，根据偶然误差的第四个特性，可知

$$\lim_{n\to\infty}\frac{[\Delta_a\Delta_b]}{n} = 0 \tag{3-42}$$

因此，式(3-41)可写为

$$\frac{[\Delta_P\Delta_P]}{n} = b^2\frac{[\Delta_a\Delta_a]}{n} + a^2\frac{[\Delta_b\Delta_b]}{n} \tag{3-43}$$

按中误差的定义，式(3-43)即为

$$m_P^2 = b^2m_a^2 + a^2m_b^2 \tag{3-44}$$

即面积 P 的中误差为

$$m_P = \pm\sqrt{b^2m_a^2 + a^2m_b^2} \tag{3-45}$$

用函数的全微分方法求误差的传播，可以推广到一般多元函数：

$$Z = f(x_1,\ x_2,\ \cdots,\ x_n) \tag{3-46}$$

式中，x_1，x_2，…，x_n 为独立变量(直接观测值属于独立变量)，其中误差分别为 m_1，m_2，…，m_n，则函数 Z 的中误差为

$$m_Z = \pm\sqrt{\left(\frac{\partial f}{\partial x_1}\right)^2 m_1^2 + \left(\frac{\partial f}{\partial x_2}\right)^2 m_2^2 + \cdots + \left(\frac{\partial f}{\partial x_n}\right)^2 m_n^2} \tag{3-47}$$

式(3-47)即一般函数的中误差计算公式，是误差传播定律的数学表达式。其他函数，如线性函数、和差函数、倍函数等，都是一般函数的特殊情况。以下将根据误差传播定律导出其实用计算公式。

3.4.3　线性函数的中误差

待求量是可直接观测量的线性映射。设有线性函数：

$$Z = k_1x_1 + k_2x_2 + \cdots + k_nx_n \tag{3-48}$$

式中，k_1，k_2，…，k_n 为任意常数；x_1，x_2，…，x_n 为独立变量，其中误差分别为 m_1，m_2，…，m_n。

求各个自变量的偏导数：

$$\frac{\partial Z}{\partial x_1} = k_1,\quad \frac{\partial Z}{\partial x_2} = k_2,\quad \cdots,\quad \frac{\partial Z}{\partial x_n} = k_n \tag{3-49}$$

按照误差传播定律，得到线性函数的中误差：

$$m_Z = \pm\sqrt{k_1^2m_1^2 + k_2^2m_2^2 + \cdots + k_n^2m_n^2} \tag{3-50}$$

例如，对某一量进行 n 次等精度观测，其算术平均值可按式(3-34)计算，算术平均值的中误差可按式(3-51)计算：

$$m_{\bar{x}} = \pm\sqrt{\left(\frac{1}{n}\right)^2 m_1^2 + \left(\frac{1}{n}\right)^2 m_2^2 + \cdots + \left(\frac{1}{n}\right)^2 m_n^2} \tag{3-51}$$

由于是等精度观测，因此，$m_1 = m_2 = \cdots = m_n = m$，其中，$m$ 为观测值的中误差。根据式(3-51)及式(3-22)，得到按观测值的中误差或观测值的改正值计算算术平均值的中误差的公式：

$$m_{\bar{x}} = \pm\frac{m}{\sqrt{n}} = \pm\sqrt{\frac{[vv]}{n(n-1)}} \tag{3-52}$$

由此可见，算术平均值的中误差是观测值中误差的 $1/\sqrt{n}$。因此，对某一量进行多次等精度观测而取其算术平均值，是提高观测成果精度较为有效的方法。

例如，表 3-3 中距离测量算得算术平均值和观测值中误差后，按式(3-52)继续求其算术平均值的中误差：

$$m_{\bar{x}} = \pm\frac{m}{\sqrt{n}} = \pm\frac{3.0}{\sqrt{6}} = \pm 1.2(\text{cm}) \tag{3-53}$$

由此可见，1 次丈量的中误差为±3.0 cm，其相对中误差为 $\frac{0.03}{120} = \frac{1}{4\,000}$；而 6 次丈量

的算术平均值的中误差为±1.2 cm,其相对中误差为 $\frac{0.012}{120}=\frac{1}{10\,000}$。可见算术平均值的精度和相对精度均有明显的提高。

如果某线性函数只有一个自变量:

$$Z=kx \tag{3-54}$$

则称该线性函数为倍函数。按照误差传播定律,倍函数的中误差为

$$m_Z=km_x \tag{3-55}$$

例如,在比例尺为 1∶500 的地形图上量得某两点间的距离 $d=134.7$ mm,图上量距的中误差 $m_d=\pm0.2$ mm,换算为实地两点间的距离 D 及其中误差 m_D 分别为

$$D=500\times134.7\ \text{mm}=67.35\ \text{m} \tag{3-56}$$

$$m_D=500\times(\pm0.2\ \text{mm})=\pm0.1\ \text{m} \tag{3-57}$$

则这段距离及其中误差可以写成 $D=67.35\ \text{m}\pm0.1\ \text{m}$。

3.4.4 和差函数的中误差

待求量是一系列可直接观测量的加和或(和)差值。设有和差函数:

$$Z=x_1\pm x_2\pm\cdots\pm x_n \tag{3-58}$$

式中,x_1, x_2, …, x_n 为独立变量,其中误差分别为 m_1, m_2, …, m_n。

和差函数也属于线性函数,因此可按式(3-50)计算,并顾及 $k_1=k_2=\cdots=k_n=\pm1$,得到和差函数的中误差:

$$m_Z=\pm\sqrt{m_1^2+m_2^2+\cdots+m_n^2} \tag{3-59}$$

例如,分段测量一直线上的两段距离 AB 和 BC,丈量结果及其中误差如下:

$$\begin{cases}AB=150.15\ \text{m}\pm0.12\ \text{m}\\ BC=210.24\ \text{m}\pm0.16\ \text{m}\end{cases} \tag{3-60}$$

则全长 AC 及其中误差 m_{AC} 为

$$AC=AB+BC=150.15\ \text{m}+210.24\ \text{m}=360.39\ \text{m} \tag{3-61}$$

$$m_{AC}=\pm\sqrt{0.12^2+0.16^2}=\pm0.20\ \text{m} \tag{3-62}$$

和差函数中的各个自变量如果具有相同的精度,则式(3-59)中 $m_1=m_2=\cdots=m_n=m$,因此,等精度自变量的和差函数的中误差为

$$m_Z=\pm m\sqrt{n} \tag{3-63}$$

例如,用 30 m 的钢尺丈量一段 240 m 的距离 D,共量 8 个尺段。设每一尺段丈量的中误差为±5 mm,则丈量全长 D 的中误差为

$$m_D = \pm 5 \times \sqrt{8} = \pm 14\ \text{mm} \tag{3-64}$$

和差函数的中误差公式也可以用于有多种独立误差来源的总误差的计算。例如，进行水平角观测时，每一观测方向同时受到对中、瞄准、读数、仪器误差、大气折光等的影响，可以认为观测方向值的偶然误差是这些因素的偶然误差的代数和：

$$\Delta_{方} = \Delta_{中} + \Delta_{瞄} + \Delta_{读} + \Delta_{仪} + \Delta_{气} \tag{3-65}$$

如果已知各种误差来源的中误差，则可以用和差函数中误差的公式来估算方向观测值的中误差：

$$m_{方} = \pm\sqrt{m_{中}^2 + m_{瞄}^2 + m_{读}^2 + m_{仪}^2 + m_{气}^2} \tag{3-66}$$

瞄准误差和读数误差是方向观测的主要误差来源，设其中误差各为$\pm 2''$，其余因素的中误差各为$\pm 1''$，则方向观测值的中误差为

$$m_{方} = \pm\sqrt{1''^2 + 2''^2 + 2''^2 + 1''^2 + 1''^2} = \pm 3.3'' \tag{3-67}$$

水平角值是由两个方向值相减而得，按照和差函数中误差的计算公式，得到水平角值的中误差：

$$m_{角} = \pm m_{方}\sqrt{2} = \pm 3.3''\sqrt{2} = \pm 4.7'' \tag{3-68}$$

思考题

误差传播定律在实际测量活动中有着广泛的应用。试举出在生产生活中，可能会用到线性函数、倍函数和乘积函数进行误差传播的例子。

3.5　加权平均值及其中误差

3.5.1　不等精度观测和观测量的权

对于某一未知量，从 n 次等精度观测中取算术平均值，以求得最或然值。然而，在测量实践中，除了等精度观测以外，还有不等精度观测。此时，求多次观测的最或然值就不能简单地用算术平均值，而需要用加权平均值的方法求解。对于某个观测值或观测值的函数的精度，需要将它与统计学中“权”(Weight)的概念联系起来。

“权”原来的意义为秤锤，是一种衡量的器具，在误差理论中用于对观测值或观测值的函数作“权衡轻重”之意。某一观测值(或观测值的函数)的误差越小(精度越高)，其权越大；反之，误差越大(精度越低)，其权越小。一般用 m 表示中误差，用 P 表示权，并定义：权与中误差的平方成反比，用公式表示为

$$P_i = \frac{C}{m_i^2} \tag{3-69}$$

式中，C 为任意常数。

等于1的权称为单位权，权等于1的中误差称为单位权中误差，一般用 m_0(或 σ_0，μ)

表示。因此,权的另一种表达式为

$$P_i = \frac{m_0^2}{m_i^2} \tag{3-70}$$

中误差的另一种表达式为

$$m_i = m_0\sqrt{\frac{1}{P_i}} \tag{3-71}$$

3.5.2 加权平均值及其中误差计算

对某一未知量进行一组不等精度观测: L_1, L_2, …, L_n,其中误差分别为 m_1, m_2, …, m_n,按式(3-69)计算观测值的权 P_1, P_2, …, P_n。按照误差理论,此时应按下式取其加权平均值,作为该量的最或然值:

$$x = \frac{P_1L_1 + P_2L_2 + \cdots + P_nL_n}{P_1 + P_2 + \cdots + P_n} = \frac{[PL]}{[P]} \tag{3-72}$$

由于同一个量的各个观测值数值都相近,取其相同部分为 L_0,差别部分为 ΔL_i,即

$$L_i = L_0 + \Delta L_i \tag{3-73}$$

则计算加权平均值的式(3-72)可以写成:

$$x = L_0 + \frac{[P\Delta L]}{[P]} \tag{3-74}$$

根据同一个量的 n 次不等精度观测值,计算其加权平均值后,用下式计算各个观测值的改正值:

$$\begin{cases} v_1 = x - L_1 \\ v_2 = x - L_2 \\ \quad\vdots \\ v_n = x - L_n \end{cases} \tag{3-75}$$

这些不等精度观测值的改正值,也应符合最小二乘法的数据处理原则[参见等精度观测时的式(3-19)],其数学表达式为

$$[Pvv] = [P(x - L)^2] = \min \tag{3-76}$$

为求其极小值,以 x 为自变量,对式(3-76)求一阶导数,并令其等于零:

$$\frac{\mathrm{d}[Pvv]}{\mathrm{d}x} = 2[P(x - L)] = 0 \tag{3-77}$$

得到

$$[P]x - [PL] = 0,\ x = \frac{[PL]}{[P]} \tag{3-78}$$

由此证明式(3-72)符合最小二乘法的原则。此外,也可根据式(3-75)证明不等精度观测值的改正值还应满足式(3-79),并可作为计算加权平均值及观测值的改正值时的检核:

$$[Pv]=[P(x-L)]=[P]x-[PL]=0 \tag{3-79}$$

加权平均值的计算公式(3-72)可以写成线性函数的形式:

$$x=\frac{P_1}{[P]}L_1+\frac{P_2}{[P]}L_2+\cdots+\frac{P_n}{[P]}L_n \tag{3-80}$$

根据线性函数的误差传播公式,得到

$$m_x=\sqrt{\left(\frac{P_1}{[P]}\right)^2 m_1^2+\left(\frac{P_2}{[P]}\right)^2 m_2^2+\cdots+\left(\frac{P_n}{[P]}\right)^2 m_n^2} \tag{3-81}$$

根据式(3-70),式(3-81)可化为

$$m_x=m_0\sqrt{\frac{P_1}{[P]^2}+\frac{P_2}{[P]^2}+\cdots+\frac{P_n}{[P]^2}} \tag{3-82}$$

因此,加权平均值的中误差为

$$m_x=\frac{m_0}{\sqrt{[P]}} \tag{3-83}$$

对照式(3-71)可知,加权平均值的权为全部观测值的权之和:

$$P_x=[P] \tag{3-84}$$

思考题

权是一种在生产与研究中广泛应用的思想,在哪些实际测量活动中需要用到加权平均值?请举例说明。

3.5.3　单位权中误差计算

在处理不等精度的测量成果时,需要根据单位权中误差来计算观测值的权和加权平均值的中误差等。单位权中误差一般取某一类观测值的基本精度,例如,水平角观测的一测回的中误差,水准测量 1 km 线路高差测定的中误差。因此,对于某一类观测值的基本精度,必须有正确的估算方法。根据对同一个量的不等精度观测,可以估算本类观测值的单位权中误差。

根据式(3-70),对于同一个量的 n 个不等精度观测值,得到

$$\begin{cases} m_0^2=P_1m_1^2 \\ m_0^2=P_2m_2^2 \\ \quad\vdots \\ m_0^2=P_nm_n^2 \end{cases} \tag{3-85}$$

将式(3-85)中各式相加,并除以 n,得到

$$m_0^2 = \frac{[Pm^2]}{n} = \frac{[Pmm]}{n} \tag{3-86}$$

用真误差 Δ_i 代替中误差 m_i,得到在观测量真值已知的情况下用真误差求单位权中误差的公式:

$$m_0 = \sqrt{\frac{[P\Delta\Delta]}{n}} \tag{3-87}$$

在观测量真值未知的情况下,用观测值的加权平均值 x 代替真值 X,用观测值的改正值 v_i 代替真误差 Δ_i,并仿照式(3-22)的推导,得到按不等精度观测值的改正值计算单位权中误差的公式:

$$m_0 = \sqrt{\frac{[Pvv]}{n-1}} \tag{3-88}$$

课后习题

[3-1] 描述测量误差的定义,并解释为什么测量误差在测量活动中是不可避免的。

[3-2] 在测量工作中为什么要进行多余观测?举例说明多余观测在提高测量精度中的作用。

[3-3] 产生测量误差的原因有哪些?偶然误差有哪些特性?

[3-4] 详细描述系统误差和粗差的区别,并举例说明如何在测量过程中识别和处理这两种误差。

[3-5] 何谓标准差、中误差、极限误差和相对误差?它们各适用于何种场合?

[3-6] 试用公式推导偶然误差的正态分布曲线,并解释其在测量误差统计中的应用。

[3-7] 量得一圆形地物的直径为 64.780 m±5 mm,求圆周长度 S 及其中误差 m_s。

[3-8] 量得某矩形场地的长度 a=156.34 m±0.10 m,宽度 b = 85.27m±0.05m,计算该矩形场地的面积 A 及其中误差 m_A。

[3-9] 何谓不等精度观测?何谓权?权有何实用意义?

[3-10] 给定两点间的距离测量数据:d_1= 50.24 m,d_2=50.26 m,d_3=50.25 m,其误差分别为±0.02 m,±0.03 m,±0.01 m。试计算测量值的加权平均值及其中误差。

[3-11] 某测量小组用两种不同的仪器测量某一角度,得到以下数据:第一种仪器测得角度为 89°59′50″,误差±5″,第二种仪器测得角度为 89°59′55″,误差为±3″。试计算这两种仪器测量结果的综合加权平均值。

第 4 章

水 准 测 量

为了地形图测绘和建筑工程的设计与施工放样，必须测定一系列地面点的高程。高程测量按当前普遍使用的仪器和方法，主要分为水准测量、三角高程测量和 GNSS 高程测量。本章将主要介绍水准测量的原理、仪器和方法。

为了统一全国的高程系统，我国通常采用黄海多年平均海水面作为全国高程系统的基准面，这也是我国采用的大地水准面的起算面。为确定这个基准面，我国在青岛设立验潮站和国家水准原点，并根据青岛验潮站 1952—1979 年的潮汐观测资料，确定黄海平均海水面为高程零点，据此测定青岛国家水准原点的高程为 72.260 4 m，这个高程零点和国家水准原点的高程称为 1985 国家高程基准。根据这个基准，测定全国各地的高程，例如 2020 年我国重新测定的珠穆朗玛峰的高程为 8 848.86 m。

从青岛水准原点出发，用高精度的一、二等水准测量在全国范围内沿一定的水准路线测定一系列水准点(Bench Mark，BM)的高程，作为全国各地的高程基准，这些点通常称为国家一、二等水准点。在此基础上，各地方可以按建设需要，用次一级精度的二、三、四等水准测量布设更多的水准点进行加密，以尽可能提升国家高程基准在全国各地应用的便捷性。

本章学习重点

- 掌握水准测量的基本原理和相关测量仪器，能够熟练使用水准仪；
- 掌握水准测量的方法及内业成果处理流程；
- 了解信息技术的发展对水准测量的推动作用。

4.1 水准测量原理

4.1.1 水准测量的基本概念

水准测量的基本原理是:利用水准仪提供一条水平视线,对竖立在地面两点的水准尺分别进行瞄准和读数,以测定两点间的高差,再根据已知点的高程,推算待定点的高程,这两点间通常称为一测站。如图 4-1 所示,设已知 A 点的高程为 H_A,求 B 点的高程 H_B。在 A、B 两点之间安置一架水准仪,并在 A、B 点上分别竖立水准尺(尺的零点在底端);根据水准仪望远镜的水平视线,在 A 尺上读数为 a,在 B 尺上读数为 b,则有

$$H_A + a = H_B + b \tag{4-1}$$

$$h_{AB} = H_B - H_A = a - b \tag{4-2}$$

式中,h_{AB} 即为 A 点至 B 点的高差。

设水准测量是从 A 点向 B 点方向进行的,规定:A 点为后视点,其水准尺上读数 a 为后视读数;B 点为前视点,其水准尺上读数 b 为前视读数。

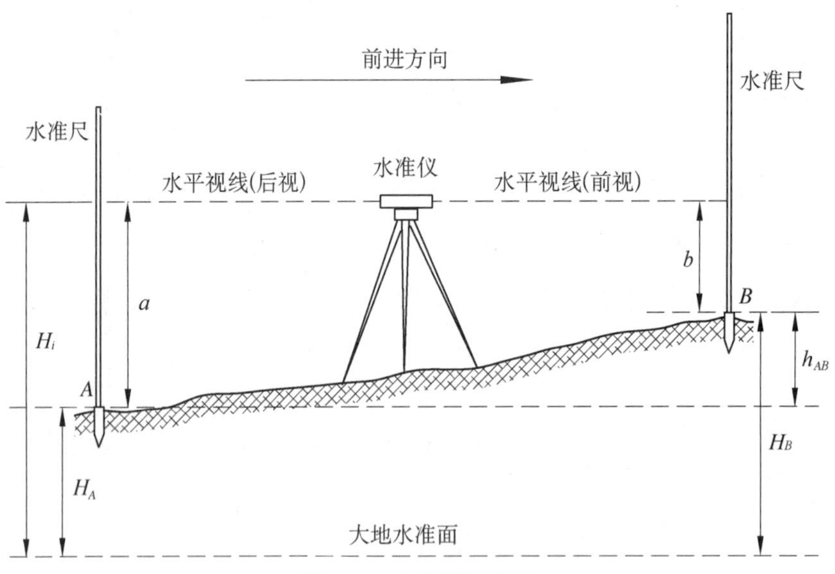

图 4-1 水准测量原理

由此可见,两点间的高差 h 为后视读数减前视读数。如果后视读数大于前视读数,则高差 h 为正,表示前视点 B 点比后视点 A 点高;如果后视读数小于前视读数,则高差 h 为负,表示前视点 B 点比后视点 A 点低。为了避免将两点间高差的正负号弄错,规定高差 h 的写法如下:h_{AB} 为从 A 点至 B 点的高差,h_{BA} 为从 B 点至 A 点的高差。二者的绝对值相等而符号相反。

如果 A、B 两点的距离不远,而且高差不大(小于一支水准尺的长度),则通常安置一

次水准仪就能测定其高差。如图 4-1 所示,设已知 A 点的高程为 H_A,则 B 点的高程为

$$H_B = H_A + h_{AB} \tag{4-3}$$

4.1.2　水准面曲率对水准测量的影响

按照定义,两点间的高差是分别通过这两点的水准面之间的铅垂距离。因此,从理论上讲,用水准仪在水准尺上读数也应该是根据通过水准仪的水准面确定,如图 4-2 所示,即在 A、B 水准尺上的理论读数应为 a' 和 b'。因此,A、B 两点的高差理论上应为

$$h_{AB} = a' - b' = (a - aa') - (b - bb') \tag{4-4}$$

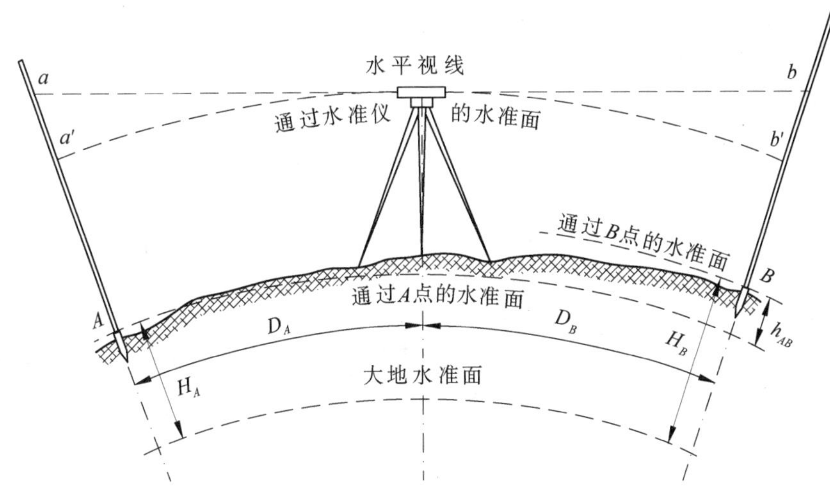

图 4-2　水准面曲率对水准测量的影响

式中,aa' 和 bb' 便是用水准仪的水平视线代替通过水准仪的水准面进行读数所引入的读数差。

设仪器中心点至 A、B 两点的距离分别为 D_A 和 D_B,则根据式(2-28),地球曲率对高差测量的影响为

$$aa' = \frac{D_A^2}{2R},\ bb' = \frac{D_B^2}{2R} \tag{4-5}$$

如果水准测量时前、后视距相等(即 $D_A = D_B$),则有 $aa' = bb'$,据此式(4-4)可以改写为

$$h_{AB} = a' - b' = a - b \tag{4-6}$$

即此时按水平视线或按水准面测定高差已无区别。

因此,使前、后视距保持大致相等,是水准测量的基本原则,称为中间法水准测量。每一测站容许的前、后视距的差和各测站的前、后视距的累积差,在各等级水准测量中有明确的规定,见"第 7 章　平面和高程控制测量"的相关内容。

4.1.3　连续水准测量

设两点间的距离较远,或高差较大,或不能直接通视,不可能安置一次水准仪即测定

其高差。此时,可沿一条路线进行连续水准测量,中间加设若干个临时立尺点,称为转点(Turning Point, TP),依次利用水准仪测定相邻点间的高差,最后取各高差的代数和,得到起点与终点间的高差。水准测量所进行的路线称为水准路线。

如图 4-3 所示,在 A、B 两个水准点之间,由于距离较远或高差太大,在水准路线中间需设置 4 个转点(TP1~TP4),在相邻两点间依次测定高差:

$$h_1 = a_1 - b_1,\ h_2 = a_2 - b_2,\ \cdots,\ h_5 = a_5 - b_5 \tag{4-7}$$

A、B 两点高差的一般计算公式为

$$h_{AB} = \sum_{i=1}^{n} h_i = \sum_{i=1}^{n} (a_i - b_i) \tag{4-8}$$

由此可见,在水准路线中,转点起到高程传递的作用,在相邻两测站的观测过程中,必须保持转点的稳定(高程不变)。

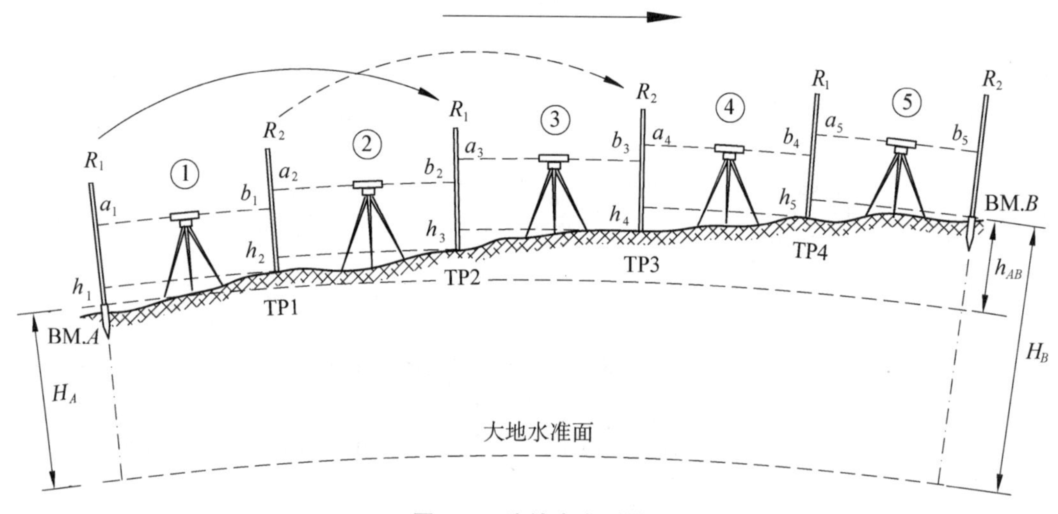

图 4-3　连续水准测量

思考题

在某长度为 1 km 的连续水准测量路线中,令水准尺的读数误差为 1 mm,以式(4-8)为例,分别计算测站数为 10 和测站数为 20 时的高差中误差,并对结果进行分析。

4.2　水准尺和水准仪

4.2.1　水准尺和尺垫

水准测量所使用的仪器为水准仪,与其配套的工具为水准尺和尺垫。水准尺用干燥优质的木材、铝合金或玻璃钢等材料制成,长度有 2 m、3 m、5 m 等,根据其构造可分为整

尺和套尺(塔尺),如图 4-4 所示,其中图(a)所示为整尺,图(b)所示为套尺。水准尺还可分为单面分划(单面尺)和双面分划(双面尺),图(a)所示即为双面分划。

水准尺的尺面上每隔 1 cm 印刷有黑、白或红、白相间的分划,每分米处注有分米数,其数字有正和倒两种,分别与水准仪的正像望远镜和倒像望远镜相配合。双面水准尺的一面为黑白分划,称为黑色面;另一面为红白分划,称为红色面。双面尺的黑色面分划的零从尺底开始,红色面的尺底从某一数值(一般为 4 687 mm 或 4 787 mm)开始,称为零点差。正常情况下,水准仪的水平视线在同一根水准尺上的红、黑面读数差应等于双面尺的零点差。但由于制造时的误差和使用时的磨损,双面尺的零点与尺底可能存在不一致。零点差可作为水准测量时水准尺读数的检核。

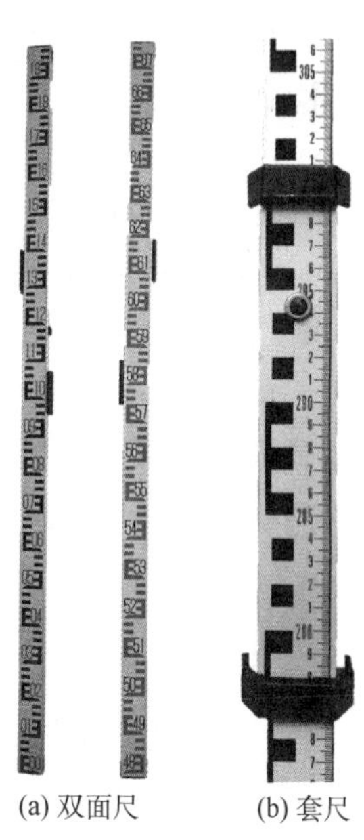
(a) 双面尺　　(b) 套尺

图 4-4　水准尺

套尺一般由三节尺管套接而成,长度可达 5 m。不用时,可缩在最下一节的内部,长度不超过 2 m,便于携带。但连接处容易产生长度误差,一般用于精度要求不高的水准测量。水准尺上一般装有圆水准器,据此可以使水准尺垂直竖立。

另外还有因瓦(Invar)合金带水准尺和条码水准尺,将在 4.2.2 节“电子水准仪”和“精密水准仪”中介绍。

对于水准路线中需要设置转点之处,为防止观测过程中立尺点的下沉而影响正确读数,应在转点处放一尺垫,如图 4-5 所示。尺垫由铸铁制成,下面有三个脚尖,可以安置在任何不平的硬性地面上,或把脚尖踩入土中,使其稳定;尺垫上面有一凸起的半球,水准尺立于尺垫上时,底面与球顶的最高点接触,当水准尺转动方向时,例如由后视转为前视,尺底的高程不会改变。尺垫的使用极大地降低了地面沉降对高差观测结果的影响,但同样也改变了当前测量点的测量高程值。因此,尺垫通常仅用于转点测量,在已知高程的起始点和待求高程的终点不可使用尺垫。

图 4-5　尺垫

4.2.2　水准仪及其使用

水准仪根据构造可以分为微倾式水准仪、自动安平水准仪和电子水准仪。其中,微倾式水准仪完全根据水准管气泡由人工操作安平仪器视线;自动安平水准仪先由人工操作水准气泡粗平,再利用其自身携带的水平补偿器自动安平视线。然而,微倾式水准仪和自动安平水准仪均需要进一步依靠人工通过望远镜对水准尺上的分划进行读数和数据记录。在自动安平水准仪的基础上,电子水准仪进一步利用条码水准尺结合光电扫描技术实现自动读数,进一步提升了水准测量外业操作的效率。

水准仪根据精度也可以分为普通水准仪和精密水准仪。

1. 水准仪的等级及用途

水准仪按其测量精度分为DS05、DS1、DS3、DS10四种等级。"D"和"S"是"大地"和"水准仪"汉语拼音的第一个字母,后续的数字为每千米水准测量的高差中误差(单位为mm,05代表0.5 mm,1代表1 mm,等等),DS05级和DS1级水准仪属于精密水准仪,DS2级、DS3级和DS10级水准仪属于普通水准仪。如果"DS"改为"DSZ",则表示该水准仪为自动安平水准仪。表4-1列出了各等级水准仪的主要技术参数和用途。

表4-1 水准仪系列技术参数及用途

参数名称	水准仪等级			
	DS05	DS1	DS3	DS10
每千米水准测量高差中误差/mm	±0.5	±1	±3	±10
望远镜放大倍率不小于/倍	42	38	28	20
水准管分划值/(″/2 mm)	10	10	20	20
自动安平精度/(″/2 mm)	±0.1	±0.2	±0.5	±2.0
圆水准器分划值/(′/2 mm)	8	8	8	10
测微器格值/mm	0.05	0.05		
主要用途	国家一等水准测量	国家二等水准测量及精密水准测量	国家三、四等水准测量及工程测量	工程测量及图根水准测量

2. 自动安平水准仪

本节主要以自动安平水准仪为例,介绍水准仪的基本构造。图4-6所示为DSZ3级的S3型水准仪的外形和外部构件。观测时,需要保持望远镜的视线水平。自动安平水准仪的望远镜光路系统中设置了利用地球重力作用的补偿器以改变光路,使视准轴略有倾斜时在十字丝中心仍能接收到水平光线。因此,只需要利用圆水准器将水准仪大致调平,补偿器能自动将视线调至精确水平,进而对水准尺进行读数。

水准仪的旋转轴插在基座的轴套中,转动基座的三个脚螺旋,可以使水准仪上的圆水准器气泡居中,此时水准仪大致水平;补偿器能够使瞄准水准尺时的视准轴严格水平;转动望远镜目镜调焦螺旋,可以使望远镜中的十字丝像清晰;转动望远镜物镜调焦螺旋,可以使目标(水准尺)的像清晰;水平微动螺旋可使望远镜在水平方向作微小的转动,便于精确瞄准目标;望远镜上方的瞄准器,用于在望远镜外寻找目标。

自动安平水准仪与普通微倾式水准仪相比,其特点是:没有水准管和微倾螺旋,望远镜和支架连成一体；观测时，由于只需根据圆水准器将仪器粗平，因此，自动安平水准仪的操作比较方便，有利于提高观测的速度和精度。

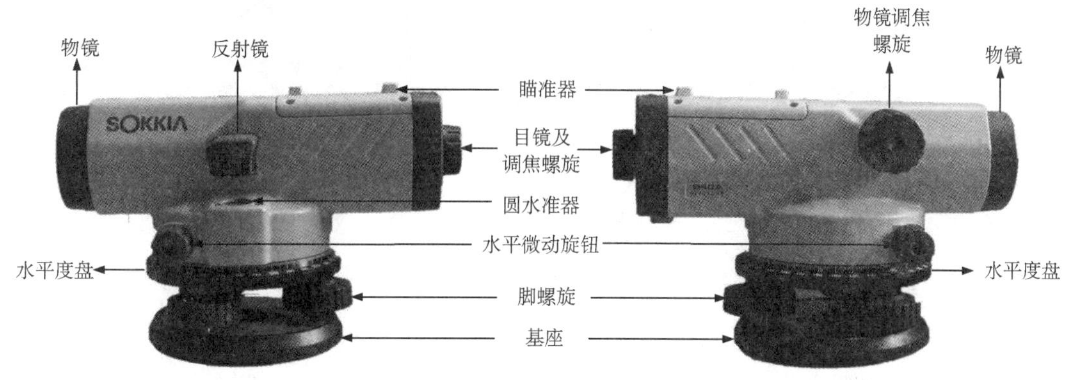

图 4-6　S3 型水准仪

水准仪结构认识

1）望远镜的构造及成像和瞄准原理

测量仪器上的望远镜用于瞄准远处目标和读数，如图 4-7 所示。望远镜主要由物镜、物镜调焦螺旋、物镜调焦透镜、十字丝分划板、目镜和目镜调焦螺旋组成。图中“6”是从目镜中看到的放大后的十字丝像；CC_1 是物镜光心与十字丝中心交点的连线，称为视准轴；转动目镜调焦螺旋，可以按个人的视力使十字丝像最清晰；转动物镜调焦螺旋，可以使目标成像在十字丝平面上，与十字丝一起被目镜放大，并使其最清晰，这样才能精确地瞄准目标。各等级水准仪的望远镜放大倍数（放大率）见表 4-1。

DS3 级水准仪望远镜中的十字丝分划为刻在玻璃板上的三根横丝和一根纵丝，见图 4-7 中的“6”。中间的长横丝称为中丝，用于读取水准尺上的分划读数；上、下两根较短的横丝分别称为上视距丝和下视距丝（简称上丝和下丝），可以测定水准仪至水准尺的距离。

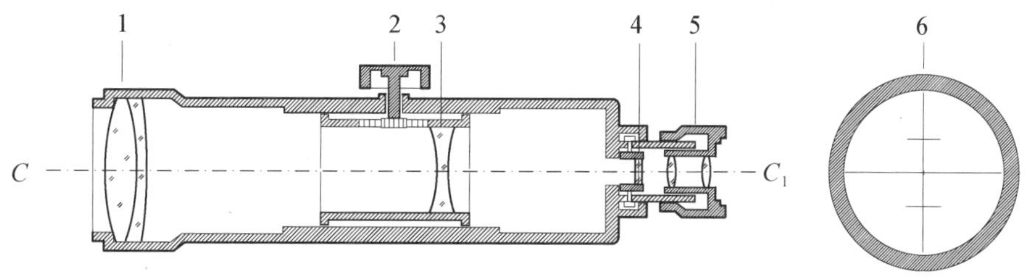

1—物镜；2—物镜调焦螺旋；3—物镜调焦透镜；4—十字丝分划板；
5—目镜及目镜调焦螺旋；6—十字丝放大像。

图 4-7　测量望远镜的构造

2）圆水准器

圆水准器是将一圆柱形的玻璃盒装在金属框内，顶面内壁磨成球面，盒内装有酒精或乙醚，并形成气泡，如图 4-8 所示。圆水准器顶面外部刻有小圆圈，通过其圆心的球面法线称为圆水准轴。由于重力作用，当气泡居中时，圆水准轴处于铅垂位置。圆水准器灵敏度较低，主要用于初步整平仪器。在水准仪上，将圆水准器气泡居中，可以使水准仪的纵轴大致处于铅垂位置，便于自动安平水准仪的补偿器利用重力精确置平仪器。圆水准器还用于其他各种测量仪器。

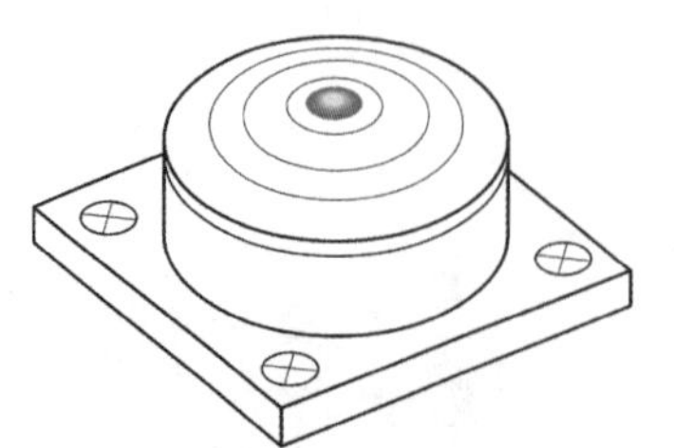

图 4-8 圆水准器

3) 自动安平水准仪的使用

用自动安平水准仪进行水准测量的常规操作步骤为:整平—瞄准—读数。

在安置测量仪器之前,应正确放置仪器的三脚架(图 4-9)。松开架腿上的制动螺旋,伸缩架腿,使三脚架头的安置高度约在观测者的胸颈部,旋紧制动螺旋。将三脚等距分开,使三脚架头大致水平。三个脚尖在地面的位置大致呈等边三角形。在泥土地面上,应将三个脚尖踩入土中,使脚架稳定;在硬性地面上,也应将三个脚尖在地面踩实。然后从仪器箱中取出测量仪器,放到三脚架头上,一手握住仪器,一手将三脚架上的连接螺旋转入仪器基座的中心螺孔内,使仪器与三脚架连接牢固。

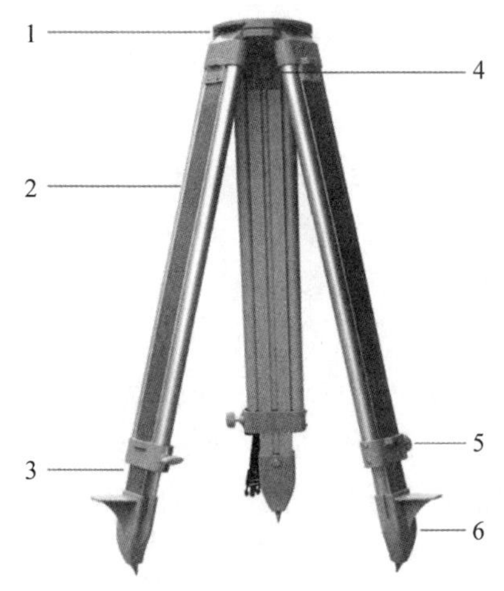

1—架头;2—架腿;3—伸缩腿;4—连接螺旋;5—伸缩制动螺旋;6—脚尖。

图 4-9 测量三脚架

(1) 整平。整平即置平水准仪。具体操作方法如下:图 4-10 中,外围圆圈为三个脚螺旋,中间为圆水准器,虚线圆圈代表水准气泡所在位置。首先用双手按箭头所指方向同时转动脚螺旋 1 和 2,使气泡移到这两个脚螺旋方向的中间,如图 4-10(a)所示;然后再用左手按箭头方向旋转脚螺旋 3,如图 4-10(b)所示,使气泡居中。气泡移动的方向与左手大拇指转动脚螺旋时的方向相同,故称为左手大拇指规则。

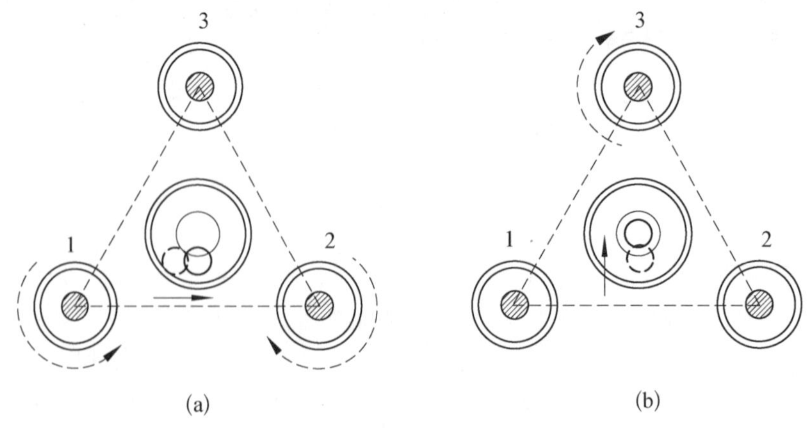

图 4-10 圆水准器气泡居中

(2) 瞄准。瞄准是将水准仪的望远镜对准水准尺，进行目镜和物镜调焦，使十字丝和水准尺像十分清晰，消除视差，这样才能精确地在水准尺上读数。具体操作方法如下：转动目镜，进行调焦，使十字丝最清晰(由于观测者的视力是不变的，以后瞄准其他目标时，目镜不需要重新调焦)；用望远镜上的粗瞄准器(缺口和准星或其他形式)，从望远镜外找到水准尺并对准它，用微动螺旋使十字丝纵丝靠近水准尺上的分划，如图 4-11 所示，此时可检查水准尺在左右方向是否有倾斜，如有，则要通知立尺员纠正；转动物镜调焦螺旋，使水准尺的像最清晰，以消除视差。

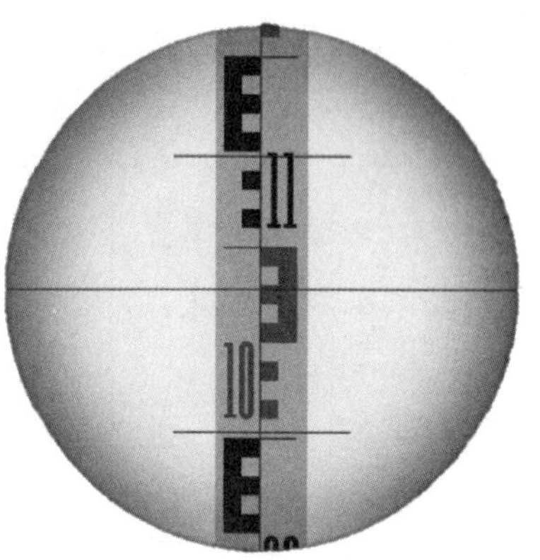

图 4-11　瞄准水准尺并读数

(3) 读数。水准仪整平后，应立即按十字丝的中横丝在水准尺上读数。图 4-11 所示为正像望远镜中所看到的水准尺的像，水准尺读数为 1.079 m。由于从水准尺上总是需要读 4 位数，因此，水准测量记录上可记为 1 079(单位为 mm)。图 4-12 为各类水准尺读数示例。

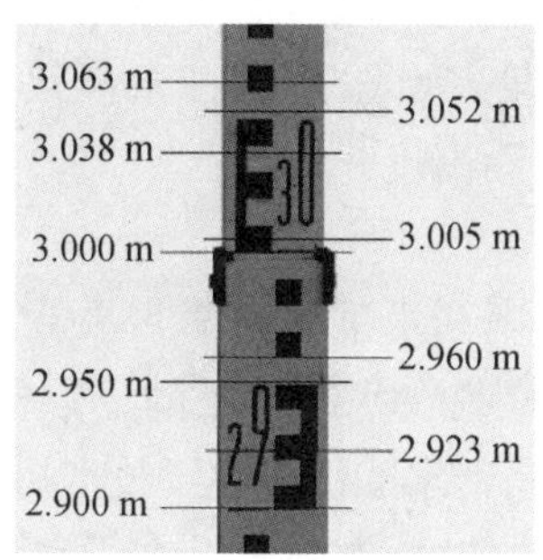

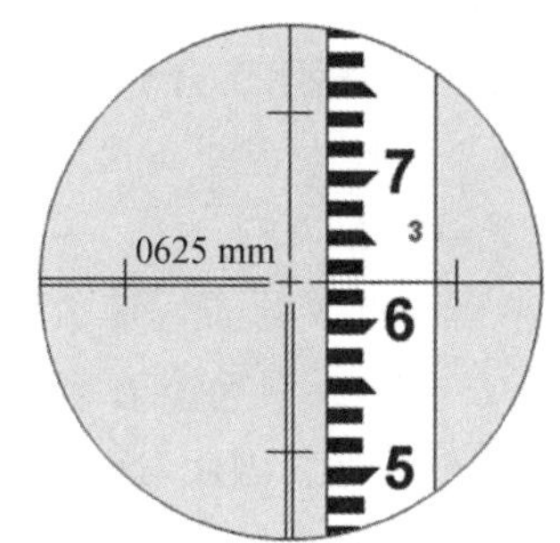

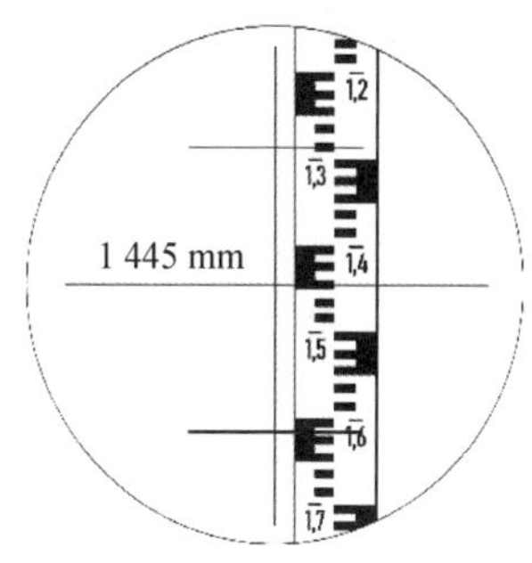

图 4-12　水准尺读数示例

3. 电子水准仪

电子水准仪又称数字水准仪。与光学水准仪相比较，它具有自动对条码水准尺读数、自动记录和计算、数据通信等功能，因此具有测量速度快、精度高、易于实现水准测量内外业工作一体化等优点。1987 年，徕卡公司推出第一台电子水准仪 NA2000，随后出现了蔡司公司的 NIDI 系列、拓普康公司的 DL 系列和索佳公司的 SDL 系列电子水准仪。

电子水准仪与一般水准仪的主要不同之处是在望远镜中安装了数字图像识别处理系统，配合使用条码水准尺，进行水准测量时可在尺上自动读数和记录。当人工将望远镜照准水准尺并完成调焦后，水准尺在望远镜目镜的十字丝分划板上成像，供目视观测。同时，水准尺上的条码图像经数字图像识别处理系统处理后，即可获得水平视线在水准尺上的读数和仪器至水准尺的距离(视距)。如果采用传统的具有长度分划的水准尺，电子水准仪也可以像一般自动安平水准仪一样，用目视方法在水准尺上读数。

电子水准仪的操作步骤基本同自动安平水准仪，包括整平、瞄准、读数。

4. 精密水准仪

精密水准仪主要用于高精度的国家或城市一、二等水准测量以及精密工程测量，例如大桥的施工测量、大型精密工程的变形监测等。DS05 级和 DS1 级的水准仪属于精密水准仪，精密水准仪必须与精密水准尺配套使用。

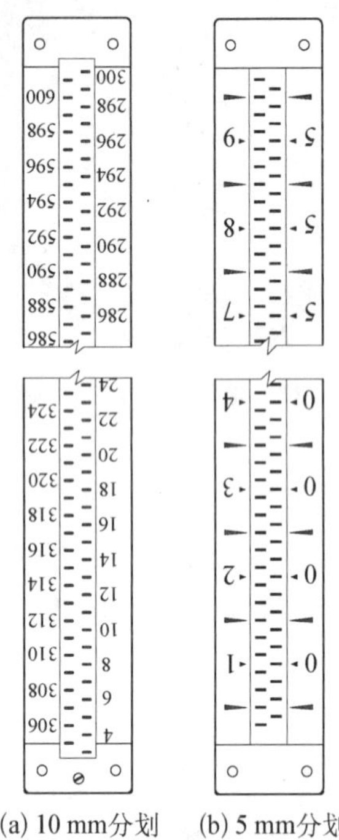

(a) 10 mm分划　(b) 5 mm分划

图 4-13　精密水准尺

1) 精密水准尺

精密水准尺的分划线条是印制在因瓦钢带上的，由于这种合金钢的温度膨胀系数很小，因此，尺的长度分划几乎不受气温变化的影响。为了使因瓦合金钢带不受木质尺身伸缩的影响，以一定的拉力将其引张在木质尺身的凹槽内。水准尺的分划为线条式，其分划值有 10 mm 和 5 mm 两种，如图 4-13 所示。10 mm 分划的水准尺有两排分划[图(a)]，右边一排注记为 0～300 cm，称为基本分划；左边一排注记为 300～600 cm，称为辅助分划。同一高度线的基本分划和辅助分划的读数差为常数 301.55 cm，称为基辅差，又称尺常数，在水准测量时用以检查读数中可能存在的错误。5 mm 分划的水准尺只有一排分划[图(b)]，但分划间彼此错开，左边是单数分划，右边是双数分划；右边注记是米数，左边注记是分米数；分划注记值比实际长度大 1 倍，因此，用这种水准尺读数应除以 2 才代表视线离尺底的实际高度。

2) 精密水准仪

精密水准仪的望远镜放大倍率和水准管灵敏度要求较高(表 4-1)。增大望远镜倍率可以提高在水准尺上的读数精度，减小水准管分划值可以提高仪器的置平精度。因此，这两项是精密水准仪的主要技术指标。

在对水准尺进行读数时，为了免去对尺上厘米分划以下的估读，并进一步提高读数精度，精密水准仪上装有平行玻璃板测微器，其中测微尺的整个分划值即相当于水准尺上的一个基本分划，对于 10 mm 分划的水准尺，按读数指标从测微尺上可直读 0.1 mm，估读至 0.01 mm。

以 DS1 级精密水准仪(北京测绘仪器厂产品)为例，其望远镜的放大倍率为 40 倍，水准管分划值为 10″/2 mm，配合使用基本分划为 5 mm 的精密水准尺。转动测微螺旋，可以使水平视线在上、下 5 mm 范围内作平行移动。测微器的读数目镜在望远镜目镜的右下方，测微尺有 100 个分格，实际分格值为 0.05 mm。从望远镜的目镜视场中看到的十字丝和水准尺影像(倒像)如图 4-14 所示，视场左边为符合水准管气泡像，图中右下方为测微器目镜中的读数。精密水准仪的十字丝为了能精确地对准水准尺上某一分划，将横丝的一侧刻成楔形的双丝，用它去“夹住”分划线，图中所示为已夹住“194”的分划线。

水准测量进行读数时，先转动微倾螺旋使水准管两端的影像严格符合，此时视线水平；转动测微螺旋，夹住水准尺上某一分划(只有一种可能)，读出整分划数。由于这种水准尺的基本分划为 5 mm，图中读数为 194，其对应长度为 0.97 m；再从测微器分划尺上读得尾数 368，由于测微尺实际分格值为 0.05 mm，故其对应长度为 0.001 84 m。因此，水准尺完整读数应表示为 194 368，视线的实际高度则应为 0.971 84 m。

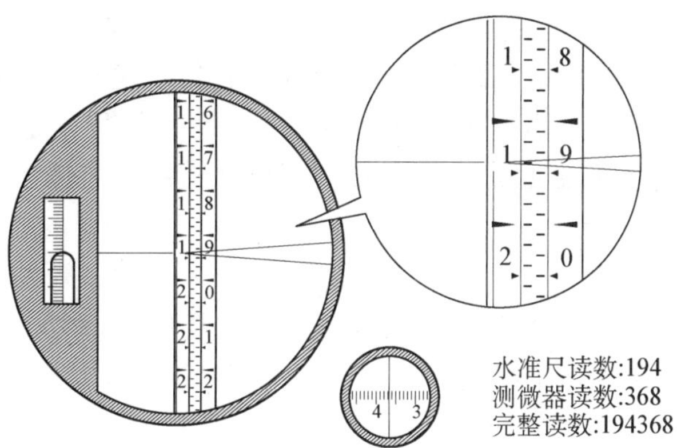

图 4-14　DS1 级精密水准仪的水准尺读数和测微器读数

思考题

水准仪的发展历程从最初的微倾式水准仪到现在主流的自动安平水准仪、数字水准仪,未来还可能在哪些方面进一步发展?

4.3　水准测量方法及成果整理

4.3.1　水准点和水准路线

1. 水准点

水准点是埋设稳固并通过水准测量测定其高程的点。水准测量一般在两水准点之间进行,从已知高程的水准点出发,测定待定水准点的高程。水准点有永久性水准点和临时性水准点两种。永久性水准点一般用混凝土制成标石,如图 4-15 所示,标石顶部嵌有半

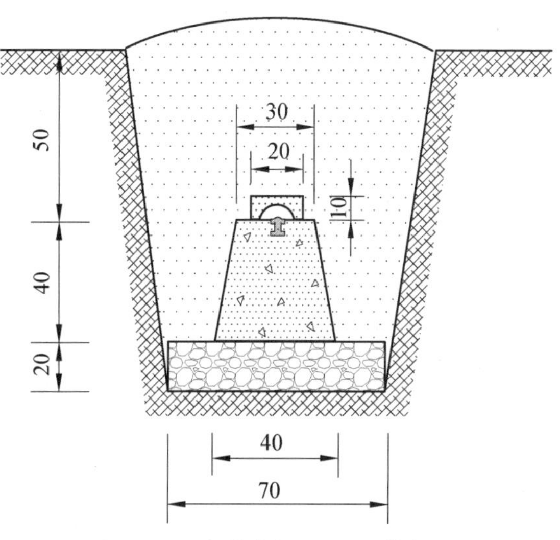

图 4-15　水准点标石埋设(单位:cm)

球形的耐腐蚀金属或其他材料制成的标芯，其顶部高程即代表该点的高程。水准点标石的埋设地点应选在地基稳固、地点隐蔽、能长期保存且便于观测之处。标石有顶盖，一般露出地表；但等级较高的水准点应埋设于地表之下，使用时，按指示标记开挖，用后再盖土。永久性水准点的金属标芯也可直接埋设在坚固稳定的永久性建筑物的墙脚上，称为墙上水准点。

2. 水准路线

水准点和水准路线

在水准点之间进行水准测量所经过的路线称为水准路线，两水准点之间的一段路线称为测段，一测段通常包含多个测站。按照已知高程水准点及待定点的分布情况和实际需要，水准路线有以下几种形式，如图 4-16 所示。

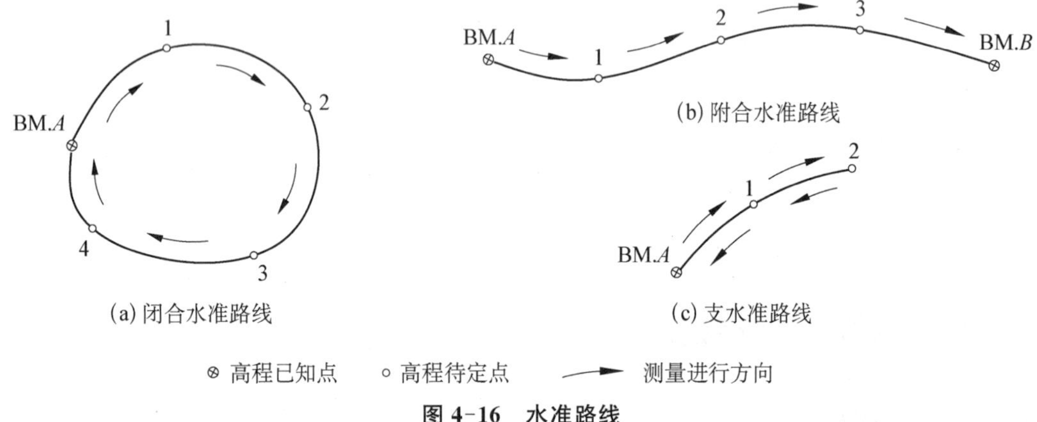

图 4-16　水准路线

1) 闭合水准路线

如图 4-16(a)所示，从一个已知高程的水准点 BM. A 出发，沿高程待定的水准点 1，2，3，4 进行水准测量，最后仍回到 BM. A，这类水准路线称为闭合水准路线。沿闭合水准路线进行水准测量，测得各相邻水准点之间的测段高差总和在理论上应等于零，该条件可以作为观测正确性的检核，即闭合水准路线的高差观测值应满足下列条件：

$$\sum h_{理} = 0 \tag{4-9}$$

2) 附合水准路线

如图 4-16(b)所示，从一个已知高程的水准点 BM. A 出发，沿高程待定的水准点 1，2，3 进行水准测量，最后附合到另一高程已知的水准点 BM. B，这类水准路线称为附合水准路线。沿附合水准路线进行水准测量，测得各相邻水准点之间的测段高差总和应等于两端已知点的高差，该条件同样可以作为观测正确性的检核，即附合水准路线的高差观测值应满足下列条件：

$$\sum h_{理} = H_{终} - H_{始} \tag{4-10}$$

3) 支水准路线

如图 4-16(c)所示，从一个已知高程的水准点 BM. A 出发，沿各高程待定的水准点 1，2

进行水准测量，其路线既不闭合，也不附合，这类水准路线称为支水准路线。支水准路线因为缺少检核，所以水准测量需要进行往返观测，往测高差总和与返测高差总和在理论上应绝对值相等而符号相反，该条件可以作为观测正确性的检核，即支水准路线往、返测高差总和应满足下列条件：

$$\sum h_{往} + \sum h_{返} = 0 \tag{4-11}$$

4.3.2　水准测量方法

水准点之间有一定距离，例如，城市三、四等水准点的间距一般为 2～4 km。因此，从一个已知高程的水准点出发，必须用连续水准测量的方法，才能测定另一个待定水准点的高程。在进行连续水准测量时，若其中任何一个测站上仪器操作有失误，或者任何一次前视或后视水准尺读数有错误，都会影响高差观测值的正确性。因此，在每一个测站的观测中，为了能及时发现观测中的错误，通常用两次仪器高法或双面尺法进行水准测量。

水准尺及读数方法

1. 两次仪器高法

在连续水准测量中，每一测站上用两次不同的高度安置水准仪来测定前、后视两点间的高差，据此检查观测和读数是否正确。

图 4-17 为用两次仪器高法进行水准测量的观测实例示意图。设已知水准点 BM. A 的高程 H_A=13. 428 m，需要测定 BM. B 的高程 H_B 。水准测量路线从 BM. A 出发，至 BM. B，其中，TP1～TP4 为临时设置的转点。观测数据的记录和计算见表 4-2。

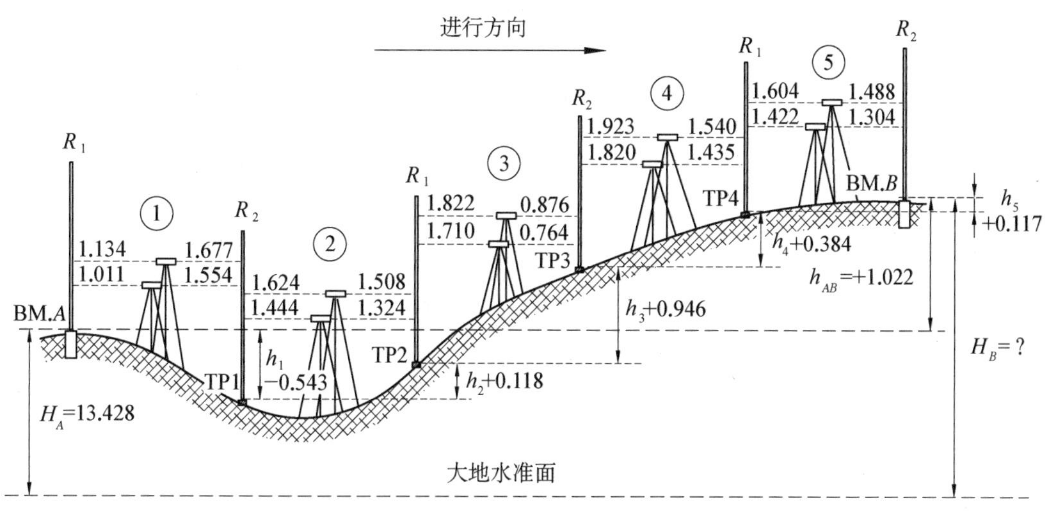

图 4-17　两次仪器高法水准测量(单位:m)

第一测站，将水准仪安置在 BM. A 和 TP1 两点中间，瞄准作为后视点 BM. A 上的水准尺 R_1，仪器整平后，得后视读数 a_1=1 134，记入表 4-2 中 BM. A 行的“后视”栏中；然后瞄准作为前视点 TP1 上的水准尺 R_2，重新整平仪器后，得前视读数 b_1=1 677，记入 TP1 的

表 4-2 水准测量记录示例(两次仪器高法)

测站	点号	水准尺读数		高差	平均高差	改正后高差	高程
		后视	前视				
1	BM. *A*	1 134					13.428
		1 011					
	TP1		1 677	−0.543			
			1 554	−0.543	−0.543		
2	TP1	1 444					
		1 624					
	TP2		1 324	+0.120			
			1 508	+0.116	+0.118		
3	TP2	1 822					
		1 710					
	TP3		0 876	+0.946			
			0 764	+0.946	+0.946		
4	TP3	1 820					
		1 923					
	TP4		1 435	+0.385			
			1 540	+0.383	+0.384		
5	TP4	1 422					
		1 604					
	BM. *B*		1 304	+0.118			
			1 488	+0.116	+0.117		14.450
$\sum$后 = 15.514 $\sum$前 = 13.470 $\sum$后 − $\sum$前 = +2.044 ($\sum$后 − $\sum$前)/2 = +1.022				$\sum h$ = +2.044	$(\sum h)/2$ = +1.022		

“前视”栏中；则第一次仪器高测得 BM. A 与 TP1 两点间的高差 $h'_1=a_1-b_1=-0.543$ m，记入“高差”栏中。重新安置水准仪（改变仪器高度 10 cm 以上）；先瞄准前视点 TP1，整平仪器后读数，得 $b_2=1\ 554$；再瞄准后视点 BM. A，整平仪器后读数，得 $a_2=1\ 011$；分别记入 TP1 的“前视”栏中和 BM. A 的“后视”栏中；则第二次仪器高测得的高差 $h''_1=a_2-b_2=-0.543$ m，记入“高差”栏中。如果两次测得的高差相差在 5 mm 以内，可取两次高差的平均值 $h_1=-0.543$ m，记入“平均高差”栏中。这样，完成第一个测站的观测、记录和计算工作。瞄准水准尺和读数的次序为：后视—前视—前视—后视，可简写为：后—前—前—后。

第二测站，安置水准仪于 TP1 和 TP2 的中间，并将水准尺 R_1 移置于 TP2 上；而在 TP1 上的水准尺 R_2 仍留在原处，但将尺面转向第二测站的水准仪。观测程序与第一站完全相同。依次观测，直至最后一站（本例为第 5 站）。

进行水准测量时，要求每一页记录纸都进行检核计算，如表 4-2 中最下一行中的以下两式成立，则说明计算正确。

$$\sum 后-\sum 前=\sum h=+2.044(\mathrm{m}) \tag{4-12}$$

$$\frac{\sum 后-\sum 前}{2}=\frac{\sum h}{2}=+1.022(\mathrm{m}) \tag{4-13}$$

最后计算 BM. B 的高程：

$$H_B=13.428+1.022=14.450(\mathrm{m}) \tag{4-14}$$

2. 双面尺法

用双面尺法进行水准测量时，需用有红、黑两面分划的水准尺，在每一测站上需要观测后视和前视水准尺的红、黑面读数，并须通过规定的检核。以自动安平水准仪为例，在每一测站上，仪器经过粗平后的观测程序如下：

（1）瞄准后视点水准尺黑面分划，读数；

（2）瞄准前视点水准尺黑面分划，读数；

（3）瞄准前视点水准尺红面分划，读数；

（4）瞄准后视点水准尺红面分划，读数。

对于立尺点而言，其观测程序为“后—前—前—后”；对于尺面而言，其观测程序为“黑—黑—红—红”。每支双面水准尺的红面与黑面分划注记有一个零点差，对于后视读数或前视读数都可以进行一次检核，允许差数为±3 mm。根据前、后视尺的红、黑面读数，分别计算红面高差和黑面高差，两个高差的允许差数为±5 mm，这也是一次检核。

表 4-3 是用双面尺法进行一条支水准路线的往、返水准测量的记录。从已知水准点 BM. A 测至待定水准点 BM. B，所用双面水准尺的零点差为 4 787 mm。通过测站检核，取往、返测高差总和的平均值，最后计算待定点的高程。

表 4-3 水准测量记录示例(双面尺法)

测站	点号	水准尺读数		高差	平均高差	改正后高差	高程
		后视	前视				
1	BM. *A*	1 125					3.688
		5 911	(4 785)				
	TP1	(4 786)	0 876	+0.249			
			5 661	+0.250	+0.250		
2	TP1	1 318					
		6 103	(4 786)				
	BM. *B*	(4 785)	1 006	+0.312			
			5 792	+0.311	+0.312	+0.565	4.253
3	BM. *B*	0 938					
		5 724	(4 786)				
	TP2	(4 786)	1 410	−0.472			
			6 196	−0.472	−0.472		
4	TP2	1 234					
		6 023	(4 790)				
	BM. *A*	(4 789)	1 329	−0.095			
			6 119	−0.096	−0.096	−0.565	3.688
$\sum$后 = 28.376 $\sum$前 = 28.389 $\sum$后 − $\sum$前 = −0.013 ($\sum$后 − $\sum$前)/2 = −0.006				$\sum h =$ −0.013	$(\sum h)/2 =$ −0.006		

4.3.3 水准测量成果整理

水准测量的观测记录需要按水准路线进行成果整理,包括:测量记录和计算的复核,高差闭合差的计算,高差的改正和待定点的高程计算。

1. 高差闭合差计算

1) 闭合水准路线

如图 4-16(a)所示,起点和终点为同一水准点(BM. *A*),闭合水准路线的高差总和理

论上应等于零，因此，高差闭合差为

$$f_h = \sum h_{测} \tag{4-15}$$

2）附合水准路线

如图 4-16(b)所示，附合水准路线的起点和终点水准点(BM. A、BM. B)的高程($H_{始}$、$H_{终}$)为已知，则附合水准路线的高差总和应等于两已知点的高差，故其闭合差为

$$f_h = \sum h_{测} - (H_{终} - H_{始}) \tag{4-16}$$

3）支水准路线

如图 4-16(c)所示，支水准路线一般需要往、返观测，往测高差和返测高差应绝对值相等而符号相反，故支水准路线往、返观测的高差闭合差为

$$f_h = \sum h_{往} + \sum h_{返} \tag{4-17}$$

由于测量仪器的精密程度和观测者的分辨能力都有一定的限制，同时还受观测环境的影响，观测值中含有一定范围内的误差是不可避免的。各种水准路线的高差闭合差是水准测量存在观测误差的反映，如果在规定范围内，则认为精度合格，水准测量成果可用；否则，应返工重测，直至符合要求为止。允许高差闭合差是根据误差产生的规律和实际工作需要而制定的。普通水准测量的允许高差闭合差规定为

$$f_{h_{允}} = \pm 40\sqrt{L}\,(\text{mm}) \tag{4-18}$$

式中，L 为水准路线长度，以 km 为单位。

在山地或丘陵地区，当每千米水准路线中安置水准仪的测站数超过 16 站时，允许的高差闭合差可改用下式计算：

$$f_{h_{允}} = \pm 12\sqrt{n}\,(\text{mm}) \tag{4-19}$$

式中，n 为水准路线中的测站数。

2. 高差闭合差的分配和高程计算

当水准路线中的高差闭合差小于允许值时，可以进行高差闭合差的分配、高差改正和高程计算。对于闭合水准路线或附合水准路线，按与距离(或测站数)成正比的原则，将高差闭合差反其符号进行分配，以改正各水准点间测段的高差，使各测段的高差总和满足理论值，然后按改正后的测段高差计算各待定水准点的高程。对于支水准路线，取往、返测高差绝对值的平均值，正负号则取往测高差的符号，作为改正后的高差，如表 4-3 中的计算。

图 4-18 为某附合水准路线观测成果略图，BM. A 和 BM. B 为高程已知的水准点，BM1、BM2 和 BM3 为高程待定的水准点，箭头线表示水准测量行进的方向，路线上方的数字为观测的测段高差，下方的数字为测段长度。该水准路线的成果整理在表 4-4 中。按式(4-16)计算的高差闭合差为 +37 mm，按式(4-18)计算的允许高差闭合差为 ±109 mm，高差闭合差在允许范围内，可以进行高差闭合差的分配。按路线的高差闭合差(反其符号)除以路线总长，得到每千米的高差改正值 −5 mm/km，再乘以各测段长度，得

到各测段的高差改正值，按改正后的高差计算各待定水准点的高程。

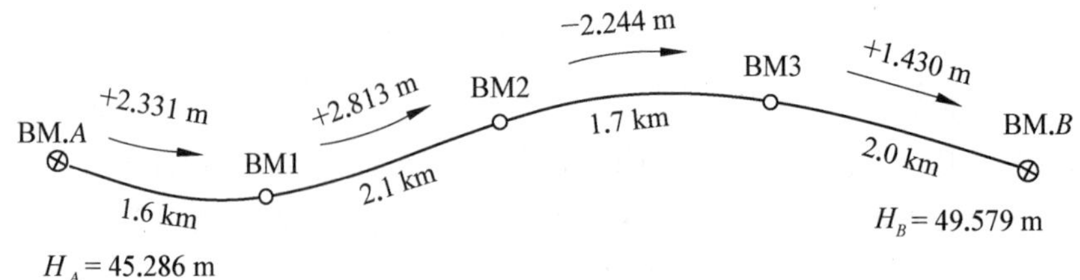

图 4-18 附合水准路线观测成果略图

表 4-4 水准测量成果整理

点号	距离/km	测段观测高差/m	高差改正值/m	改正后高差/m	高程/m
BM. A					45.286
	1.6	+2.331	−0.008	+2.323	
BM1					47.609
	2.1	+2.813	−0.011	+2.802	
BM2					50.411
	1.7	−2.244	−0.008	−2.252	
BM3					48.159
	2.0	+1.430	−0.010	+1.420	
BM. B					49.579
$\sum$	7.4	+4.330	−0.037	+4.293	

$$\sum h_{理} = H_B - H_A = 49.579 - 45.286 = +4.293 \text{ m}$$

$$f_h = \sum h - (H_B - H_A) = +4.330 - 4.293 = +0.037 \text{ m} = +37 \text{ mm}$$

$$f_{h_{允}} = \pm 40\sqrt{L} = \pm 40\sqrt{7.4} = \pm 109 \text{ mm}$$

$$每千米路线高差改正值 = \frac{f_h}{L} = \frac{-37}{7.4} = -5 \text{ mm/km}$$

4.3.4 水准测量的误差分析

1. 仪器轴系误差的影响

水准仪在使用前应经过检验校正，但即便如此，仍不能严格满足轴线之间的条件，视准轴与水准管轴不会严格平行而存在角度误差。水准仪离开水准尺的距离越远，角度误差的影响越大。在一个测站上，如果前、后视距大致相等，则水准仪的角度误差可以抵消。

2. 仪器置平误差的影响

自动安平水准仪的圆水准器的灵敏度通常为 8′/2 mm～10′/2 mm，其补偿器的作用范围约为±15′，因此，整平圆水准器气泡后，补偿器能自动将视线水平，即可对水准尺进行读数。由于自动安平水准仪补偿器相当于一个重摆，只有在自由悬挂时才能起补偿作用，如果由于仪器故障或操作不当(例如，圆水准气泡未按规定要求整平或圆水准器未校正好等)使补偿器被搁住，则观测结果将是错误的。

3. 水准仪下沉的影响

如果安置水准仪的地面土壤松软，或三脚架未与地面踩实，则水准仪在测站上会随安置时间的增加而下沉，使得水准尺上的读数偏小。消除这种误差的方法是：将水准仪安置于较坚实的地面，并将脚架踩实；加快每一测站的观测速度，尽量缩短前、后视读尺的时间;在每一测站上两次测定高差时,瞄准和读数采用“后—前—前—后”或“前—后—后—前”的次序。

4. 水准尺倾斜和下沉的影响

在水准仪瞄准水准尺进行读数时,水准尺必须竖直。如果水准尺在仪器视线方向倾斜,则观测者很难发觉。水准尺的倾斜总是使读数偏大,视线越高,水准尺倾斜对读数的影响越大。在水准尺上安装圆水准器,立尺时,保持气泡居中,可以保证水准尺的竖直。如果水准尺上没有安装圆水准器,可以采用“摇尺法”:在对水准尺读数时,将尺子缓缓向前后作少许摇动,尺上读数也会缓缓改变,观测者读取最小读数,即为尺子竖直时的读数。

水准尺的下沉会使读数偏大。下沉若发生在临时性的转点上,一般是由于地面松软而不用尺垫,或虽用尺垫而未在地面踩实。注意到这些情况,可以避免水准尺的下沉。

5. 外界环境的影响

1) 日光和风力影响

当日光照射到水准仪时,由于仪器各部件受热不均匀,引起不规则的膨胀,会影响仪器轴线的正确关系,从而产生仪器误差。因此,对于要求较高的水准测量,应为水准仪撑伞防晒。在风力大至影响水准仪的安置稳定时,例如水准尺成像晃动时,应停止观测。

2) 大气折光影响

在日光照射下,地面温度较高,靠近地面的空气温度也相应较高,其密度较上层为稀,空气上下对流加剧,光线通过时产生折射,会影响水准尺在望远镜中的读数,越靠近地面,其影响越大。普通水准测量规定,瞄准水准尺的视线必须高出地面 0.2 m 以上,就是为了减少大气折光的影响。

思考题

在进行水准路线测量时,通常会要求每一测段往、返测的测站数为偶数站,这是为什么?

课后习题

[4-1] 何谓1985国家高程基准?水准测量分哪些等级?

[4-2] 进行水准测量时,为何要求前、后视距大致相等?

[4-3] 进行水准测量时,设 A 为后视点,B 为前视点,后视水准尺读数 $a=1\,124$,前视水准尺读数 $b=1\,428$,求 A、B 两点的高差 h_{AB};设已知 A 点的高程 $H_A=20.016$ m,求 B 点的高程 H_B。

[4-4] 自动安平水准仪由哪些主要部分构成?各起什么作用?有什么特点?

[4-5] 试述自动安平水准仪的操作步骤。

[4-6] 精密水准仪有什么特点?如何使用?

[4-7] 电子水准仪有什么特点?如何使用?

[4-8] 何谓水准路线？何谓高差闭合差？如何计算允许高差闭合差？

[4-9] 图 4-19 所示为某附合水准路线略图，BM. A 和 BM. B 为已知高程的水准点，BM. 1～BM. 4 为高程待定的水准点。已知点的高程、各点间的路线长度及高差观测值注于图中。试计算高差闭合差和允许高差闭合差，并进行高差改正，最后计算各待定水准点的高程。

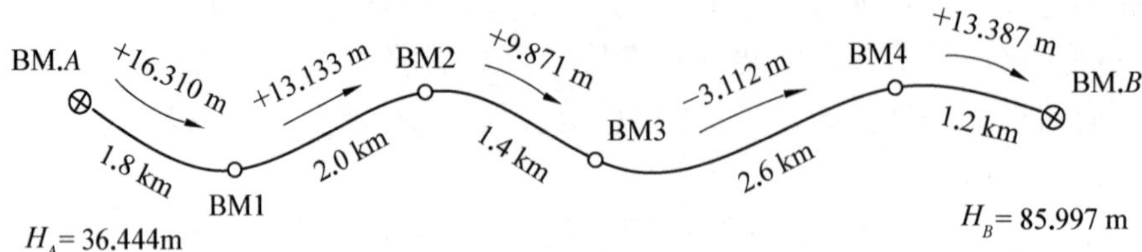

图 4-19 附合水准路线略图

[4-10] 水准测量有哪些误差来源？如何防止？

第 5 章

角度和距离测量

角度和距离是测量学的基本观测量。通过对角度、距离的测量，就可以实现对点位的观测、计算和精度分析。角度和距离的测量，已经从传统的经纬仪测角、钢尺量距等方式，发展到电子仪器测距、测角，并形成了集成化、自动化、密集采样的新型装备，为高精度地形测量、精密工程测量、场景数字孪生等应用提供了技术和装备基础。本章先介绍角度、距离的观测原理与方法，然后以电子全站仪为例，介绍使用电子全站仪完成角度和距离测量并实现点位观测的过程，最后简单介绍最新的机器人全站仪和三维激光扫描仪这两种测距、测角一体化仪器。

本章学习重点

- 掌握角度观测的原理和方法，以及角度观测的误差来源和精度计算方法；
- 掌握距离测量原理和相应的计算方法，包括物理量距和电磁波测距等；
- 掌握电子全站仪的结构和使用方法；
- 了解机器人全站仪、三维激光扫描仪的用途和适用场景。

5.1 角度观测原理与方法

全站仪角度测量

角度测量是确定地面点位时的基本测量工作之一，分为水平角观测和垂直角观测。前者用于测定平面点位，后者用于测定高程或将倾斜距离化为水平距离。角度测量的经典仪器是全站仪或经纬仪(如无特别说明，本章所用仪器为全站仪)，可以用于水平角和垂直角测量。

5.1.1 水平角观测方法

水平角是空间两相交直线在水平面上的投影所构成的角度。如图 5-1 所示，A、B、C 为地面上任意三点，连线 BA、BC 沿铅垂线方向投影到水平面 H 上，得到相应的 A_1、B_1、C_1 点，则 B_1A_1 与 B_1C_1 的夹角 β 即为地面 A、B、C 三点在 B 点的水平角，也就是分别包含 BA、BC 方向的两铅垂面的二面角。

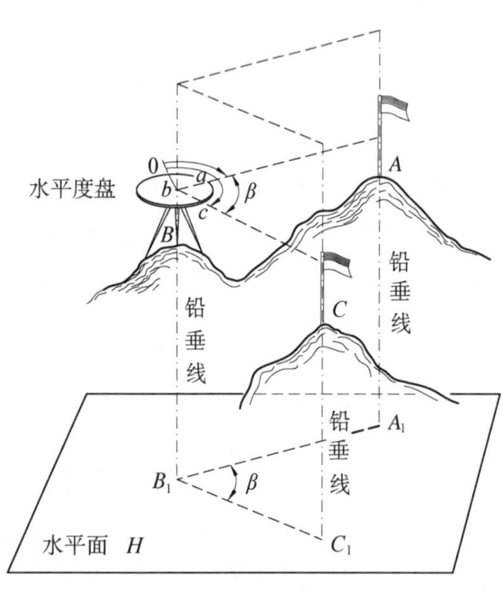

图 5-1 地面点间的水平角

为了测定水平角，在角顶点 B 的铅垂线上安置一架仪器。仪器有一个能水平安置的刻度圆盘——水平度盘，度盘上有 0°～360°的刻度。仪器中心位于测站的铅垂线上，从仪器屏幕上可以读取水平角度。仪器的望远镜不但可以在水平方向旋转，还可以在铅垂面内旋转。通过望远镜分别瞄准高低不同的目标 A 和 C，屏幕上水平度盘的读数分别为 a 和 c，则水平角 β 为这两个读数之差，即

$$\beta = c - a \tag{5-1}$$

常用的水平角观测方法有测回法和方向观测法两种。

测回法水平角观测

1. 测回法

如图 5-2 所示，在测站 B 需要测定 BA、BC 两方向间的水平角 β，在 B 点安置仪器，在 A 点和 C 点设置瞄准标志，按下列步骤进行测回法水平角观测。

图 5-2 水平角观测

(1) 在仪器盘左位置(垂直度盘在望远镜左边,又称正镜)瞄准左目标 C,读得水平度盘读数 $c_{左}$;

(2) 瞄准右目标 A,读得水平度盘读数 $a_{左}$,则盘左位置测得的半测回水平角值为

$$\beta_{左} = a_{左} - c_{左} \tag{5-2}$$

(3) 倒转望远镜成盘右位置(垂直度盘在望远镜右边,又称倒镜),瞄准右目标 A,读得水平度盘读数 $a_{右}$;

(4) 瞄准左目标 C,读得水平度盘读数 $c_{右}$,则盘右位置测得的半测回水平角值为

$$\beta_{右} = a_{右} - c_{右} \tag{5-3}$$

用盘左、盘右两个位置观测水平角(称为正倒镜观测),可以消除仪器误差对测角的影响,同时可以检核观测中有无错误。用 6″级仪器观测时,如果 $\beta_{左}$ 与 $\beta_{右}$ 的差值不大于 40″;用 2″级仪器观测时,如果差值不大于 12″,则取盘左、盘右水平角值的平均值作为一测回水平角观测的结果:

$$\beta = \frac{1}{2}(\beta_{左} + \beta_{右}) \tag{5-4}$$

表 5-1 为测回法水平角观测记录示例。

表 5-1　测回法水平角观测记录示例

测站	目标	竖盘位置	水平度盘读数			半测回角值			一测回平均角值		
			°	′	″	°	′	″	°	′	″
B	C	左	0	20	48	125	14	12	125	14	20
	A		125	35	00						
	C	右	180	21	12	125	14	28			
	A		305	35	40						

2. 方向观测法

在一个测站上需要观测 2 个或 2 个以上水平角时,可以采用方向观测法观测水平方向值,任何两个方向值之差即为这两个方向间的水平角值。

如果需要观测的水平方向的目标超过 3 个,则依次对各个目标观测水平方向值后,还应继续向前转到第一个目标进行第二次观测,称为归零。此时的方向观测法因为旋转了一个圆周,所以称为全圆方向法。

如图 5-3 所示,设在测站 C 上要观测 A、B、D、E 四个目标的水平方向值,用全圆方向法观测的方法和步骤如下。

1) 盘左位置

(1) 大致瞄准起始方向的目标 A,旋转水平度盘位置变换轮,使水平度盘读数置于零度附近,精确瞄准目标 A,水平度盘读数为 a_1;

(2) 顺时针旋转照准部,依次瞄准目标 B、D、E,相应的水平度盘读数为 b、d、e;

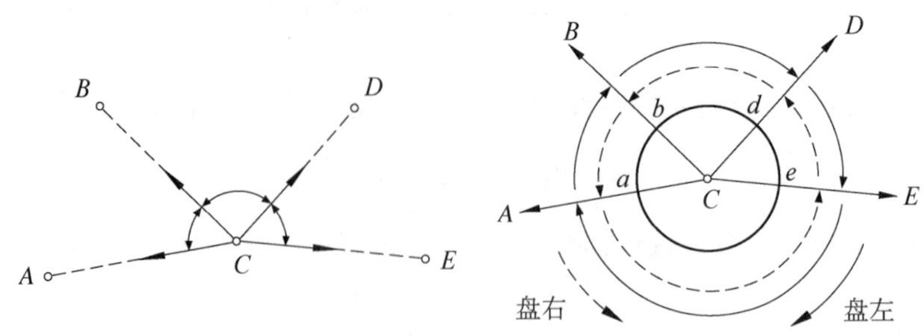

图 5-3　全圆方向法观测水平角

(3) 继续顺时针旋转照准部，再次瞄准起始方向目标 A，水平度盘读数为 a_2，读数 a_1 与 a_2 之差称为半测回归零差，若在允许范围(表 5-3)内，则取 a_1 和 a_2 的平均值。

2) 盘右位置

(1) 瞄准起始方向目标 A，水平度盘读数为 a'_1；

(2) 逆时针旋转照准部，依次瞄准目标 E、D、B，相应的水平度盘读数为 e'、d'、b'；

(3) 继续逆时针旋转照准部，再次瞄准目标 A，水平度盘读数为 a'_2，读数 a'_1 与 a'_2 之差为盘右半测回归零差，若在允许范围(表 5-3)内，则取 a'_1 和 a'_2 的平均值。

以上操作即完成全圆方向法一测回的观测。观测 2 个测回的全圆方向法观测记录示例如表 5-2 所示。

表 5-2　全圆方向法水平角观测记录示例

测站	测回数	目标	水平度盘读数						2C	盘左盘右平均读数			归零方向值			各测回归零方向平均值		
			盘左			盘右												
			°	′	″	°	′	″	″	°	′	″	°	′	″	°	′	″
C	1									0	02	06						
		A	0	02	06	180	02	00	+6	0	02	03	0	00	00			
		B	51	15	42	231	15	30	+12	51	15	36	51	13	30			
		D	131	54	12	311	54	00	+12	131	54	06	131	52	00			
		E	182	02	24	2	02	24	0	182	02	24	182	00	18			
		A	0	02	12	180	02	06	+6	0	02	09						
	2									90	03	32						
		A	90	03	30	270	03	24	+6	90	03	27	0	00	00	0	00	00
		B	141	17	00	321	16	54	+6	141	16	57	51	13	25	51	13	28
		D	221	55	42	41	55	30	+12	221	55	36	131	52	04	131	52	02
		E	272	04	00	92	03	54	+6	272	03	57	182	00	25	182	00	22
		A	90	03	36	270	03	36	0	90	03	36						

在一个测回中，同一方向水平度盘的盘左读数与盘右读数(±180°)之差称为 2C(两倍

视准差)：

$$2C = R_{左} - (R_{右} \pm 180°) \tag{5-5}$$

式中，R 为任一方向的方向观测值。

$2C$ 值是仪器误差和方向观测误差的共同反映。如果主要是属于仪器的误差(系统误差)，则对于各个方向，$2C$ 值应该是一个常数；如果还含有方向观测的误差(偶然误差)，则各个方向的 $2C$ 值有明显的变化。如果 $2C$ 值的变化在允许范围(表 5-3)内，没有超限，则对于每一个方向，取盘左、盘右水平方向值的平均值：

$$R = \frac{1}{2}[R_{左} + (R_{右} \pm 180°)] \tag{5-6}$$

假设在一个测站上对各个水平方向值需要观测 n 个测回，当使用光学经纬仪作为观测仪器时，为了消除水平度盘刻划不均匀带来的影响，各个测回间应将水平度盘的位置改变 $180°/n$。例如，观测 2 测回，则起始方向的水平度盘读数应分别在 0°和 90°附近；观测 3 测回，则起始方向的水平度盘读数应分别在 0°、60°和 120°附近。

为了便于将各测回的方向值进行比较和最后取其平均值，把各测回中的起始方向值都化为 0°00′00″，方法是将其余的方向值都减去原起始方向的方向值，称为归零方向值。各测回的归零方向值就可以进行比较，如果同一目标的方向值在各测回中的互差未超过允许值(表 5-3)，则取各测回中每个归零方向值的平均值。

表 5-3　全圆方向法观测水平角的各项限差

仪器级别	半测回归零差/(″)	2C 值变化范围/(″)	同一方向各测回互差/(″)
2″	8	13	9
6″	18	—	24

5.1.2　垂直角观测方法

在同一铅垂面内，某方向的视线与水平线的夹角称为垂直角 α，又称为竖直角或高度角，角值范围为 0°～±90°，$\alpha = 0°$时为水平线。如图 5-4 所示，瞄准目标的视线在水平线之上称为仰角，角值为正；瞄准目标的视线在水平线之下称为俯角，角值为负。盘右观测时，视线与向上的铅垂线之间的夹角 z 称为天顶距，角值范围为 0°～180°。$z = 90°$时为水平线，$z < 90°$时为仰角，$z > 90°$时为俯角。垂直角与天顶距的关系为

$$\begin{cases} \alpha_{L} = 90° - z_{L} \\ \alpha_{R} = z_{R} - 270° \end{cases} \tag{5-7}$$

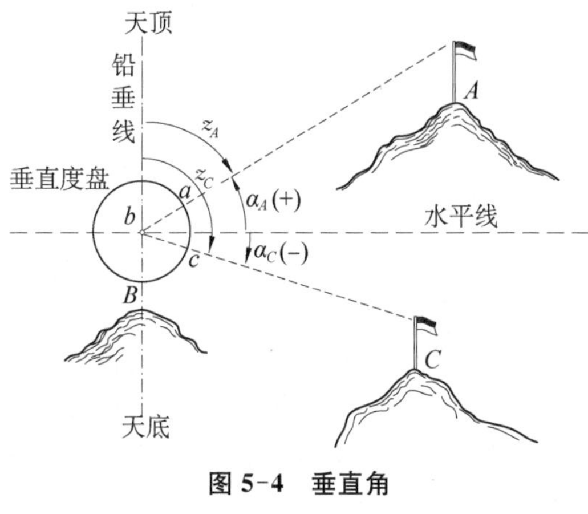

图 5-4　垂直角

式中，α_L、α_R 分别为盘左、盘右观测的垂直角；z_L、z_R 分别为盘左、盘右观测目标时的天顶距。

在望远镜瞄准目标后，仪器屏幕上直接显示天顶距。垂直角(或天顶距)的角值也应是两个方向在度盘上的读数之差，但其中一个是水平(或铅垂)方向，其应有读数为 0°或 90°的倍数。因此，观测垂直角时，只要瞄准目标，记录天顶距，结合式(5-7)即可算出垂直角的值。

全站仪垂直角测量

垂直角观测时，用仪器视场中的横丝瞄准目标的特定部位，例如标杆的顶部、觇牌的中心、标尺上的某一分划等，并需量出瞄准部位至地面点的高度(称为目标高)。垂直角观测的方法和步骤如下：

(1) 安置仪器于测站点，经过对中和整平，用小钢卷尺量出仪器的仪器高(从地面点至仪器横轴的高度)；

(2) 盘左位置瞄准目标，用十字丝的横丝对准目标，记录天顶距 z_L；

(3) 盘右位置瞄准目标，方法同第(2)步，记录天顶距 z_R，完成一测回的垂直角观测。

垂直角观测记录和计算示例见表 5-4。对于同一目标，一测回盘左、盘右观测的垂直角分别为 α_L、α_R，按式(5-7)算得垂直角之差 $\alpha_L-\alpha_R$，称为两倍指标差。

用同一仪器在同一时间段内观测，竖盘指标差应为定值。但垂直角观测存在误差，使得各测回的两倍指标差有变化，计算时，需要算出该数值，以检查观测成果的质量。

表 5-4　垂直角观测记录示例

测站	目标	竖盘	天顶距			半测回垂直角			两倍指标差	一测回垂直角		
			°	′	″	°	′	″	″	°	′	″
H	I	左	76	25	42	13	34	18	−12	13	34	24
		右	283	34	30	13	34	30				
	J	左	62	43	18	27	16	42	−10	27	16	47
		右	297	16	52	27	16	52				
	K	左	95	33	12	−5	33	12	−9	−5	33	08
		右	264	26	57	−5	33	03				

5.1.3　全站仪测角

全站仪利用光电转换原理和微处理器对编码度盘进行自动读数，显示于屏幕，并可进行观测数据的自动记录和传输。

全站仪的度盘是用编码器来读出角值的，所以也称编码度盘。编码度盘有几种形式，其中一种增量式编码度盘如图 5-5 所示，在玻璃度盘的圆周上刻有等间距的黑色分划线，最多可刻 21 600 根，相邻分划线之间相当于角度 1′。度盘读数的基本原理为：将度盘分划线置于发光二极管和接收光敏二极管之间，当度盘与发光元件和接收元件之间有相对转动时，光线被不透光的度盘分划线有变化地遮隔，光电二极管接收到强弱变化的光信号，并将其转换成电信号，据此确定度盘的位置。

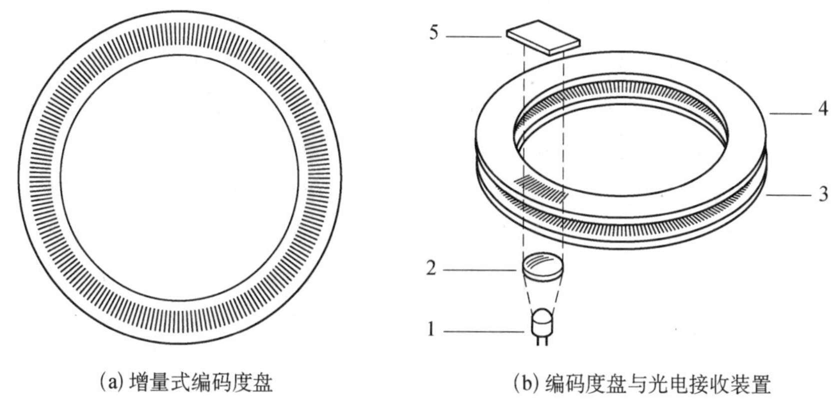

(a) 增量式编码度盘　　　　(b) 编码度盘与光电接收装置

图 5-5　编码度盘

如图 5-5 所示，发光二极管 1 发出的光线经过准直透镜 2 将散射光变成平行光，穿过主度盘 3 和副度盘 4，主度盘和副度盘刻有相同的分划线，光敏二极管 5 作为接收信号的传感器接收穿过主度盘和副度盘的平行光。当其中一块度盘转动时，两个度盘的分划线重合或错开，使光敏二极管接收到明暗有周期性变化的调制光。度盘上有 21 600 根分划线，明暗变化一个周期所代表的角度为 1′，明暗变化的整周期数即转过角度的整分数。再根据一个周期中明暗变化的规律，内插求得小于 1′的角度读数。全站仪的角度最小显示值一般可达 1″。

图 5-6 所示为某型号全站仪的操作面板与度盘读数显示。上方为度盘读数显示屏，其中 Vz：90°12′30″表示垂直度盘的天顶距读数，Hr：124°36′45″表示水平度盘的水平方向读数。

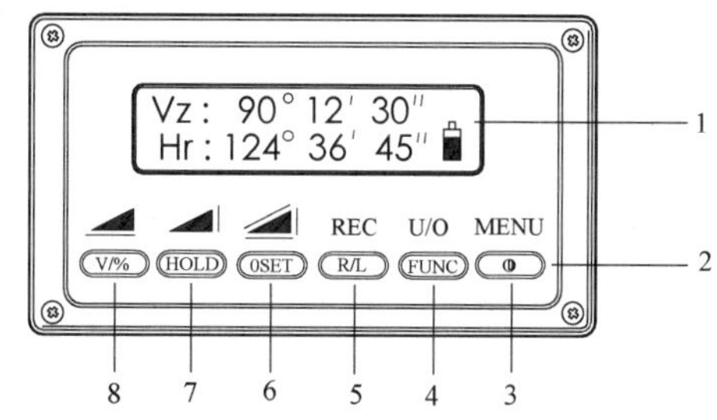

1—度盘读数显示屏；2—操作按钮；3—开机/关机；4—功能转换；5—角度值增加方向转换；6—水平度盘读数置零；7—水平度盘读数设置/锁定；8—垂直角测量模式转换。

图 5-6　全站仪操作面板与度盘读数显示

1. 全站仪的安置

1）对中

对中的目的是将全站仪的纵轴安置到测站点中心的铅垂线上。操作方法如下：按观测者的身高调整好三脚架腿的长度，张开三脚架，使三个脚尖的着地点大致与地面的测站点等距离，并使三脚架头大致水平。从仪器箱中取出仪器，放到三脚架头上，一手握住仪器支架，一手将三脚架上的连接螺旋转入仪器基座中心的螺孔。然后用垂球或仪器的光学对中器对中。

(1) 用垂球对中。把垂球挂在连接螺旋中心的挂钩上，调节垂球线长度，使垂球尖离地面点约 5 mm，如图 5-7 所示。如果垂球尖与地面点中心的偏差较大，可平移三脚架，使垂球尖大致对准地面点中心，将三脚架的脚尖踩入土中(在硬性地面上，则用力踩紧)，使三脚架稳定。当垂球尖与地面点中心偏差不大时，可稍放松连接螺旋，在三脚架头上移动仪器，使垂球尖对准地面点，然后将连接螺旋转紧。用垂球对中的误差应小于 2 mm。

(2) 用光学对中器对中。光学对中器是装在照准部的一个小望远镜，光路中装有直角棱镜，使通过仪器纵轴中心的光轴由铅垂方向转折成水平方向，便于从对中器目镜中观测，如图 5-8 所示。光学对中的操作步骤如下：

① 安置三脚架使架头大致水平，目估初步对中；

② 转动对中器目镜调焦螺旋，使对中标志(小圆圈或十字丝)清晰，转动对中器物镜调焦螺旋，使地面点清晰；

③ 旋转仪器脚螺旋，使地面点的像移动至对中标志的中心，然后伸缩三脚架腿，使圆水准器的气泡居中；

④ 旋转仪器脚螺旋，使平盘水准管在两个相互垂直方向上的气泡都居中；

⑤ 从光学对中器目镜中检查与地面点的对中情况，有偏离时，可略松连接螺旋，将仪器在三脚架头上作微小的平移，使对中误差小于 1 mm。

全站仪对中整平

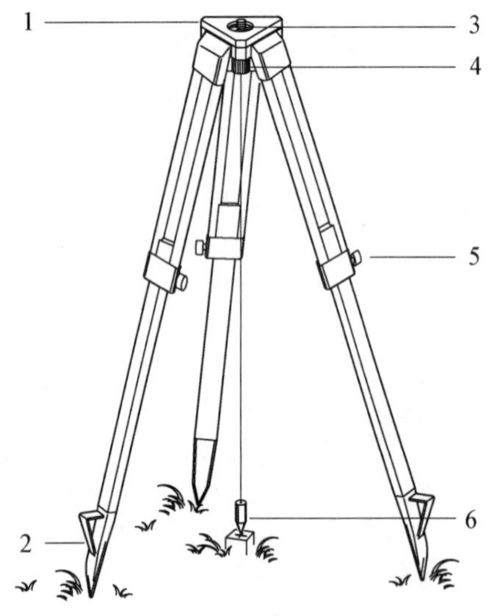

1—三脚架头；2—三脚架脚尖；3，4—连接螺旋；5—三脚架腿伸缩制动螺旋；6—垂球。

图 5-7 垂球对中

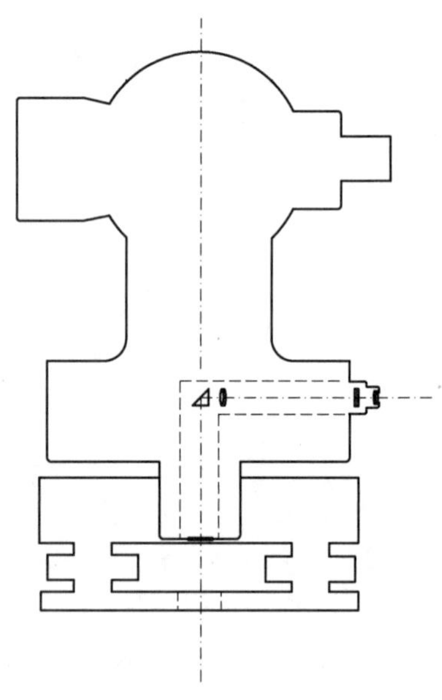

图 5-8 光学对中示意图

2) 整平

整平的目的是使全站仪的纵轴严格铅垂，从而使水平度盘和横轴处于水平位置，垂直度盘位于铅垂平面内。整平是指在粗平的基础上，旋转脚螺旋使平盘水准管气泡严格居中，操作方法如下：

(1) 松开水平制动螺旋,转动照准部使水准管大致平行于任意两个脚螺旋,如图5-9(a)所示,两手同时向内或向外转动脚螺旋,使气泡严格居中,气泡移动方向与左手大拇指转动方向相一致;

(2) 将照准部旋转约 90°,如图 5-9(b)所示,旋转另一个脚螺旋,使气泡严格居中。

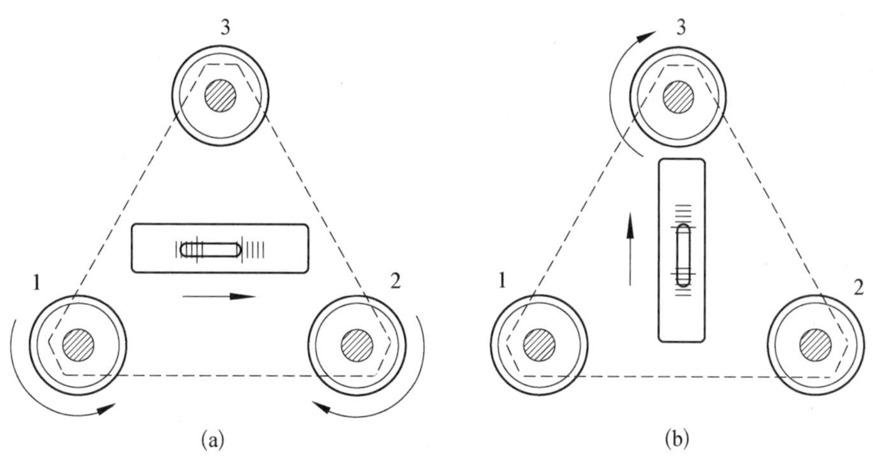

图 5-9 转动脚螺旋整平仪器

重复以上操作 1～2 次,如果水准管位置正确,则照准部旋转到任何位置,水准管气泡都是居中的,其容许偏差应小于 1 格。此时,打开全站仪的电子气泡界面,也可以观察电子气泡的居中情况。

2. 照准标志及瞄准方法

角度观测时,地面的目标点上必须设立照准标志后才能进行瞄准。照准标志一般是竖立在地面点上的标杆、测钎或架设于三脚架上的觇牌,如图 5-10 所示。标杆适用于离测站较远的目标,测钎适用于较近的目标,觇牌为较理想的照准标志,远近都适用。

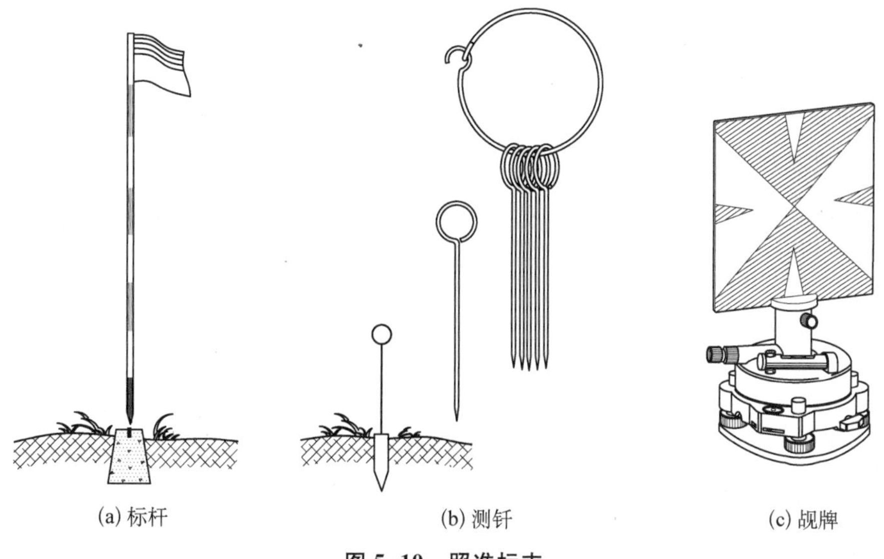

图 5-10 照准标志

用望远镜瞄准目标的方法和步骤如下：

(1) 目镜调焦：将望远镜对向白色或明亮背景(例如白墙或天空)，转动目镜调焦螺旋，使十字丝最清晰。

(2) 寻找目标：松开水平和垂直制动螺旋，通过望远镜上的瞄准器大致对准目标，然后制紧水平和垂直制动螺旋。

(3) 物镜调焦：转动物镜调焦环，使目标像最清晰，旋转水平或垂直微动螺旋，使目标像靠近十字丝，如图 5-11(a)所示。

(4) 消除视差：上下或左右移动眼睛，观察目标像与十字丝之间是否有相对移动。若发现有移动，则存在视差，说明目标与十字丝的成像不在同一平面上，就不可能精确地瞄准目标。因此，需要重新进行物镜调焦，直至消除视差为止。

(5) 精确瞄准：用水平和垂直微动螺旋使十字丝精确对准目标，如图 5-11(b)所示。观测水平角时，以纵丝对准；观测垂直角时，以横丝对准；同时观测水平角和垂直角时，二者必须同时对准，即以十字丝中心对准目标中心。

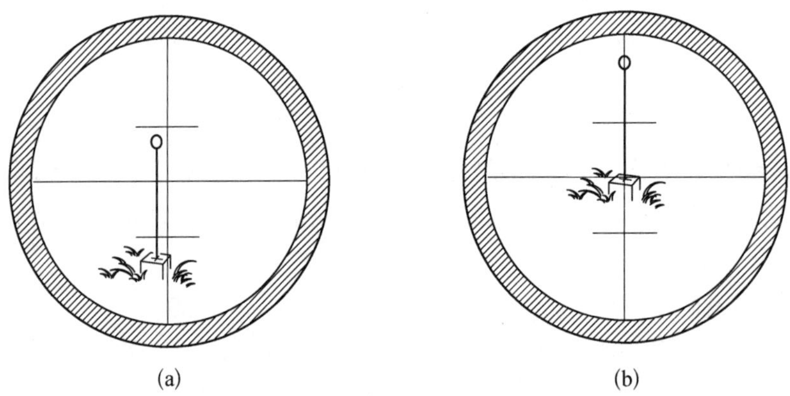

图 5-11 瞄准目标

5.1.4 角度测量的精度

1. 水平角观测的精度规定

用 6″级仪器观测水平角，根据仪器的设计标准，一测回方向观测中误差(仅包括瞄准与读数误差)$m=\pm 6''$，水平角为两个方向值之差，故一测回水平角观测的中误差为

$$m_\beta = m\sqrt{2} = \pm 6'' \times \sqrt{2} = \pm 8.5'' \tag{5-8}$$

由于一测回的水平角值取盘左、盘右两个半测回角度的平均值，故半测回水平角值的中误差为

$$m'_\beta = m_\beta\sqrt{2} = \pm 12.0'' \tag{5-9}$$

盘左、盘右水平角值之差的中误差为

$$m_{\Delta\beta} = m'_\beta\sqrt{2} = \pm 17'' \tag{5-10}$$

式中，取两倍中误差为极限误差，为±34″。考虑观测水平角时还有仪器对中和目标偏心误差的影响，故用 6″级仪器观测水平角时，盘左、盘右分别测得水平角值之差的允许值一般规定为±40″。

2. 多边形水平角闭合差的规定

n 边形的内角（水平角 β）之和在理论上应为$(n-2)\times180°$。但观测水平角时每个角度都有偶然误差，使内角之和不等于理论值而产生角度闭合差：

$$f_\beta=\beta_1+\beta_2+\cdots+\beta_n-(n-2)\times180°=\sum\beta-(n-2)\times180° \tag{5-11}$$

设每个角度的测角中误差为 m_β，则各角之和的中误差为

$$m_{\sum\beta}=\pm m_\beta\sqrt{n} \tag{5-12}$$

如果以两倍中误差为极限误差，则 n 边形允许的角度闭合差为

$$f_{\beta允}=\pm2m_\beta\sqrt{n} \tag{5-13}$$

例如，设水平角的测角中误差 $m_\beta=\pm18''$，则三角形的角度闭合差的限差应为

$$2m_\beta\sqrt{3}=2\times18''\times\sqrt{3}\approx\pm60'' \tag{5-14}$$

5.1.5　对中和偏心误差

1. 仪器对中误差的影响

安置仪器时，向地面点对中的误差引起水平角观测的误差，如图 5-12 所示，B 为测站点，B'为仪器中心，$BB'=e$，称为测站偏心距，θ 为水平角观测的起始方向与偏心方向的水平夹角，称为测站偏心角。观测水平角值 β'与正确水平角值 β 之间的关系为

$$\beta=\beta'+(\delta_1+\delta_2) \tag{5-15}$$

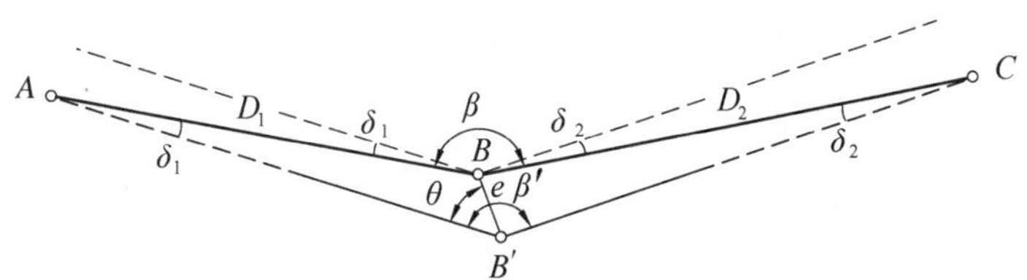

图 5-12　仪器对中误差对水平角观测的影响

在$\triangle ABB'$和$\triangle CBB'$中，δ_1 和 δ_2 为很小的角度，其正弦值可以用其弧度代替：

$$\delta_1=\frac{e\sin\theta}{D_1}\rho'' \tag{5-16}$$

$$\delta_2=\frac{e\sin(\beta'-\theta)}{D_2}\rho'' \tag{5-17}$$

因此，仪器对中误差对水平角观测的影响为

$$\Delta\beta = \delta_1 + \delta_2 = e\rho''\left[\frac{\sin\theta}{D_1} + \frac{\sin(\beta' - \theta)}{D_2}\right] \tag{5-18}$$

由式(5-18)可知:①仪器对中误差的影响与偏心距成正比,与角度两边的边长成反比;②当水平角接近 180°和偏心角接近 90°时,对中误差影响最大。

2. 目标偏心误差的影响

目标偏心误差是因瞄准的目标点上所竖立的标志(如标杆、测钎、觇牌等)的中心不在目标点的铅垂线上,由此引起测角误差。如图 5-13 所示,A 为测站点,B 为目标点,B'为瞄准的标志中心,e_1 称为目标偏心距,θ_1 为观测方向与偏心方向的夹角,称为目标偏心角。目标偏心误差对水平角观测的影响为

$$\Delta\beta_1 = \frac{e_1\sin\theta_1}{D}\rho'' \tag{5-19}$$

从式(5-19)可以看出,垂直于瞄准方向的目标偏心影响最大,并且与偏心距 e_1 成正比,与边长 D 成反比。因此,边长越短,越应防止目标偏心误差。

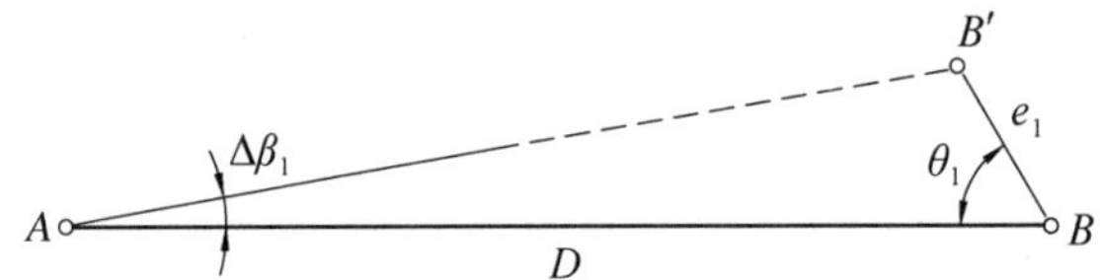

图 5-13　目标偏心误差对水平角观测的影响

思考题

与量角器量角对比,本节介绍的水平角观测原理、观测过程有哪些异同?

5.2　距离观测原理与方法

距离测量是确定地面点位时的基本测量工作之一。距离测量的方法有卷尺量距、视距测量和电磁波测距等。卷尺量距是用可以卷起来的尺子沿地面丈量,属于直接量距;视距测量是利用全站仪或水准仪望远镜中的视距丝和标尺,按几何光学原理进行测距,属于间接测距;电磁波测距是利用光学和电子仪器向目标发射和接收反射回来的电磁波(光波或微波,前者称为光电测距,后者称为微波测距)进行测距,属于电子物理测距。

卷尺量距是传统的量距方法,工具简单,成本低廉。因卷尺量距易受地形限制,目前仅用于平坦地区的近距离测量,例如用于地形测量中的细部丈量和建筑工地的细部施工放样等。电磁波测距中广泛采用的是光电测距,光电测距仪器先进、测程远、精度高、操作方便,一开始用于控制测量中高精度的远距离测量,后来逐步在近距离的细部测量、施工放样等测量工作中普及应用,目前已成为距离测量的主要方法。广义的电磁波测距应包括 GNSS 测量,安置于测站上的 GNSS 接收机接收卫星在空间轨道上发射的电磁波测距信号,同时测定测站至若干卫星的距离,再按空间距离交会原理确定地面点的点位或相对点位。

本章主要介绍直接物理量距、视距测量和电磁波测距。GNSS测量作为控制点和细部点的定位方法，将在“第7章　平面和高程控制测量”和“第8章　地形图与地形测量”中介绍。

5.2.1　直接物理量距

1. 钢卷尺和丈量工具

钢卷尺简称钢尺，是用钢制成的带状尺，尺的宽度为10～15 mm，厚度约0.4 mm，长度有30 m、50 m等数种，一把钢尺的全长称为一尺段。钢尺可以卷放在圆形的尺壳内，或卷放在金属的尺架上，如图5-14(a)所示。也有尺长仅为2～5 m的小钢卷尺，用于量取测量仪器安置时离地面点的高度(仪器高)，或瞄准目标的高度(目标高)，或在地形测量时量取地物细部的尺寸。钢尺上长度的最小分划为毫米，最小注记为厘米，各整米处也有注记，图5-14(b)所示为钢尺开头的一段注记。

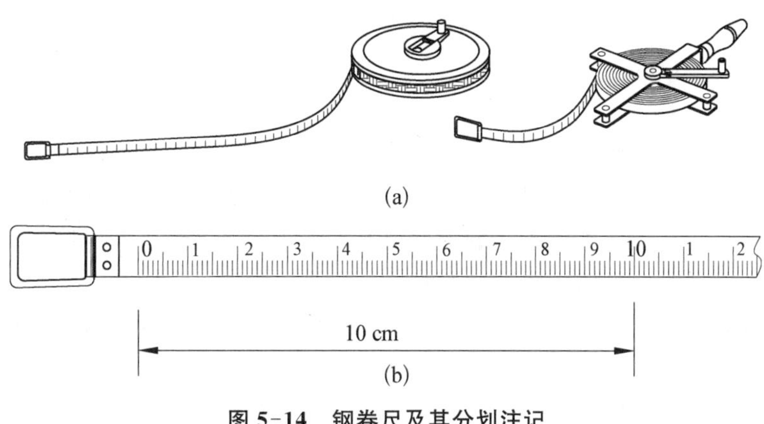

图5-14　钢卷尺及其分划注记

丈量工具有标杆、测钎、垂球等，量距精度要求较高时，还需要有弹簧秤和温度计。标杆用于标定直线，测钎用于标定尺段数，垂球用于在不平坦地区将尺子的端点垂直投影到地面上，弹簧秤用于拉直尺子时施加规定的拉力，温度计用于测定钢尺丈量时的温度并对钢尺长度进行改正。

2. 直线定线

地面上两点之间距离较远时，用钢尺的一尺段不能量完，就需要在地面沿直线方向标定若干个点，以便钢尺能沿此直线丈量，这项工作称为直线定线。一般情况下，可用标杆目测定线；对于定线精度要求较高的情况或距离很远时，需要用全站仪定线。直线定线还包括延长一条直线。

1）目测定线

如图5-15所示，设A、B两点可以通视，需要在两点间的直线上标定出1,2点。首先在A、B点上竖立标杆，甲站在A点标杆后面约1 m处，指挥乙左右移动标杆，直到甲从A点沿标杆的同一侧看到A、2、B三支标杆在同一直线上为止。同样的方法可定出直线上的其他点。两点间定线，一般应由远到近，如图5-15中所示，应先定1点，再定2点。目测定线时，标杆应竖直，乙持标杆的方法是用食指和拇指夹住标杆的上部，稍稍提起，利用标杆的重心使标杆自然竖直。

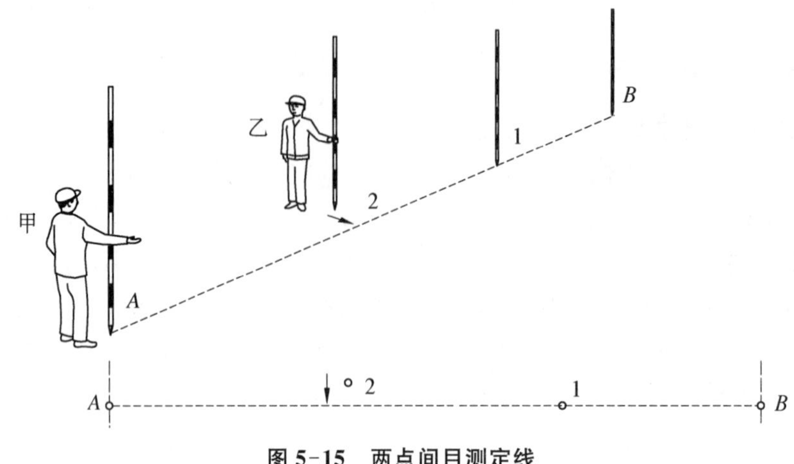

图 5-15　两点间目测定线

2) 用全站仪定线

(1) 用全站仪在两点间定线。设 A、B 两点可以通视,安置全站仪于 A 点,经过对中、整平后,用望远镜十字丝的纵丝瞄准 B 点标杆,水平制动照准部;指挥在两点间某处的助手左右移动标杆,直至标杆被望远镜的纵丝所平分。精密定线时,标杆应该用直径更小的测钎代替,或采用更适合于精确瞄准的觇牌。

(2) 用全站仪延长直线。如图 5-16 所示,如果需要将 AB 直线精确延长至 C 点,则置全站仪于 B 点,经对中、整平后,在望远镜盘左位置以纵丝瞄准 A 点,水平制动照准部,倒转望远镜,在需要延长之处定出 C' 点;再在望远镜盘右位置以纵丝瞄准 A 点,水平制动照准部,倒转望远镜,在 C' 点旁定出 C'' 点;取 $C'C''$ 的中点,即为精确位于 AB 直线延长线上的 C 点。这种延长直线的方法称为全站仪正倒镜分中法,可以消除全站仪可能存在的视准轴误差和横轴误差对延长直线的影响。

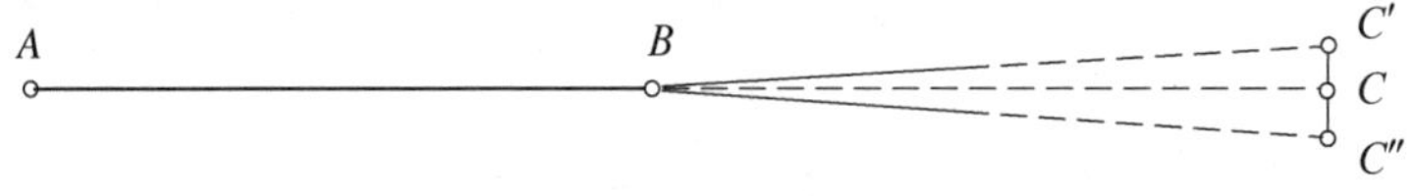

图 5-16　全站仪正倒镜分中法延长直线

3. 钢尺丈量方法

用钢尺进行距离丈量,对于较长的距离(例如长度有多个尺段),一般需要三人,分别承担前尺手、后尺手和记录的工作。在地势起伏较大的地区或行人车辆较多的地区,还需增加辅助人员。

1) 平坦地面的丈量方法

如图 5-17 所示,为丈量多个尺段,在直线两端点 A、B 竖立标杆,A、B 两点间的水平距离为

$$D_{AB} = n \times \text{尺段长} + \text{余长} \tag{5-20}$$

式中，n 为整尺段数。

图 5-17 平坦地面的距离丈量

为了防止丈量错误和提高丈量精度，两点间的距离一般需要往返丈量。将往返丈量距离的差值(取绝对值)除以距离的概值，并化为分子为1的分式，称为量距的相对精度(或称为相对误差、相对较差)。例如，测段 AB 的往测距离为 174.89 m，返测距离为 174.84 m，则量距的相对精度为

$$\frac{\text{往测距离}-\text{返测距离}}{\text{距离概值}}=\frac{174.89-174.84}{175}=\frac{0.05}{175}=\frac{1}{3\,500} \tag{5-21}$$

相对精度的分母越大，说明量距的精度越高。钢尺量距的相对精度一般规定不应低于 1/3 000。量距的相对精度如未超限，则取往返量距的平均值作为两点间的水平距离 D。

2) 倾斜地面的丈量方法

如果 A、B 两点间有明显的高差，但地面坡度均匀，大致呈一倾斜面，如图 5-18 所示，可沿地面丈量倾斜距离 S(简称斜距)，再用水准仪测定两点间的高差 h，则水平距离 D(简称平距)和高差改正 ΔD_h 为

$$D=\sqrt{S^2-h^2} \tag{5-22}$$

$$\Delta D_h=D-S \tag{5-23}$$

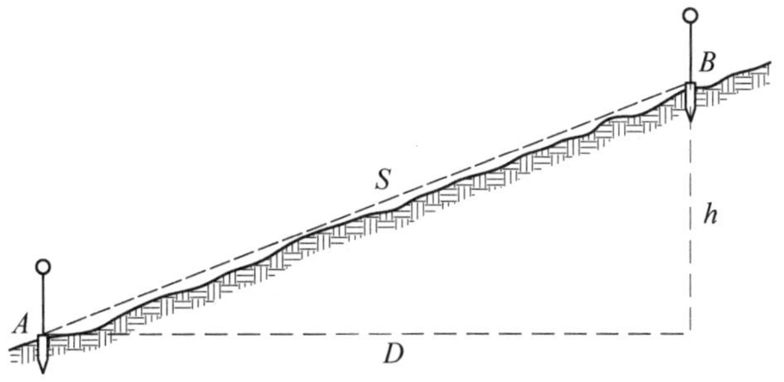

图 5-18 倾斜地面量距的高差改正

3) 高低不平地面的丈量方法

沿地面量距，当某些尺段的地面高低不平时，前、后尺手应同时抬高并拉紧尺子，使

尺子悬空并保持大致水平,用垂球将尺子端点或某一分划投影到地面,以得到该段的水平距离。如果为整尺段或较长的尺段,则尺子中间还需要有人托尺,使尺子能大致保持水平。

4. 钢尺长度检定

钢尺两端点分划线之间的标准长度称为钢尺的实际长度,端点分划的注记长度称为钢尺的名义长度。实际长度往往不等于名义长度,存在一个差值。若用这样的尺子量距,每量一尺段就包含一个差值,随距离的增加而累积,属于系统误差。钢尺量距时的温度对尺长也有影响。因此,钢尺需要经过检定,以求得尺长方程式,据此计算量得长度的改正值。另外,量距时用不同的拉力拉直钢尺会使尺长有微小的变化。因此,量距时一般规定:对 30 m 钢尺,用 100 N(牛顿)拉力(弹簧秤指针读数为 10 kg);对 50 m 钢尺,用 150 N 拉力(弹簧秤指针读数为 15 kg)。

钢尺的实际尺长应是在规定的拉力下,以温度为自变量的函数来表示。这就是钢尺的尺长方程式(简称尺方程式):

$$l = l_0 + \Delta k + \alpha l_0 (t - t_0) \tag{5-24}$$

式中,l 为钢尺改正后的长度(m);l_0 为钢尺的名义长度(m);Δk 为尺长改正值(mm);α 为钢的膨胀系数,其值为 0.011 5~0.012 5 mm/(m · ℃);t 为丈量时的温度(℃);t_0 为标准温度,一般取 20℃。

尺方程式中的尺长改正值是经过与标准长度相比较(钢尺检定)而求得的。

5. 钢尺量距的长度改正

钢尺量距的长度改正,理论上应包括尺长改正、温度改正和高差改正。实际上,当量距的相对精度要求高于 1/3 000 时,在下列情况下,才需要进行有关项目的改正:

(1) 尺长改正值大于尺长的 1/10 000 时,应加尺长改正;

(2) 量距时温度与标准温度(一般为 20℃)相差超过±10℃时,应加温度改正;

(3) 量距时地面坡度(高差与平距之比)大于 1%时,应加高差改正。

1) *尺长改正*

按尺方程式中的尺长改正值 Δk 除以卷尺的名义长度 l_0,可得每米的尺长改正值,再乘以量得的长度 D',即得到该段距离的尺长改正:

$$\Delta D_k = D' \frac{\Delta k}{l_0} \tag{5-25}$$

2) *温度改正*

将量距时的平均温度 t 与标准温度 t_0 之差乘以取自尺方程式中的钢尺膨胀系数 α(注意:尺方程式中列出的数值为 $\alpha \times 10$),再乘以量得的长度 D',即得到该段距离的温度改正:

$$\Delta D_t = D' \alpha (t - t_0) \tag{5-26}$$

3) *高差改正*

在倾斜地面丈量时,用水准仪测得直线两端点的高差 h,按式(5-23)算得该段距离的高差改正。如果沿线的倾斜地面不是同一坡度,则应分段测定高差,分段计算高差改正。

按量得的长度，经过各项改正后的水平距离为

$$D = D' + \Delta D_k + \Delta D_t + \Delta D_h \tag{5-27}$$

5.2.2　视距测量

视距测量是一种间接光学测距方法，它利用测量望远镜内十字丝平面上的视距丝及刻有厘米分划的视距标尺（与普通水准尺通用）测定测站与目标点之间的水平距离和高差（垂直距离），是测量望远镜的一种附属功能，如图 5-19 所示。视距测量的优点是简便，但测距的相对精度约为 1/300，低于钢尺量距的精度，测定高差的精度低于水准测量的精度，可用于精度要求不高的距离测量，例如水准测量中前、后视距离的测定和低精度的地形测量。

在全站仪或水准仪望远镜的十字丝平面内，与横丝平行且上、下等间距的两根短丝称为视距丝，如图 5-19 中右上方所示。由于上、下视距丝的间距固定，因此，从这两根视距丝引出去的视线在竖直面内的夹角 φ 也是一个固定的角度。在测站点 A 安置全站仪或水准仪，并使视准轴水平；在 1 点、2 点依次竖立标尺，则视准轴与标尺垂直。上视距丝（简称上丝）在标尺上的读数为 a，下视距丝（简称下丝）在标尺上的读数为 b，上、下丝读数之差称为视距间隔 n，即

$$n = a - b \tag{5-28}$$

由于 φ 角固定，则视距间隔 n 与测站至立尺点的水平距离 D 成正比，即

$$D = Cn \tag{5-29}$$

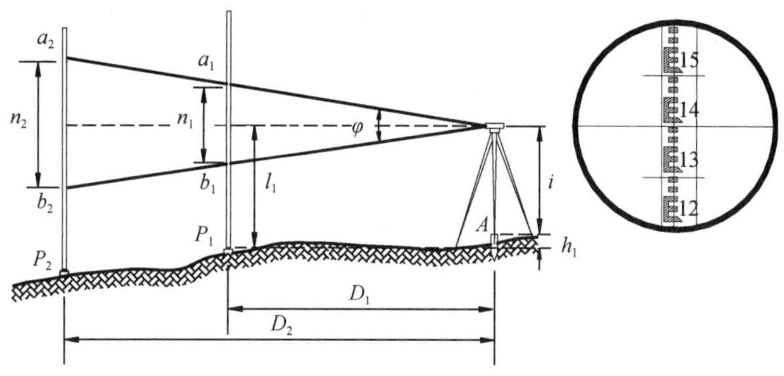

图 5-19　视准轴水平的视距测量

式(5-29)中的比例系数 C 称为视距常数，其数值大小由上、下两根视距丝的间距决定，在仪器设计时，使 $C=100$。因此，当视准轴水平时，计算水平距离的公式为

$$D = 100n = 100(a - b) \tag{5-30}$$

视准轴水平时，十字丝的横丝（此时称为中丝）在标尺上的读数为 l（称为中丝读数），再用小钢尺量取仪器高 i，则可计算测站至立尺点的高差：

$$h = i - l \tag{5-31}$$

用全站仪进行视距测量，当地面有明显高差时，可以使视准轴倾斜进行观测。设瞄准标尺时的垂直角为 α，则水平距离 D 和高差 h 的计算式分别为

$$D = Cn\cos^2\alpha = 100(a-b)\cos^2\alpha \tag{5-32}$$

$$h = D\tan\alpha + i - l \tag{5-33}$$

5.2.3 电磁波测距

电磁波测距(Electromagnetic Distance Measuring, EDM)是利用电磁波作为载波传输测距信号以测定两点间距离的一种方法，具有测程远、精度高、作业快、不受地形限制等优点，目前已成为大地测量、工程测量和地形测量中距离测量的主要方法。电磁波测距仪器按其所采用的载波可分为以下三种：①用红外光作为载波的红外测距仪；②用激光作为载波的激光测距仪；③用微波段的无线电波作为载波的微波测距仪。前两者又统称为光电测距仪，在工程测量和地形测量中得到广泛的应用。本节主要介绍光电测距仪的基本工作原理和测距方法。

光电测距的原理是：利用已知光速 C，测定光在两点间的传播时间 t，以计算距离。如图 5-20 所示，欲测定 A、B 两点间的距离，将一台发射和接收光波的测距仪主机安置于一端点 A，在另一端点 B 安置反射棱镜，经过光的发射、接收和时间测定，两点间的距离 S 可按式(5-34)计算。由于 A、B 两点一般不可能位于同一高程，光电测距直接测定的距离为倾斜距离(斜距)S。根据光速和传播时间计算斜距的理论公式为

$$S = \frac{1}{2}Ct \tag{5-34}$$

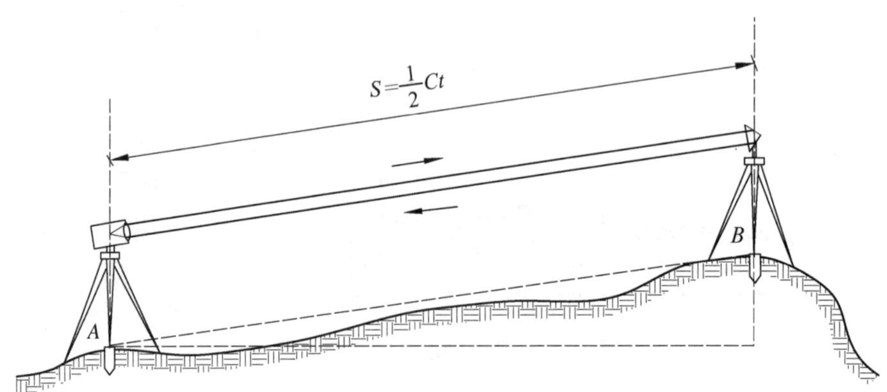

图 5-20　光电测距基本工作原理

通过测定垂直角，可以按斜距计算出两点间的平距和高差。

光在真空中的传播速度(光速)是一个重要的物理量，根据近代物理实验，迄今所知，真空中光速的精确值 C_0=(299 792 458±1.2)m/s。光在大气中的传播速度为

$$C = \frac{C_0}{n} \tag{5-35}$$

式中，n 为大气折射率（一个微大于1的数值），它是光的波长 λ_g、气温 t、气压 p 等的函数，即

$$n = f(\lambda_g,\ t,\ p) \tag{5-36}$$

各种光电测距仪所采用的光波波长为 0.8～0.9 μm，而气温和气压随时在变。因此，在光电测距作业中，理论上需测定气温和气压，对所测距离进行气象改正。

真空中的光速是接近 3×10^8 m/s 的物理基本常数，虽仍具有一定的误差，但影响光速测距的相对误差甚小，气象改正的影响也不大，光电测距的精度主要取决于测定光波往返传播时间的精度。根据测定时间方式的不同，光电测距仪又分为脉冲式测距仪和相位式测距仪。

1. 脉冲式测距仪

脉冲式测距仪的基本工作原理：测站的仪器将发射光波的光强调制成脉冲光，射向目标并接收反射光，据此测定光波在测站与目标间往返传播的时间，其工作原理如图 5-21 所示。

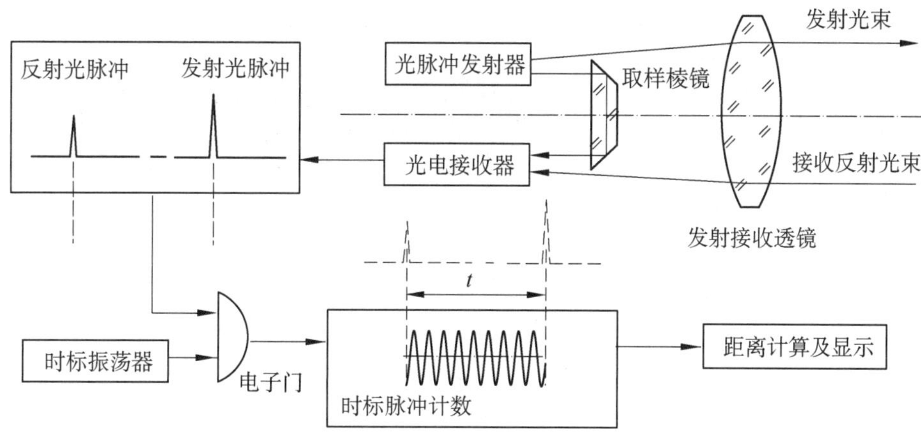

图 5-21　脉冲式测距仪工作原理

首先由光脉冲发射器将发射光的光强调制成具有一定频率的尖脉冲，通过发射接收透镜向目标定向发射；与此同时，由仪器内的取样棱镜取一小部分发射光送入光电接收器，将光脉冲转换为电脉冲（称为主波脉冲），由此打开电子门，让由时标振荡器发生的时标脉冲通过，时标脉冲计数器开始计数；从目标反射回来的反射光脉冲也被转换为电脉冲（称为回波脉冲），由此关闭电子门，时标脉冲计数器停止计数。设时标振荡器的振荡频率为 f_0（每秒振荡次数），周期 $T_0 = 1/f_0$（每振荡一次的时间），计数器所得时标脉冲数为 m 个，则脉冲光波往返传播的时间 $t = mT_0$，将其代入式(5-34)，得到所测斜距：

$$S = \frac{1}{2}CmT_0 \tag{5-37}$$

脉冲式测距仪一般用固体激光器作光源，能发射高频的脉冲激光，瞄准目标后，可以不用反射器（如反射棱镜）而接收目标体产生的激光漫反射进行测距，因此特别适用于地

形测量和目标难以到达时的测距。但不用反射器时的测距精度会略低于用反射器时的测距精度,所测距离的长度也会受到一定的限制。

2. 相位式测距仪

相位式测距仪的基本工作原理:利用周期为 T 的高频电振荡对测距仪的发射光源(红外测距仪采用砷化镓发光二极管)进行振幅调制,使光强随电振荡的频率而周期性地明暗变化(图 5-22)。调制光波在待测距离上往返传播,使在同一瞬间的发射光与接收光产生相位差 $\Delta\varphi$(图 5-23)。根据相位差间接计算传播时间,从而计算距离。

设光速为 C,调制信号的振荡频率为 f,振荡周期 $T=1/f$,则调制光的波长为

$$\lambda = CT = \frac{C}{f} \tag{5-38}$$

进而得到

$$C = \lambda f = \frac{\lambda}{T} \tag{5-39}$$

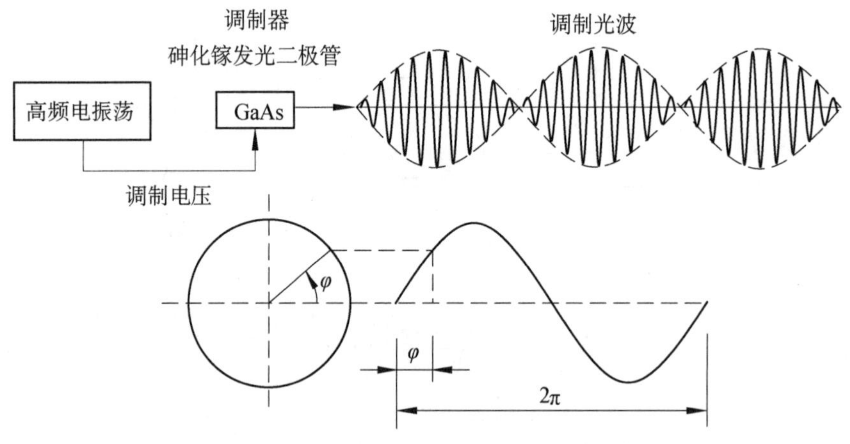

图 5-22 相位式测距光强调制

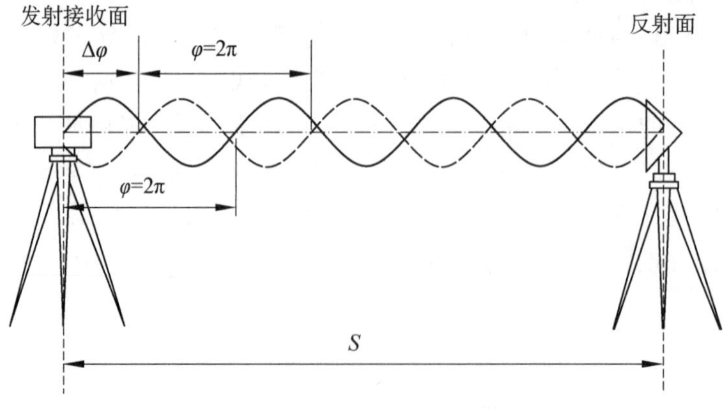

图 5-23 相位式测距的调制光波发射、接收相位差

在测程的往返传播时间 t 内，调制光的相位变化了 N 个整周(NT)和不足一整周的另数 ΔT，即

$$t = NT + \Delta T \tag{5-40}$$

由于一整周相位差变化为 2π，不足一整周的另数为 $\Delta\varphi$，如图 5-23 所示，因此

$$\Delta T = \frac{\Delta\varphi}{2\pi}T \tag{5-41}$$

$$t = T\left(N + \frac{\Delta\varphi}{2\pi}\right) \tag{5-42}$$

将式(5-39)和式(5-42)代入式(5-34)，得到相位式光电测距的基本公式：

$$S = \frac{\lambda}{2}\left(N + \frac{\Delta\varphi}{2\pi}\right) \tag{5-43}$$

由此可见，相位式光电测距的原理有一点和钢尺量距相似，即相当于用一支长度为 $\lambda/2$(半波长)的“光波尺”来量距，N 为“整尺段数”，$(\lambda/2)\times[\Delta\varphi/(2\pi)]$为“余长”。

对于某种光源的波长 λ_g，在标准气象状态下(一般取气温 $t=15℃$，气压 $p=1\,013$ hPa)可由式(5-35)和式(5-36)计算而得。因此，调制光的光尺长度可由调制信号的频率 f 来决定。例如，近似地取光速 $C=3\times10^8$ m/s，则调制频率 f 与调制光的光尺长度 $\lambda/2$ 的近似关系如表 5-5 所示。

表 5-5　调制频率与光尺长度

调制频率 f/MHz	30	15	7.5	1.5	0.15
光尺长度($\lambda/2$)/m	5	10	20	100	1 000

在相位式测距仪中，用相位计只能测定发射与接收光波相位差的尾数 $\Delta\varphi$，而不能测定相位差的整周数 N，从而使式(5-43)产生多值解。只有当待测距离小于光尺长度时，才有确定的数值。此外，相位计的相位差测定也只能有 4 位有效数字。因而在相位式测距仪中设置有两种调制频率，产生两种光尺长度。例如，频率 $f_1=15$ MHz(约数)，称为精尺频率，光尺长 $\lambda_{1/2}=10$ m，称为精尺长度，由此测定距离的尾数——米、分米、厘米、毫米数；频率 $f_2=150$ kHz(约数)，称为粗尺频率，光尺长 $\lambda_{2/2}=1\,000$ m，称为粗尺长度，由此测定距离的千米、百米、十米和米数。两种调制频率联合使用，即可测得完整的距离值。

5.2.4　专用测距仪及反射器

自 20 世纪中期发明光电测距仪以来，随着微电子学、激光、半导体和发光二极管等技术的发展，测绘工作所用的测距仪的部件得到很大的改进，体积减小、精度提高，操作也愈加方便。测距仪从体积庞大的单体仪器，改进为可以架设于经纬仪上方的测角和测距的联合体(图 5-24)，以至于最后将测距仪中的光电发射和接收的光学系统以及光调制器、脉冲计、相位计等微电子元件与经纬仪的瞄准望远镜组装在一起，成为可以同时测距和测

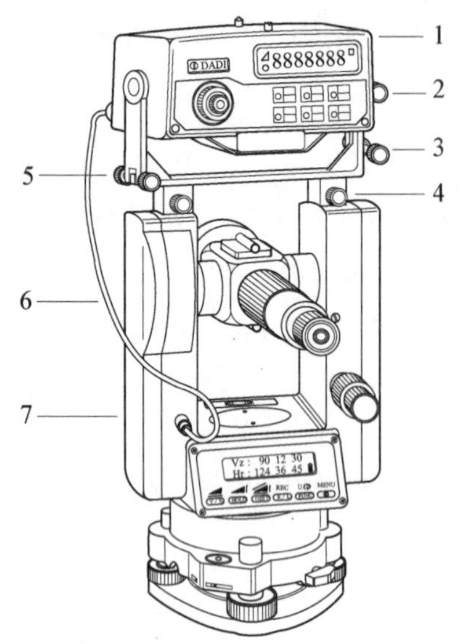

1—测距仪；2—垂直制动螺旋；3—垂直微动螺旋；
4—支架座制动螺旋；5—水平微动螺旋；
6—连接电缆；7—电子经纬仪。

图 5-24　测距仪与电子经纬仪的连接

角、使用更加方便的电子全站仪，而不再单独使用测距仪，故此处不再介绍单体的光电测距仪的具体使用方法。

用光电测距仪进行距离测量时，在目标点上一般需要安置反射器。反射器分为全反射棱镜和反射片两种：前者经常用于控制测量中长距离的精密测距；后者用于近距离的测距，如地形测量和工程测量。

全反射棱镜(简称反射棱镜或反光镜)是用光学玻璃磨制成的四面体，如同正立方体上切下的一个角锥体(图 5-25)。角锥顶点为 D，底面为 ABC。ABC 面是反射棱镜的正面，ADB、ADC 和 BDC 三个反射面要求严格相互垂直。这样，入射光线 L_I(在 ABC 平面的入射点为 P_I)和经过三个垂直面的三次全反射(反射点为 1，2，3)后的反射光线 L_R(在 ABC 平面的折射点为 P_R)互相平行，也可以说入射光线按原路线返回。在进行棱镜的实物加工时，磨去 ABC 面的三个棱角，形成以 ABC 平面为底面的圆柱体和三个相互垂直的顶面，然后装入塑料外框，仅露出底面。实际应用的反射棱镜有单块棱镜的单棱镜和三块棱镜装在一起的三棱镜等，适用于远近不同的距离。图 5-26 所示为安装于照准觇牌上的棱镜，图 5-27 所示为安装于标杆上的棱镜。

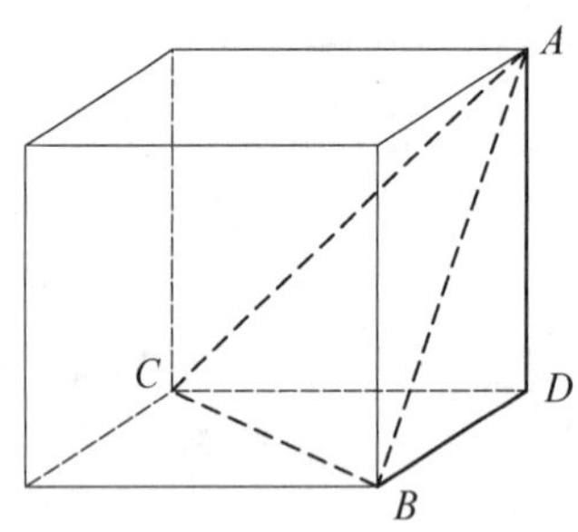

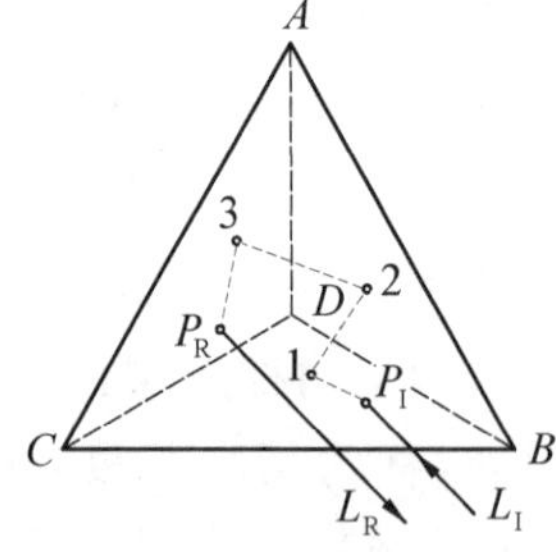

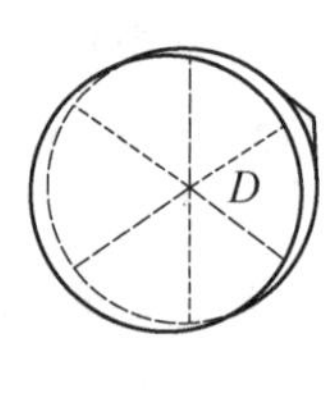

图 5-25　全反射棱镜的制造和反射原理

反射片为塑料制成的透明薄片，厚度小于 1 mm，按反射棱镜的反光原理，其底面由许多正立方体的角锥阵列组成，同样能起到使入射光线与反射光线平行的作用。单个反射片的平面尺寸有 1 cm×1 cm、2 cm×2 cm、5 cm×5 cm 等多种，一般适用于数十米至数百米的不同距离的测量。

全站仪距离测量

测距仪如果采用高频脉冲激光作为光源，则在近距离情况下可以接收目标体上产生的激光漫反射进行测距，此时可以不用反射棱镜或反射片，称为无棱镜测距或免棱镜测距。

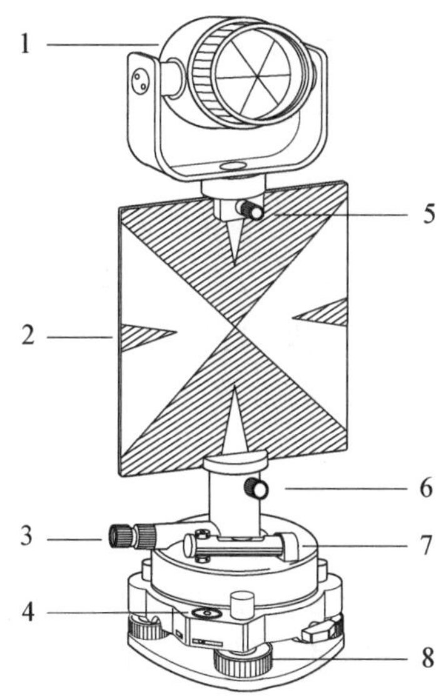

1—反射棱镜；2—觇牌；3—光学对中器；
4—圆水准器；5—棱镜连接螺旋；
6—方向制动螺旋；7—水准管；8—脚螺旋。

图5-26　觇牌棱镜

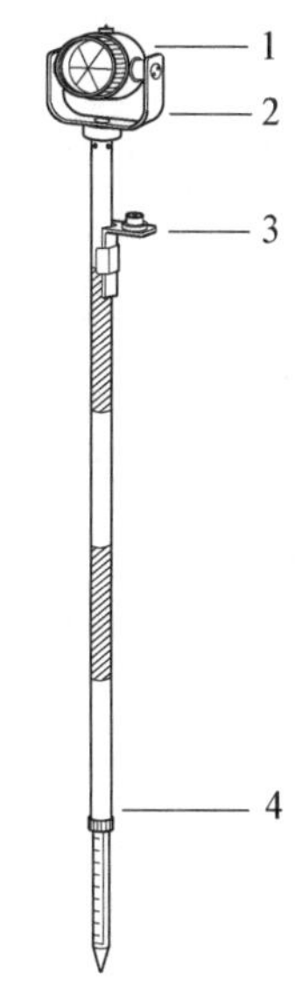

1—反射棱镜；2—棱镜支架；
3—圆水准器；4—可伸缩标杆。

图5-27　标杆棱镜

5.2.5　电磁波测距的改正与归算

1. 测距仪的乘常数和加常数改正

1）乘常数改正

无论是脉冲式测距仪还是相位式测距仪，对光调制的频率设计和成品的检验校正都应有正确的数值。仪器在使用过程中，由于电子元件的老化等原因，实际的调制频率与设计的标准频率可能会有微小的差别（类似尺长误差），其影响与所测距离的长度成正比。因此需要定时（一般每隔一年）进行测距仪检定，从而得到距离改正用的比例系数，称为测距仪的乘常数（R），据此对观测成果加以改正。将测距仪在标准长度上进行检定，可以得到测距仪的乘常数 R，其单位取 mm/km。

光电测距的乘常数改正值 ΔS_R 与所测距离的长度成正比，其计算式为

$$\Delta S_R = RS' \tag{5-44}$$

例如，$R=+6.3$ mm/km，测得斜距 $S'=816.350$ m，则 $\Delta S_R=6.3\times0.816=+5$ mm。

2）加常数改正

由于测距仪的距离起算中心与测距仪的安置中心不一致，以及反射棱镜的等效反射面与棱镜安置中心不一致，测得的距离与实际距离有一个固定的差数，称为测距仪的加常数（C）。当测距仪与反射棱镜构成一套固定的设备后，加常数为一个固定值，可以设置在仪器中，使其自动改正。一般以“棱镜常数”的名义设置加常数。但在仪器使用过程中，加常数可能会发生变化，因此也需要定时检定，必要时，应对观测成果加以改正。

光电测距的加常数改正值 ΔS_C 与所测距离的长短无关，即

$$\Delta S_C = C \tag{5-45}$$

例如,$C=-8.2$ mm,则 $\Delta S_C=-8$ mm。

2. 气象改正

影响光速的大气折射率 n 为光的波长 λ_g、气温 t、气压 p 的函数。对于某一型号的测距仪,λ_g 为一定值,则根据距离测量时测定的气温和气压,可以计算距离的气象改正系数 A。距离的气象改正值与距离的长度成正比,因此,测距仪的气象改正系数相当于另一个"乘常数",其单位也取 mm/km,从而可以与仪器的乘常数一起改正。距离的气象改正值为

$$\Delta S_A = AS' \tag{5-46}$$

单位 mm/km 表示每千米改正 1 mm,是百万分之一,因此又称百万分率,英文缩写为 ppm(parts per million),或直接以 10^{-6} 表示。例如,某测距仪说明书中给出该仪器的气象改正系数:

$$A = \left(279 - \frac{0.2904p}{1+0.00366t}\right)(\text{mm/km}) \tag{5-47}$$

式中,p 为气压(单位:hPa,百帕);t 为气温(单位:℃)。

式(5-47)以 $p=1\,013$ hPa, $t=15$℃为标准状态,此时,$A=0$。一般情况下,例如,$p=987$ hPa,$t=30$℃,代入式(5-47),得到 $A=+21$ mm/km,对于斜距 $S'=816.350$ m,其气象改正值为 $\Delta S_A = +21\times10^{-6}\times816.35\text{ m} = +17$ mm。

3. 光电测距的归算

光电测距时,测距仪与反射棱镜之间一般存在高差,直接测得的距离为斜距。通过全站仪测定仪器与棱镜之间的垂直角,量取仪器高和目标高,可将斜距归算为两点间的平距和高差。

1) 近距离的平距和高差计算

将斜距化为平距和高差的计算公式与距离的远近有关,从一般的工程测量和地形测量的实用精度来讲,距离在 300 m 以下可以作为"近距离"处理,而距离在 300 m 以上应作为"远距离"来处理。

根据近距离测定的倾斜距离(斜距)S,计算水平距离(平距)D、垂直距离(垂距)V 和高差 h 时,由于两点的距离较近,地球曲率对平距和高差的影响微小,可以将"距离三角形"(斜距、平距、垂距构成的三角形)作为直角三角形处理;高程起算面和通过 A、B 两点的水准面可以作为水平面处理,通过 A、B 两点的铅垂线可以认为是平行的,如图 5-28 所示。

设在测站点 A 向目标点 B 测定斜距 S,观测垂直角 α 或天顶距 Z,量取仪器高 i 和目标高 l,由此得到计算两点间的平距 D 和垂距 V 的公式:

$$D = S\cos\alpha = S\sin Z \tag{5-48}$$

$$V = S\sin\alpha = S\cos Z \tag{5-49}$$

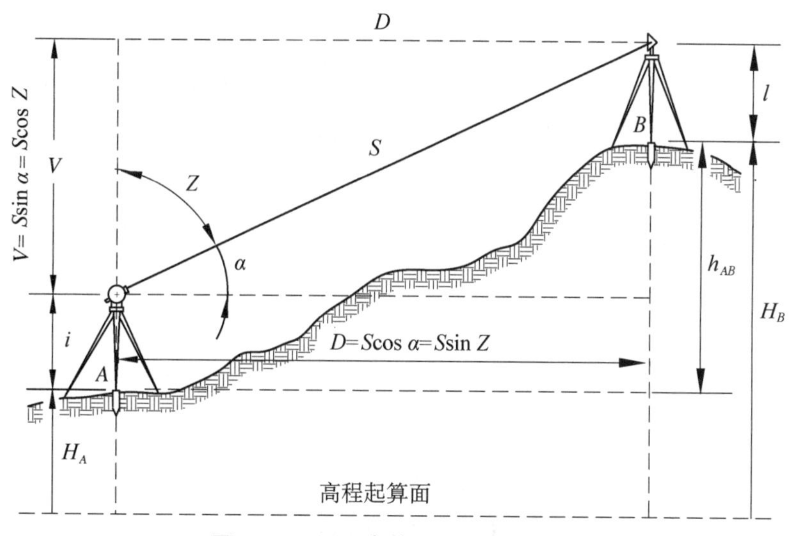

图 5-28　近距离的平距和高差计算

根据由测定的斜距和垂直角计算的垂距、量取的仪器高和目标高，计算两点间的高差，称为三角高程测量。其计算高差的公式为

$$h_{AB}=V+i-l \tag{5-50}$$

$$h_{AB}=S\sin\alpha+i-l \tag{5-51}$$

$$h_{AB}=S\cos Z+i-l \tag{5-52}$$

根据 A 点高程 H_A 和 A、B 两点的高差 h_{AB}，计算 B 点的高程为

$$H_B=H_A+h_{AB} \tag{5-53}$$

式(5-48)～式(5-53)为近距离三角高程测量的计算公式。

2) *距离测量的高程归算*

在不同高程面上进行测量，获得的水平距离与大地水准面上的距离存在一定的差异。距离测量是在测区的地面上进行的，测站与目标离大地水准面都有一定的高度，如图 5-29 所示。测站点 A 和目标点 B 的平均高程是测距时视线的平均高程 H_m，因此测得的水平距离是视线平均高程面上的距离 D。设将距离 D 归算至大地水准面上，其长度为 D_0，则存在以下关系：

$$\frac{D}{D_0}=\frac{R+H_m}{R} \tag{5-54}$$

设平距高程归算的改正值 $\Delta D=D-D_0$，则

$$\Delta D=D_0\frac{H_m}{R}\approx D\frac{H_m}{R} \tag{5-55}$$

式中，R 为地球平均曲率半径。

对于不同的视线平均高程 H_m，平距高程归算的相对改正值 $\Delta D/D$ 列于表 5-6。

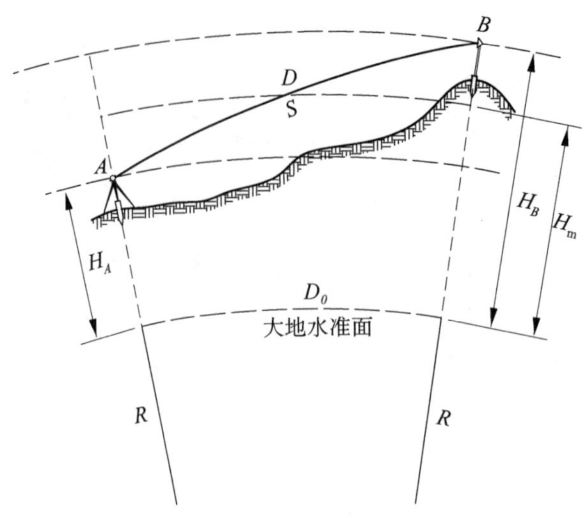

图 5-29　距离的高程归算

表 5-6　平距高程归算的相对改正值

H_m/m	20	50	100	200	500
$\Delta D/D$	1/320 000	1/127 000	1/64 000	1/32 000	1/13 000

3) 远距离的三角高程计算

当距离在 300 m 以上时,对于工程测量或地形测量,地球曲率(或称水准面曲率)对高差测定的影响已不容忽视。因此,对于远距离三角高程测量,应进行地球曲率差改正(f_1),简称球差改正。如图 5-30 所示,通过 A 点的水准面和水平面,二者在 B 点铅垂线上的高程差即 f_1。根据式(2-28),得到

$$f_1 = \frac{D^2}{2R} \tag{5-56}$$

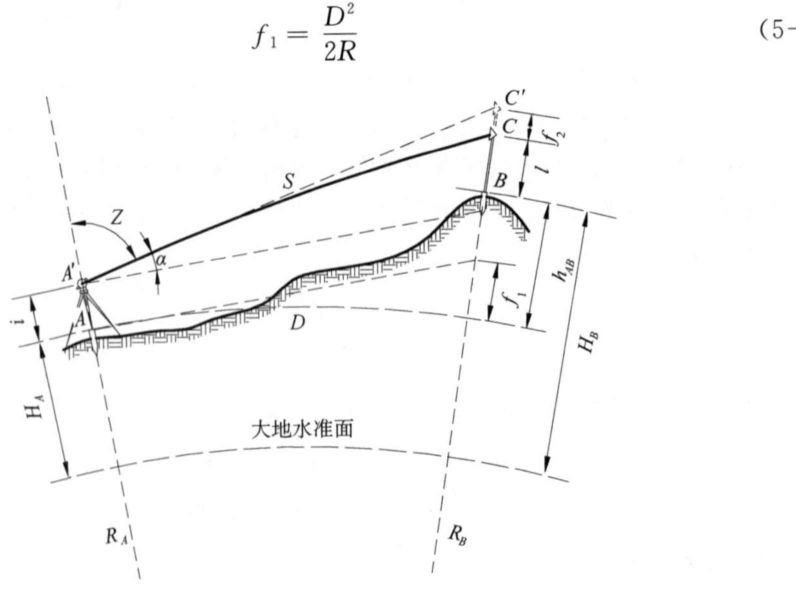

图 5-30　三角高程测量的地球曲率和大气折光影响

式中，D 为 A、B 两点间的水平距离；R 为地球平均曲率半径(取 6 371 km)。由于地球曲率影响，测得的高差小于实际高差，因此，球差改正 f_1 恒为正值。

此外，地面大气层受地球重力影响，低层空气密度大于高层空气密度，如图 5-31 所示。设想倾斜视线穿过密度逐步变稀的各层空气介质，层面上的折射角 R 总是大于入射角 I，使视线成为一条向上凸的曲线，这种现象称为大气垂直折光，它使视线的切线方向向上抬高，以致测得的垂直角和高差偏大。因此，进行远距离三角高程测量时，还应进行大气垂直折光差改正(f_2)，简称气差改正，f_2 恒为负值。

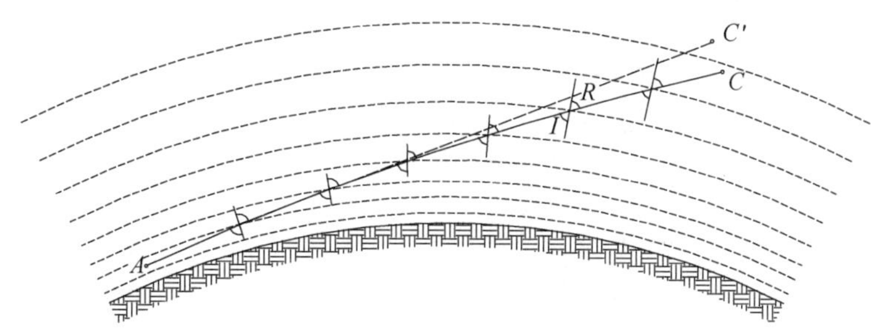

图 5-31　大气垂直折光

大气垂直折光使远距离的视线成为其曲率大致为地球曲率的 k 倍的圆曲线。k 称为大气垂直折光系数，是太阳日照、气温和气压、地面土质和植被等因素的复杂函数。k 值在 0.08～0.20 之间变化，一般作近似计算时，取 $k=0.14$。仿照式(5-56)，得到

$$f_2 = -k\frac{D^2}{2R} \tag{5-57}$$

远距离三角高程测量的球差改正和气差改正合在一起，称为两差改正(f)，可由下式计算：

$$f = (1-k)\frac{D^2}{2R} \tag{5-58}$$

由此可见，两差改正数值的大小与两点间距离的平方成正比。表 5-7 给出了平距 D=100～2 000 m 的两差改正的数值。顾及两差改正的三角高程测量的高差计算公式为

$$h_{AB} = V + i - l + f \tag{5-59}$$

式中，V 是按式(5-49)计算的垂距，在此式中称为高差主值。

表 5-7　三角高程测量的两差改正(k=0.14)

D/m	100	200	300	400	500	700	1 000	1 500	2 000
f/mm	1	3	6	11	17	33	67	152	270

由于折光系数 k 的不确定性，远距离的三角高程测量的两差改正也具有误差。如果能在短时间内在两点间进行对向观测，即测定 h_{AB} 和 h_{BA} 并取其平均值，由于 k 值在短时间内不大可能会改变，而高差 h_{BA} 必须反其符号与 h_{AB} 取平均，可使两差改正的误差得以

三角高程测量

抵消。对向观测法一般应用于要求较高的三角高程测量。

表 5-8 所示为 A、B 点间和 B、C 点间进行对向的光电测距和垂直角观测，并量取仪器高和目标高，以计算平距和高差的示例。

表 5-8 光电测距的平距和高差计算示例

测距边	AB		BC	
测 站	A	B	B	C
目 标	B	A	C	B
斜距 S/m	303.393	303.400	491.360	491.333
垂直角 α	+11°32′49″	−11°33′06″	+6°41′48″	−6°42′04″
$D=S\cos\alpha$/m	297.253	297.255	488.008	487.976
平均平距/m	297.254		487.992	
$V=S\sin\alpha$/m	+60.730	−60.756	+57.299	−57.334
仪器高 i/m	1.440	1.491	1.491	1.502
−目标高 l/m	−1.502	−1.400	−1.522	−1.441
两差改正 f/m	0.006	0.006	0.016	0.016
$h=V+i-l+f$/m	+60.674	−60.659	+57.284	−57.257
平均高差/m	+60.666		+57.270	

5.2.6 光电测距的精度

1. 光电测距的误差来源

1) 调制频率的误差

将式(5-38)代入式(5-43)得到：

$$S=\frac{C}{2f}\left(N+\frac{\Delta\varphi}{2\pi}\right) \tag{5-60}$$

为分析测距仪的调制频率误差对测距的影响，对式(5-48)中的距离 S 和频率 f 求微分，可得

$$\frac{\mathrm{d}S}{S}=-\frac{\mathrm{d}f}{f} \tag{5-61}$$

式(5-61)说明：频率的相对误差使测定的距离产生相同的相对误差，由此产生的距离误差与距离的长度成正比。在仪器使用过程中，电子元件的老化会使原来设置的标准频率发生变化。通过测距仪的定期检定，测定乘常数 R，对距离进行改正，主要是为了消除仪器的频率误差。测距时是否需要进行这项改正，可视乘常数的大小、距离的远近和测距所需的精度而定。

2) 气象参数测定误差

测距时测定的气象参数为气温 t 和气压 p，假定在标准状态下($t=15$℃，$p=1\,013$ hPa)，

对式(5-47)进行微分,可得

$$dA = 0.28dp - 0.97dt \tag{5-62}$$

由此可见,如果气温测定的误差为±1℃,或气压测定的误差为±4 hPa,则对距离测定大约产生±1 mm/km 的相对误差。测距时是否需要进行这项改正,可视气象参数与标准状态差别的大小、距离的远近和测距所需的精度而定。

3) 相位测定和脉冲测定的误差

相位式测距仪中相位差测定的误差或脉冲式测距仪中脉冲个数测定的误差都会影响距离测量的尾数,而与距离的长短无关。误差的大小取决于仪器测相系统或脉冲计数系统的精度以及调制光信号在大气传输中的信噪比误差等。前者取决于仪器性能和精度,后者来自测距时的自然环境,例如天气的阴晴、大气的透明度、杂散光的干扰等。

4) 反射器常数误差

与测距仪配套的反射器的加常数都有确定的数值。例如,对于反射棱镜,一般加常数 $C=-30$ mm;对于反射片,加常数 $C=0$。加常数可在测距仪中预先设置,测距时可自动加以改正。但是,如果反射器与测距仪不配套,或设置有误,或瞄准不精确等,就会产生反射器常数误差。

5) 仪器和目标的对中误差

光电测距是测定测距仪中心至棱镜中心的距离,因此,仪器和棱镜的对中误差有多大,其对测距的影响也有多大,而与距离的长短无关。因此,对于仪器和棱镜的水准管和光学对中器,应事先进行检验和校正;测距时,应仔细地对仪器和棱镜进行整平和对中。

2. 光电测距的精度计算

光电测距时存在以下误差:测距仪本身的误差(仪器误差)、仪器对中误差、棱镜对中误差、气温气压测定误差、倾斜改正垂直角测定误差等。因此,对于具体条件下的光电测距误差估算,可以采用多种独立误差来源的总误差计算方法。这里仅讨论与测距仪有关的误差。

相位式光电测距的仪器误差来源有相位测定误差、调制频率误差等。根据式(5-35)、式(5-43),得到相位式光电测距仪测定距离 S 的计算式:

$$S = \frac{\lambda}{2}\left(N + \frac{\Delta\varphi}{2\pi}\right) = \frac{C_0}{2nf}\left(N + \frac{\Delta\varphi}{2\pi}\right) \tag{5-63}$$

式中,λ 为测距仪的调制波长;N 为整波段数;$\Delta\varphi$ 为测定的相位差;C_0 为真空中的光速;n 为大气折射率(由测定的气象参数求得);f 为测距仪的调制频率。

由于 $\Delta\varphi$、n、f 均可能存在误差,因此将式(5-63)对这几个自变量求微分,得到

$$dS = \frac{C_0}{4\pi nf}d\Delta\varphi - \frac{S}{n}dn - \frac{S}{f}df \tag{5-64}$$

根据误差传播定律中和差函数和倍函数的公式,可以得到测距中误差为

$$m_S = \pm\sqrt{\left(\frac{C_0}{4\pi nf}\right)^2 m_{\Delta\varphi}^2 + S^2\left(\frac{m_n}{n}\right)^2 + S^2\left(\frac{m_f}{f}\right)^2} \tag{5-65}$$

式中,右端根号内第一项为测定相位差的误差影响,它与距离的长短无关,故称为常误差,一般以 a 表示;根号内第二项、第三项分别为大气折射率误差和频率误差,它们与距离的长度成正比,其共同影响总称为比例误差,一般以 b 表示。因此,由仪器本身误差(与外界特殊条件和仪器操作者的技术水平无关)引起的测距误差的估算公式为

$$m_S = \pm\sqrt{a^2 + (S \cdot b)^2} \tag{5-66}$$

式中,a、b 通常作为测距仪本身精度的指标。a 的单位为 mm;b 为百万分率(ppm),用每千米的毫米数(mm/km)表示;距离 S 的单位为 km。

光电测距仪的标称精度是指测距仪本身引起的测距误差(用于厂商标明仪器本身的精度)。根据以上误差分析可知,仪器的测相误差、棱镜常数误差与测距的长短无关,为常误差(或称固定误差),用 a 表示;而仪器的频率误差和正常大气状态下的气象因素误差与测距的长度 D 成正比,为比例误差,其比例系数用 b 表示。

在仪器说明书中,常误差 a 以 mm 为单位;比例系数 b 一般以 mm/km 表示。例如,a=5 mm,b=5 mm/km。各种测距仪和全站仪的测距标称精度有:$\pm(5+5\times10^{-6}\cdot D)$mm,$\pm(3+2\times10^{-6}\cdot D)$mm,$\pm(2+2\times10^{-6}\cdot D)$mm 和 $\pm(1+1\times10^{-6}\cdot D)$mm 等。$a$、$b$ 的数值越小,测距仪的精度越高。

5.2.7 测距计算实例

使用一支 30 m 的钢尺,用标准的 100 N 的拉力,沿倾斜地面往返丈量 AB 边的距离,用水准仪测得两端点的高差 h=2.54 m,往测时的平均温度为 32.4℃,返测时为 33.0℃,钢尺的尺方程式及钢尺量距成果列于表 5-9。

表 5-9 钢尺量距成果整理

尺号:015	尺方程式:$l = 30\text{ m} - 1.8\text{ mm} + 0.36(t - 20℃)\text{mm}$					
线段 (端点号)	量得长度 D'/m	丈量时温度 t/℃	端点高差 h/m	尺长改正 ΔD_k/m	温度改正 ΔD_t/m	高差改正 ΔD_h/m	改正后平距 D/m
A—B	234.943	32.4	2.54	−0.014 1	+0.035 0	−0.013 7	234.950
B—A	234.932	33.0	2.54	−0.014 1	+0.036 6	−0.013 7	234.941

往返丈量的长度按式(5-23)、式(5-25)、式(5-26)计算的各项改正和按式(5-27)计算的改正后水平距离列于表 5-9。根据改正后的水平距离计算往返丈量的相对精度为(234.950 m−234.941 m)/235 m= 1/26 100。

思考题

全站仪和 GNSS 均具有相位式测距方式,试问全站仪的相位式测距与 GNSS 的载波相位测距有何异同?

5.3　全站仪及其使用

5.3.1　全站仪的构造

电子全站仪是一种利用机械、光学、电子等元件组合而成,可以同时进行角度(水平角、垂直角)和距离(斜距、平距、高差)测量,并可进行有关计算的高科技测量仪器。由于这种测量仪器只要在测站上一次安置,便可以完成该测站上所有的测量工作,故称为电子全站仪,简称全站仪(Total Station Instrument)。起初的全站仪是将电子经纬仪和测距仪组装在一起,并可分离成两个独立的部分,称为积木式全站仪。后来改进为将光电测距仪的调制光发射接收系统的光轴和经纬仪的视准轴组合成分光同轴的整体式全站仪,并配置电子计算机的微处理机和系统软件,使其具有对测量数据进行存储、计算、输入、输出等功能。通过输入、输出设备,全站仪可以与计算机交互通信,将测量数据直接导入计算机,据此进行计算和绘图;测量作业所需要的已知数据也可以从计算机输入全站仪。一些全站仪将电荷耦合器件(Charge Coupled Device, CCD)与传动马达相结合,使其具有对目标棱镜进行自动识别(Automatic Target Recognition, ATR)、跟踪和瞄准功能;CCD 还用于度盘读数、构成电子水准器等。还有一些全站仪将全球导航卫星系统(GNSS)接收机与之结合,以解决仪器自由设站的定位问题。全站仪的这些功能不仅使测量的外业工作高效化,而且可以实现整个测量作业的高度自动化。目前,全站仪已广泛应用于控制测量、地形测量、施工放样等方面。

一般全站仪的功能组合如图 5-32 所示。各部分的功能如下:①电源部分由装有可充电式电池的电池盒装入仪器内,或用外接电源,供各部分用电需要。②测角部分相当于电子经纬仪,有水平度盘和垂直度盘,可以测定水平角、垂直角和设置方位角。③测距部分相当于测距仪,用调制的红外光或激光按相位式或脉冲式测定斜距,并可归算为平距和垂距。测角和测距是全站仪的最基本功能。④传感部分是光电管传感器或 CCD 传感器,其目的是使全站仪的总体性能和精度得到提高,例如用于仪器纵轴倾斜改正的双轴补偿器,用于提高度盘读数精度的编码读数传感器,用于自动寻找目标的搜索传感器,等等。⑤数据处理部分是一系列应用程序和存储单元,按输入的已知数据和观测数据计算出所需的测量成果,例如坐标计算、放样数据计算等,并进行数据的存取。⑥输入输出部分

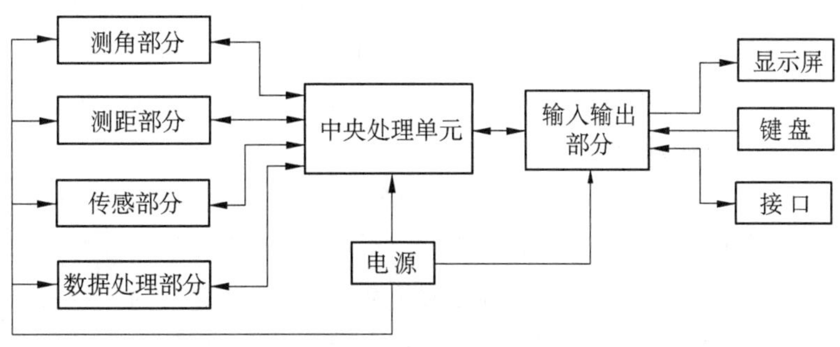

图 5-32　全站仪的功能组合

包括键盘、显示屏和通信接口。从键盘可以输入操作指令、数据和设置参数;显示屏可以及时显示仪器当前的工作方式、观测数据和运算结果,并有参数设置和数据输入的对话框;通信接口使仪器能与磁卡、磁盘、计算机等交互通信,传输数据。⑦中央处理单元接收指令和调度支配各部分的工作。图 5-33 所示为索佳测绘仪器制造商生产的 SET230R 全站仪。

全站仪初步认识

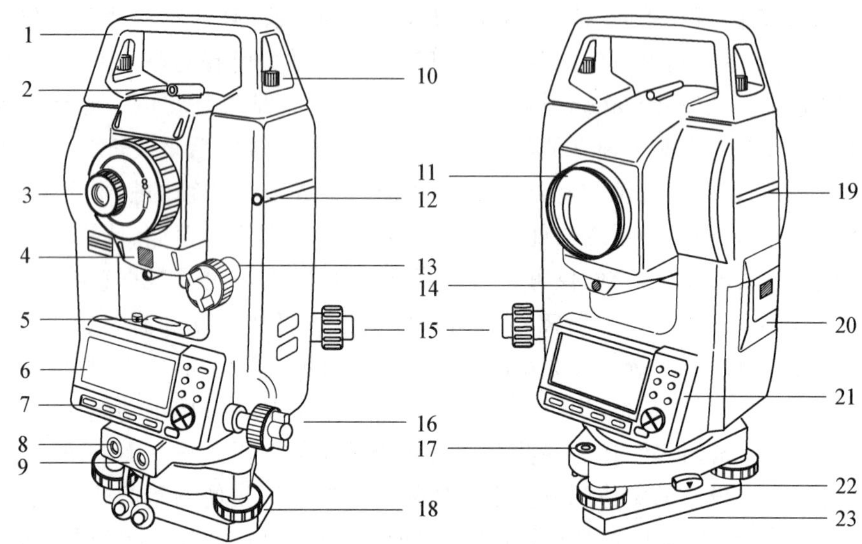

1—提柄;2—粗瞄准器;3—目镜;4—指示光显示器;5—平盘水准管;6—显示屏;7—软键;8—外接电源插口;9—数据输入输出插口;10—提柄固紧螺丝;11—物镜12—无线遥控器接收点;13—垂直微动螺旋;14—指示光发射器;15—光学对中器;16—水平微动螺旋;17—圆水准器;18—脚螺旋;19—仪器高标志;20—电池护盖;21—操作面板;22—基座制动控制杆;23—底板。

图 5-33　SET230R 全站仪

5.3.2　附属构件和功能

1. 多功能同轴望远镜

全站仪的望远镜中,搜索和瞄准目标用的视准轴与发射、接收测距调制光的光轴是设计成同轴的,这样可以使仪器结构紧凑、操作方便、功效提高。如图 5-34(a)所示,与全站仪配套的反射棱镜安装于觇牌中心,图 5-34(b)所示为可以 360°照准的棱镜。这样,一次瞄准目标棱镜即能同时测得水平角、垂直角和斜距。望远镜也能作 360°纵转,需要时,可安装直角目镜,测定大的仰角,甚至可以瞄准位于测站天顶的目标(工程测量中有此需要),测设铅垂线或测定其垂直距离(高差)。

图 5-35 所示为全站仪望远镜的同轴光路。物镜、目镜和中间的调焦透镜(凹透镜)构成望远镜视准轴及瞄准系统,将红外测距、激光测距和自动目标识别的发射与接收三种光学系统,通过折射棱镜、分光棱镜和变换棱镜等集成到同一视准轴系统的光路之中,并对不同作用的光信号进行有效的分离和识别。红外测距和激光测距按需要作变换,激光用于免棱镜测距。内光路马达及滤光片使内、外光路的光信号能同时被光电

接收管所接收,以实现相位法测距。ATR 照准红外光发射和接收以及线性 CCD 阵列构成自动目标识别的光路系统,它能传感目标位置的信息,并通过传动马达,指挥照准部自动瞄准目标。

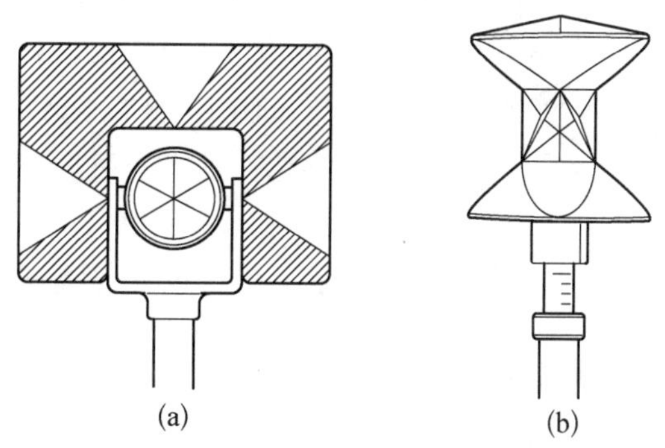

图 5-34　安装于觇牌中心的棱镜和可以 360°照准的棱镜

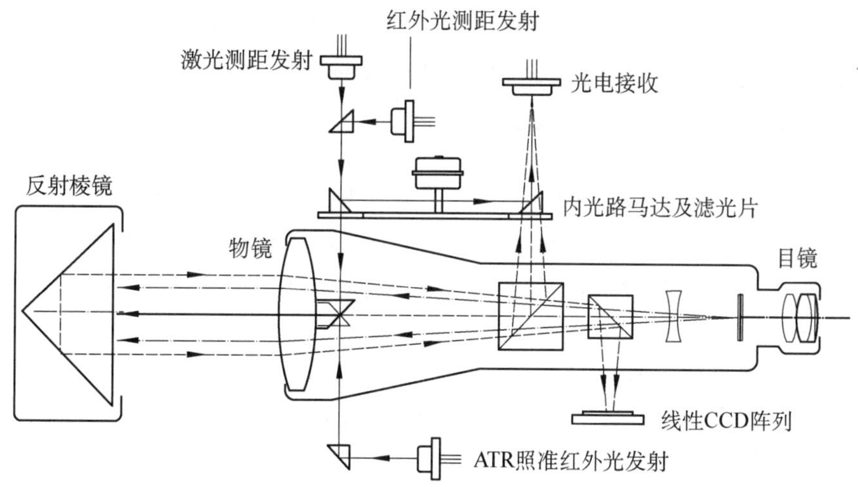

图 5-35　全站仪的同轴望远镜的发射和接收光路

2. 显示屏和键盘

全站仪的操作面板包括显示屏和操作键两部分。全站仪一般都有较大的显示屏,可显示 4×36～8×36 个字符(4～8 行),能充分表达全站仪的各种功能、已知数据、观测值和计算数据,并附有照明设备。先进的显示屏有彩色触摸屏,兼有输入和显示功能。操作键大致可分为开关键、照明键、功能键、输入键、控制键和回车键。输入键有一组,可以输入数字(含小数点、正负号)和英文字母;控制键分为移位键、变换键、空格键、退格键、取消键、光标移动键等;回车键一般用于某种功能的确认或输入数据的确认。全站仪的各种功能的主菜单一般以 4 个项目或 5 个项目为一页(Page,编号为 P1、P2、…),功能名称以一页为一组,列于显示屏最下面一行(称为功能行),并与显示屏下的各个功能键相对应;功能变换键可改变各功能页的显示。有些功能的主菜单下尚有若干级子菜单,可显示在屏幕上,并用光标移动键选中调用。

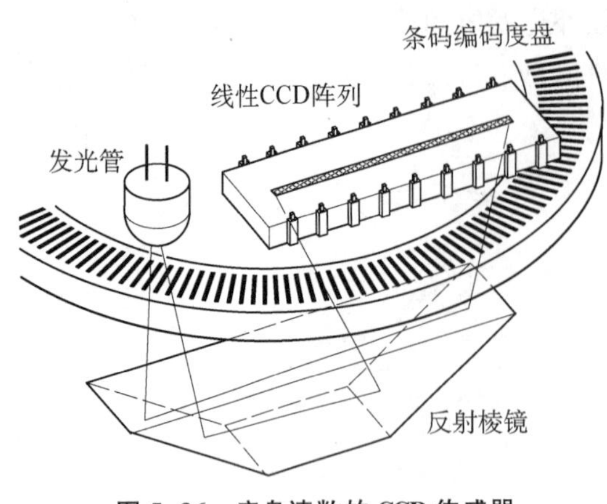

图 5-36 度盘读数的 CCD 传感器

3. 传感器

1) 度盘读数传感器

全站仪的度盘读数一般采用增量式编码度盘,用光电传感器按通光量变化进行角度读数(见 5.1.3 节)。较先进的有用条码编码度盘、CCD 传感器读数。角度的编码信息利用发光管发光透过度盘,由一组线性 CCD 阵列和一个 8 位 A/D 转换器读出,如图 5-36 所示。为了确定读数指标相对于度盘的位置,一般需要在度盘上捕获至少 10 条编码线信息。在实际角度测量中,单次测量包括大约 60 条编码线,通过取平均值和内插的方法,以提高角度测量的精度。一般在度盘的对径上,设置一对线性 CCD 传感器,以消除度盘偏心差的影响。

2) 纵轴倾斜传感器

全站仪的纵轴倾斜主要由安置仪器时的置平误差引起,它影响视准轴的瞄准、水平度盘和垂直度盘的读数。对于垂直度盘,形成竖盘指标差;对于水平度盘,由纵轴倾斜引起横轴的倾斜和视准轴的偏差而影响读数。对此,全站仪设置有双轴倾斜补偿器。双轴是指:①视准轴在水平面上的投影,称为纵向轴[用 X 或 L(Longitudinal)表示];②横轴在水平面上的投影,称为横向轴[用 Y 或 T(Transverse)表示]。双轴倾斜补偿器的功能是用传感器测定纵轴倾斜角在纵向轴和横向轴方向上的分量,然后显示纵向和横向的倾角,据此可以转动脚螺旋,精确置平仪器;对于置平后剩余的纵轴倾斜误差,仪器自动对垂直度盘和水平度盘读数进行改正。

3) 目标棱镜搜索传感器

ATR 照准红外光的发射和接收反射光的线性 CCD 阵列(相当于相机的底片),构成自动目标识别传感器(其结构框图见图 5-35 的下面部分)。ATR 的感应区在约占望远镜视场三分之一的中心区。启动 ATR 测量时,如果目标棱镜在此区域内出现,则 ATR 可立即识别;感应区内如果没有出现目标棱镜,则进行螺旋式扫描,搜索目标,使感应区移向棱镜;当视场内出现棱镜时,即计算出 CCD 相机中心与接收光点的偏移量,用控制照准部的传动马达来纠正视准轴的水平方向和垂直方向,自动照准目标;当望远镜十字丝与棱镜中心达到容许偏差(≤5 mm)时,停止转动马达,测出其偏移量,并对水平角和垂直角进行改正。

4. 存储器

目前,全站仪的存储器已有相当大的容量,可以存储已知数据(例如控制点的坐标和高程)、观测数据和计算数据。除了能显示数据,还可将数据传输到外部设备(存储卡、电子记录手簿和计算机),这是全站仪的基本功能之一。存储器分为机内存储器和存储卡两种。

5. 通信接口

全站仪可以将内存中存储的数据通过 RS-232C 或 USB 串行接口和通信电缆传输给

计算机，也可以接收从计算机传输过来的数据，称为双向通信。通信时，全站仪和计算机各自调用有关数据通信程序，先设置好相同的通信参数，然后启动程序，完成数据通信。

6. 仪器等级和技术参数

全站仪以度盘的测角精度（一测回水平方向中误差）划分等级，并设置相应的技术参数。不同等级的全站仪适用于不同的用途，表 5-10 列出了不同等级全站仪的技术参数和用途。

表 5-10　全站仪系列技术参数及用途

<table>
<tr><td colspan="3">仪器等级</td><td>1″级</td><td>2″级</td><td>3″级</td><td>5″级</td></tr>
<tr><td rowspan="3">测角部分</td><td colspan="2">测角精度</td><td>±1″</td><td>±2″</td><td>±3″</td><td>±5″</td></tr>
<tr><td colspan="2">最小显示</td><td colspan="2">0.5″/1″</td><td colspan="2">1″/5″</td></tr>
<tr><td colspan="2">补偿器类型</td><td colspan="4">液体双轴倾斜传感器，补偿范围：±3′</td></tr>
<tr><td rowspan="8">测距部分</td><td rowspan="4">测程/m</td><td>免棱镜</td><td colspan="4">白色面：<500，灰色面：<250</td></tr>
<tr><td>反射片</td><td colspan="4"><500</td></tr>
<tr><td>单棱镜</td><td colspan="4">按通视条件：<3 000～5 000</td></tr>
<tr><td>三棱镜</td><td colspan="4">按通视条件：<6 000～10 000</td></tr>
<tr><td rowspan="4">测距精度/mm</td><td>免棱镜</td><td colspan="4">$\pm(5+10\times10^{-6}\cdot D)$</td></tr>
<tr><td>反射片</td><td colspan="4">$\pm(3+2\times10^{-6}\cdot D)$</td></tr>
<tr><td>一般棱镜</td><td colspan="4">$\pm(2+2\times10^{-6}\cdot D)$</td></tr>
<tr><td>精密棱镜</td><td colspan="4">$\pm(1+2\times10^{-6}\cdot D)$</td></tr>
<tr><td rowspan="2">水准器灵敏度</td><td colspan="2">管水准器</td><td colspan="2">20″/2 mm</td><td colspan="2">30″/2 mm</td></tr>
<tr><td colspan="2">圆水准器</td><td colspan="4">10′/2 mm</td></tr>
<tr><td colspan="3">仪器用途</td><td colspan="2">控制测量及精密工程测量</td><td colspan="2">地形测量及一般工程测量</td></tr>
</table>

5.3.3　全站仪的功能

全站仪的功能比较全面，几乎涵盖地面测量的所有工作，例如各种地面控制测量（导线测量、交会定点、三角高程测量）、地形测量的数据采集、工程测量的施工放样和变形监测等。

全站仪设置

全站仪的使用可分为观测前的准备工作、角度测量、距离（斜距、平距、高差）测量、三维坐标测量等。角度测量和距离测量属于最基本的测量工作，坐标测量通常用得最多。不同精度等级和型号的全站仪的使用方法大体上相同，但在细节上有差别，因为各种型号的全站仪都有自身的功能菜单系统（主菜单和各级子菜单）。

以索佳 SET230R 全站仪为例，其外形如图 5-33 所示。标称测角精度为±2″，标称测距精度为$\pm(2+2\times10^{-6}\cdot D)$mm，在 250 m 以内可以免棱镜测距。基本测量功能有角度测量、距离测量和坐标测量等；高级测量功能有放样测量、后方交会、偏心测量、对边测量和悬高测量等；还有测量数据记录和输入、输出功能。

全站仪坐标测量

全站仪不仅可以测量角度和距离，也可以直接测量三维坐标。

思考题

测距模式一般有棱镜、反射片和免棱镜，其中免棱镜测距模式一般适用于什么场景？

5.4 测角和测距一体化仪器

1. 机器人全站仪

机器人全站仪，又叫全站仪全自动测量机器人，是在一般全站仪的功能基础上，配备马达驱动，具有自动测量仪器高、自动搜索目标、自动照准目标和棱镜锁定等功能，无需操作员手动操作，可高效控制和监测，适用于在恶劣、受限等环境下作业的全站仪。

以徕卡 TS60 机器人全站仪(图 5-37)为例，该全站仪采用相位原理系统分析技术，配备 500 万像素广角与望远镜双相机系统，具备自动测量仪器高、自动瞄准和精确校准模块，可实现超远距离、复杂恶劣环境下目标棱镜的智能锁定，测角精度可达 0.5″；同时集成了 SmartStation 系统，可实现外部数据通信与远程无人值守测量，接收 GNSS 信号计算设站坐标。与传统全站仪相比，该机器人全站仪具有多方面的优势：

(1) 自动目标照准和跟踪：该机器人全站仪采用全新的光斑分析法优化棱镜验证，可实现亚秒级的手动校准与 ATR Plus 自动照准，在±20°视场角范围内可实现超强锁定性能，排除环境中的干扰因素(灯光、水气、日照等)和无效目标，有效提高自动测量的距离、精度和效率。

(2) 自动测量仪器高：该机器人全站仪添加了新型量高模块，无需携带卷尺人工测量，可一键测量仪器高度，精度高达 1 mm，简化测量工作，提高效率。

(3) 双相机系统：该机器人全站仪集成了广角相机和望远镜相机，可以使用自动对焦功能，粗瞄范围广，精瞄准确性高；可以驱动仪器旋转并照准测量目标，进行高分辨率的扫描和图像采集；可以在不同的缩放级别下对目标进行观察和拍摄；还可将扫描和图像数据与测量数据相结合，生成三维点云和实景图像。

2. 三维激光扫描仪

三维激光扫描仪是另外一种集测角、测距等功能于一体的全自动测量仪器(图 5-38)。它通过激光脉冲发射器周期性地驱动激光二极管发射激光脉冲，然后由接收透镜接收目标反射信号，石英钟对激光脉冲发射与接收的时间差进行计数，最后由微电脑通过软件计算出仪器至目标点的空间距离(斜距)。由石英钟控制的编码器同步测量每个激光脉冲的横向扫描角度(相当于方位角)和纵向扫描角度(相当于天顶距)，从而计算被测物体的坐标。仪器内部集成了一台马达，可按一定的角度驱动激光器或设备平台旋转，因此在短时间内可以获得被测物体的大量点云数据。

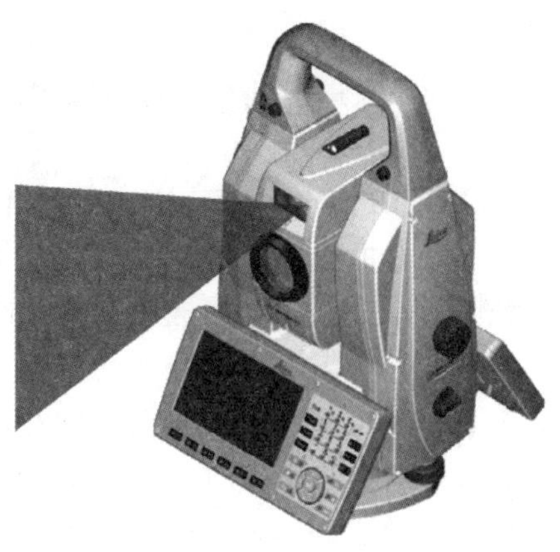

图 5-37　徕卡 TS60 机器人全站仪

图 5-38　徕卡 P50 三维激光扫描仪

思考题

机器人全站仪和三维激光扫描仪均能够自动进行测量，它们分别适用于哪些场景？

课后习题

[5-1]　根据下列水平角观测记录(表 5-11)，计算出该水平角。

表 5-11　水平角观测记录(测回法)

测站	目标	竖盘	水平度盘读数			半测回角值			平均较值			备　注
			°	′	″	°	′	″	°	′	″	
B	C	左	347	16	30							C　A　β　B
	A		48	34	24							
	C	右	167	15	42							
	A		228	33	54							

[5-2]　根据下列垂直角观测记录(表 5-12)，计算出这些垂直角。

表 5-12　垂直角观测记录

测站	目标	竖盘	天顶距			半测回垂直角			一测回垂直角		
			°	′	″	°	′	″	°	′	″
A	B	左	72	36	12						
		右	287	23	44						
	C	左	88	15	52						
		右	271	44	06						
	D	左	102	50	32						
		右	257	09	20						

[5-3] 测量水平角时,为什么要进行盘左、盘右观测?

[5-4] 测量垂直角时,为什么要进行盘左、盘右观测?如果只进行盘左观测,则事先应做一项什么工作?

[5-5] 用一名义长度为 50 m 的钢尺,沿倾斜地面丈量 A、B 两点间的距离。该钢尺的尺方程式为:$l=50\ \text{m}+10\ \text{mm}+0.6(t-20℃)\text{mm}$。丈量时温度 $t=32℃$,A、B 两点的高差为 1.86 m,量得斜距为 128.360 m。试计算经过尺长改正、温度改正和高差改正后的 A、B 两点间的水平距离 D_{AB}。

[5-6] 在 A、B、C 三点之间进行光电测距,如图 5-39 所示。图上已注明各点间往返观测的斜距 S、垂直角 α、目标高 l、各测站的仪器高 i。试计算各点间的水平距离和高差,由于三角形的边长较长,计算高差时,应进行两差改正;在三角形内计算高差闭合差,并按边长进行高差闭合差的调整。

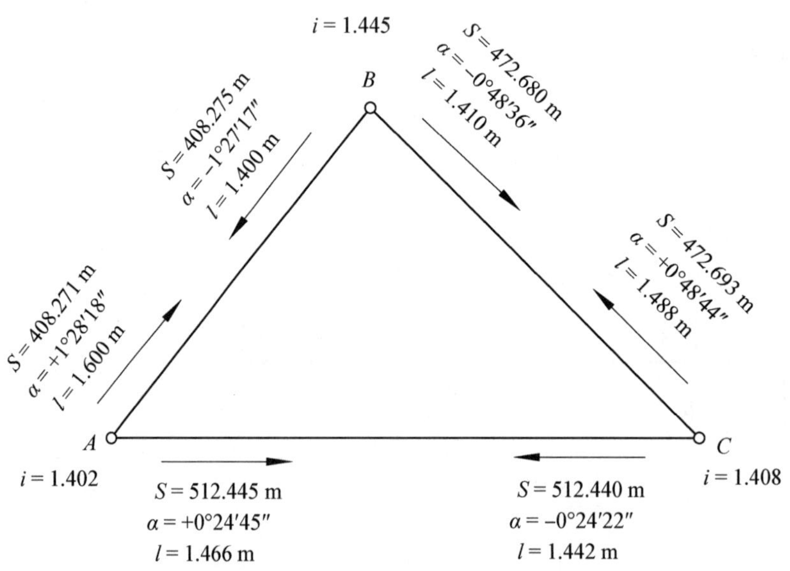

图 5-39 光电测距的平距和高差计算

[5-7] 全站仪有哪些测量功能?

[5-8] 试述用全站仪进行三维坐标测量的基本过程。

第 6 章

GNSS 测量与定位方法

在当今科技领域，全球导航卫星系统(Global Navigation Satellite System，GNSS)已成为日常生活不可或缺的一部分。GNSS 提供了高精度、高可靠的定位导航服务，广泛应用于军事、民用、工程和科学领域。本章将深入剖析 GNSS 系统的组成要素，分析卫星、地面站和用户设备之间的相互关系；深入研究卫星定位的基本原理，阐释卫星信号如何通过距离测量和三角法来准确确定用户的位置；详细探讨各种 GNSS 定位方法，包括绝对定位、相对定位等定位技术；分析 GNSS 测量的误差来源；讨论 GNSS 在测绘、农业、航空和导航等领域的实际应用。

本章学习重点

- 理解 GNSS 系统在空间段、地面段和用户段的构成及主要作用；
- 掌握卫星定位的基本原理和伪距单点定位方法；
- 掌握 GNSS 观测值的各类误差项及其产生原因；
- 掌握 GNSS 在各领域的实际应用及发展方向。

6.1 GNSS 系统与构成

6.1.1 GNSS 系统组成

全球导航卫星系统(GNSS)是一类能为用户提供绝对位置信息和时间信息的空基无线电导航定位系统。GNSS 定位技术具有高精度、全天候、全球覆盖的优势,根据不同的应用需求,GNSS 可提供米级至毫米级的定位精度。GNSS 已经成为现代社会服务的一个组成部分。

目前存在的四大 GNSS 系统可在全世界范围内提供定位、导航、授时(Positioning, Navigation and Timing, PNT)服务,包括美国的全球定位系统(GPS)、俄罗斯的格洛纳斯卫星导航系统(GLONASS)、欧盟的伽利略卫星导航系统(Galileo)和中国的北斗卫星导航系统(BeiDou)。此外还存在部分区域卫星导航系统,可在特定范围内提供 PNT 服务,如日本的 QZSS 系统和印度的 IRNSS 系统。

GNSS 系统主要包括三部分:空间段、地面段、用户段。

(1) 空间段主要由卫星星座构成,用于传输各类导航电文。

(2) 地面段主要包括主控站、监测站、注入站、通信及其余基础设施。

(3) 用户段主要包括各类接收机,兼容各类卫星导航系统的芯片、模块、天线等基础产品,以及终端产品、应用系统与应用服务等。

6.1.2 全球定位系统 GPS

GPS 的空间段主要涉及 GPS 卫星星座。卫星星座是指发射入轨能正常工作的卫星的集合。标准 GPS 卫星星座由 24 颗卫星组成,包括 21 颗工作卫星和 3 颗备用卫星。24 颗卫星分布在 6 个轨道面上,每个轨道面分布 4 颗卫星。每个轨道面上的 4 颗卫星所处的插槽均为不对称分布,这样即使卫星发生故障也能使 GPS 系统保持稳健性。轨道面倾角为 55°,相邻轨道面的升交点赤经相差 60°。每个轨道平面内的各颗卫星之间的升交角距相差 90°。GPS 卫星均为中地球轨道(Middle Earth Orbit, MEO)卫星,卫星在距地球表面平均高度为 20 200 km 的中地球轨道上飞行,运行周期为 11 h 58 min。这样设计的好处是能保证每天观测到的卫星构型基本相同,较为稳定。GPS 系统卫星的部分参数如表 6-1 所示。

GPS 系统为了确保在 95%的时间内均可以提供至少 24 颗可运行卫星的服务,在轨卫星的数量一直保持在 30 颗以上。GPS 系统在 2011 年进行了星座扩展,将 24 个卫星插槽扩展到了 27 个,如图 6-1、图 6-2 所示。截至 2022 年 6 月 26 日,GPS 卫星星座共有 31 颗运行中的卫星,不包括退役的在轨备用卫星。

目前 GPS 系统的空间配置保证了在地球上任意位置任意时间均可以观测到 4 颗卫星以提供基本的位置服务。

表 6-1　GPS 卫星部分参数

卫星信息	GPS 卫星类型				
	传统卫星		现代卫星		
	BLOCK IIA	BLOCK IIR	BLOCK IIR-M	BLOCK IIF	GPS III/IIIF
信号类型	民用 C/A 码，L1 频段	民用 C/A 码，L1 频段	新增第二代民用信号 L2C	包含所有 IIR-M 信号	包含所有 IIF 信号
	军用精码(P 码)，L1&L2 频段	军用精码(P 码)，L1&L2 频段	增强抗干扰能力军用 M 码	新增第三代民用 L5 频段	新增第四代民用信号 L1C
设计寿命	7.5 年	7.5 年	7.5 年	12 年	15 年
发射时间	1990—1997 年	1997—2004 年	2005—2009 年	2010—2016 年	2018—
在轨数量	0	7	7	12	5
在轨卫星	—	G02、G13、G16、G19、G20、G21、G22	G05、G07、G12、G15、G17、G29、G31	G01、G03、G06、G08、G09、G10、G24、G25、G26、G27、G30、G32	G04、G11、G14、G18、G23
特性	—	星载时钟监控	包含所有历史信号，军用信号更为灵活	更为先进的原子钟，提升了精确度、信号强度和质量	提升了精确度、信号强度和质量，IIIF 卫星具有激光反射器以及搜索和救援功能

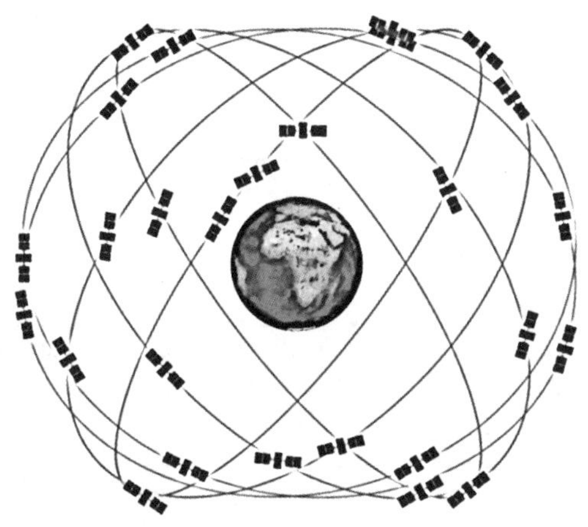

图 6-1　GPS 卫星星座

GPS 系统的地面控制段(Control Segment，CS)由四个主要子系统组成：主控站(Master Control Station，MCS)、备用主控站(Alternate Master Control Station，AMCS)、四个地面天线网络(Ground Antenna，GA)和全球分布式监测站网络(Monitor Station，MS)。如图 6-3 所示。

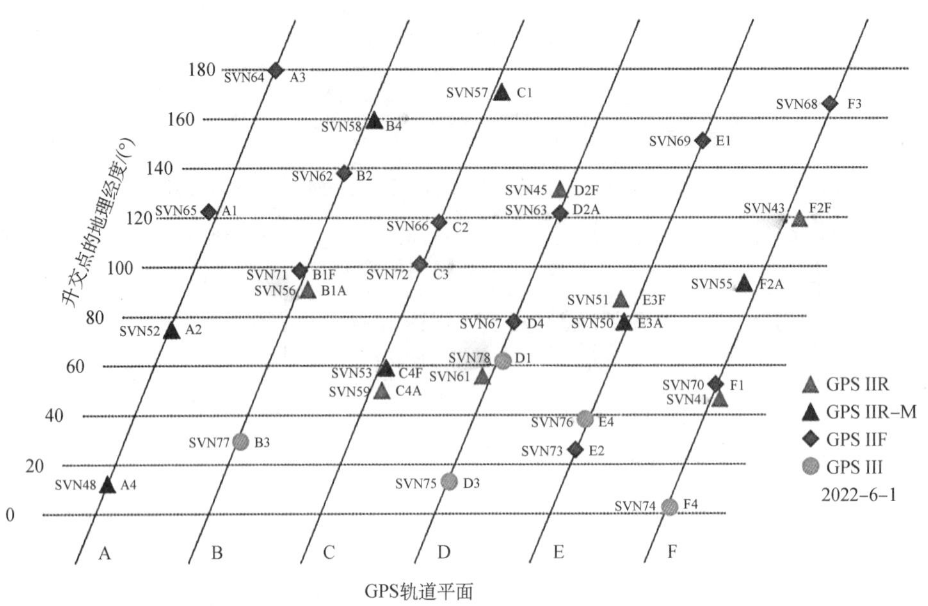

图 6-2　GPS 卫星插槽

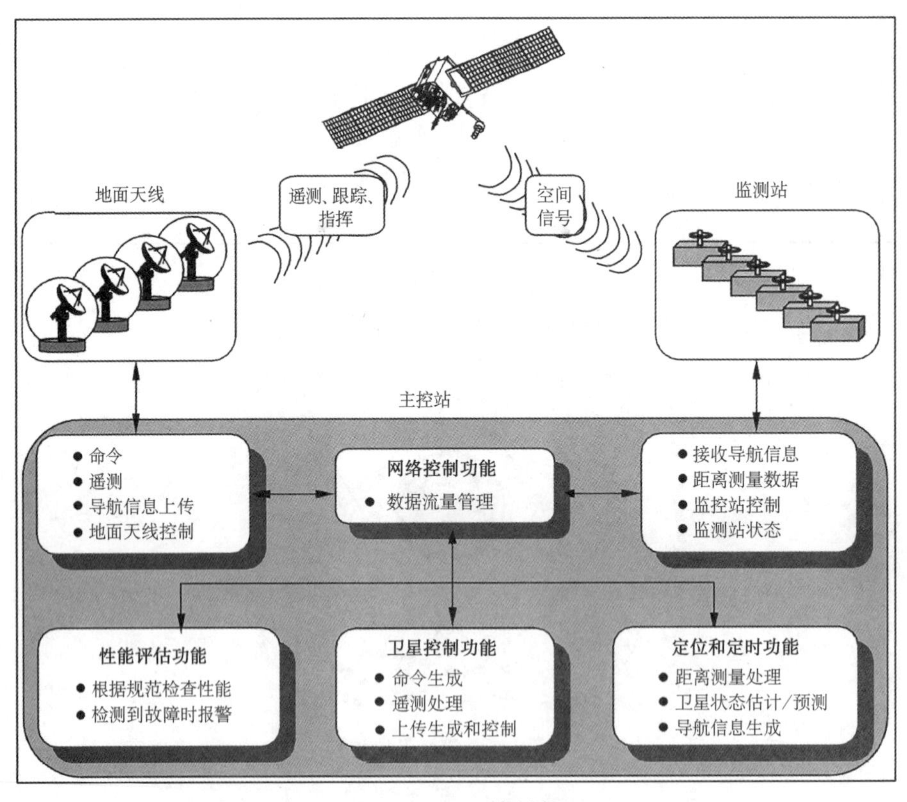

图 6-3　GPS 控制段

主控站位于美国科罗拉多州的猎鹰空军基地，是 GPS 卫星星座的中央控制节点。由 2 名熟练的工作人员全年每周 7 天、每天 24 小时维护操作。主控站负责星座指挥和控制的所有方面(表 6-2)。

表 6-2　主控站的任务及其描述

主控站任务	任务描述
例行卫星总线和有效荷载状态监测	监测卫星及其有效荷载的整体状态和性能
卫星维护和子系统异常解决	卫星维护并解决卫星子系统中出现的任何异常
卫星调试、退役和处置支持	协助卫星的调试、退役和处置过程
GPS 空间信号性能管理	保证 GPS 空间信号的性能满足所有性能标准
导航信息上传	根据精度和完整性性能标准维持导航信息上传操作的功能
GPS 空间信号异常检测和响应	检测并响应 GPS 空间信号的任何异常
与军用 GPS 用户通信	与军用 GPS 用户交互，解决其需求和关注的问题

如果主控站长时间停机，GPS 操作可以转移到备用主控站。监测站向主控站提供近实时卫星伪距测量数据和接收的导航信息，并支持星座性能的持续监测。目前的监测站可提供 100％的全球覆盖，其中包括美国国家地理空间情报局（National Geospatial-Intelligence Agency，NGA）的监测站。

地面控制段为 GPS 空间信号异常提供第二道防线。第一道防线是卫星本身。当发生 GPS 空间信号异常且卫星的自动清除能力未涵盖时，地面控制段将根据监测站能见度、地面天线能见度以及地面控制段设备和通信可靠性约束，手动将卫星从服务中移除来应对故障。

当监测站跟踪卫星的 GPS 空间信号且主控站几乎实时接收 L 波段测量值时，主控站监测该卫星的以下两项 GPS 空间信号指标：伪距误差和伪距率误差。

主控站不直接监测伪距加速度误差（即伪距误差的二次导数，也称为伪距率误差）。主控站内部使用每个 GPS 空间信号的伪距误差和伪距率误差来确定如何管理每个卫星，以确保其 GPS 空间信号符合性能标准（尤其是完好性标准），主要有以下三种方案：

（1）如果卫星的伪距误差足够小，并且增长速度足够慢，那么在下一次定期向该卫星上传导航信息数据之前，无需采取任何行动。

（2）如果卫星的伪距误差足够大或增长速度足够快，则可以执行计划外的应急上传，以刷新卫星的导航电文数据并恢复 GPS 空间信号的准确性/完好性。

（3）在极端情况下，如果卫星的伪距误差非常大或增长太快，卫星有超过其完好性限差的风险，则主控站可能需要手动将卫星从服务中移除。

6.1.3　全球卫星导航系统 GLONASS

GLONASS 的空间段主要涉及 GLONASS 卫星星座（图 6-4）。GLONASS 卫星星座轨道由 24 个处于中等高度近圆形轨道的卫星组成，高度为 19 100 km，倾角为 64.8°，周期为 11 h 15 min 44 s。在这一设计网型下，即使几架航天器离开轨道组，额定倾斜度也可确保俄罗斯联邦领土导航 100％的可用性。表 6-3 列出了 GLONASS 卫星性能参数。

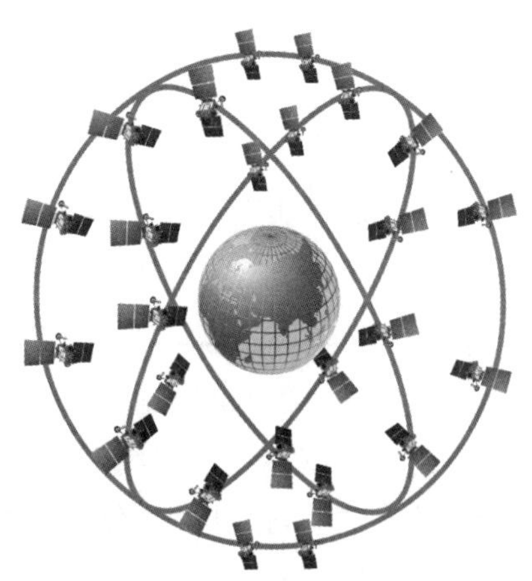

图 6-4　GLONASS 卫星星座

表 6-3 GLONASS 卫星性能参数

卫星型号	GLONASS	GLONASS-M	GLONASS-K	GLONASS-K2
部署时间	1982—2005 年	2003—2016 年	2011—2018 年	2017 年—
状态	已退役	服役中	基于在轨验证的设计成熟阶段	研发中
轨道参数	圆形			
	高度:19 100 km			
	倾角:64.8°			
	周期:11 h 15 min 44 s			
卫星数	24			
轨道平面数	3			
平面卫星数	8			
发射装置	Soyuz-2.1b, Proton-M			
设计寿命/年	3.5	7	10	10
重量/kg	1 500	1 415	935	1 600
三维尺寸/m		2.71×3.05×2.71	2.53×3.01×1.43	2.53×6.01×1.43
功率/W		1 400	1 270	4 370
平台设计	加压	加压	未加压	未加压
时钟稳定性	$5\times10^{-13}/1\times10^{-13}$	$1\times10^{-13}/5\times10^{-14}$	$1\times10^{-13}/5\times10^{-14}$	$1\times10^{-14}/5\times10^{-15}$
信号类型	频分多址	频分多址(SV 号为 755～761 的卫星为码分多址)	频分多址和码分多址	频分多址和码分多址
射频	—	+	+	+
激光	—	—	—	+
寻找搜救	—	—	+	+
公开服务信号	L1OF(1 602 MHz)	L1OF(1 602 MHz) L2OF(1 246 MHz) L3OC(1 202 MHz) for SVs 755+	L1OF(1 602 MHz) L2OF(1 246 MHz) L3OC(1 202 MHz) L2OC(1 248 MHz) for SVs 17L+	L1OF(1 602 MHz) L2OF(1 246 MHz) L1OC(1 600 MHz) L2OC(1 248 MHz) L3OC(1 202 MHz)
限制访问信号	L1SF(1 592 MHz) L2SF(1 237 MHz)	L1SF(1 592 MHz) L2SF(1 237 MHz)	L1SF (1 592 MHz) L2SF(1 237 MHz) L2SC(1 248 MHz) for SVs 17L+	L1SF(1 592 MHz) L2SF(1 237 MHz) L1SC(1 600 MHz) L2SC(1 248 MHz)

如今,全球卫星导航系统的应用范围越来越广。为了满足用户需求,俄罗斯政府正在不断改进 GLONASS 系统和用户导航设备,提高导航解决方案的操作效率和 GLONASS 的抗干扰能力,使其满足分米级和厘米级实时精度的高精度 GLONASS 应用,包括保障空中、海上和地面运输作业安全。在许多特殊和民用应用中,导航接收设备的小尺寸和高灵敏度至关重要。为了实现这些目标,根据 2012 年 3 月 3 日颁布的第 189 号政府法令,俄罗

斯政府启动了新的联邦计划“2012—2020 年全球卫星导航系统的维持、开发和使用”。新的联邦计划考虑了以下内容：①GLONASS 支持，确保其性能有竞争力；②GLONASS 发展，以增强其能力，实现与国际卫星导航系统的平等，并在卫星导航方面发挥俄罗斯联邦的领导作用；③GLONASS 在俄罗斯联邦境内和国外使用。

GLONASS 主要发展方向如下：①GLONASS 卫星星座结构的发展；②过渡使用具有增强功能的新一代 GLONASS-K 导航卫星；③GLONASS 地面控制段开发，包括 GLONASS 轨道和时钟段增强；④增强设计和开发，包括差分校正和监测系统部署，轨道和时钟信息的高精度实时解算。

6.1.4　伽利略卫星导航系统 Galileo

伽利略卫星导航系统由欧盟主导研发，在民用层面可提供高精度、有保障的全球定位服务。目前的伽利略系统共由 26 颗卫星组成，其中 24 颗卫星都位于三个圆形中地球轨道平面上，距离地球 23 222 km，轨道平面与赤道呈 56°倾角。因发射装置出现问题，剩余的一对卫星偏离了预定轨道，被发射到不正确的轨道上，目前用于搜索和救援，但不再是伽利略卫星星座的核心成员。伽利略系统于 2016 年 12 月 15 日开始提供初始服务，可与 GPS 和 GLONASS 进行互操作。随着卫星星座的逐渐建立与完善，伽利略系统将进行测试并提供新服务。

伽利略导航信号即使在北纬 75°的地区也能提供良好的覆盖范围。大量卫星加上精心优化的星座设计，以及计划在每个轨道平面提供 3 颗活动备用卫星，确保即使丢失一颗卫星也不会对用户产生明显影响。

两个伽利略控制中心已在欧洲地面建设完成，具备对卫星的控制和执行导航任务管理能力。由伽利略传感器站全球网络提供的数据通过冗余通信网络发送到伽利略控制中心，全球通信控制中心使用来自传感器站的数据计算完好性信息，并使所有卫星的时间信号与地面站时钟同步。控制中心与卫星之间的数据交换通过上行链路站进行。

基于可操作的 Cospas-Sarsat 系统，伽利略系统提供了全球搜索和救援功能。卫星配备了转发器，能够将遇险信号从用户发射机转发到区域救援协调中心，然后由区域救援协调中心启动救援行动。同时，系统将向用户发送响应信号，通知用户他的情况已被检测到，并且正在提供帮助。这一功能实现了用户与系统的交互，与不提供用户反馈的系统相比，实现了重大提升。

试验卫星 GIOVE-A 和 GIOVE-B 分别于 2005 年和 2008 年发射，用于测试关键的伽利略系统技术，同时保护国际电信联盟内部的伽利略系统频率。试验期间还测量了轨道平面周围空间环境的各个方面，特别是比低地球轨道或地球静止轨道大的辐射水平。现在的伽利略卫星发射始于 2011 年，并在后续十年内不断扩大卫星规模。

6.1.5　中国北斗卫星导航系统 BeiDou

北斗卫星导航系统（以下简称北斗系统）是中国着眼于国家安全和经济社会发展需要，自主建设运行的全球卫星导航系统，是为全球用户提供全天候、全天时、高精度定位、导航和授时服务的国家重要时空基础设施。北斗系统的发展可概括为“三步走”计划。

第一步:建设北斗一号系统。1994 年,启动北斗一号系统工程建设;2000 年,发射 2 颗地球静止轨道卫星,建成系统并投入使用,采用有源定位体制,为中国用户提供定位、授时、广域差分和短报文通信服务;2003 年,发射第 3 颗地球静止轨道卫星,进一步增强系统性能。

第二步:建设北斗二号系统。2004 年,启动北斗二号系统工程建设;2012 年,完成 14 颗卫星(5 颗地球静止轨道卫星、5 颗倾斜地球同步轨道卫星和 4 颗中圆地球轨道卫星)发射组网。北斗二号系统在兼容北斗一号系统技术体制的基础上,增加无源定位体制,为亚太地区用户提供定位、测速、授时和短报文通信服务。

第三步:建设北斗三号系统。2009 年,启动北斗三号系统工程建设;2020 年完成 30 颗卫星发射组网,全面建成北斗三号系统。北斗三号系统继承了有源服务和无源服务两种技术体制,为全球用户提供定位导航授时(Radio Navigation Satellite Service, RNSS)、全球短报文通信和国际搜救服务,同时可为中国及周边地区用户提供星基增强、地基增强、精密单点定位和区域短报文通信等服务。

北斗系统由空间段、地面段和用户段三部分组成。

(1) 空间段由若干颗地球静止轨道卫星(Geostationary Orbit, GEO)、倾斜地球同步轨道卫星(Inclined Geosynchronous Orbit, IGSO)和中圆地球轨道卫星(Middle Earth Orbit, MEO)等组成。

(2) 地面段负责导航任务的运行控制,包括主控站、时间同步/注入站和监测站等若干地面站以及星间链路运行管理设施。其中,主控站是北斗系统的运行控制中心,主要任务包括:①收集各时间同步/注入站、监测站的导航信号监测数据,进行数据处理,生成并注入导航电文等;②负责任务规划与调度和系统运行管理与控制;③负责星地时间观测比对;④负责卫星有效荷载监测和异常情况分析等。时间同步/注入站主要负责完成星地时间同步测量,向卫星注入导航电文参数。监测站对卫星导航信号进行连续监测,为主控站提供实时观测数据。

(3) 用户段包括北斗及兼容其他卫星导航系统的芯片、模块、天线等基础产品以及终端设备、应用系统与应用服务等。

北斗系统具有以下特点:①空间段采用三种轨道卫星组成的混合星座,与其他卫星导航系统相比,高轨卫星更多,抗遮挡能力强,尤其是在低纬度地区,性能优势更为明显;②提供多个频点的导航信号,能够通过多频信号组合使用等方式提高服务精度;③创新融合了导航与通信功能,具备定位导航授时、星基增强、地基增强、精密单点定位、短报文通信和国际搜救等多种服务能力。

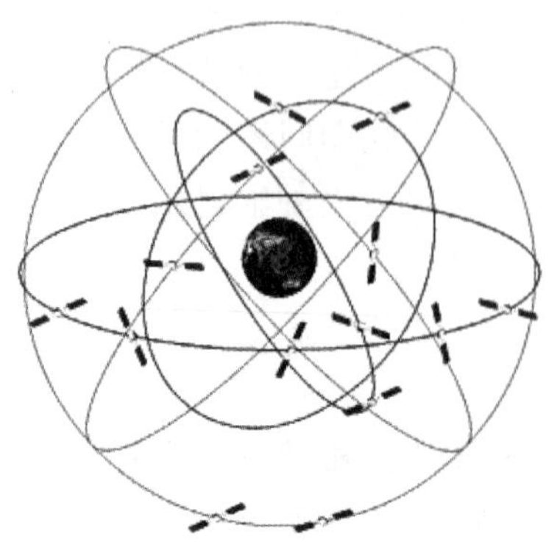

图 6-5　北斗卫星星座

北斗三号系统目前已具备全球服务能力,其标称空间星座由 3 颗地球静止轨道卫星、3 颗倾斜地球同步轨道卫星和 24 颗中圆地球轨道卫星组成。GEO 卫星轨道高度为 35 786 km,分别定点于东经 80°、110.5°和 140°;IGSO 卫星轨道高度为 35 786 km,轨道倾角为 55°;MEO 卫星轨道高度为 21 528 km,轨道倾角为 55°,分布于 Walker24/3/1 星座。系统将视情况部署在轨备份卫星。北斗卫星星座示意图见图 6-5,运行轨迹及卫星可见数见图 6-6、图 6-7。

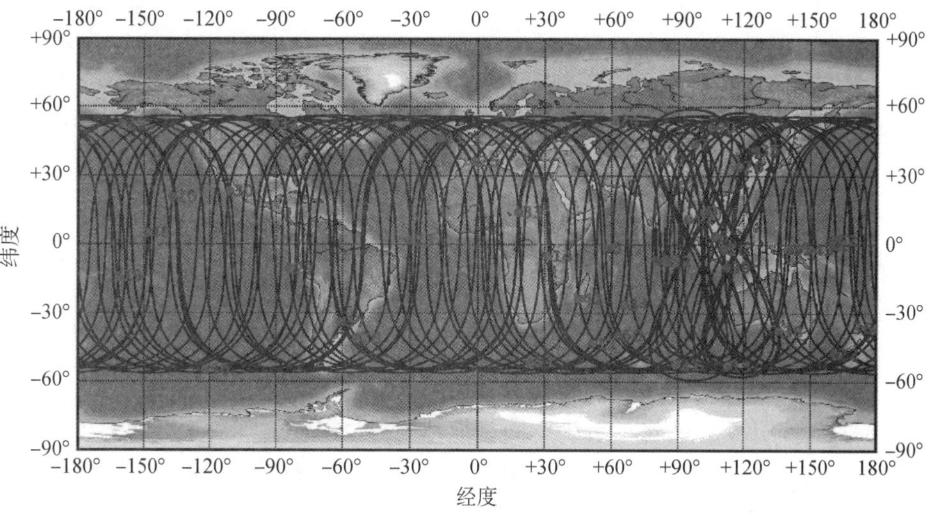

图 6-6　北斗卫星运行轨迹(2024/05/07/01:00 BDT)

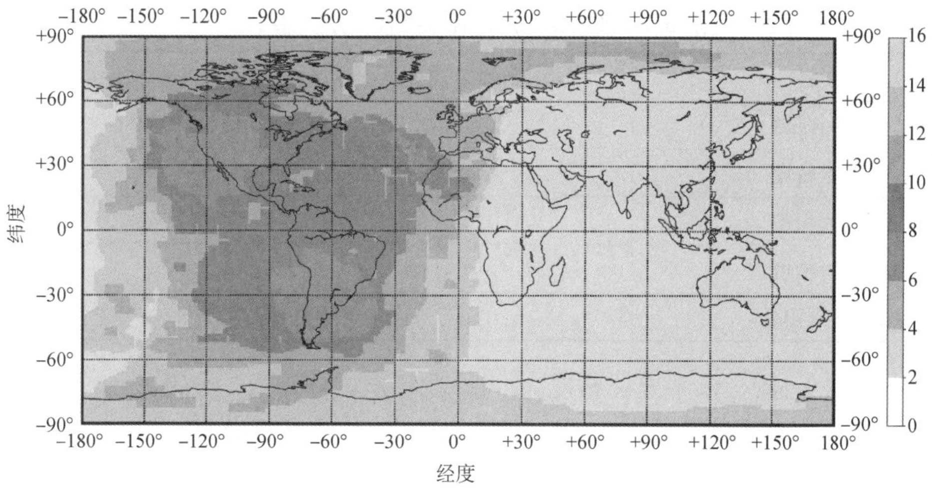

图 6-7　北斗卫星可见数(仰角≥5°,2024/05/07/01:00 BDT)

北斗系统计划提供的服务类型如表 6-4 所示。

表 6-4　北斗系统服务类型

服务类型		信号/频段	播发手段
全球范围	定位导航授时	B1I、B3I	3GEO+3IGSO+24MEO
		B1C、B2a、B2b	3IGSO+24MEO
	全球短报文通信	上行:L	上行:14MEO
		下行:GSMC-B2b	下行:3IGSO+24MEO
	国际搜救	上行:UHF	上行:6MEO
		下行:SAR-B2b	下行:3IGSO+24MEO

(续表)

服务类型		信号/频段	播发手段
中国及周边地区	星基增强	BDSBAS-B1C、BDSBAS-B2a	3GEO
	地基增强	2G、3G、4G、5G	移动通信网络、互联网络
	精密单点定位	PPP-B2b	3GEO
	区域短报文通信	上行:L	3GEO
		下行:S	

定位导航授时服务通过北斗系统空间星座中卫星的 B1C、B2a、B2b 和 B1I、B3I 信号提供,用户通过该服务可确定自己的位置、速度和时间。主要性能指标包括空间信号精度、连续性和可用性,定位、测速、授时精度和服务可用性等。目前,定位导航授时服务由北斗二号和北斗三号星座联合提供。北斗系统定位导航授时服务性能指标如表 6-5 所示。

表 6-5　北斗系统定位导航授时服务性能指标

项目	指标描述
服务区域	全球
定位精度	水平 10 m、高程 10 m(95%)
测速精度	0.2 m/s(95%)
授时精度	20 ns(95%)
服务可用性	优于 95%

其中,在亚太地区,水平定位精度为 5 m,高程定位精度为 5 m(95%)。实测结果表明,北斗系统服务能力全面达到并优于上述指标。定位导航授时服务的 5 个空间信号列于表 6-6 中。

表 6-6　定位导航授时服务的空间信号

信号	中心频率/MHz	带宽/MHz	数据分量	导频分量	调制方式	极化方式
B1C	1 575.42	32.736	B1C_data	B1C_pilot	数据分量:BOC(1,1)调制;导频分量:QMBOC(6,1,4/33)调制	RHCP
B2a	1 176.45	20.46	B2a_data	B2a_pilot	BPSK(10)调制	RHCP
B2b	1 207.14	20.46	—	—	BPSK(10)调制	RHCP
B1I	1 561.098	4.092	—	—	BPSK 调制	RHCP
B3I	1 268.52	20.46	—	—	BPSK 调制	RHCP

注:RHCP(Right-Handed Circular Polarization)是指右旋圆极化。

新的导航信号 B1C 和 B2a 将与 GPS、GALILEO 实现兼容和互操作,这意味着北斗系统将进一步融入国际 GNSS 的大家庭，也将带来卫星导航接收机技术的重大变革，未来的服务性能将大幅提升，用户设备功耗和成本将明显降低。

思考题

我国的北斗卫星导航系统与其他国家的卫星导航系统有什么异同，有哪些优异的地方？

6.1.6　区域定位系统

1. 日本卫星导航系统 QZSS

准天顶系统（Quasi-Zenith Satellite System，QZSS）是日本卫星导航系统，主要由准天顶轨道（Quasi-Zenith Orbit，QZO）卫星组成。然而，准天顶卫星（Quasi-Zenith Satellite，QZS）可以指代准天顶轨道和地球静止轨道上的卫星。因此，当有必要在准天顶轨道中特别提及卫星时，会使用名称“QZO 卫星”。

卫星定位系统使用卫星信号计算位置信息。一个著名的例子是美国全球定位系统（GPS），故 QZSS 有时被称为“日本 GPS”。卫星定位可以由四颗或更多颗卫星实现，更多的卫星是获得稳定定位信息的理想选择。然而，在城市和山区，可见 GPS 卫星的数量较少，这些地区的卫星信号受到建筑物、树木和其他物体的遮挡，在某些情况下无法稳定地获取定位信息。

自 2018 年 11 月起，QZSS（Michibiki）以四颗卫星星座运行，在亚洲-大洋洲地区的各个地点，三颗卫星始终可见（图 6-8）。QZSS 可以与 GPS 结合使用，确保有足够数量的卫星用于稳定、高精度的定位。准天顶卫星与 GPS 兼容，可以降低接收机成本，因此可开发利用地理和空间信息的位置信息业务。

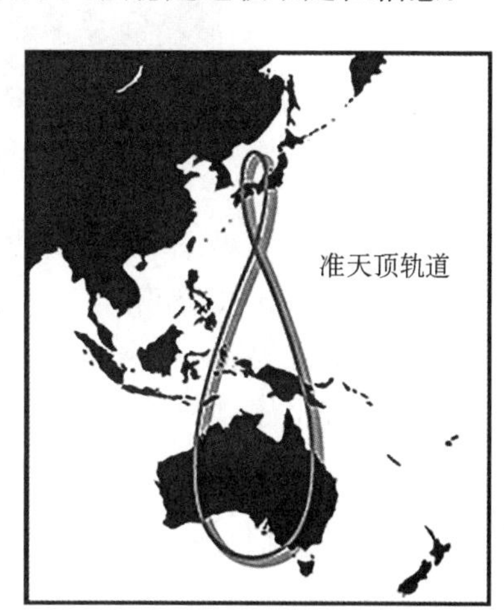

图 6-8　QZSS 系统星下点轨迹

第一颗准天顶卫星（QZS-1）于 2010 年 9 月 11 日发射，由日本宇宙航空研究开发机构运营。随后，日本内阁于 2011 年 9 月决定，将建立一个四准天顶卫星星座，并在未来完成一个七准天顶卫星星群。因此，日本政府决定开发额外的三颗卫星，其中，两颗具有准天顶卫星轨道（QZO），一颗具有地球静止轨道（GEO），这些卫星于 2017 年发射。自 2018 年 11 月以来，QZSS 已经运行了四颗卫星星座。开发和运营通过私人金融倡议项目进行，准天顶卫星系统服务公司运营包括 QZS-1 在内的四颗卫星。2023 年 6 月出台的第五版《宇宙政策基本计划》对 QZSS 提出，稳步推进七星体系建设，探究十一星体系相关问题并推进 QZSS 系统的开放、整合与利用。

2. 印度区域导航卫星系统 IRNSS

印度区域导航卫星系统（Indian Regional Navigational Satellite System，IRNSS）是印度正在开发的独立区域导航卫星系统，其目的是为印度用户以及距离其主要服务区域边界 1 500 km 的地区提供准确的位置信息服务。扩展服务区位于主要服务区和由南纬 30°至北纬 50°、东经 30°至东经 130°的矩形包围的区域之间。该系统的总体目标是让印度能够在 24×7 的基础上独立访问准确的导航和定时数据。

IRNSS 项目于 2006 年获得批准，并为总共 7 颗卫星设定了基线，未来可能扩展到 11 个航天器。IRNSS 星座在其完全运行的配置中，将由地球静止轨道上的 3 颗卫星和地球同步轨道上的 4 个航天器组成(图 6-9)，它们与赤道平面呈 29°倾斜。3 颗地球同步轨道卫星分别位于东经 32.5°、83°和 131.5°，而地球静止轨道航天器位于两个不同的轨道上，轨道倾斜 29°，升交点分别位于东经 55°和 111.75°。两个地球静止轨道平面中的每一个都包含两颗在其轨道上间隔 180°的卫星。该卫星星座将由大型地面核心运营中心以及遍布印度的 21 个测距站和跟踪站提供支持。

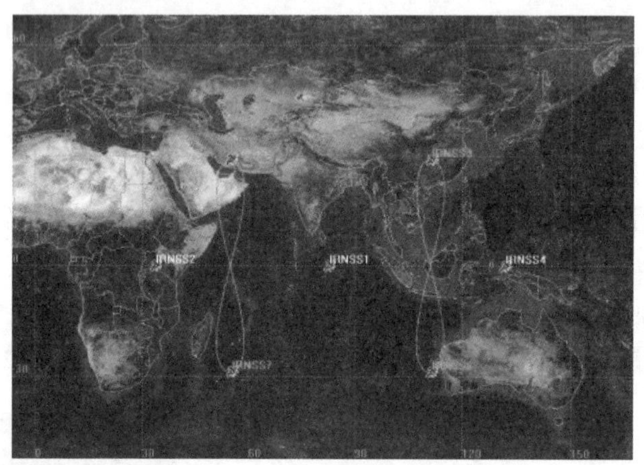

图 6-9　IRNSS 系统星座组成图

IRNSS 将提供两种类型的服务，即向所有用户提供的标准定位服务(Standard Positioning System，SPS)和仅向授权用户提供的加密服务(Restrict Service，RS)。IRNSS 系统预计将在主要服务区域提供高于 20 m 的定位精度。该系统为与美国全球定位系统和欧洲即将推出的伽利略星座兼容，设计使用 S 频段和 L5 频段发射卫星下行导航信号。IRNSS 导航系统将服务于多个领域，应用于陆地、空中和海上导航以及精确定时、制图、大地测量数据采集、灾害管理、车辆跟踪和车队管理等。

6.2　卫星定位基本原理

GNSS 卫星定位的基本原理是空间距离交会。其测定空间距离的方法主要有伪距测量和载波相位测量两种。按定位模式不同，可分为绝对定位和相对定位(又称差分定位)。按待定点状态的不同，可分为静态定位、快速静态定位和动态定位。按获得定位成果的时间不同，可分为非实时定位(点位的坐标数据需后处理)和实时定位(点位的坐标数据实时可得)。

6.2.1　伪距测量和载波相位测量

1. 伪距测量

伪距测量是通过测定某颗卫星发射的 GNSS 测距码信号到达接收机天线的传播时间

和电磁波在大气中的传播速度而解得卫星至接收机天线的距离。由于存在卫星钟误差和接收机钟误差以及卫星信号在大气中传播的延迟误差，接收机的时间测定存在误差，所以求得的距离并非测站至卫星的真正几何距离，该距离通常称为伪距。利用伪距作空间交会来定点位的方法称为伪距定位法。

伪距定位法的优点是对定位的条件要求低，数据处理简单，不存在整周模糊度的问题，容易实现实时定位。其缺点是时间不易测准，观测值精度低。

伪距测量还可以用来解决载波相位测量中的整周模糊度问题。

2. 载波相位测量

载波相位测量是测定卫星的GNSS载波信号在传播路程上的相位变化(一种间接测定时间的方法)，以解得卫星至接收机天线的距离，如图6-10所示。利用电磁波的相位法测距，通常只能测定不足一整周的相位差 $\Delta\varphi$，无法确定整周数 N_0。

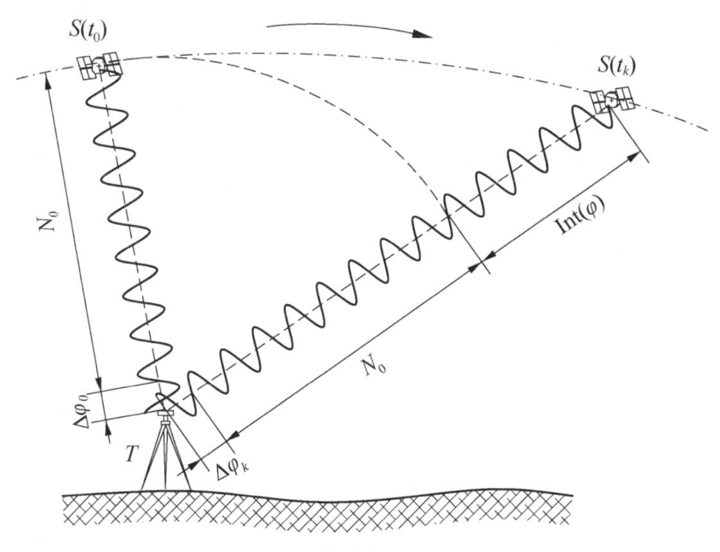

图6-10　载波相位测量原理

接收机连续跟踪卫星信号，不断测定相位差，而从观测初始时刻 t_0 至某一时刻 t_k 的累计整周相位 Int(φ)可以用整波计数器测定。如果观测过程中跟踪卫星信号没有中断，则初始时刻整周相位 N_0 是未知数，但在观测过程中它是一个常数，称为整周模糊度(整周未知数)。确定整周模糊度常用的方法有以下几种：①伪距法；②采用两台仪器同时观测同一卫星的相对定位法；③将整周未知数作为数据处理中的待定参数来求解的方法。

6.2.2　绝对定位和相对定位

1. 绝对定位

绝对定位又称单点定位，是用一台GNSS接收机进行定位的模式，用伪距测量或载波相位测量的方法确定接收机天线的绝对坐标。由于受卫星星历误差、大气延迟误差等的影响，绝对定位精度为米级，一般用于飞机、船舶、车辆等交通工具的定位以及勘探作业等。

2. 相对定位

相对定位又称差分定位,是在不同测站采用两台或两台以上 GNSS 接收机同步跟踪相同的卫星信号,以载波相位测量方法确定多台接收机(多个测站点)天线间的相对位置(三维坐标差或基线向量),称为同步观测(Simultaneous Observation)。地面点中如有若干已知坐标的点,根据 GNSS 测定的相对位置,通过平差计算即可求得待定点的坐标。

由于多台接收机同步观测相同的卫星,因此,接收机的钟差、卫星的钟差、卫星星历误差和大气(电离层和对流层)对电磁波的延迟效应几乎是相同的。通过多个载波相位观测值的线性组合,解算各个测点的坐标时,可以消除或削弱上述各项误差,从而达到较高的定位精度±(1～5 mm),相对定位因而被广泛应用于大地测量、工程测量、地形测量等方面。

载波相位观测值的线性组合方式有在卫星间求差、在测站间求差的单差法和双差法等。单差法是在两个测站 T_1、T_2 同步观测同一卫星 S_i,如图 6-11(a)所示,按所得的相位观测值 φ_1、φ_2 求测站(接收机)间的一次差(站际差分) $\Delta\varphi$。此时,卫星钟差对 φ_1、φ_2 的影响相同,因此,$\Delta\varphi$ 可消除卫星钟差。当两测站相距较近(如小于 10 km)时,大气延迟的影响也明显削弱。双差法是在两个测站 T_1、T_2 同步观测一组卫星 S_i、S_j、…,如图 6-11(b)所示,得到单差值之差,即在接收机和卫星间求二次差,其结果称为站间星间双差观测值。双差法除了具有单差法的消除误差功能外,还可以消除两个接收机间的相对钟差改正数。因此,在 GNSS 相对定位中,一般采用双差法作为基线向量解算的基本方法。

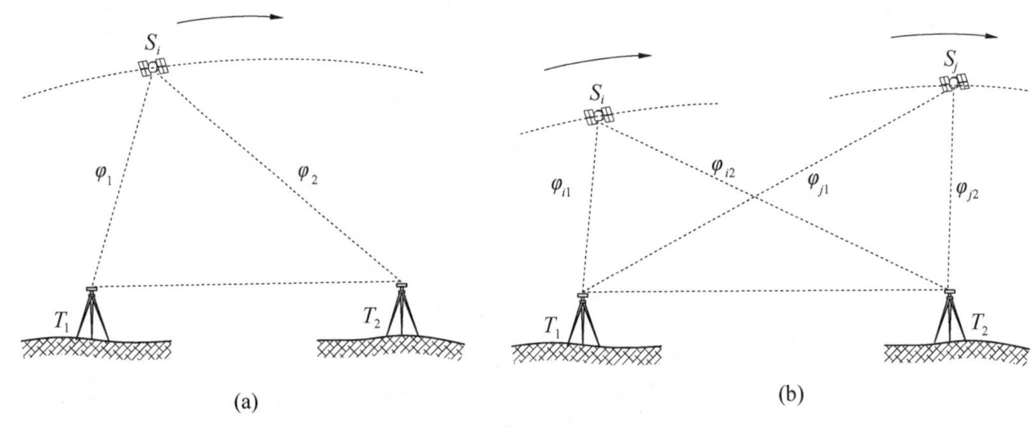

图 6-11 卫星定位的同步观测

根据相对定位同步观测的原理,《卫星定位城市测量技术标准》(CJJ/T 73—2019)规定:在城市测量 GNSS 定位的应用中应设立固定的基准站(Reference Station),全天候进行连续不断的卫星观测,并同时发射观测成果的信号,称为连续运行基准站(Continuously Operation Reference Station, CORS)。城市中其他 GNSS 测量的接收机随时可以与之进行同步观测,进而获得可靠的相对定位成果。整个城市由若干个 CORS 组成城市 CORS 系统。

6.2.3 静态定位和动态定位

1. 静态定位

静态定位是在 GNSS 定位过程中测站接收机天线的位置相对固定,用多台接收机在不同的测站上进行相对定位的同步观测。当城市已建立 CORS 系统时，各测站应与 CORS 进行同步观测。通过大量的重复观测测定测站间的相对位置，其中包括与若干已知点的联测，以求得待定点的坐标。静态定位的成果处理是在外业观测结束以后（非实时的后处理）进行的，其精度较高，一般用于控制测量。

2. 实时动态定位

实时动态定位的原理（图 6-12）：将测站分为基准站（一般即利用城市的 CORS 系统，其城市坐标已知）和流动站（用户站，测站坐标待定的点）；在 CORS 上安置 GNSS 接收机，对所有可观测卫星进行连续观测；根据基准站已知的三维坐标，求出各观测值的校正值（距离改正数、坐标改正数等），并通过无线电台将校正值信号实时发送给各用户的流动观测站，称为数据通信链；流动站接收机将其接收的 GNSS 卫星信号与通过无线电台传来的校正值进行差分计算，实时解算得到流动站点的三维坐标。实时动态定位作业效率高，精度低于静态定位，一般用于细部测量。

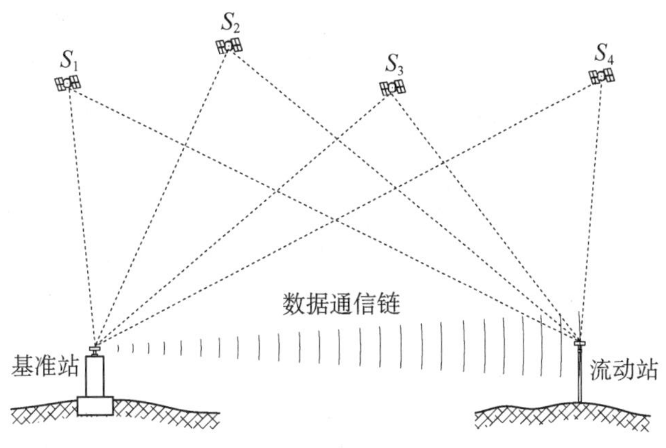

图 6-12　实时动态定位

思考题

各类定位方法具有不同的特点，根据不同的定位需求选择合适的定位方法，请列举生活中哪些例子应用了这些定位方法。

6.3　GNSS 测量的误差来源

6.3.1　卫星端的误差来源

1. 卫星轨道误差和卫星钟误差

GNSS 依据空间距离交会的原理进行定位，此时天空中的卫星被认为是控制点，卫星坐标的精确与否就显得非常重要。卫星在设计好的轨道上运动，根据卫星星历可以计算出卫星的位置，但是卫星的真实轨道与星历计算得到的轨道之间必然存在误差，二者之间的差值就是卫星轨道误差。目前可以使用各大分析中心（IGS、COD、GFZ、IGR、JPL、MIT、

SIO、WHU)提供的精密星历产品削弱这一误差对精密单点定位的影响。

卫星与接收机之间的距离是根据信号从卫星播发到接收机接收之间的时间差乘以光速计算得到的,所以即使存在微小的时间误差,经过光速放大后也会对定位结果造成巨大影响。尽管在导航卫星上搭载了高精度的原子钟进行授时,但它们仍不可避免地存在偏差。目前各大分析中心都提供了精密钟差文件用以改正卫星钟误差。

2. 相对论效应

卫星钟受狭义相对论和广义相对论效应的影响,其频率会产生漂移。卫星钟相较于地面钟每秒约快 0.45 ns。为了消除相对论效应的影响,保持信号频率的一致性,在卫星发射前可以人为减小卫星钟的标准频率,并使用公式改正残余的相对论效应。

3. 地固系变化

地固系作为非惯性坐标系,会随地球自转而变化,在地固系下计算的卫星到接收机的几何距离必须考虑这一影响,因为卫星信号发射时刻和接收机接收到卫星信号时刻的地固系是不同的。

4. 卫星天线相位中心变化及偏差

精密卫星轨道产品给定的卫星位置是以卫星质心为中心的,而经由卫星天线播发的观测值是以卫星天线瞬时相位中心为起点的,要将卫星天线瞬时相位中心归化到卫星质心需要进行两步改正。首先是将卫星天线瞬时相位中心归化到卫星天线平均相位中心,二者之间的差值称为卫星天线相位中心变化(Phase Center Variation, PCV);然后将卫星天线平均相位中心归化到卫星质心,二者之间的差值称为天线相位中心偏差(Phase Center Offset, PCO)。

5. 天线相位缠绕

卫星发射的电磁波信号具有右旋极化特性,天线绕着中心轴旋转会改变载波相位观测值的大小。由于地球的自转效应,地磁场同样存在自西向东的旋转,地面接收机在两个相邻历元时刻的相位观测值还将分别受到接收机和卫星天线旋转的影响,这一效应称为相位缠绕。

6. 卫星硬件延迟

卫星信号从产生到发射会在卫星内部传输一段时间,这一段时间称为卫星硬件延迟,一般使用外部文件进行改正。

6.3.2 信号传播过程中的误差来源

1. 电离层延迟

卫星发射的电磁波信号在到达地面之前会依次穿过电离层和对流层,二者均会对卫星电磁波信号造成影响。大气中的分子电离产生电子,电子含量达到一定程度时会对电磁波信号的传播路径以及传播速度造成影响。

电离层延迟是目前 GNSS 数据处理中最主要的误差源,一般可以通过建立电离层延迟模型来削弱电离层延迟的影响,或者通过组合观测值形成双频消电离层模型来消除电离层延迟。

2. 对流层延迟

卫星电磁波信号穿过对流层时会产生信号延迟。信号延迟包括干延迟与湿延迟两部分。干延迟占总延迟的 90%，湿延迟占 10%。采用 Saastamonien 模型修正对流层干延迟，可以达到毫米级改正精度。残余的对流层湿延迟因为大气中水汽变化复杂，影响因素极多，难以用模型量化改正，一般采用参数估计方法进行估计。

3. 多路径效应

信号到达接收机之前会受到周围环境的影响而发生折射、反射、衍射，经过折射、反射、衍射的信号也会被接收机接收，这部分信号和直接进入接收机的信号会产生干涉现象，影响观测值的真实性。这类由于信号的折射、反射、衍射造成的观测误差就是多路径效应。目前多路径效应没有十分有效的解决方法，一般在观测开始前选择较为开阔的地带来减弱多路径效应，或者增强接收机的抑径能力，给接收机配备抑径圈等。

6.3.3 接收机端的误差来源

1. 接收机钟差

接收机上配备的大多是低成本的石英钟，其质量难以与卫星上的氢钟、铷钟相比，这将导致接收机钟差数值大、变化大、不稳定。在定位过程中一般把钟差当作未知参数进行估计。在精密单点定位过程中，接收机钟差被认为是各历元间互相独立的白噪声。

2. 接收机天线相位中心变化及偏差

与卫星端类似，接收机的天线也需要进行天线相位中心改正。经由接收机天线接收到的电磁波信号同样需要进行两步改正以归化到接收机天线参考点(Antenna Reference Point, ARP)。首先是将接收机天线瞬时相位中心归化到接收机天线平均相位中心，即 PCV 改正；然后将接收机天线平均相位中心归化到接收机天线参考点，即 PCO 改正。

3. 地球固体潮

天体(月亮和太阳)与地球的相对位置发生变化时，对地球的吸引力也会发生变化，由于地球的弹性特征，地面点出现周期性的形变现象称为固体潮。固体潮由长期项和周期项组成，长时间的静态观测可以平均掉大部分周期项的影响，但无法消除长期项的影响。固体潮直接影响测站坐标，坐标系统性误差正负可达 40 cm。在基线较短的差分定位中可消除，不予考虑，但几百千米、几千千米的基线不可忽略，在精密单点定位中也必须考虑。

4. 海洋潮汐

由于受日月等天体引潮力的影响，海洋会产生潮汐现象，使海水质量重新分布，从而产生海洋潮汐的附加位。这一附加位的变化也会引起地面测站的变形，特别是在近海地区，这种变形在垂直方向会达到几厘米。尽管海潮在高程方向的瞬时影响可以达到几厘米，但是海潮的日周期性比较强，采用 24 小时观测可以削弱周期项的影响。

5. 极潮

由于极移的影响，地球上每一测点的离心力位会发生变化，由此引起的形变称为极潮。极潮的影响很小，在中纬度地区，水平形变一般为 1～3 mm，垂直改正在 1.5 cm 以内，变化幅度大约为 10 mm，而且在一天之内基本为常数。IGS 分析中心的 ERP 文件给出了极潮改正的相关数据。

6. 接收机硬件延迟

卫星信号被接收机捕获后,信号会穿越接收机内部的信号通道然后被输出,这一过程中会产生时间延迟,一般将其称为接收机硬件延迟。这部分误差通常与接收机钟差耦合,会随着接收机钟差一同被估计。

思考题

GNSS观测量具有各类误差,其对定位的影响程度有大有小,在什么样的应用场景下哪些误差可以被忽略?请举例说明。

6.4 GNSS伪距单点定位

GNSS定位测量

随着各国GNSS系统的不断建设与完善,GNSS的用户范围不断扩大,与之对应的应用需求也日益广泛。从GNSS设计初期仅具有米级定位精度的标准单点定位到提供厘米级甚至毫米级定位精度的精密单点定位,从20世纪80年代GPS静态长基线解算到现在的网络RTK(Real-Time Kinematic,实时动态载波相位差分技术),兼具高精度与实时性的GNSS服务已经成为目前的主流发展方向。

伪距单点定位也称标准单点定位(Single Point Positioning或Standard Point Positioning, SPP),在6.2节中已经介绍了伪距单点定位的基本原理,根据卫星坐标和伪距观测量进行空间距离交会求解接收机位置。伪距单点定位的基本方程如下:

$$p_r^s = \rho_r^s + C\mathrm{d}t_r - C\mathrm{d}t^s + T_r^s + I_r^s + \varepsilon_r^s \tag{6-1}$$

式中,s代表卫星;r代表接收机;p_r^s代表伪距观测值;ρ_r^s代表卫星s至接收机r的几何距离;C代表光速;$\mathrm{d}t_r$和$\mathrm{d}t^s$分别代表接收机钟差和卫星钟差;T_r^s代表对流层延迟;I_r^s代表电离层延迟;ε_r^s代表观测值噪声以及部分未被模型化的误差。

卫星至接收机的几何距离可以用下式表示:

$$\rho_r^s = \sqrt{(X^s - X_r)^2 + (Y^s - Y_r)^2 + (Z^s - Z_r)^2} = g(X_r, Y_r, Z_r) \tag{6-2}$$

式中,$[X^s, Y^s, Z^s]^T$为卫星在地心地固系下的三维坐标,可以根据卫星星历计算得到;$[X_r, Y_r, Z_r]^T$为接收机在地心地固系下的三维坐标。一般对式(6-2)进行泰勒展开,保留一阶项,获取其线性化形式:

$$\rho_r^s = g(X_r^0, Y_r^0, Z_r^0) + \frac{\partial g}{\partial X_r^0}\Delta X_r + \frac{\partial g}{\partial Y_r^0}\Delta Y_r + \frac{\partial g}{\partial Z_r^0}\Delta Z_r \tag{6-3}$$

式中,接收机三维坐标被分解为坐标初值和对应的坐标改正量,即$[X_r, Y_r, Z_r]^T = [X_r^0 + \Delta X_r, Y_r^0 + \Delta Y_r, Z_r^0 + \Delta Z_r]^T$。坐标初值一般通过循环迭代或读取原始观测文件给出的接收机概略坐标得到。$g(X_r^0, Y_r^0, Z_r^0) = \rho_{r,0}^s$为接收机至卫星的近似几何距离。其中:

$$
\begin{cases}
\dfrac{\partial g}{\partial X_{\mathrm{r}}^{0}} = \dfrac{X_{\mathrm{r}}^{0} - X^{\mathrm{s}}}{\rho_{\mathrm{r},0}^{\mathrm{s}}} = \alpha_{\mathrm{r}}^{\mathrm{s}} \\
\dfrac{\partial g}{\partial Y_{\mathrm{r}}^{0}} = \dfrac{Y_{\mathrm{r}}^{0} - Y^{\mathrm{s}}}{\rho_{\mathrm{r},0}^{\mathrm{s}}} = \beta_{\mathrm{r}}^{\mathrm{s}} \\
\dfrac{\partial g}{\partial Z_{\mathrm{r}}^{0}} = \dfrac{Z_{\mathrm{r}}^{0} - Z^{\mathrm{s}}}{\rho_{\mathrm{r},0}^{\mathrm{s}}} = \gamma_{\mathrm{r}}^{\mathrm{s}}
\end{cases}
\tag{6-4}
$$

最终得到的线性化公式为

$$
p_{\mathrm{r}}^{\mathrm{s}} = \rho_{\mathrm{r},0}^{\mathrm{s}} + \alpha_{\mathrm{r}}^{\mathrm{s}}\Delta X_{\mathrm{r}} + \beta_{\mathrm{r}}^{\mathrm{s}}\Delta Y_{\mathrm{r}} + \gamma_{\mathrm{r}}^{\mathrm{s}}\Delta Z_{\mathrm{r}} + C\mathrm{d}t_{\mathrm{r}} - C\mathrm{d}t^{\mathrm{s}} + T_{\mathrm{r}}^{\mathrm{s}} + I_{\mathrm{r}}^{\mathrm{s}} + \varepsilon_{\mathrm{r}}^{\mathrm{s}} \tag{6-5}
$$

式中，待估参数总计 4 个，包括接收机三维坐标改正量以及接收机钟差，根据星历文件可以改正卫星钟差，使用对应的模型或观测值组合可以改正对流层延迟和电离层延迟。最少只需 4 颗卫星的观测值即可求解接收机位置，但为了消除观测过程中不可避免的误差的影响，都会采用多余观测这一策略，通常在一个历元内观测到的卫星数量均大于 4，此时求解方程存在没有确定解的问题，需要应用最小二乘准则估计接收机的最佳位置。

根据最小二乘准则的基本原理，对于线性或线性化模型，有：

$$
\boldsymbol{y} = \boldsymbol{A}\boldsymbol{x} + \boldsymbol{\varepsilon} \tag{6-6}
$$

式中，$\boldsymbol{y}$ 为观测值集合组成的观测向量，其对应的观测误差为 $\boldsymbol{\varepsilon}$，一般认为观测误差服从零均值正态分布，即 $\boldsymbol{\varepsilon} \sim N(0, \sigma_0^2\boldsymbol{Q}_\varepsilon)$；$\boldsymbol{x}$ 为待估参数；$\boldsymbol{A}$ 为系数矩阵，系数矩阵反映了观测值与待估参数之间的线性关系。

观测向量的均值和方差可以表示为

$$
E(\boldsymbol{y}) = E(\boldsymbol{A}\boldsymbol{x}) = \boldsymbol{A}\boldsymbol{x} \tag{6-7}
$$

$$
D(\boldsymbol{y}) = D(\boldsymbol{\varepsilon}) = \sigma_0^2\boldsymbol{Q}_\varepsilon \tag{6-8}
$$

式中，$D(\boldsymbol{\varepsilon})$ 为观测误差的方差-协方差阵；σ_0^2 为单位权方差；$\boldsymbol{Q}_\varepsilon$ 为协因数阵。方差-协方差阵反映了观测值的精度以及各观测值之间的相关关系。在 GNSS 定位中，方差-协方差阵被描述为与卫星高度角相关的方差，常用的经验模型为

$$
\sigma^2 = \left(\frac{a}{b + \sin\alpha}\right)^2 \tag{6-9}
$$

式中，a、b 为常数；α 为卫星高度角。高度角小的卫星信号在大气中传播的时间更长，包含的误差更大，精度更低。卫星高度角越大，则观测值精度越高。

最小二乘法的估计准则为观测值误差平方和最小，即

$$
\boldsymbol{\varepsilon}^{\mathrm{T}}\boldsymbol{\varepsilon} = \min \tag{6-10}
$$

如果观测值不等权，则有对应的加权最小二乘准则：

$$
\boldsymbol{\varepsilon}^{\mathrm{T}}\boldsymbol{P}\boldsymbol{\varepsilon} = \min \tag{6-11}
$$

式中，$\boldsymbol{P}$ 为观测值的权阵。对上述二次型求一阶偏导数，满足一阶偏导数为 0 的参数估计值就能使二次型取得极小值。

$$\frac{\partial \boldsymbol{\varepsilon}^{\mathrm{T}} \boldsymbol{P} \boldsymbol{\varepsilon}}{\partial \boldsymbol{x}} = 2\boldsymbol{\varepsilon}^{\mathrm{T}} \boldsymbol{P} \boldsymbol{A} = \boldsymbol{0} \tag{6-12}$$

对式(6-12)转置,然后代入观测值误差的估值 $\hat{\boldsymbol{\varepsilon}} = \boldsymbol{y} - \boldsymbol{A}\hat{\boldsymbol{x}}$,有

$$\boldsymbol{A}^{\mathrm{T}} \boldsymbol{P} \boldsymbol{A} \hat{\boldsymbol{x}} = \boldsymbol{A}^{\mathrm{T}} \boldsymbol{P} \boldsymbol{y} \tag{6-13}$$

对应的参数最小二乘估计值及其方差-协方差阵为

$$\hat{\boldsymbol{x}} = (\boldsymbol{A}^{\mathrm{T}} \boldsymbol{P} \boldsymbol{A})^{-1} \boldsymbol{A}^{\mathrm{T}} \boldsymbol{P} \boldsymbol{y} \tag{6-14}$$

$$\boldsymbol{Q}_{\hat{x}\hat{x}} = (\boldsymbol{A}^{\mathrm{T}} \boldsymbol{P} \boldsymbol{A})^{-1} \boldsymbol{A}^{\mathrm{T}} \boldsymbol{P} \boldsymbol{Q}_{\boldsymbol{\varepsilon}} \boldsymbol{P} \boldsymbol{A} (\boldsymbol{A}^{\mathrm{T}} \boldsymbol{P} \boldsymbol{A})^{-1} \tag{6-15}$$

根据上述最小二乘准则改写式(6-5):

$$y_{\mathrm{r}}^{\mathrm{s}} = p_{\mathrm{r}}^{\mathrm{s}} - \rho_{\mathrm{r},0}^{\mathrm{s}} = \alpha_{\mathrm{r}}^{\mathrm{s}} \Delta X_{\mathrm{r}} + \beta_{\mathrm{r}}^{\mathrm{s}} \Delta Y_{\mathrm{r}} + \gamma_{\mathrm{r}}^{\mathrm{s}} \Delta Z_{\mathrm{r}} + C\mathrm{d}t_{\mathrm{r}} + \varepsilon_{\mathrm{r}}^{\mathrm{s}} \tag{6-16}$$

式中,对流层延迟、电离层延迟以及卫星钟差已经提前改正。根据式(6-16)可以给出某一历元内观测到 n 颗卫星的单点定位误差方程的矩阵形式:

$$\begin{bmatrix} y_{\mathrm{r}}^{1} \\ y_{\mathrm{r}}^{2} \\ \vdots \\ y_{\mathrm{r}}^{n} \end{bmatrix} = \begin{bmatrix} \alpha_{\mathrm{r}}^{1} & \beta_{\mathrm{r}}^{1} & \gamma_{\mathrm{r}}^{1} & 1 \\ \alpha_{\mathrm{r}}^{2} & \beta_{\mathrm{r}}^{2} & \gamma_{\mathrm{r}}^{2} & 1 \\ \vdots & \vdots & \vdots & \vdots \\ \alpha_{\mathrm{r}}^{n} & \beta_{\mathrm{r}}^{n} & \gamma_{\mathrm{r}}^{n} & 1 \end{bmatrix} \begin{bmatrix} \Delta X_{\mathrm{r}} \\ \Delta Y_{\mathrm{r}} \\ \Delta Z_{\mathrm{r}} \\ C\mathrm{d}t_{\mathrm{r}} \end{bmatrix} + \begin{bmatrix} \varepsilon_{\mathrm{r}}^{1} \\ \varepsilon_{\mathrm{r}}^{2} \\ \vdots \\ \varepsilon_{\mathrm{r}}^{n} \end{bmatrix} \tag{6-17}$$

由式(6-6)~式(6-15)即可求解待估参数。值得一提的是,式(6-17)中并没有直接求取接收机钟差 $\mathrm{d}t_{\mathrm{r}}$,而是求取接收机钟差的等效距离参数 $C\mathrm{d}t_{\mathrm{r}}$,这是为了保证系数矩阵中的元素数量级接近,避免解算过程中出现病态方程的现象。

单点定位仅仅求解出用户的位置信息并不够,还需要对用户位置的精度进行评估。GNSS定位精度主要取决于观测卫星在空间中的几何构型以及观测数据的精度。

精度衰减因子(Dilution Of Precision, DOP)反映了由观测卫星与接收机空间几何布局的影响造成的伪距误差与用户位置误差间的比例系数,是评估用户位置精度的重要内容,根据用户在测量中关注的性能指标不同,可细分为几何精度因子(Geometric Dilution of Precision, GDOP)、平面位置精度因子(Horizontal Dilution of Precision, HDOP)、空间位置精度因子(Position Dilution of Precision, PDOP)、高程精度因子(Vertical Dilution of Precision, VDOP)和钟差精度因子(Time Dilution of Precision, TDOP)。

将待估参数的方差-协方差阵表示为如下形式:

$$\boldsymbol{Q}_{\hat{x}\text{-ECEF}} = \begin{bmatrix} q_{11} & q_{12} & q_{13} & q_{14} \\ q_{21} & q_{22} & q_{23} & q_{24} \\ q_{31} & q_{32} & q_{33} & q_{34} \\ q_{41} & q_{42} & q_{43} & q_{44} \end{bmatrix} \tag{6-18}$$

式(6-18)是在空间直角坐标系下给出的,截取点位坐标的方差并将其转换到站心地平坐标系,得到新的方差-协方差阵:

$$\boldsymbol{Q}_{\hat{x}\text{-ENU}} = \begin{bmatrix} b_{11} & b_{12} & b_{13} \\ b_{21} & b_{22} & b_{23} \\ b_{31} & b_{32} & b_{33} \end{bmatrix} \tag{6-19}$$

各类 DOP 值的计算方法如下：

（1）几何精度因子 GDOP：

$$GDOP = \sqrt{q_{11} + q_{22} + q_{33} + q_{44}} \tag{6-20}$$

（2）平面位置精度因子 HDOP：

$$HDOP = \sqrt{b_{11} + b_{22}} \tag{6-21}$$

（3）空间位置精度因子 PDOP：

$$PDOP = \sqrt{q_{11} + q_{22} + q_{33}} \tag{6-22}$$

（4）高程精度因子 VDOP：

$$VDOP = \sqrt{b_{33}} \tag{6-23}$$

（5）钟差精度因子 TDOP：

$$TDOP = \sqrt{q_{44}} \tag{6-24}$$

思考题

请写出最小二乘估计的基本准则和推导步骤。

6.5　GNSS 的典型应用

随着 GNSS 系统的发展，导航与位置服务的市场需求不断增加，市场活力迅速增强。各类全天候、全场景、实时无缝位置服务需求催生了高精度、高连续性、高可用性的 GNSS 应用。

1. 智慧网联

智能手机和物联网设备，如智能手表、智能手环、智能眼镜等，通过内置的北斗芯片，可以实现手机导航、路径规划和智能设备查找等功能。这些设备之间通过互联网连接，结合大数据、云计算和信息通信技术的深度融合，使用户可以在任何时间、任何地点享受到位置服务功能。

2. 交通运输

北斗系统在陆地、空中和海洋这三大交通运输领域都展现出了卓越的应用能力。在陆地交通中，北斗的高精度定位功能对自动驾驶技术的发展起着至关重要的作用，它能为无人驾驶汽车提供精确到车道级别的导航。在海洋运输中，当船只无法接收到陆地通信基站的信号时，北斗的定位功能能实时向船员传递他们所处的精准位置，而且其短报文通信功能也能让身处偏远大海的船只接收到陆地的信息。在航空领域,北斗也发挥着重要作用,例如飞机的精确进近、机场的实时地面监控以及飞机跑道的航路导航等,都通过北斗的技术实现,使得航空运输更加安全和可靠。

3. 农林牧渔

北斗系统在农林牧渔各个领域都发挥着重要的作用。在农业领域,北斗可以帮助大型农业机械实现自动驾驶和自动播种,同时还能为农业无人机提供自动巡航的导航服务。在林业领域,北斗可以精准测算林区的地理边界。在牧业领域,北斗可用于牧草资源的利用和家畜的动态监测。在渔业领域,渔船可以利用北斗进行出海导航,而渔民也可以通过短报文通信功能接收信息。通过与地理信息系统和遥感技术的融合,北斗的应用领域正在不断扩大,将更有效地为生产和生活提供服务。

4. 防灾减灾

利用北斗系统的高精度定位功能,可以全天候监控诸如桥梁、建筑物、滑坡区和水库等灾害易发区域。一旦灾情发生,北斗的短报文与位置报告功能可以实现快速、实时的灾害预警,为救灾指挥和调度提供全方位的信息支持。即便在基础设施遭受严重破坏的地区,北斗也能够实现快速的应急通信,为灾害救援提供有力的技术保障。

课后习题

[6-1] GNSS 系统的空间段、地面段及用户段的作用分别是什么?

[6-2] 卫星定位的基本原理是什么?

[6-3] 载波相位测量值中的模糊度是怎么产生的?

[6-4] 为什么应用最小二乘法就可以获得伪距单点定位的最优估值?

[6-5] 卫星信号传播过程中会受到哪些误差的影响?

[6-6] 相对定位得到的基本观测量是什么?

[6-7] 点定位和差分定位的异同?

[6-8] 网络 RTK 的测量原理及其在高精度定位应用中的优势和限制?

[6-9] 载波相位测量在 GNSS 精密测量中的作用是什么?

[6-10] 如何通过相位观测实现毫米级的定位精度?

第 7 章

平面和高程控制测量

“从整体到局部”“从控制到细部”是测量工作的基本原则。所谓“整体”，是指控制测量。控制测量的目的是限制误差传递和误差累积，以提高测量精度。控制测量是指在整个测区范围内用比较精密的仪器和严密的方法测定少量大致均匀分布的点位的精确位置，包括点的平面坐标(x, y)和高程(H)，前者称为平面控制测量，后者称为高程控制测量。点的平面位置和高程也可以同时测定。这些点称为控制点，控制点按一定规律和要求构成网状几何图形，称为控制网。所谓“局部”，一般是指细部测量，是在控制测量的基础上，为了测绘地形图而测定大量地物点和地形点的位置；或为了建筑工程的施工放样而现场测设大量设计点位。细部测量可以在全面的控制测量的基础上分别进行或分期进行，但仍须保证其整体性和必要的精度。对于分等级布设的控制网而言，上级控制网是“整体”，而下级控制网是“局部”，这样也是为了能分期分批地进行控制测量，并能保证控制网的整体性和必要的精度。

本章学习重点

- 了解平面和高程控制网的构型；
- 掌握导线网的外业测量和内业计算方法；
- 掌握单节点水准网的平差计算方法；
- 掌握 GNSS 控制测量的基本方法和数据处理过程。

7.1 平面控制测量概述

7.1.1 平面控制网的构型

传统的平面控制测量方法有三角测量、边角测量和导线测量等，所建立的控制网为三角网、边角网和导线网。

(1) 三角网是将控制点组成连续的三角形，观测所有三角形的水平内角以及至少一条三角边的长度(该边称为基线)，其余各边的长度均从基线开始按边角关系进行推算，然后计算各点的坐标。

(2) 同时观测三角形内角和全部或若干边长的控制网称为边角网。

(3) 测定相邻控制点间边长，由此连成折线，并测定相邻折线间的水平角，以计算控制点坐标的控制网称为导线网。

平面控制网从整体到局部分等级进行布设，称为控制网加密。我国原有的国家平面控制网是一等天文大地锁网，在全国范围内大致沿经线和纬线方向布设，形成间距约200 km 的格网，三角形的平均边长约 20 km，如图 7-1 所示。在格网中部用平均边长约13 km 的二等全面网填充，如图 7-2 所示。一、二等三角网构成全国的全面控制网。然后用平均边长约 8 km 的三等网和边长为 2～5 km 的四等网逐步加密，主要为满足测绘全国性的 1∶10 000～1∶5 000 地形图的需要。

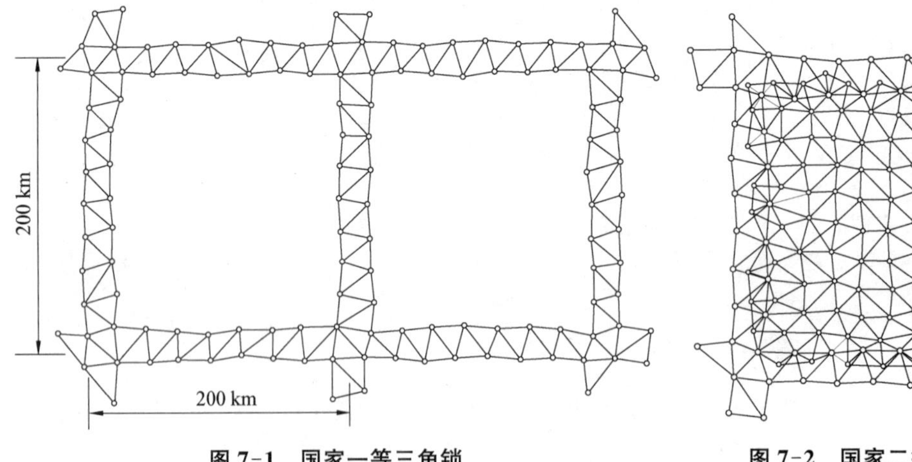

图 7-1 国家一等三角锁

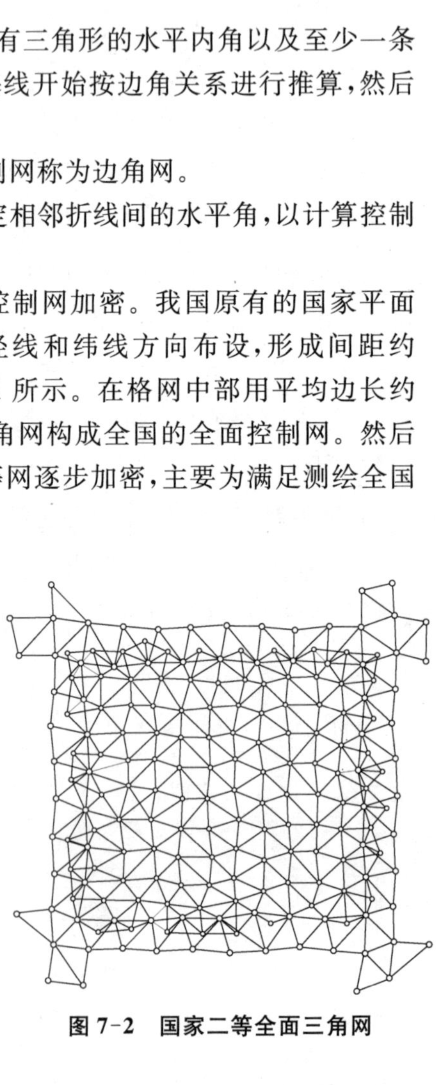

图 7-2 国家二等全面三角网

在城市和工程建设地区，为了测绘更大比例尺的 1∶2 000～1∶500 地形图和城市工程建设的施工放样和变形观测等，需要布设密度更高的平面控制网。在国家控制网的统一控制下，城市平面控制网的布设分为二、三、四等(按城市面积的大小，从其中某一等开始)和一、二、三级，以及直接用于地形图测绘的图根控制网。城市平面控制网的一般图形如图 7-3 所示。

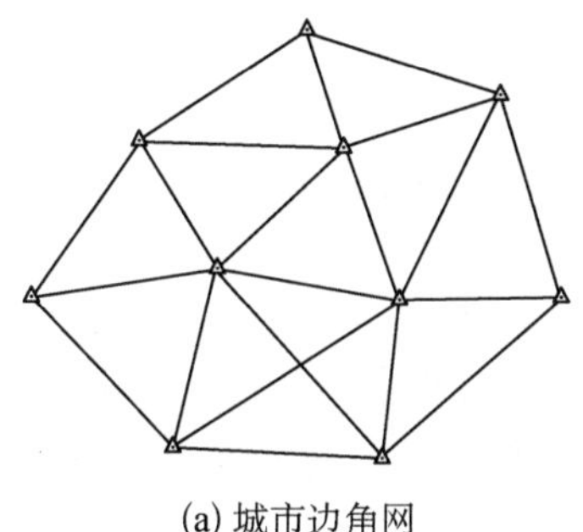

(a) 城市边角网

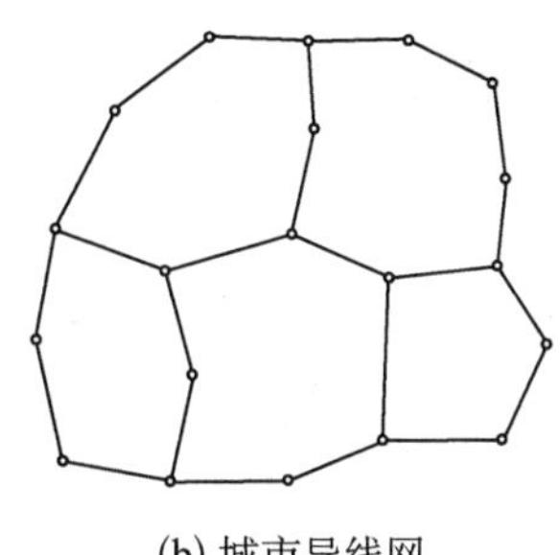

(b) 城市导线网

图 7-3　城市边角网和导线网

7.1.2　方位角和坐标方位角

为了确定两点连线的方向，必须先规定一个基准方向。确定一条直线与基准方向之间的关系，称为直线定向。由基准方向顺时针量至直线的夹角，称为该直线的方位角，方位角的数值范围为 0°～360°。测量中，常用的基准方向有真北方向、磁北方向和坐标北方向，称为三北方向。真北方向是指过地面某点真子午线的切线北端所指方向，从真北方向顺时针量至直线的水平角值称为真方位角，即图 7-4 中的 A 。磁北方向是指磁针自由静止时其北端所指方向，从磁北方向顺时针量至直线的水平角值称为磁方位角，即图 7-4 中的 A_m 。坐标北方向是指高斯投影平面直角坐标系 X 轴正向所指方向，从坐标北方向顺时针量至直线的水平角值称为坐标方位角，即图 7-4 中的 α 。过地面某点的真北方向与磁北方向之间的夹角，称为磁偏角，即图 7-4 中的 δ 。过地面某点的真北方向与坐标北方向之间的夹角，称为子午线收敛角，即图 7-4 中的 γ 。

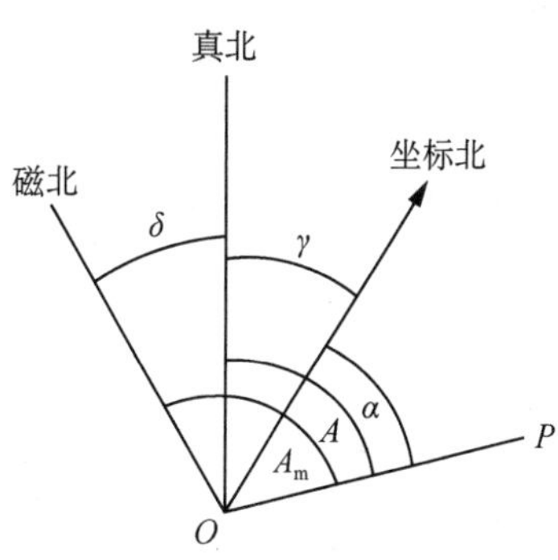

图 7-4　三北方向及方位角

由于三北方向通常不重合，所以一条直线的三种方位角并不相等，它们之间存在如下换算关系：

$$A = A_m + \delta \tag{7-1}$$

$$A = \alpha + \gamma \tag{7-2}$$

$$\alpha = A_m + \delta - \gamma \tag{7-3}$$

坐标纵线偏在真子午线以东，γ 为正，反之为负。磁北线偏在真子午线以东，δ 为正，反之为负。由于平面控制测量的计算中涉及的都是坐标方位角，因此，一般将坐标方位角简称为方位角，或称为方向角。

地面上各点的子午线都向南极和北极收敛，如图 7-5 所示，P、P_1 分别为地球的北极和南极，EQ 为赤道。通过地面上 1，2 两点，分别作子午线 $1P$、$2P$，则 1 点至 2 点的方位角 $A_{1,2}$ 和 2 点至 1 点的方位角 $A_{2,1}$ 称为 1，2 两点的正、反方位角，二者存在下列关系：

$$A_{2,1} = A_{1,2} \pm 180° \pm \gamma \tag{7-4}$$

两点间子午线收敛角的近似计算公式为

$$\gamma'' = \Delta\lambda'' \sin\varphi = \rho'' \frac{\Delta y}{R} \tan\varphi \tag{7-5}$$

式中，$\Delta\lambda$ 和 Δy 分别为两点的经度差和横坐标差；φ 为两点的平均纬度；R 为两点的平均地球曲率半径。1—2 方向偏向东，则 $\Delta\lambda$ 和 Δy 为正；1—2 方向偏西，则 $\Delta\lambda$ 和 Δy 为负。例如，在中纬度地区，设两点的 $\Delta y = 1$ km，则 $\gamma \approx 30''$。子午线收敛角值虽然很小，但在平面控制网中进行方位角推算时，不能忽略，因而在计算上是不方便的。

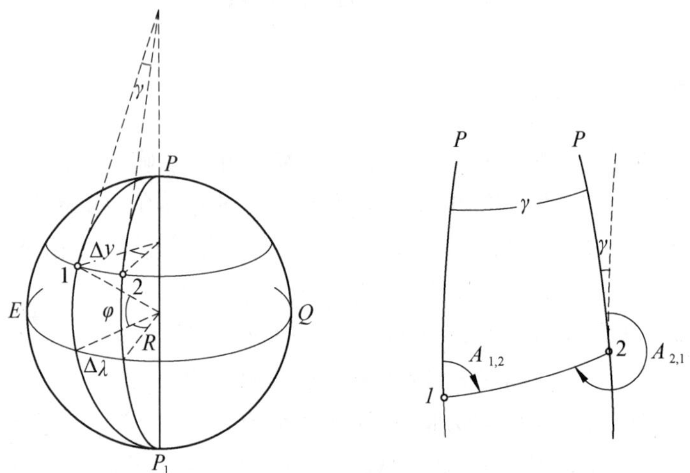

图 7-5 两点间正反方位角和子午线收敛角

7.1.3 坐标增量的计算

如图 7-6 所示，1，2 两点的平面直角坐标分别为(x_1，y_1)和(x_2，y_2)，则两点间的边长(水平距离)D、坐标方位角 α 和坐标增量(Δx，Δy)的关系如下：

$$\begin{cases} \Delta x_{1,2} = x_2 - x_1 = D_{1,2}\cos\alpha_{1,2} \\ \Delta y_{1,2} = y_2 - y_1 = D_{1,2}\sin\alpha_{1,2} \end{cases} \tag{7-6}$$

$$\begin{cases} x_2 = x_1 + \Delta x_{1,2} = x_1 + D_{1,2}\cos\alpha_{1,2} \\ y_2 = y_1 + \Delta y_{1,2} = y_1 + D_{1,2}\sin\alpha_{1,2} \end{cases} \tag{7-7}$$

$$D_{1,2} = \sqrt{(x_2 - x_1)^2 + (y_2 - y_1)^2} = \sqrt{\Delta x_{1,2}^2 + \Delta y_{1,2}^2} \tag{7-8}$$

$$\alpha_{1,2} = \arctan\frac{y_2 - y_1}{x_2 - x_1} = \arctan\frac{\Delta y_{1,2}}{\Delta x_{1,2}} \tag{7-9}$$

$$\alpha_{2,1} = \arctan\frac{y_1 - y_2}{x_1 - x_2} = \arctan\frac{\Delta y_{2,1}}{\Delta x_{2,1}} \tag{7-10}$$

图 7-6 中，$\alpha_{1,2}$ 和 $\alpha_{2,1}$ 互为正、反坐标方位角，二者存在下列关系：

$$\alpha_{2,1}=\alpha_{1,2}\pm 180° \tag{7-11}$$

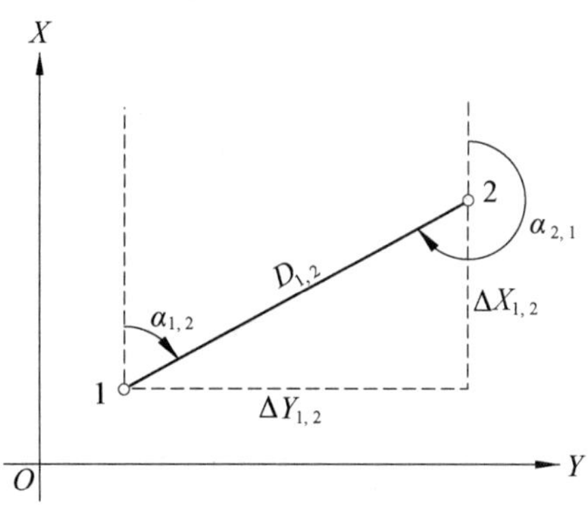

图 7-6　边长、坐标方位角和坐标增量

在方位角的计算中，还涉及方位角与象限角的换算。由于按三角函数值计算角度时只能得到 0°～±90°之间的象限角，因此，利用坐标反算公式时，还需要根据坐标增量的正负号，按表 7-1 中的规定将象限角(R)换算为方位角(α)。

表 7-1　象限角与方位角的换算

象 限	ΔX	ΔY	R	A
1	+	+	+	$\alpha=R$
2	−	+	−	$\alpha=180°+R$
3	−	−	+	$\alpha=180°+R$
4	+	−	−	$\alpha=360°+R$

按坐标正算公式计算坐标增量时，sin 函数值和 cos 函数值随方位角 α 所在象限不同而有正、负之分，因此算得的坐标增量也有正、负号，如表 7-2 所示。

表 7-2　坐标增量的正负号

象 限	方位角 α	$\cos\alpha$	$\sin\alpha$	Δx	Δy
1	0°～90°	+	+	+	+
2	90°～180°	−	+	−	+
3	180°～270°	−	−	−	−
4	270°～360°	+	−	+	−

思考题

控制测量是地形细部测量和施工放样的重要基础，但如果待测范围小，且待测细部点较少，只需一个测站便可完成测量工作，是否可以不做控制测量？并解释原因。

7.2 导线测量和导线计算

7.2.1 导线网的布设

导线网布设

在布设各等级的平面控制网时,必须至少取得网中一个已知点的坐标和该点至另一已知点连线的方位角,或网中两个已知点的坐标。因此,“一点坐标及一边方位角”或“两点坐标”为平面控制网必要的起算数据。在小地区内建立平面控制网时,一般应与该地区已有的国家控制网或城市控制网进行联测,以取得起算数据,才能进行平面控制网的定位和定向。

在平面控制网中,导线网为常用的布网网型。导线网布置的基本形式有支导线、闭合导线和附合导线,如图 7-7 所示,由此构成导线网。设图中 A、B、C、D 为高级控制点(已知点),T_1、T_2、…、T_{10} 为布设的导线点(待定点),构成各种形式的导线。

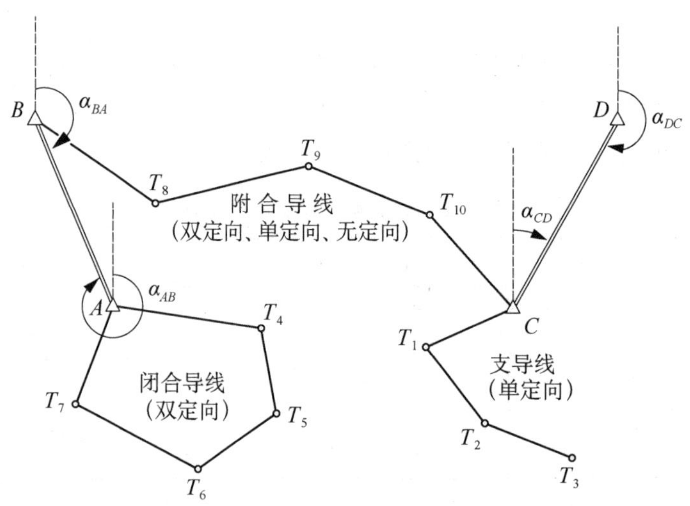

图 7-7 导线网的布置形式

1. 支导线

从一个高级点 C 和 CD 边的已知方位角 α_{CD} 出发,延伸出去的导线 $D—C—T_1—T_2—T_3$ 称为支导线。由于支导线只具有必要的起算数据,缺少对观测数据的检核,因此,支导线只限于在图根导线和地下工程导线中使用。对于图根导线,一般规定支导线的点数不超过 3 个。

2. 闭合导线

以高级控制点 A 为起始点,以 AB 边的坐标方位角 α_{AB} 为起始边方位角,布设 $B—A—T_4—T_5—T_6—T_7—A$ 点,即从 A 点出发仍回到 A 点,形成一个闭合多边形,称为闭合导线,一般在小范围的独立地区布设。闭合导线可以进行导线转折角测量的检核和导线点坐标计算的检核。

3. 附合导线

导线两端连接于高级控制点 B、C 的导线称为附合导线。根据导线两端连接已知方位角的情况不同，可再分为双定向附合导线、单定向附合导线和无定向附合导线。

(1) 双定向附合导线。导线线路 $A—B—T_8—T_9—T_{10}—C—D$ 两端已知边 AB 和 CD，其已知方位角 α_{AB} 和 α_{CD} 均可用于导线的定向，故称为双定向附合导线。观测的导线转折角和导线点的坐标计算均可得到检核。双定向附合导线是在高级控制点下进行控制点加密最常用的形式，一般简称为附合导线。

(2) 单定向附合导线。导线线路 $A—B—T_8—T_9—T_{10}—C$ 仅能在 B 点一端确定 AB 边的已知方位角，取得导线计算的定向数据，但不能检核导线的转折角，故称为单定向附合导线。由于从已知点 A 附合到另一已知点 C，故对于导线的坐标计算仍可进行检核。

(3) 无定向附合导线。导线线路 $B—T_8—T_9—T_{10}—C$ 两端各有一个已知点，但均无已知方位角，缺少导线计算的直接定向数据，故称为无定向附合导线，简称无定向导线。导线计算时可以用间接计算的方法取得定向数据，并有闭合边(起点和终点的连线)长度的检核。布置附合导线从双定向到无定向是由于缺少可以定向的已知点，虽然都可以计算出导线点的坐标，但计算得到的点位精度会随定向数据的减少而有所降低。

7.2.2　导线网的测量

1. 踏勘选点及建立标志

收集测区原有的地形图和控制点的资料，在图上规划导线布设路线，然后到现场踏勘选点。选点时应注意：①相邻导线点之间通视良好，便于角度和距离测量；②点位选在适于安置仪器、视野宽阔和便于保存之处；③点位分布均匀，便于控制整个测区和进行细部测量。

导线点位选定后，根据现场条件，用木桩、混凝土标石(图 7-8)或大铁钉等标志点位。导线点应分等级统一编号。导线点埋设后，为便于在观测和使用时快速找到导线点，应绘制导线点的点之记，如图 7-9 所示，这是一张控制点的点位略图，图上有导线点编号、地名、路名、单位名等注记，并量出导线点至邻近若干地物特征点的距离(以 m 为单位)注明于图上。

导线测量

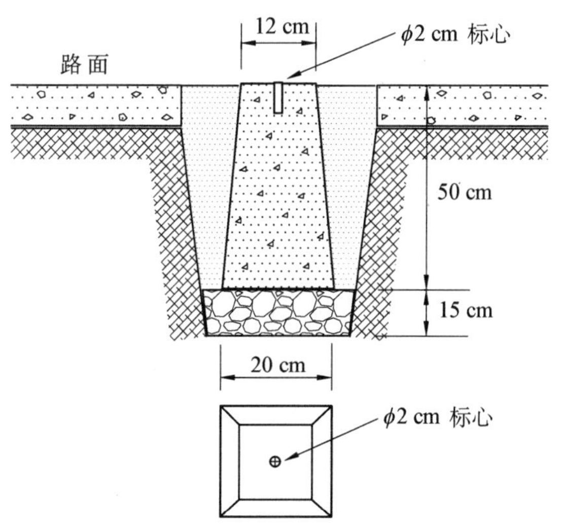

图 7-8　混凝土导线点标石

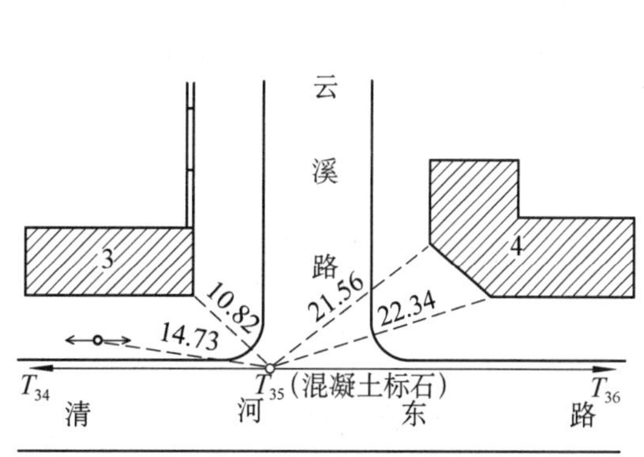

图 7-9　导线点的点之记

2. 导线边长测量

导线边长一般用电磁波测距仪或全站仪观测,同时观测垂直角,将斜距化为平距。图根导线的边长也可以用经过检定的钢卷尺往返或两次丈量,当钢尺的尺长改正数大于尺长的 1/10 000 时,应加尺长改正;当测距时温度与检定温度相差 10℃以上时,应加温度改正;当沿地面丈量的坡度大于 1%时,应加倾斜改正或高差改正。

3. 导线转折角测量

导线的转折角是指由相邻两导线边构成的水平角。导线的转折角分为左角和右角,在导线前进方向左侧的水平角称为左角,在导线前进方向右侧的水平角称为右角。在测量导线转折角时,对于左角或右角并无实质差别,仅仅是计算上的不同,这是因为:

$$\begin{cases} 左角 + 右角 = 360^\circ \\ 左角 = 360^\circ - 右角 \\ 右角 = 360^\circ - 左角 \end{cases} \tag{7-12}$$

导线的转折角测量可以用全站仪观测水平角一测回。

表 7-3 为图 7-7 中支导线的水平角观测及距离测量(直接测得水平距离)记录的示例。

表 7-3 导线水平角观测(测回法)及距离测量记录示例

测站	目标	竖盘	水平角观测									距离测量	
			水平度盘读数			水平角值			平均角值			重复或分段值/m	总长或平均值/m
			°	′	″	°	′	″	°	′	″		
C	T_1	左	0	00	12	143	33	18	143	33	12		
	D		143	33	30								
	T_1	右	180	00	18	143	33	06				127.750	127.747
	D		323	33	24							127.746	
T_1	T_2	左	0	00	24	284	19	36	284	19	39	127.743	
	C		284	20	00							127.749	
	T_2	右	180	00	54	284	19	42				128.100	128.096
	C		104	20	36							128.090	
T_2	T_3	左	0	00	18	210	40	12	210	40	15	128.095	
	T_1		210	40	30							128.099	
	T_3	右	180	00	18	210	40	18				126.610	126.614
	T_1		30	40	36							126.620	
T_3		左										126.622	
												126.604	
		右											

7.2.3 导线网的计算

导线测量内业计算的主要目的是计算导线点的坐标。在计算之前,应全面检查导线测量外业的水平角、垂直角和距离观测记录，检查有无遗漏或记错，是否符合测量的限差要求。然后绘制导线略图，在图上注明已知点(高级点)及导线点点号等。

导线计算的主要内容为方位角推算、坐标正反算和闭合差的调整。常见的实现方法包括：①使用计算机编程语言进行坐标计算；②利用科学式电子计算器在设计的表格中进行计算；③利用可编程计算器编制导线计算程序进行计算；④使用 EXCEL 编制导线自动化计算表格。数值计算时，角度值取至“″”，长度和坐标值取至“mm”或“cm”。不同的导线形式，其计算方法有一定区别。

1. 支导线计算

支导线计算过程如下：按已知点坐标反算已知边方位角，按已知边方位角和导线转折角推算各导线边方位角，按各导线边的方位角和边长(相邻导线点之间的水平距离)计算坐标增量，按坐标增量推算各导线点坐标。其中，推算是递推计算的简称。

1) 起始边方位角计算

如图 7-10 所示，设支导线起始于已知点 B，以 AB 边的方位角为起始方位角，用坐标反算公式计算：

$$\alpha_{AB} = \arctan\frac{y_B - y_A}{x_B - x_A} \tag{7-13}$$

2) 导线边方位角推算

设导线的转折角为右角，按照正、反方位角相差±180°的关系，从图 7-10 中可以得出：

$$\begin{cases}\alpha_{B,8} = \alpha_{AB} + 180° - \beta_B \\ \alpha_{8,9} = \alpha_{B,8} + 180° - \beta_8 \\ \alpha_{9,10} = \alpha_{8,9} + 180° - \beta_9\end{cases} \tag{7-14}$$

由此可以得出，按后面一边的已知方位角 $\alpha_{后}$ 和导线右角 $\beta_{右}$ 推算导线前进方向一边的方位角的一般公式为

$$\alpha_{前} = \alpha_{后} + 180° - \beta_{右} \tag{7-15}$$

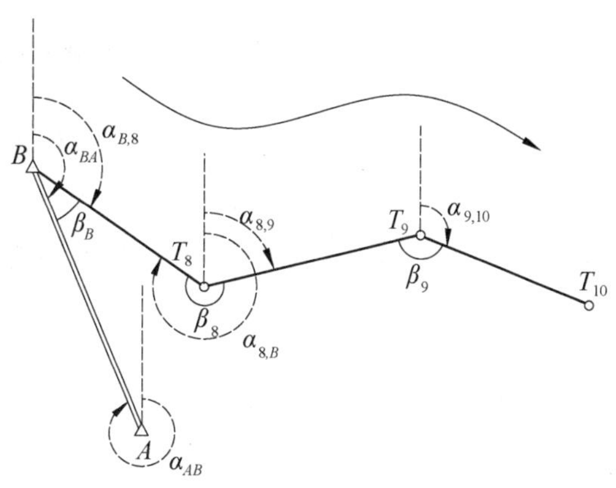

图 7-10　导线边方位角推算

由于导线的左角和右角的关系为 $\beta_{左} + \beta_{右} = 360°$，因此，按导线左角推算导线前进方向各边方位角的一般公式为

$$\alpha_{前} = \alpha_{后} + \beta_{左} - 180° \tag{7-16}$$

方位角的角值范围为 0°～360°，不应有负值或大于 360°的值。如果算得的结果大于 360°，则减去 360°；如果算得的结果为负值，则需加 360°。

3) 导线边坐标增量和导线点坐标计算

从图 7-11 可以看出，用坐标正算公式计算，可以得到各导线边的坐标增量和各待定点的坐标：

$$
\begin{cases}
\Delta x_{B,8} = D_{B,8}\cos\alpha_{B,8},\ x_8 = x_B + \Delta x_{B,8} \\
\Delta y_{B,8} = D_{B,8}\sin\alpha_{B,8},\ y_8 = y_B + \Delta y_{B,8} \\
\Delta x_{8,9} = D_{8,9}\cos\alpha_{8,9},\ x_9 = x_8 + \Delta x_{8,9} \\
\Delta y_{8,9} = D_{8,9}\sin\alpha_{8,9},\ y_9 = y_8 + \Delta y_{8,9} \\
\Delta x_{9,10} = D_{9,10}\cos\alpha_{9,10},\ x_{10} = x_9 + \Delta x_{9,10} \\
\Delta y_{9,10} = D_{9,10}\sin\alpha_{9,10},\ y_{10} = y_9 + \Delta y_{9,10}
\end{cases}
\tag{7-17}
$$

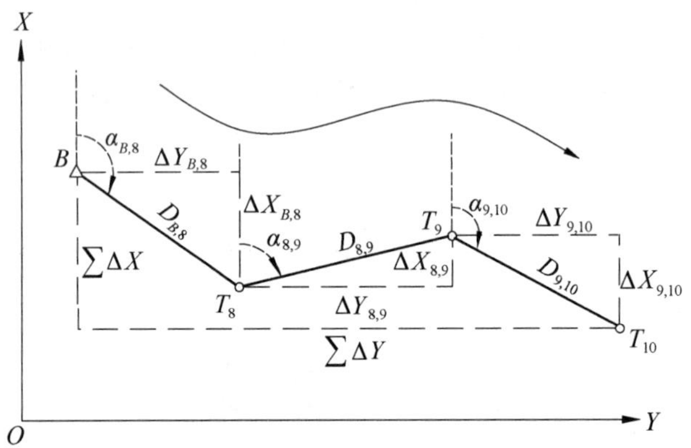

图 7-11 导线坐标增量与导线点坐标推算

因此，支导线的计算步骤为：推算方位角 → 计算坐标增量 → 推算坐标。

上述步骤也是所有导线计算的基本步骤。其他几种形式的导线由于有了多余观测，因此，除此之外，还需增加观测值和推算值的闭合差计算和调整。

2. 闭合导线计算

1）角度闭合差计算和调整

n 边形闭合导线转折角 β（内角）之和的理论值应为

$$\sum\beta_{理} = (n-2)\times 180° \tag{7-18}$$

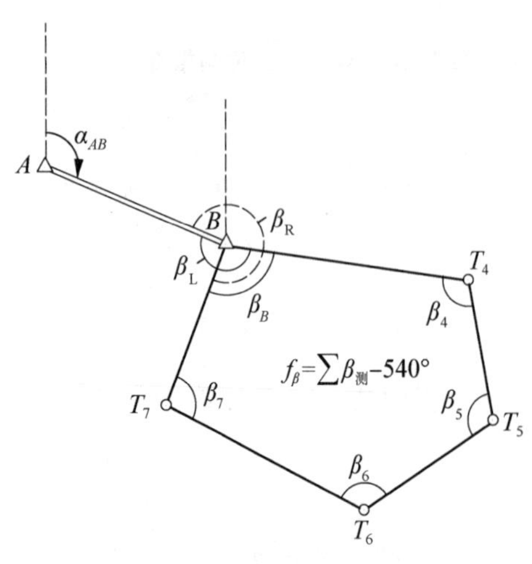

图 7-12 闭合导线的角度闭合差

导线水平角观测中不可避免地含有误差，使闭合导线内角之和不等于理论值而产生角度闭合差（或称方位角闭合差）：

$$f_\beta = \sum\beta_{测} - \sum\beta_{理} = \sum\beta_{测} - (n-2)\times 180° \tag{7-19}$$

例如，对于图 7-12 所示的闭合导线，其角度闭合差的计算为 $f_\beta = \beta_B + \beta_4 + \beta_5 + \beta_6 + \beta_7 - 540°$。

允许的角度闭合差随导线的等级而异。对于图根导线，允许的角度闭合差为

$$f_{\beta允} = \pm 40''\sqrt{n} \tag{7-20}$$

如果 f_β 不大于 $f_{\beta允}$，则将角度闭合差按“反其符号，平均分配”的原则对各个导线转折角的观测值进行改正。改正后的转折角之和应等于其理论值，可以作为计算的检核。

2）方位角推算

闭合导线的转折角经过角度闭合差的调整后，即可进行各导线边的方位角推算。闭合导线除了观测多边形的内角（对于图 7-12 所示的闭合导线为右角）以外，还应观测导线边与已知边之间的水平角（称为连接角），用以传递方位角。例如，在图 7-12 所示的闭合导线中，在起始点 B 用方向观测法观测 A、T_4、T_7 点间的水平方向值。因此，除了可以计算闭合导线内角 β_B 以外，还可以计算连接角 β_L 和 β_R。连接角 β_L 用以推算闭合导线中第一条边的方位角：

$$\alpha_{B,4}=\alpha_{AB}+180°-\beta_L \tag{7-21}$$

其余各边方位角的推算同支导线。最后可以通过另一个连接角 β_R，推算回到起始边的方位角，进行方位角推算的检核，即

$$\alpha_{BA}=\alpha_{7,B}+180°-\beta_R \tag{7-22}$$

3）坐标增量计算和增量闭合差调整

根据导线各边的方位角和边长，按坐标正算公式计算各边的坐标增量。根据闭合导线的特点，从图 7-13 中可以看出，闭合导线各边纵、横坐标增量代数和的理论值应分别等于零。

$$\begin{cases}\sum \Delta x_{理}=0\\ \sum \Delta y_{理}=0\end{cases} \tag{7-23}$$

由于导线边长观测值中含有误差，角度观测值虽然经过导线角度闭合差的调整，但仍有剩余误差，因此，由边长和方位角推算而得的坐标增量也具有误差，从而产生纵坐标增量闭合差 f_x 和横坐标增量闭合差 f_y，如图 7-14 所示，即

$$\begin{cases}f_x=\sum \Delta x_{测}-\sum \Delta x_{理}=\sum \Delta x_{测}\\ f_y=\sum \Delta y_{测}-\sum \Delta y_{理}=\sum \Delta y_{测}\end{cases} \tag{7-24}$$

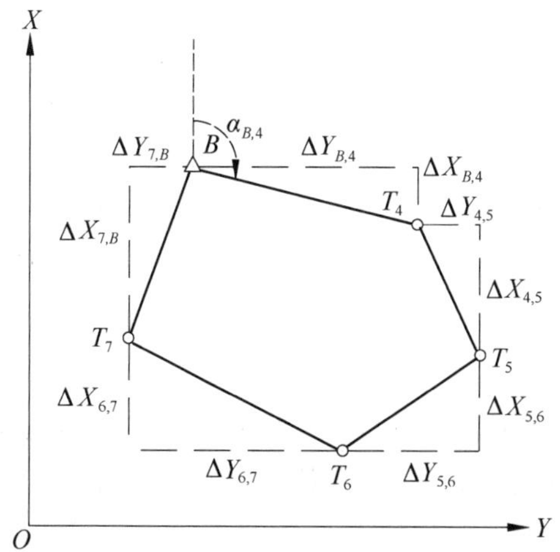

图 7-13　闭合导线坐标增量理论值

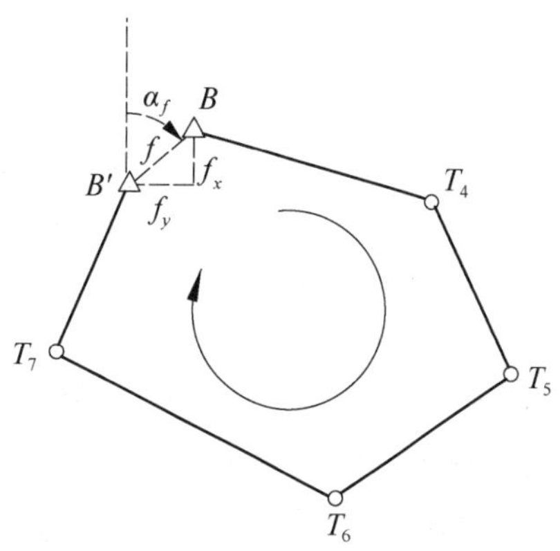

图 7-14　闭合导线坐标增量闭合差

由于存在坐标增量闭合差,故导线在平面图形上不能闭合,即从起始点出发经过推算不能回到起始点。图 7-14 中的 B'—B 线段称为导线全长闭合差,其长度 f 及方位角 α_f 计算如下:

$$f=\sqrt{f_x^2+f_y^2} \tag{7-25}$$

$$\alpha_f=\arctan\frac{f_y}{f_x} \tag{7-26}$$

导线越长,导线测角和测距中的误差累积也越多。因此,f 数值的大小与导线全长有关。在衡量导线测量精度时,应将 f 除以导线全长(各导线边长之和 $\sum D$),并以分子为 1 的分式表示,称为导线全长相对闭合差,简称导线相对闭合差。

$$T=\frac{f}{\sum D}=\frac{1}{\dfrac{\sum D}{f}} \tag{7-27}$$

T 值越小,表示导线测量的精度越高。对于图根导线,允许的导线相对闭合差为 1/4 000。当导线相对闭合差在允许范围以内时,可将坐标增量闭合差 f_x 和 f_y 按照"反其符号,以边长为比例进行分配"的原则对各边纵、横坐标增量进行改正。坐标增量改正值 $\delta\Delta x$、$\delta\Delta y$ 按下式计算:

$$\begin{cases}\delta\Delta x_i=-\dfrac{f_x}{\sum D}D_i\\ \delta\Delta y_i=-\dfrac{f_y}{\sum D}D_i\end{cases} \tag{7-28}$$

4) 导线点坐标推算

设两相邻导线点为 i、j,已知 i 点的坐标以及 i 点至 j 点的坐标增量,按下式推算 j 点的坐标:

$$\begin{cases}x_j=x_i+\Delta x_{i,j}\\ y_j=y_i+\Delta y_{i,j}\end{cases} \tag{7-29}$$

导线点坐标推算从已知点 B 开始,依次推算待定点 T_4、T_5、T_6、T_7 的坐标,最后推算回到 B 点,应与原来的已知数值相同,作为计算的检核。

3. 附合导线计算

1) 双定向附合导线计算

图 7-15 所示为双定向附合导线,导线两端依附于已知点 B、C 及已知方位角 α_{AB} 和 α_{CD},观测各导线边长 D 及转折角 β(右角),其中,β_B 和 β_C 是连接角。计算的基本步骤与闭合导线相同,但由于导线的形状、起始点和起始方位角位置分布的不同,在计算导线角度闭合差和坐标增量闭合差时有所区别。

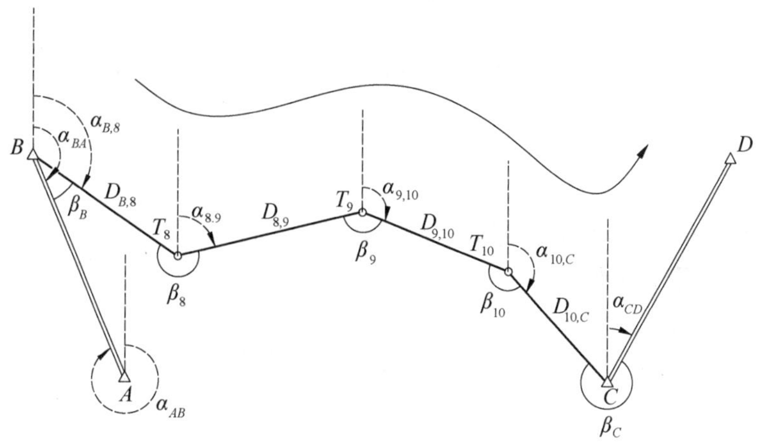

图 7-15　双定向附合导线

(1) 角度闭合差及其调整

附合导线并不构成闭合多边形,但也会有角度闭合差,它是根据导线两端已知点的方位角和导线转折角来计算的。起始点 A、B、C、D 的坐标已知,按坐标反算公式可以算得起始边与终了边的坐标方位角 α_{AB} 和 α_{CD}。在本例中,导线的转折角为右角。根据起始边方位角及导线右角,按式(7-30)推算各边方位角,直至终了边的方位角。

$$\begin{cases}\alpha_{B,8}=\alpha_{AB}+180^\circ-\beta_B\\ \alpha_{8,9}=\alpha_{B,8}+180^\circ-\beta_8\\ \alpha_{9,10}=\alpha_{8,9}+180^\circ-\beta_9\\ \alpha_{10,C}=\alpha_{9,10}+180^\circ-\beta_{10}\\ \alpha_{CD}=\alpha_{10,C}+180^\circ-\beta_C\end{cases} \tag{7-30}$$

将式(7-30)中各式相加,得到

$$\alpha_{CD}=\alpha_{AB}+5\times180^\circ-\sum\beta \tag{7-31}$$

或写成

$$\sum\beta=\alpha_{AB}-\alpha_{CD}+5\times180^\circ \tag{7-32}$$

如果导线转折角观测中没有误差,则式(7-32)成立。因此,式(7-32)中的 $\sum\beta$ 为双定向附合导线右角之和的理论值,其一般表达式为

$$\sum\beta_{理}=\alpha_{始}-\alpha_{终}+n\times180^\circ \tag{7-33}$$

双定向附合导线左角之和的理论值则为

$$\sum\beta_{理}=\alpha_{终}-\alpha_{始}+n\times180^\circ \tag{7-34}$$

由于在转折角观测中不可避免地存在误差,因此,产生的方位角闭合差为

$$f_\beta = \sum \beta_{测} - \sum \beta_{理} \tag{7-35}$$

附合导线的方位角闭合差也可以按从起始边推算的终了边方位角 $\alpha'_{终}$ 与已知的方位角 $\alpha_{终}$ 之差来计算：

$$f_\beta = \alpha'_{终} - \alpha_{终} \tag{7-36}$$

附合导线允许的方位角闭合差和闭合差的调整同闭合导线。

(2) 坐标增量闭合差及其调整

根据各边的观测边长和推算而得的方位角计算坐标增量，由于导线两端点的坐标已知，所以也会产生坐标增量闭合差。如图 7-16 所示，附合导线的各点坐标按下式推算：

$$\begin{cases} x_8 = x_B + \Delta x_{B,8}, \ y_8 = y_B + \Delta y_{B,8} \\ x_9 = x_8 + \Delta x_{8,9}, \ y_9 = y_8 + \Delta y_{8,9} \\ x_{10} = x_9 + \Delta x_{9,10}, \ y_{10} = y_9 + \Delta y_{9,10} \\ x_C = x_{10} + \Delta x_{10,C}, \ y_C = y_{10} + \Delta y_{10,C} \end{cases} \tag{7-37}$$

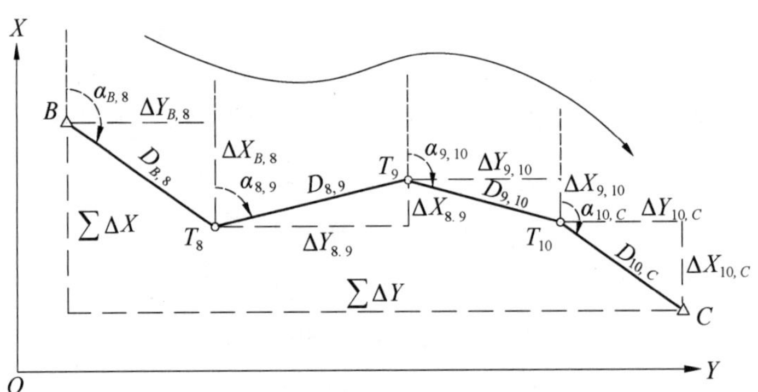

图 7-16　附合导线坐标增量计算

将式(7-37)中各式的等号左、右两边分别相加，得到

$$\begin{cases} x_C = x_B + \sum \Delta x \\ y_C = y_B + \sum \Delta y \end{cases} \tag{7-38}$$

或写成

$$\begin{cases} \sum \Delta x = x_C - x_B \\ \sum \Delta y = y_C - y_B \end{cases} \tag{7-39}$$

式(7-39)表示，如果导线的边长和角度观测中没有误差，则导线各边纵、横坐标增量分别取其代数和，应等于已知始、终点的坐标增量，即附合导线各边坐标增量总和的理论值为

$$\begin{cases} \sum \Delta x_{理} = x_{终} - x_{始} \\ \sum \Delta y_{理} = y_{终} - y_{始} \end{cases} \tag{7-40}$$

附合导线的坐标增量闭合差按下式计算：

$$\begin{cases} f_x = \sum \Delta x_{测} - \sum \Delta x_{理} = \sum \Delta x_{测} - (x_{终} - x_{始}) \\ f_y = \sum \Delta y_{测} - \sum \Delta y_{理} = \sum \Delta y_{测} - (y_{终} - y_{始}) \end{cases} \tag{7-41}$$

双定向附合导线的导线全长闭合差、导线相对闭合差、闭合差的允许值、闭合差的调整和坐标计算均同闭合导线。

2) 单定向附合导线计算

图 7-17 所示为单定向附合导线，导线两端依附于已知点 B、C，但仅在起点 B 能瞄准另一已知点 A，观测连接角 β_B，获得起始方位角值。

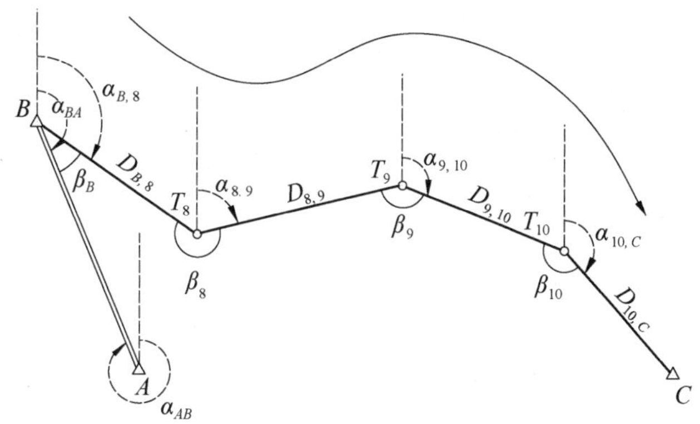

图 7-17　单定向附合导线

单定向附合导线的计算，除了不计算方位角闭合差以外，方位角推算、坐标增量计算和坐标推算同双定向附合导线。

3) 无定向附合导线计算

图 7-18 所示为无定向附合导线，导线两端起、终于已知点，但两端均无已知方位角，仅能观测各导线边长 D 和各转折角 β(右角)。

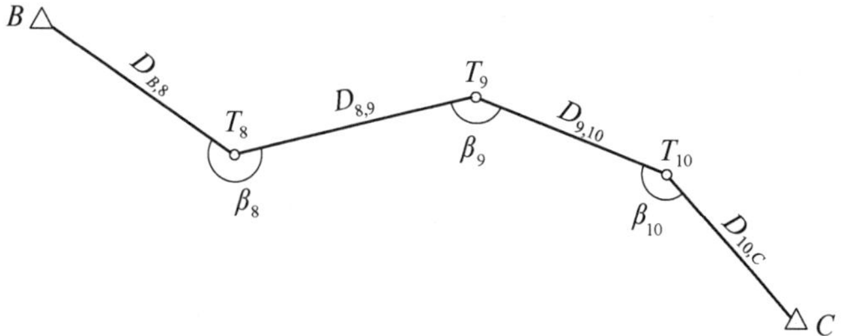

图 7-18　无定向附合导线

由于缺少起始方位角，不能直接推算各导线边的方位角，但可以根据起、终点的已知坐标，间接计算起始方位角。计算方法如下：对于第一条导线边，首先任意假定一个方位角值，如图 7-19 所示，假定 $\alpha_{B,8}=90°00'00''$，然后根据导线各转折角推算各导线边的假定方位角 α'，再根据导线观测边长 D' 和假定方位角 α' 计算各边的假定坐标增量（$\Delta x'_i$，$\Delta y'_i$），并取其总和（$\sum\Delta x'$，$\sum\Delta y'$），最后根据 B 点坐标算得 C' 点的假定坐标：

$$\begin{cases}x'_C = x_B + \sum\Delta x' \\ y'_C = y_B + \sum\Delta y'\end{cases} \tag{7-42}$$

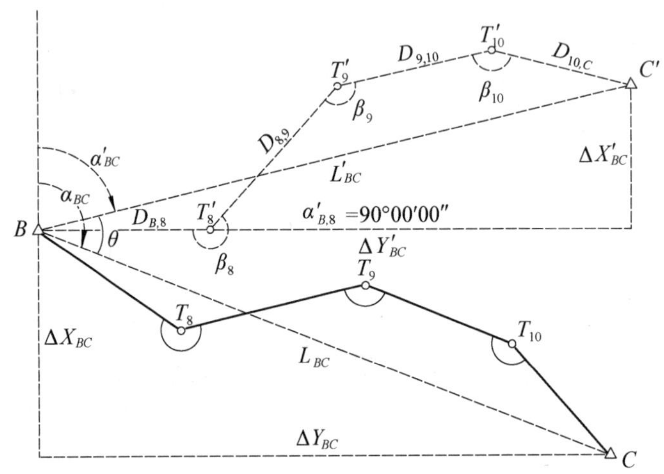

图 7-19　无定向附合导线的计算

根据 B、C 两点的坐标，可以用坐标反算公式计算出 B、C 两点连线(称导线闭合边，或简称闭合边)的方位角 α_{BC} 和闭合边长 L_{BC}；再根据 B、C' 两点的坐标，用坐标反算公式计算出 B、C' 两点连线(称假定闭合边)的方位角 α'_{BC} 和假定闭合边长 L'_{BC}。由此可以计算(真、假)方位角差 θ 和(真、假)闭合边长度比 R：

$$\theta = \alpha_{BC} - \alpha'_{BC} \tag{7-43}$$

$$R = \frac{L_{BC}}{L'_{BC}} \tag{7-44}$$

闭合边长度比 R 为无定向导线计算中唯一可以检验导线测量精度的指标，R 的值应该接近于 1。无定向附合导线的精度指标可以用导线全长相对闭合差 T 的形式表示：

$$T = \frac{L_{BC} - L'_{BC}}{\sum D} = \frac{1}{\dfrac{\sum D}{L_{BC} - L'_{BC}}} \tag{7-45}$$

式中，$\sum D$ 为导线全长。

根据方位角差 θ 可以将导线各边的假定方位角 α'_i 改算为真方位角 α_i，根据闭合边长度比 R 可以计算经长度改正后的导线边长 D_i，计算公式分别为

$$\alpha_i = \alpha_i' + \theta \tag{7-46}$$

$$D_i = D_i'R \tag{7-47}$$

用改正后的边长和方位角计算各边的坐标增量，应符合两端已知点的坐标差，即

$$\begin{cases} \sum \Delta x = x_C - x_B \\ \sum \Delta y = y_C - y_B \end{cases} \tag{7-48}$$

式(7-48)可以作为计算的检核。

7.2.4　导线测量中错误的查找

在导线计算中，如果发现闭合差超限，应首先复查外业观测记录、内业计算的数据抄录和计算。如果都没有发现问题，则说明导线的边长或角度测量中有粗差，必须到现场返工重测。但事前如果能分析判断出错误可能发生之处，则可以节省许多返工时间。

1. 一个转折角测错的查找方法

如图7-20所示，设附合导线第3点上的转折角 β_3 发生了 $\Delta\beta$ 的错误，使角度闭合差超限。如果分别从导线两端的已知方位角推算各边的方位角，则到测错角度的第3点为止，推算的方位角仍然是正确的。经过第3点的转折角 β_3 以后，导线边的方位角开始向错误方向偏转，而且使导线点位置的偏转越来越大。

导线测量中一个转折角测错的查找方法如下：分别从导线两端的已知点和已知方位角出发，按支导线计算各点的坐标，由此得到两套坐标。如果某一导线点的两套坐标值非常接近，则该点的转折角最有可能测错。对于闭合导线，同样可用此方法查找。

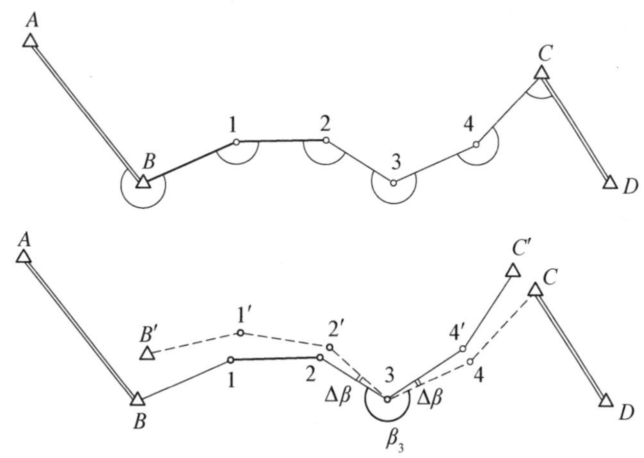

图7-20　导线测量中一个转折角测错

2. 一条导线边测错的查找方法

当导线的角度闭合差在允许范围以内而导线全长闭合差超限时，说明边长测量有错误。在图7-21中，设导线边2—3发生测距粗差 ΔD，而其他各边和各角没有粗差，则从第3点开始及以后各点均产生一个平行于2—3边的位移量 ΔD。

如果其他各边和各角中的偶然误差可以忽略不计,则计算所得的导线全长闭合差的数值 f 即等于 ΔD,闭合差向量的方位角 α_f 即等于 2—3 边的方位角。

$$f=\sqrt{f_x^2+f_y^2}=\Delta D \tag{7-49}$$

$$\alpha_f=\arctan\frac{f_y}{f_x}=\alpha_{2,3}(\text{或}\pm 180°) \tag{7-50}$$

据此与导线计算中各边的方位角对照,可以找出可能有测距粗差的导线边。

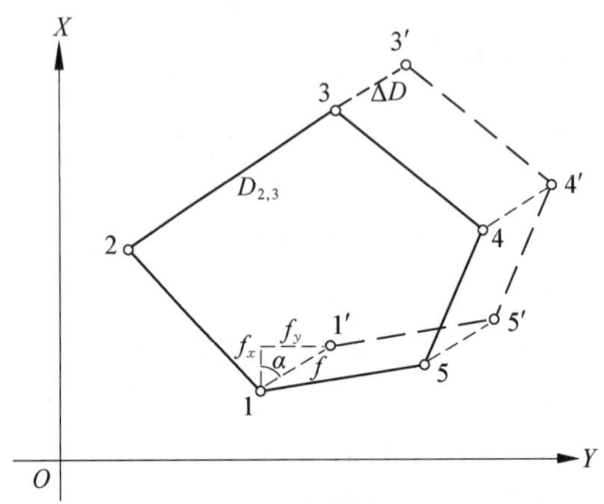

图 7-21　导线测量中一条导线边测错

思考题

月球是地外天体科学探测的首要目标,目前国际上通用的月球全球控制网(Unified Lunar Control Network 2005)包含了 27 万多个控制点。请查阅相关资料,并试想如果我国未来在月球南极沙克尔顿撞击坑附近建造科研站,该如何布设建筑控制网。

7.3　交会定点和测量

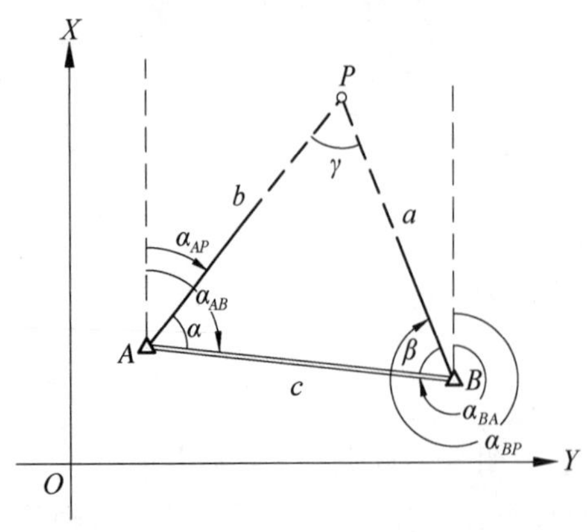

图 7-22　测角交会

小地区平面控制网的布设可用上述导线测量方法,但当控制点的密度不能满足测图或施工放样的要求时,必须对控制点进行加密,可用支导线测量的方法,也可用测角交会、测边交会、边角交会和后方交会等交会定点方法,这些方法也可用于工程测量中。

7.3.1　测角交会

如图 7-22 所示,从相邻两个已知点 A、B 向待定点 P 观测水平角 α、β,以计算待定点 P 的坐标，称为测角交会，又称前方交会。计算待定点坐标的方法如下。

1. 已知点坐标反算

根据两个已知点的坐标，用坐标反算公式计算两点间的边长 c 和方位角 α_{AB}：

$$c=\sqrt{(x_B-x_A)^2+(y_B-y_A)^2} \tag{7-51}$$

$$\alpha_{AB}=\arctan\frac{y_B-y_A}{x_B-x_A} \tag{7-52}$$

2. 待定边边长和方位角计算

按三角正弦定律计算已知点至待定点的边长 a、b：

$$\begin{cases} a=\dfrac{c\sin\alpha}{\sin\gamma}=\dfrac{c\sin\alpha}{\sin(\alpha+\beta)} \\ b=\dfrac{c\sin\beta}{\sin\gamma}=\dfrac{c\sin\beta}{\sin(\alpha+\beta)} \end{cases} \tag{7-53}$$

按下式计算待定边的方位角：

$$\begin{cases} \alpha_{AP}=\alpha_{AB}-\alpha \\ \alpha_{BP}=\alpha_{BA}+\beta=\alpha_{AB}+\beta\pm 180^\circ \end{cases} \tag{7-54}$$

3. 待定点坐标计算

根据已知点至待定点的边长和方位角，按坐标正算公式，分别从已知点 A、B 计算待定点 P 的坐标，两次算得的坐标应相等，作为计算的检核：

$$\begin{cases} x_P=x_A+b\cos\alpha_{AP} \\ y_P=y_A+b\sin\alpha_{AP} \end{cases} \tag{7-55}$$

$$\begin{cases} x_P=x_B+a\cos\alpha_{BP} \\ y_P=y_B+a\sin\alpha_{BP} \end{cases} \tag{7-56}$$

4. 直接计算待定点坐标的公式

将以上按测角交会法计算待定点坐标的一系列公式，经过化算可得到直接计算待定点坐标的公式（正切公式）：

$$\begin{cases} x_P=\dfrac{x_A\tan\alpha+x_B\tan\beta+(y_B-y_A)\tan\alpha\tan\beta}{\tan\alpha+\tan\beta} \\ y_P=\dfrac{y_A\tan\alpha+y_B\tan\beta+(x_A-x_B)\tan\alpha\tan\beta}{\tan\alpha+\tan\beta} \end{cases} \tag{7-57}$$

7.3.2　测边交会

如图 7-23 所示，从待定点 P 向两个已知点 A、B 测量边长 $AP(b)$ 和 $BP(a)$，以计算 P 点的坐标，称为测边交会，又称距离交会。计算待定点坐标的方法如下。

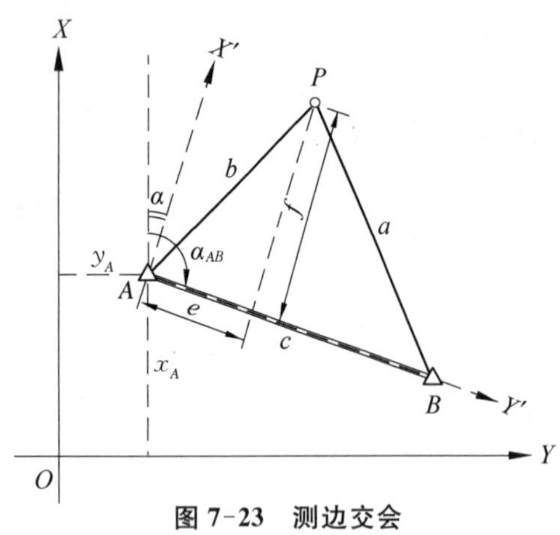

图 7-23　测边交会

1. 测边交会化为测角交会

根据△ABP 三边的长度 a、b、c，用三角余弦定律计算三角形的两个内角 α 和 β：

$$\begin{cases}\alpha = \arccos\left(\dfrac{b^2+c^2-a^2}{2bc}\right)\\ \beta = \arccos\left(\dfrac{a^2+c^2-b^2}{2ac}\right)\end{cases} \tag{7-58}$$

按已知点 A、B 两点的坐标和 α、β 角，用测角交会公式计算待定点 P 的坐标。

2. 按观测边长直接计算待定点坐标

根据三角形的边角关系和坐标变换，可以推导得到直接按观测边长计算待定点坐标的公式。如图 7-23 所示，设以 A 点作为独立坐标系的原点，AB 方向为 Y'轴，AB 方向减 90°的方向为 X'轴。故独立坐标系所旋转的角度为

$$\alpha = \alpha_{AB} - 90^\circ \tag{7-59}$$

从 P 点作 AB 边的垂线，得到辅助线段 e 和 f。根据直角三角形的勾股定律，各边存在下列关系：

$$b^2 - e^2 = f^2 = a^2 - (c-e)^2 \tag{7-60}$$

$$2ce = b^2 + c^2 - a^2 \tag{7-61}$$

由此得到辅助线段长度：

$$\begin{cases}e = \dfrac{b^2+c^2-a^2}{2c}\\ f = \sqrt{b^2-e^2}\end{cases} \tag{7-62}$$

P 点在独立坐标系中的坐标为

$$\begin{cases}x'_P = f\\ y'_P = e\end{cases} \tag{7-63}$$

根据“第 2 章　坐标系统与测量的基本内容”中的坐标变换公式，待定点 P 的坐标计算式为

$$\begin{cases}x_P = x_A + x'_P\cos\alpha - y'_P\sin\alpha\\ y_P = y_A + x'_P\sin\alpha + y'_P\cos\alpha\end{cases} \tag{7-64}$$

将式(7-59)和式(7-63)代入式(7-64)，则待定点 P 的坐标的另一种计算式为

$$\begin{cases}x_P = x_A + e\cos\alpha_{AB} + f\sin\alpha_{AB}\\ y_P = y_A + e\sin\alpha_{AB} - f\cos\alpha_{AB}\end{cases} \tag{7-65}$$

求得 P 点的坐标以后，可以用下列公式进行检核：

$$\begin{cases}\sqrt{(x_P - x_B)^2 + (y_P - y_B)^2} = a \\ \sqrt{(x_P - x_A)^2 + (y_P - y_A)^2} = b\end{cases} \tag{7-66}$$

7.3.3　边角交会

如图 7-24 所示，从待定点 P 向两个已知点 A、B 测量边长 $AP(b)$ 和 $BP(a)$，并观测水平角 γ，以计算 P 点的坐标，称为边角后方交会，简称边角交会。边角交会有一个多余观测，可以检核边角观测值。计算待定点坐标的方法如下。

在△ABP 中，边长 c 可以根据 A、B 两点的坐标反算，边长 a、b 为观测值，根据三角形三边的长度，用余弦定律计算水平角 α 和 β：

$$\begin{cases}\alpha = \arccos\dfrac{b^2 + c^2 - a^2}{2bc} \\ \beta = \arccos\dfrac{a^2 + c^2 - b^2}{2ac}\end{cases} \tag{7-67}$$

据此算得三角形的另一水平角：

$$\gamma' = 180° - \alpha - \beta \tag{7-68}$$

图 7-24　边角交会

γ 的计算值和观测值之差为角度闭合差：

$$f_\beta = \gamma' - \gamma \tag{7-69}$$

角度闭合差如果在容许范围以内，则以 1/3 的角度闭合差反其符号改正 α 和 β 角，然后按测角交会公式计算待定点的坐标。

7.3.4　方向后方交会

如图 7-25 所示，从某一待定点 P 向三个已知点 A、B、C 观测水平方向值 R_A、R_B、R_C，以计算待定点 P 的坐标，称为方向后方交会，简称后方交会。已知点按顺时针排列，待定点可以在已知点所组成的三角形之内，也可以在其外。但是，当 A、B、C、P 处于四点共圆的位置时，就不可能用后方交会测定待定点的位置(坐标)，因此，该四点共圆称为后方交会的“危险圆”，进行后方交会时应该避免。

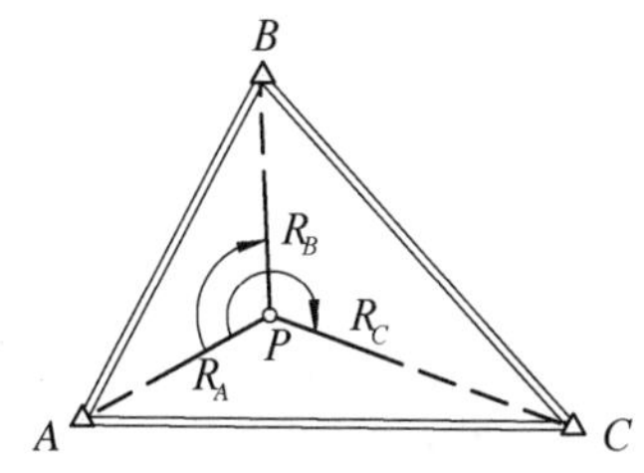

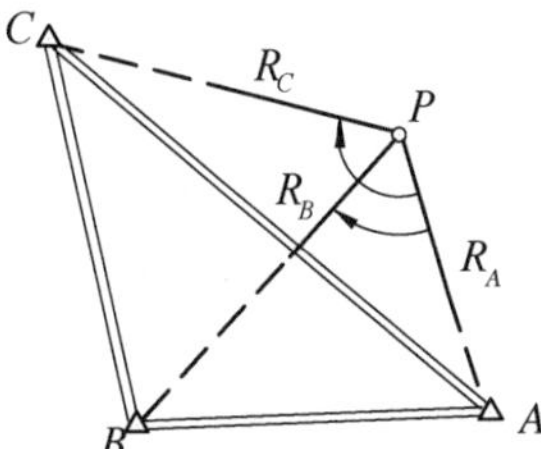

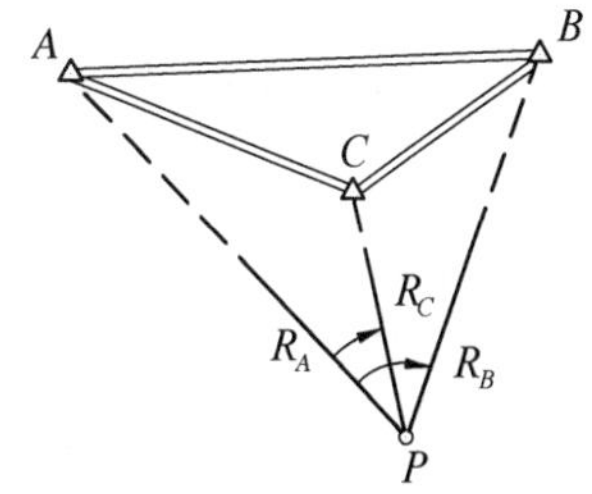

图 7-25　各种后方交会图形

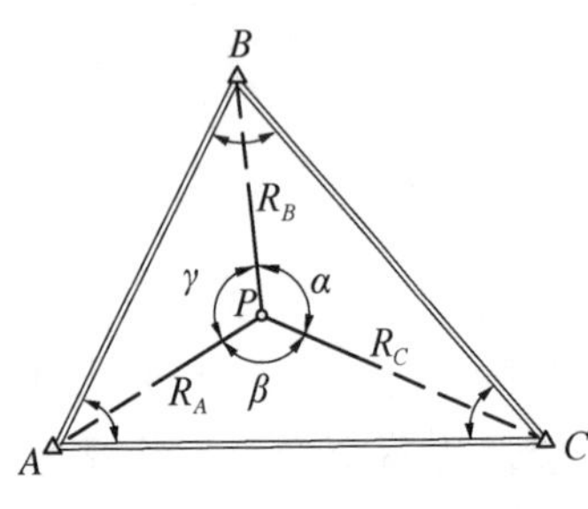

图 7-26　后方交会的角度

后方交会计算待定点坐标的公式有许多种，下面介绍后方交会的重心公式。

如图 7-26 所示，设由已知点 A、B、C 所构成的三角形的三个内角为 A、B、C。在待定点 P 对已知点观测的水平方向值 R_A、R_B、R_C 也构成三个水平角 α、β、γ：

$$\begin{cases}\alpha = R_C - R_B \\ \beta = R_A - R_C \\ \gamma = R_B - R_A\end{cases} \tag{7-70}$$

设待定点的坐标值（x_P，y_P）分别为三个已知点的坐标值的加权平均值：

$$\begin{cases}x_P = \dfrac{p_A x_A + p_B x_B + p_C x_C}{p_A + p_B + p_C} \\ y_P = \dfrac{p_A y_A + p_B y_B + p_C y_C}{p_A + p_B + p_C}\end{cases} \tag{7-71}$$

并规定已知点坐标值的权按下式计算：

$$\begin{cases}p_A = \dfrac{\tan\alpha \cdot \tan A}{\tan\alpha - \tan A} \\ p_B = \dfrac{\tan\beta \cdot \tan B}{\tan\beta - \tan B} \\ p_C = \dfrac{\tan\gamma \cdot \tan C}{\tan\gamma - \tan C}\end{cases} \tag{7-72}$$

用全站仪观测的测边交会、边角交会或后方交会，可以在选定的某个待定点上向附近的已知点进行观测而算得测站点的坐标，因此，上述这些边角交会和后方交会定点的方法又称自由设站法，用于细部测量时临时增设测站。大部分全站仪都具有自由设站法的计算功能，按其设定程序进行观测，即可得到测站点的坐标。

思考题

试想在战场环境中，仅用一台无人机，是否可以通过交会测量快速实现对方炮台的定位？若要实现定位，对无人机有哪些要求？

7.4　高程控制测量

四等水准测量

高程控制网的建立主要用水准测量方法，布设的原则也是从高级到低级，从整体到局部，逐步加密。国家水准网分为一、二、三、四等，一、二等水准测量称为精密水准测量，一等水准网在全国范围内沿主要干道和河流等布设成格网形的高程控制网，然后用二等水准网进行加密，作为全国各地的高程控制。三、四等水准网按各地区的测绘需要而布设。

城市水准测量分为二、三、四等，根据城市的大小及所在地区国家水准点的分布情况，从某一等开始布设。在四等水准以下，再布设直接为测绘大比例尺地形图所用的图根水准网。根据《城市测量规范》(CJJ/T 8—2011)，城市二、三、四等水准网的设计规格应满足表 7-4 的规定，城市二、三、四等水准测量和图根水准测量的主要技术指标如表 7-5 所示。电磁波测距三角高程测量和 GNSS 高程测量可代替四等水准测量。

表 7-4　城市水准测量设计规格　(单位：km)

水准点间距(测段长度)	建筑区	1～2
	其他地区	2～4
闭合路线或附合路线的最大长度	二等	400
	三等	45
	四等	15

表 7-5　城市水准测量主要技术指标

等 级	每千米高差中误差/mm	水准仪级别	测段往返测高差不符值/mm	附合路线或环线闭合差/mm
二等	±2	DS1	$\pm 4\sqrt{R}$	$\pm 4\sqrt{L}$
三等	±6	DS3	$\pm 12\sqrt{R}$	$\pm 12\sqrt{L}$
四等	±10	DS3	$\pm 20\sqrt{R}$	$\pm 20\sqrt{L}$
图根	±20	DS3		$\pm 40\sqrt{L}$

注：表中 R 为测段长度(km)，L 为环线或附合路线长度(km)。

7.4.1　高程控制网的构型

高程控制网的构型有单一水准路线和水准网(图 7-27)。单一水准路线主要有以下三种形式：附合水准路线、闭合水准路线、支水准路线。

(1) 附合水准路线。如图 7-27(a)所示，从已知高程的水准点 BM1 出发，沿待定高程的水准点 1，2，3 进行水准测量，附合到已知高程的水准点 BM2 所构成的水准路线。

(2) 闭合水准路线。如图 7-27(b)所示，从已知高程的水准点 BM1 出发，沿待定高程的水准点 1，2，3，4 进行水准测量，闭合至 BM1 的水准路线。

(3) 支水准路线。如图 7-27(c)所示，从已知高程的水准点 BM1 出发，沿待定高程的水准点 1，2 进行水准测量。支水准路线由于缺乏检核条件，一般需要往返测量，通常用于图根控制点的加密。

水准网是水准路线交叉形成的复杂网型，如图 7-27(d)所示，水准网检核条件较单一水准路线多，经过平差计算后，精度一般优于单一水准路线。

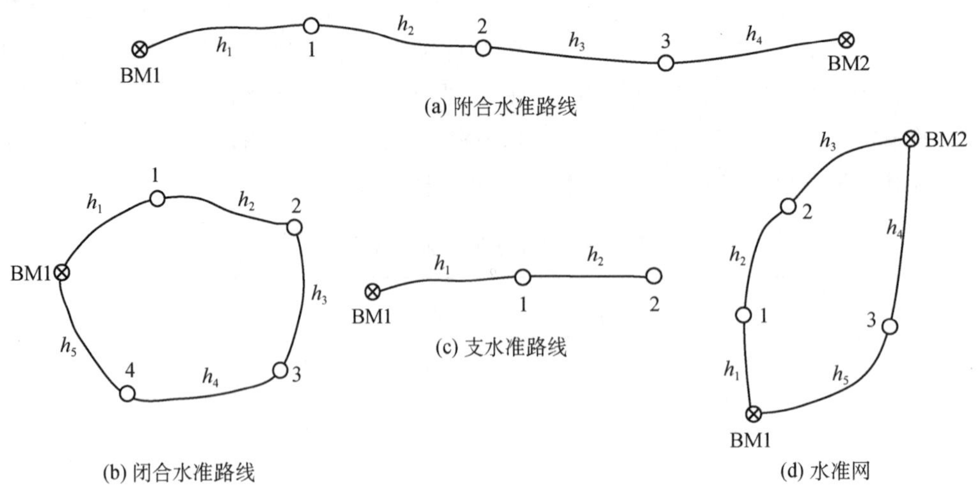

图 7-27　水准路线和水准网

7.4.2　三、四等水准测量

小地区高程控制测量首先布设三等或四等水准网，然后在地形测量时采用图根水准测量或三角高程测量进行高程控制点的加密，其中，三角高程测量主要用于非平坦地区。工程建设施工时，在三、四等水准点的基础上进行工程水准测量。"第 4 章　水准测量"中所介绍的普通水准测量方法，即图根水准测量和工程水准测量的基本方法。

1. 三、四等水准测量的技术要求

三、四等水准测量的路线一般沿道路布设，避开土质松软地段，水准点间距在城市建筑区为 1～2 km，在郊区为 2～4 km。水准点的埋设应选在地基稳固、能长久保存和便于观测的地点。《城市测量规范》(CJJ/T 8—2011)对三、四等水准测量的主要技术要求见表 7-5。在水准测量中，对每一测站的技术要求见表 7-6。

表 7-6　三、四等水准测量测站技术要求

等级	仪器类别	视线长度/m	前后视距差/m	任一测站上前后视距差累积/m	视线高度
三等	DS3	≤75	≤2.0	≤5.0	三丝能读数
	DS1、DS05	≤100			
四等	DS3	≤100	≤3.0	≤10.0	三丝能读数
	DS1、DS05	≤150			

2. 三、四等水准测量方法

1) 观测方法

三、四等水准测量的观测应在通视良好、望远镜成像清晰稳定的情况下进行，可以采用两次仪器高法或双面尺法。下面介绍用双面尺法在一个测站上观测的程序。

(1) 在至前、后水准尺视距大致相等(目估或步测)处安置水准仪，后视水准尺黑面，用上、下视距丝读数，记入记录表（表 7-7）中（1）、（2），转动微倾螺旋，使符合水准管气泡居中（自动安平水准仪可免此操作），用中丝读数，记入表中（3）；

（2）前视水准尺黑面，用上、下视距丝读数，记入表中（4）、（5），转动微倾螺旋，使符合水准管气泡居中，用中丝读数，记入表中（6）；

（3）前视水准尺红面，转动微倾螺旋，使符合水准管气泡居中，用中丝读数，记入表中（7）；

（4）后视水准尺红面，转动微倾螺旋，使符合水准管气泡居中，用中丝读数，记入表中（8）。

2）测站计算与检核

（1）视距计算

根据前、后视的上、下视距丝读数，计算前、后视距：

$$\begin{cases} \text{后视距}(9) = 100 \times [(1) - (2)] \\ \text{前视距}(10) = 100 \times [(4) - (5)] \end{cases} \tag{7-73}$$

当使用 DS3 级水准仪时，对于三等水准测量，（9）、（10）不得超过 75 m；对于四等水准测量，（9）、（10）不得超过 100 m。

计算前后视距差（11）：

$$(11) = (9) - (10) \tag{7-74}$$

对于三等水准测量，（11）不得超过 2 m；对于四等水准测量，（11）不得超过 3 m。再计算视距差累积（12）：

$$(12) = \text{上站}(12) + \text{本站}(11) \tag{7-75}$$

对于三等水准测量，（12）不得超过 5 m；对于四等水准测量，（12）不得超过 10 m。

（2）水准尺读数检核

对于同一水准尺，黑面读数与红面读数之差的检核如下：

$$(13) = (6) + K - (7) \tag{7-76}$$

$$(14) = (3) + K - (8) \tag{7-77}$$

K 为双面水准尺的红面分划与黑面分划的零点差，是一常数（4.687 m 或 4.787 m）。对于三等水准测量，（13）、（14）不得超过 2 mm；对于四等水准测量，（13）、（14）不得超过 3 mm。

（3）高差计算与检核

按前、后视红、黑面中丝读数，分别计算该测站红、黑面高差：

$$\text{红面高差}(15) = (3) - (6) \tag{7-78}$$

$$\text{黑面高差}(16) = (8) - (7) \tag{7-79}$$

红、黑面高差之差：

$$(17) = (15) - (16) = (14) - (13) \tag{7-80}$$

对于三等水准测量，（17）不得超过 3 mm；对于四等水准测量，（17）不得超过 5 mm。红、黑面高差之差在允许范围内时，取其平均值作为该测站的高差观测值：

$$(18)=\frac{1}{2}[(15)+(16)] \tag{7-81}$$

(4) 每页水准测量记录的计算检核：

高差检核：
$$\begin{cases}\sum(3)-\sum(6)=\sum(15)\\ \sum(8)-\sum(7)=\sum(16)\\ \sum(15)+\sum(16)=2\sum(18)\end{cases} \tag{7-82}$$

视距差检核： $\sum(9)-\sum(10)=$本页末站(12)－前页末站(12)　　(7-83)

本页总视距：
$$\sum(9)+\sum(10) \tag{7-84}$$

表 7-7　三四等水准测量记录示例

<table>
<tr><td rowspan="3">测站</td><td rowspan="3">视准点</td><td rowspan="2">后尺</td><td>上丝</td><td rowspan="2">前尺</td><td>上丝</td><td rowspan="3">方向
及
尺号</td><td colspan="2">水准尺读数</td><td rowspan="3">黑+K−红
K=4.787</td><td rowspan="3">平均
高差</td></tr>
<tr><td>下丝</td><td>下丝</td><td rowspan="2">黑色面</td><td rowspan="2">红色面</td></tr>
<tr><td colspan="2">后视距
视距差</td><td colspan="2">前视距
∑视距差</td></tr>
<tr><td></td><td></td><td colspan="2">(1)
(2)
(9)
(11)</td><td colspan="2">(4)
(5)
(10)
(12)</td><td>后尺
前尺
后—前</td><td>(3)
(6)
(15)</td><td>(8)
(7)
(16)</td><td>(14)
(13)
(17)</td><td>(18)</td></tr>
<tr><td>1</td><td>BM2
|
TP1</td><td colspan="2">1 402
1 173
22.9
−1.4</td><td colspan="2">1 343
1 100
24.3
−1.4</td><td>后 103
前 104
后—前</td><td>1 289
1 221
+0.068</td><td>6 075
6 009
+0.066</td><td>+1
−1
+2</td><td>+0.067</td></tr>
<tr><td>2</td><td>TP1
|
TP2</td><td colspan="2">1 460
1 050
41.0
2.0</td><td colspan="2">1 950
1 560
39.0
+0.6</td><td>后 104
前 103
后—前</td><td>1 260
1 761
−0.501</td><td>6 049
6 549
−0.500</td><td>−2
−1
−1</td><td>−0.500</td></tr>
<tr><td>3</td><td>TP2
|
TP3</td><td colspan="2">1 660
1 160
50.0
0.0</td><td colspan="2">1 795
1 295
50.0
+0.6</td><td>后 103
前 104
后—前</td><td>1 412
1 540
−0.128</td><td>6 200
6 325
−0.125</td><td>−1
+2
−3</td><td>−0.126</td></tr>
<tr><td>4</td><td>TP3
|
BM3</td><td colspan="2">1 579
1 026
55.3
−1.8</td><td colspan="2">1 535
0 964
57.1
−1.2</td><td>后 104
前 103
后—前</td><td>1 300
1 250
+0.050</td><td>6 088
6 035
+0.053</td><td>−1
+2
−3</td><td>+0.052</td></tr>
<tr><td>检核
计算</td><td colspan="4">$\sum(9)=169.2$
$\sum(10)=170.4$
$\sum(9)-\sum(10)=-1.2$
$\sum(9)+\sum(10)=339.6$</td><td colspan="4">$\sum(3)=5\,261$
$\sum(6)=5\,772$
$\sum(15)=-0.511$
$\sum(15)+\sum(16)=-1.017$</td><td colspan="2">$\sum(8)=24\,412$
$\sum(7)=24\,918$
$\sum(16)=-0.506$
$2\sum(18)=-1.014$</td></tr>
</table>

3）成果整理

三、四等水准测量的闭合路线或附合路线的成果整理首先应按表7-5的规定，检核测段（两水准点之间的路线）“往返测高差不符值”（往、返测高差之差）及“附合路线或环线闭合差”。如果在允许范围内，则取往、返测高差的平均值作为测段高差。

7.4.3　水准网高程的平差计算

在某一地区布设高程控制网，一般从不少于两个高级水准点出发，由水准路线连测若干待定水准点，构成水准网。单一附合水准路线（闭合水准路线是其特例）是最简单的水准网，如图7-28(a)所示。若干条水准路线（L_i）各从高级水准点出发，汇集于某一待定水准点（N），此点称为节点，该水准网称为单节点水准网，如图7-28(b)、(c)所示。$\sum h_i$ 为各条水准路线的高差观测值，各条路线中有若干个待定水准点。由于各条路线的高差观测值中存在误差，故通过各条路线所测得的节点高程 H_i 会不相等。因此，对于单节点水准网，应首先算出节点高程的最或然值，使各条路线成为两端点高程为已知的单一附合水准路线；然后再分别调整各条路线的高差闭合差，计算路线中各待定水准点的高程。

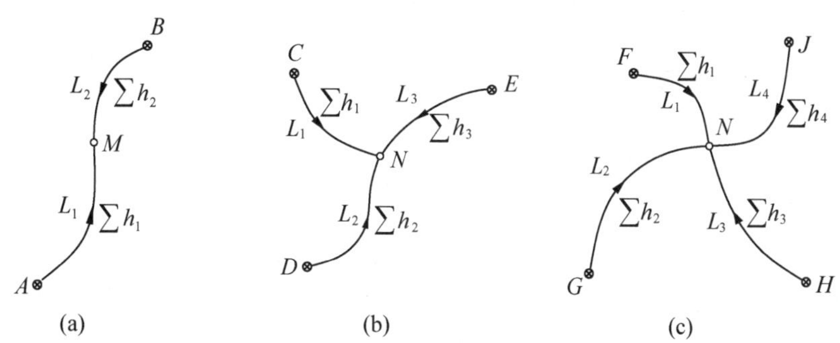

图7-28　附合水准路线和具有节点的水准网

1. 附合水准路线的平差计算

附合水准路线两端各有一个已知高程的高级水准点，如图7-28(a)所示，路线中任一待定水准点 M 的高程可以按路线 L_1 的高差观测值 $\sum h_1$ 计算，或按路线 L_2 的高差观测值 $\sum h_2$ 计算。有了多余观测，应按最小二乘法进行平差计算。在未知数较少且路线并不复杂的情况下，可按取加权平均值的方法，这种方法同样是按照最小二乘原理。按水准路线加权计算方法，水准路线高差观测值的权为路线长度（一般以km为单位）的倒数，即路线 L_1 和路线 L_2 高差观测值的权分别为

$$P_1 = \frac{1}{L_1}, \quad P_2 = \frac{1}{L_2} \tag{7-85}$$

由两条路线计算 M 点的高程分别为

$$\begin{cases} H_{M_1} = H_A + \sum h_1 \\ H_{M_2} = H_B + \sum h_2 \end{cases} \tag{7-86}$$

M 点高程的最或然值 H_M 是取两条路线计算高程的加权平均值:

$$H_M=\frac{P_1H_{M_1}+P_2H_{M_2}}{P_1+P_2}=\frac{P_1(H_A+\sum h_1)+P_2(H_B+\sum h_2)}{P_1+P_2} \tag{7-87}$$

设附合水准路线 AB 的高差闭合差为

$$f_h=\sum h-(H_B-H_A)=\sum h_1-\sum h_2+H_A-H_B=H_{M_1}-H_{M_2} \tag{7-88}$$

因此,

$$H_{M_2}=H_{M_1}-f_h \tag{7-89}$$

将式(7-88)代入式(7-87),并顾及式(7-85)和式(7-86),经整理后得到

$$H_M=H_A+\sum h_1-\frac{L_1}{L_1+L_2}f_h \tag{7-90}$$

同理可得

$$H_M=H_B+\sum h_2+\frac{L_2}{L_1+L_2}f_h \tag{7-91}$$

由此可见,两条路线的高差观测值以路线长度为比例经路线高差闭合差的调整后,即可作为路线高差的最或然值,据此计算待定点的高程。这说明附合水准路线高差闭合差的调整方法符合最小二乘原理。

2. 单节点水准网的平差计算

在单节点水准网的平差计算中,首先要算出节点高程,然后按各条路线作闭合差的调整,算出路线中各个水准点的高程。节点高程的平差计算可以按一组不等精度观测值取其加权平均值的方法。图 7-28(c)所示为四等单节点水准网,其中,F、G、H、J 为已知高程的三等水准点,网中有 4 条路线汇集于节点 N,在表 7-8 中计算节点 N 的高程最或然值并评定其精度。平差计算的步骤及方法如下:

(1) 根据各条路线的起始点高程及高差观测值,计算节点的观测高程 H_i;

(2) 取路线长度的倒数作为路线高差观测值的权 P_i;

(3) 按各条路线的节点观测高程取其近似值 H_0,然后计算 ΔH_i、$P_i\Delta H_i$、$\sum P$、$\sum P\Delta H$;

(4) 根据各条路线的节点观测高程及其平均值,得到节点高程的平差值:

$$H_N=H_0+\frac{\sum(P\cdot\Delta H)}{\sum P} \tag{7-92}$$

(5) 计算单位权中误差(每千米水准测量中误差)及加权平均值(节点高程的平均值)的中误差:

$$m_0=\pm\sqrt{\frac{\sum Pvv}{n-1}} \tag{7-93}$$

$$m_{H_N} = \pm \frac{m_0}{\sqrt{\sum P}} \tag{7-94}$$

表 7-8　单节点水准网节点高程平差计算示例

路线号	路线长 L/km	路线观测高差 $\sum h_i$/m	起始点高程 H/m	节点观测高程 H_i/m	ΔH /mm	$P=\frac{1}{L}$	$P\Delta H$ /mm	v/mm	Pv /mm	Pvv /(mm)^2
L_1	3.9	+6.342	30.470	36.812	12	0.256	3.072	+12	+3.07	36.86
L_2	6.3	−4.450	41.281	36.831	31	0.159	4.929	−7	−1.11	7.79
L_3	5.2	−2.122	38.925	36.803	3	0.192	0.567	+21	+4.03	84.67
L_4	4.0	+10.80	26.048	36.848	48	0.250	12.00	−24	−6.00	144.0
			$H_0=$	36.800	$\sum$	0.857	20.57		−0.01	273.3
节点高程及中误差	$H_N = 36.800\ \text{m} + \frac{20.57}{0.857}\text{mm} = 36.824\ \text{m}$ $m_0 = \pm\sqrt{\frac{273.3}{4-1}} = \pm 9.5\ \text{mm}$ $m_H = \pm 9.5 \times \sqrt{\frac{1}{0.857}} = \pm 10\ \text{mm}$									

思考题

2020 年，我国组织了新一次的珠穆朗玛峰峰顶高程测量工作，外业测量完成后，经过 3 个月的数据处理，中国和尼泊尔联合公布了珠峰"新身高"——8 848.86 m。查阅相关资料，试述珠峰测量的高程控制过程。

7.5　GNSS 控制测量

7.5.1　GNSS 控制网规程

随着 GNSS 技术的应用和普及，我国从 20 世纪 80 年代开始，逐步用 GNSS 网代替了国家级的平面控制网和城市各级平面控制网。其构网形式基本上仍为三角形网或多边形格网（闭合环或附合路线）。我国国家级的 GNSS 大地控制网按其控制范围和精度分为 A、B、C、D、E 级 5 个等级。在全国范围内，已建立由 20 多个点组成的国家 GNSS 网的 A 级网，如图 7-29 所示，在其控制下，又有由 800 多个点组成的国家 GNSS 网的 B 级网。

A 级网由卫星定位连续运行基准站（CORS）构成，其精度应不低于表 7-9 的要求。

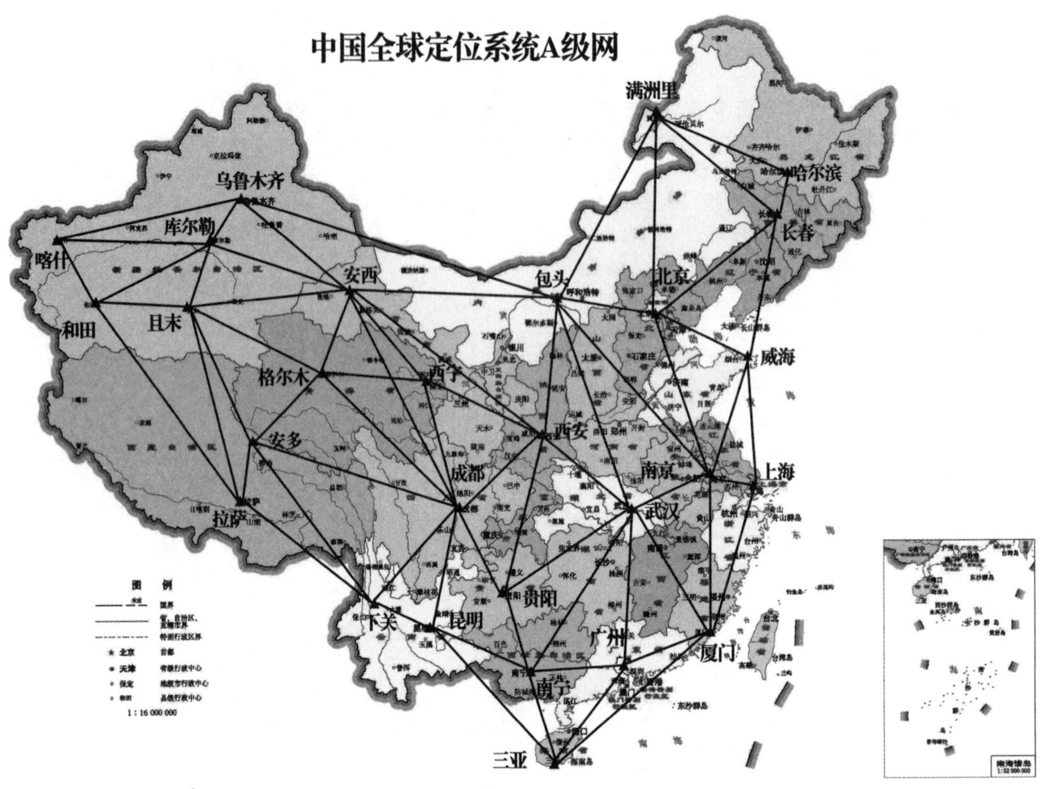

图 7-29　国家 GNSS-A 级网示意图(底图来自标准地图服务网)

表 7-9　A 级网的精度要求

级别	坐标年变化率中误差		相对精度	地心坐标各分量年平均中误差/mm
	水平分量/mm	垂直分量/mm		
A	2	3	1×10^{-8}	0.5

B、C、D、E 级网可由 GNSS 控制点组成，其精度应不低于表 7-10 的要求。

表 7-10　B、C、D、E 级网的精度要求

级别	坐标年变化率中误差		相邻点间平均距离/km
	水平分量/mm	垂直分量/mm	
B	5	10	50
C	10	20	20
D	20	40	5
E	20	40	3

用于建立国家一等大地控制网，进行全球性的地球动力学研究、地壳形变测量和精密定轨等的 GNSS 测量，应满足 A 级 GNSS 测量的精度要求。

用于建立国家二等大地控制网，建立地方或城市坐标基准框架，进行区域性的地球动力学研究、地壳形变测量、局部形变监测和各种精密工程测量等的 GNSS 测量，应满足 B 级 GNSS 测量的精度要求。

用于建立三等大地控制网，以及建立区域、城市及工程测量的基本控制网的 GNSS 测量，应满足 C 级 GNSS 测量的精度要求。

用于建立四等大地控制网的 GNSS 测量应满足 D 级 GNSS 测量的精度要求。

用于建立国家二等大地控制网和三、四等大地控制网的 GNSS 测量，在满足表 7-10 规定的 B、C、D 级精度要求的基础上，其相对精度应分别不低于 1×10^{-7}、1×10^{-6} 和 1×10^{-5}。各级 GNSS 网点相邻点的 GNSS 测量大地高差的精度，应不低于表 7-10 规定的各级相邻点基线垂直分量的要求。

用于中小城市、城镇以及测图、地籍、土地信息、房产、物探、勘测、建筑施工等的控制测量的 GNSS 测量，应满足 D、E 级 GNSS 测量的精度要求。

城市 GNSS 网一般采用国家 GNSS 网作为起始数据，由若干个独立闭合环构成，或构成附合路线。图 7-30 所示为某城市的三等 GNSS 网(首级)，其网形与城市导线网类似。

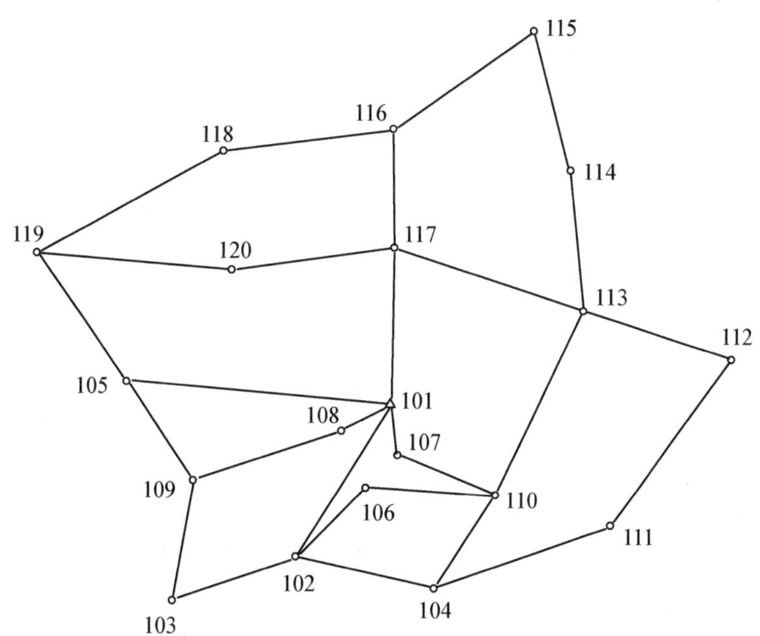

图 7-30　某城市 GNSS 首级网

按《城市测量规范》(CJJ/T 8—2011)的规定，城市平面控制网采用 GNSS 方法布网的主要技术指标如表 7-11 所示。

表 7-11 城市 GNSS 平面控制网的主要技术指标

等级	平均边长/km	a/mm	b/($\times 10^{-6}$)	最弱边相对中误差
二等	9	≤5	≤2	1/120 000
三等	5	≤5	≤2	1/80 000
四等	2	≤10	≤5	1/45 000
一级	1	≤10	≤5	1/20 000
二级	<1	≤10	≤5	1/10 000

表中，a 为 GNSS 网基线向量的固定误差，b 为比例误差系数，由此得到基线向量的弦长中误差：

$$\sigma=\sqrt{a^2+(bd)^2} \tag{7-95}$$

式中，d 为基线两端点的距离。

城市平面控制网也可以用电磁波测距导线网布设。按《城市测量规范》(CJJ/T 8—2011)的规定，城市平面控制网用电磁波测距导线方法布网的主要技术指标如表 7-12 所示。

表 7-12 城市电磁波测距导线网的主要技术指标

等级	附合导线长度/km	平均边长/m	每边测距中误差/mm	测角中误差/(″)	导线全长相对闭合差
三等	15	3 000	≤±18	≤±1.5	1/60 000
四等	10	1 600	≤±18	≤±2.5	1/40 000
一级	3.6	300	≤±15	≤±5	1/14 000
二级	2.4	200	≤±15	≤±8	1/10 000
三级	1.5	120	≤±15	≤±12	1/6 000

直接为城市大比例尺地形图测绘所用的导线网称为图根导线。《城市测量规范》(CJJ/T 8—2011)对图根导线测量的主要技术指标如表 7-13 所示。图根控制点也可以用 GNSS 方法直接测定点位，或用交会定点等方法进行控制点的加密。

表 7-13 电磁波测距图根导线的主要技术指标

测图比例尺	附合导线长度/m	平均边长/m	导线相对闭合差	测回数(DJ6)	方位角闭合差
1∶500	900	80	≤1/4 000	1	$\leqslant\pm 40''\sqrt{n}$（$n$ 为测站数）
1∶1 000	1 800	150			
1∶2 000	3 000	250			

7.5.2　GNSS 控制网设计

GNSS 控制网已经逐步取代常规控制测量方式，在建网方面，GNSS 具有以下优点：高精度；控制点间无需通视；可以全天 24 h 工作；观测周期更短，效率更高；自动化程度高。

1. GNSS 控制网的设计内容

GNSS 控制网的设计内容主要包括基准设计和网型设计。

GNSS 测量得到的数据与最终成果所采用的坐标系统和起算数据一般是不一致的。通常 GNSS 测量得到的基线向量采用的是 WGS84 坐标系，但最终成果一般要转化至城市独立坐标系或国家坐标系。所以在测量任务开始前，需要确定 GNSS 成果采用的坐标系统和起算数据，也就是 GNSS 控制网的基准设计。

GNSS 控制网的基准主要包括位置基准、方位基准和尺度基准三类。位置基准一般根据给定的起算点坐标确定。方位基准一般根据给定的起算方位或 GPS 基线向量确定。尺度基准一般根据地面的电磁波测距方法确定。

GNSS 控制网基准设计需要注意以下几点：

(1) 需要进行坐标转换时，应在地面坐标系中选定起算数据并联测原有的地方控制点，两坐标系的公共点一般多于 3 个。

(2) 起算点数目不宜太多，控制在 3～5 个，既能保证两坐标系的一致性，又可以保证 GNSS 控制网的测量精度。起算点多虽然可以保证控制网与现有网的吻合度，但会损失控制网的测量精度。

(3) 起算点应均匀分布在控制网中，避免全部分布在网的一侧。起算方位也不宜过多，可以布设在网中任意位置。

(4) GNSS 观测得到的是大地高，需要联测水准高程将其转换为正常高。

(5) 新建的 GNSS 控制网的坐标系应尽量与测区采用的坐标系保持一致。

GNSS 网型涉及的基本概念如表 7-14 所示。

表 7-14　GNSS 网型涉及的基本概念

基本概念	含义
观测时段	GNSS 观测站上接收机从开始记录观测数据到停止记录的时间
同步观测	至少两台接收机同时对同一组卫星进行的观测
基线向量	同步观测时计算出的 GNSS 接收机间的三维坐标差
同步观测环	至少三台接收机同步观测获得的基线向量所构成的闭合环。若有 N 台 GNSS 接收机同步观测数据，则同步观测环最少有 $(N-2)\times(N-1)/2$ 个
同步环闭合差	同步环的坐标闭合差
异步观测环	由非同步观测获得的基线向量构成的闭合环
异步环闭合差	异步环的坐标闭合差
重复基线	观测了两次及以上的基线称为重复基线，其重复精度是评价各时段一致性的重要指标

（续表）

基本概念	含义
单基线解	在 $N(N \geqslant 2)$ 台 GNSS 接收机同步观测中，每次选取两台接收机的 GNSS 观测数据解算相应的基线向量，该方法可得到 $N \times (N-1)/2$ 条基线
多基线解	从 N 台 GNSS 接收机同步观测数据中，由 $N-1$ 条独立基线构成观测方程，统一解算出 $N-1$ 条基线向量
独立基线	N 台 GNSS 接收机同步观测所解算的基线中，只有 $N-1$ 条线性无关的基线，称为独立基线

2. GNSS 控制网的设计准则

(1) 选点原则：为保证对卫星的连续跟踪观测和卫星信号的质量，要求测站上空应尽可能开阔，在 10°～15°高度角以上不能有成片的障碍物；为减少各种电磁波对 GNSS 卫星信号的干扰，在测站周围约 200 m 的范围内不能有强电磁波干扰源，如大功率无线电发射设施、高压输电线等；为避免或减少多路径效应的发生，测站应远离对电磁波信号反射强烈的地形、地物，如高层建筑、成片水域等。为便于观测作业和今后的应用，测站应选在交通便利、架设方便、易于保存的地方。

(2) 可靠性原则：增加观测时段以增加独立基线数；各测站具有一定的重复观测；每点具有 3 条以上的独立基线；最小异步环边数少于 7。

(3) 精度原则：网中距离较近的点一定要进行同步观测，以获得它们之间的直接观测基线，建立框架网；最小异步环边数不超过 6，适当引入高精度测距边；若要进行高程拟合，则水准点密度要高，分布要均匀，且要将拟合区域包围起来；适当延长观测时间，增加观测时段；选取适当数量的已知点，并且已知点分布均匀。

3. GNSS 控制网的布网形式

1) 跟踪站式的布网

若干台接收机永久固定在测站上，常年不间断进行观测。数据处理通常采用精密星历，精度极高，但要专门建立永久性的观测场地，成本极高，一般用于建立高级别的 GNSS 跟踪站或永久性的监测网。

2) 会战式的布网

测设 GNSS 控制网时，多台接收机集中在一段时间内同时作业。在每个观测时段内观测一部分控制网点，下一时段迁移到另一部分点位进行观测，直至观测完全部测设点。尺度精度极高，一般用于布设 A、B 级网。

3) 多基准站式的布网

若干台接收机作为基准站固定在几个点位上进行长时间的观测，与此同时，启用另外的接收机在基准站周围进行同步观测。长时间的观测可以保障较高精度的定位结果，基准站与非基准站之间具有大量的同步观测基线，控制网具有更强的图形结构，适用于 C、D 级网的布设。

4) 同步图形扩展式的布网

这是 GNSS 控制网的主要布网形式。GNSS 控制网以同步图形的形式连接扩展，构成具有一定数量的独立环的布网形式，不同的同步图形间由若干公共点连接，具有测量速度快、方法简单、网形强度较好等优点。同步图形扩展式布网可以分为点连式、边连式、网连式和混连式。

（1）点连式（图 7-31）：相邻两个同步图形只通过 1 个公共点连接，图形强度较低，一般不单独使用。

（2）边连式（图 7-32）：相邻两个同步图形只通过 1 条边连接，具有较多的重复基线和独立环，图形条件较强，作业效率较高，被广泛采用。

（3）网连式（图 7-33）：相邻两个同步图形通过 3 个以上的公共点连接，至少需要 4 台 GNSS 接收机，图形条件很强，成本较高，多用于高精度的 GNSS 控制网。

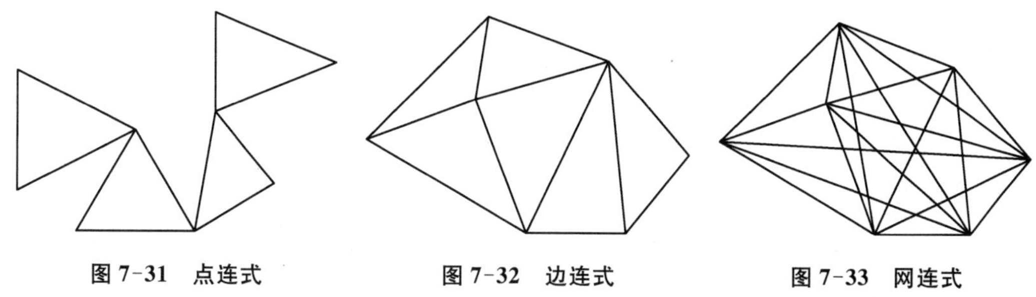

图 7-31　点连式　　图 7-32　边连式　　图 7-33　网连式

（4）混连式：相邻两个同步图形可能通过点、边、网等形式连接，自检性和可靠性较好，能有效发现粗差，在 GNSS 工程控制网中广泛采用。常见的布网形式以下三种。

① 三角形网（图 7-34）：图形几何结构强，具有较多的检核条件，平差后网中相邻点间基线向量的精度比较均匀。但观测工作量大，一般只有对网的精度和可靠性要求比较高时才单独采用这种图形。

② 环形网（图 7-35）：观测工作量较小，且具有较好的自检性和可靠性。非直接观测基线边（或间接边）精度较直接观测边低，相邻点间的基线精度分布不均匀。环形网是大地测量和精密工程测量中普遍采用的图形，通常采用三角形网和环形网的混合图形。

③ 星形网（图 7-36）：观测中只需要 2 台 GNSS 接收机，作业简单，但几何图形简单，检验和发现粗差的能力较差，广泛应用于工程测量、边界测量、地籍测量和碎部测量等。

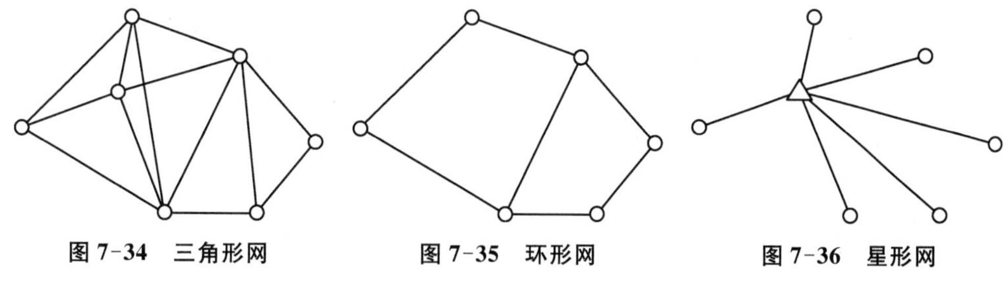

图 7-34　三角形网　　图 7-35　环形网　　图 7-36　星形网

在实际外业测量中，前期不仅需要设计稳固的控制网型，还需要考虑重复观测数和仪器观测效率，减少不必要的搬站，节约人力物力。独立基线的选取按短基线优先、相邻点优先、已知点优先的原则进行。图 7-37 给出了 3 台 GNSS 接收机完成某个 GNSS 控制网的整个外业观测过程。

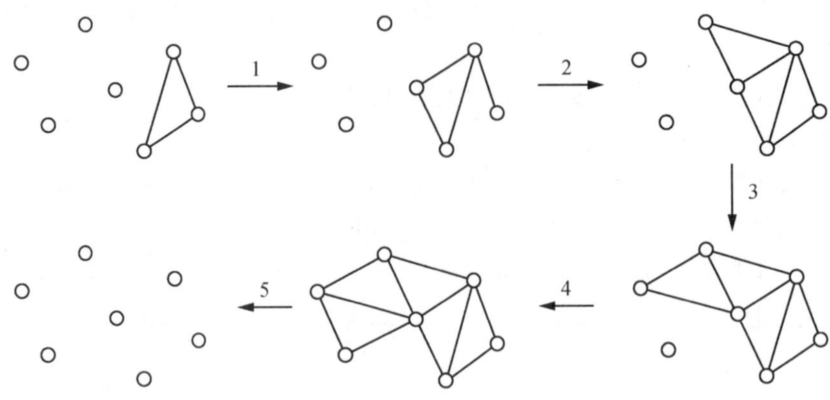

图 7-37　GNSS 控制网建立过程

思考题

根据图 7-37 给出的条件，请重新设计 3 台 GNSS 接收机完成该控制网的外业观测过程，并给出同步观测环和异步观测环的数量。

7.5.3　GNSS 测量数据处理

1. GNSS 控制网的测量数据处理流程

GNSS 控制网的测量数据处理流程主要包括原始数据采集、基线解算、网平差以及质量控制。

GNSS 的观测文件是在野外采集过程中由 GNSS 接收机生成的，最开始存储在接收机内置的存储介质上，在观测任务结束后需要将观测文件转移到计算机平台上，这一过程一般称为原始数据采集。

基线解算能够确定接收机之间的基线向量和对应的方差-协方差阵。GNSS 接收机的制造厂商一般会给用户提供专用的数据处理软件，基线解算这一过程可以在数据处理软件中进行。

基线解算完成后并不能马上进行网平差，还需要进行质量控制。基线解算的质量控制指标包括单位权方差因子、均方根(RMS)、次优解与最优解的比值(RATIO)、同步环闭合差、异步环闭合差及重复基线较差。

(1) 单位权方差因子越小，说明基线残差小且集中，质量较好。

(2) RMS 越小，说明观测值质量越好，反之说明观测值质量越差。

(3) RATIO 反映了固定的整周模糊度的可靠性。

(4) 同步环闭合差如果超限，说明同步环中至少有一条基线是错位的，即使没有超限也不一定能说明全部基线合格。

(5) 异步环闭合差小于限差时，说明基线向量合格，反之则不合格。

(6) 重复基线较差是不同观测时段同一条基线的观测结果之间的差异。

网平差是根据基线向量求解控制网中各点坐标的过程。一般将基线向量作为观测值，基线向量对应的方差-协方差阵用于构造权阵，引入基准或起算数据后进行平差解算。网平差的主要目的是确定控制网中坐标的绝对位置，因为基线解算只能得到控制网的相对定位结果，如果想要将控制网转换到绝对坐标系下，必须提供该绝对坐标系的绝对位置基准。

GNSS 控制网平差主要包含以下四种方法：

(1) 直接在原始观测数据所属的 WGS84 坐标系下进行平差，得到所有控制点的相对坐标，再将其转换到本地坐标系中。

(2) 将基线向量作为观测值，考虑 WGS84 坐标系与本地坐标系的转换，直接在本地坐标系下平差。

(3) 将三维 GNSS 基线转换为高斯平面上的二维坐标差，并在高斯平面上进行平差。

(4) 将 GNSS 基线转换为两点之间的距离，将这些距离作为平差观测值，以计算本地坐标系下的点位坐标。

从上述网平差方法可以看出，基线的选择是至关重要的。GNSS 基线的选取原则主要有：①选择独立的 GNSS 基线；②独立基线尽可能形成闭环；③在上述两个标准下选择较短的基线。

2. GNSS 控制网平差中的坐标系转换

基线解算得到的基线向量通常都采用空间直角坐标系表示，而日常生活中使用的地面点位一般用经纬度即大地坐标系表示更为方便。GNSS 网平差涉及基线向量以及地方坐标系给出的基准坐标，这就涉及空间直角坐标系与大地坐标系的相互转换。

由大地坐标系转换到直角坐标系的计算公式如下[可对照式(2-4)]：

$$\begin{cases} X = (N+H)\cos B\cos L \\ Y = (N+H)\cos B\sin L \\ Z = [N(1-e^2)+H]\sin B \end{cases} \tag{7-96}$$

式中，X、Y、Z 分别为空间直角坐标系的三维分量；B、L、H 分别为纬度、经度及大地高；N 为卯酉圈的半径；e 为参考椭球的第一偏心率。

根据式(7-96)所示的转换关系可以推导出由空间直角坐标系转换到大地坐标系的公式：

$$\begin{cases} L = \arctan\dfrac{Y}{X} \\ B = \arctan\dfrac{Z+e^2N\sin B}{\sqrt{X^2+Y^2}} \\ H = \dfrac{\sqrt{X^2+Y^2}}{\cos B} - N \end{cases} \tag{7-97}$$

式中，精确纬度的求取需要给定纬度的初值进行迭代，一般给定纬度初值为

$$B_0 = \arctan\frac{Z}{\sqrt{X^2+Y^2}} \tag{7-98}$$

实际工程中常用的还有站心直角坐标系与空间直角坐标系的相互转换。站心直角坐标系通常以测站为原点，Z 轴与地球椭球法线重合，向上为正(天向，U)，Y 轴与地球椭球短半轴重合(北向，N)，X 轴与地球椭球长半轴重合(东向，E)，也称为东北天坐标系。采用站心直角坐标系便于观测者了解其周边物体的变化规律。

由空间直角坐标系转换到站心直角坐标系的计算公式如下：

$$\begin{bmatrix} E \\ N \\ U \end{bmatrix} = \begin{bmatrix} -\sin L_0 & \cos L_0 & 0 \\ -\sin B_0 \cos L_0 & -\sin B_0 \sin L_0 & \cos B_0 \\ \cos B_0 \cos L_0 & \cos B_0 \sin L_0 & \sin B_0 \end{bmatrix} \begin{bmatrix} X - X_0 \\ Y - Y_0 \\ Z - Z_0 \end{bmatrix} \tag{7-99}$$

式中，X_0、Y_0、Z_0 与 B_0、L_0 分别为站心在空间直角坐标系和大地坐标系下的坐标；X、Y、Z 与 E、N、U 分别为待求点在空间直角坐标系与站心坐标系下的坐标。

由站心坐标系转换到空间直角坐标系的计算公式如下：

$$\begin{bmatrix} X \\ Y \\ Z \end{bmatrix} = \begin{bmatrix} X_0 \\ Y_0 \\ Z_0 \end{bmatrix} + \begin{bmatrix} -\sin L_0 & -\sin B_0 \cos L_0 & \cos B_0 \cos L_0 \\ \cos L_0 & -\sin B_0 \sin L_0 & \cos B_0 \sin L_0 \\ 0 & \cos B_0 & \sin B_0 \end{bmatrix} \begin{bmatrix} E \\ N \\ U \end{bmatrix} \tag{7-100}$$

GNSS 控制网中所有控制点转换到大地坐标系或空间直角坐标系后，还需要进行坐标转换，将其纳入当地坐标系。直接解算的控制点大地坐标或空间直角坐标所对应的坐标系的各类参数一般与当地坐标系的各类参数不同。当地坐标系一般会采用最合适的参考椭球及投影模型，与广泛使用的 WGS84 坐标系和 CGCS2000 坐标系并不一致。

常见的空间直角坐标转换模型主要有七参数转换模型、三参数转换模型以及无参数转换模型。其中七参数转换模型最为严谨，它考虑了两坐标系间的尺度变化、三轴间的旋转变化以及三轴的平移变化，具有 1 个尺度参数、3 个旋转参数以及 3 个平移参数，一般应用于大范围作业。实际应用中可以考虑删减掉部分对转换精度影响不大的参数，比如三参数转换就只考虑 3 个平移参数，这一方法虽然简单，但其前提是两坐标系平行，在工程实践中只有部分领域使用三参数转换能够满足精度要求。如果是大地坐标系的相互转换，还需要多考虑 2 个参数，即椭球的长半径和扁率的变化值。

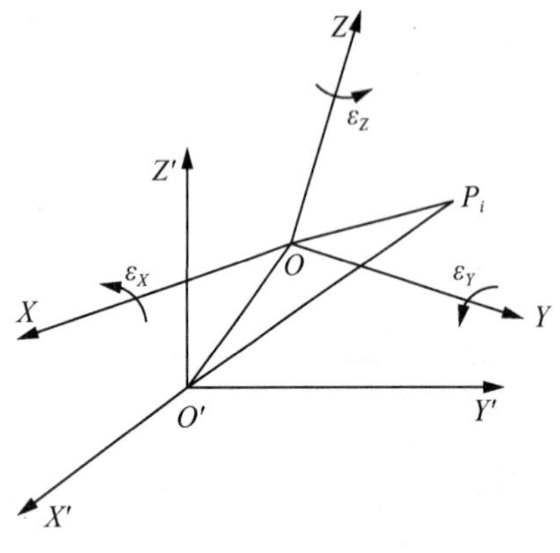

图 7-38 布尔莎模型

常用的七参数转换模型主要有布尔莎模型和莫洛金斯基模型。如图 7-38 所示，现有两个空间直角坐标系 $O\text{-}XYZ$ 与 $O'\text{-}X'Y'Z'$，假设 O 在 $O'\text{-}X'Y'Z'$ 中的坐标为 (X_0, Y_0, Z_0)，两坐标系间具有 ε_X、ε_Y、ε_Z 三个旋转参数，设 $O'\text{-}X'Y'Z'$ 的尺度比 $O\text{-}XYZ$ 增大了 K 倍。

假设存在一点 P_i，在两坐标系中的坐标分别为 (X_i, Y_i, Z_i) 与 (X_i', Y_i', Z_i')，布尔莎模型中二者的转换关系为

$$\begin{bmatrix} X'_i \\ Y'_i \\ Z'_i \end{bmatrix} = \begin{bmatrix} X_0 \\ Y_0 \\ Z_0 \end{bmatrix} + (1+K)\begin{bmatrix} X_i \\ Y_i \\ Z_i \end{bmatrix} + \begin{bmatrix} 0 & \varepsilon_Z & -\varepsilon_Y \\ -\varepsilon_Z & 0 & \varepsilon_X \\ \varepsilon_Y & -\varepsilon_X & 0 \end{bmatrix}\begin{bmatrix} X_i \\ Y_i \\ Z_i \end{bmatrix} \tag{7-101}$$

从式(7-101)中可以看出，布尔莎模型认为坐标系中任意一点在转换时均需要考虑尺度、平移和旋转的影响。

莫洛金斯基模型认为两空间直角坐标系间三轴互相平行，在转换时只有任意一点 P_i 与同一坐标系内参考点 $P_k(X_k, Y_k, Z_k)$ 的坐标差需要考虑尺度和旋转的影响，对应的公式如下：

$$\begin{bmatrix} X'_i \\ Y'_i \\ Z'_i \end{bmatrix} = \begin{bmatrix} X_0 \\ Y_0 \\ Z_0 \end{bmatrix} + \begin{bmatrix} X_i \\ Y_i \\ Z_i \end{bmatrix} + K\begin{bmatrix} X_i - X_k \\ Y_i - Y_k \\ Z_i - Z_k \end{bmatrix} + \begin{bmatrix} 0 & \varepsilon_Z & -\varepsilon_Y \\ -\varepsilon_Z & 0 & \varepsilon_X \\ \varepsilon_Y & -\varepsilon_X & 0 \end{bmatrix}\begin{bmatrix} X_i - X_k \\ Y_i - Y_k \\ Z_i - Z_k \end{bmatrix} \tag{7-102}$$

这两种七参数转换模型虽然有差异，但从坐标转换的结果而言，它们是等价的。

3. GNSS控制网平差方法及质量控制

目前，GNSS网平差一般都基于传统的最小二乘法，常见的有秩亏自由网平差和约束平差，二者的观测值和已知条件不同。

秩亏自由网平差的误差方程和约束条件为

$$\boldsymbol{V} = \boldsymbol{A}\hat{\boldsymbol{x}} - \boldsymbol{l} \tag{7-103}$$

$$\boldsymbol{V}^{\mathrm{T}}\boldsymbol{P}\boldsymbol{V} = \min \tag{7-104}$$

此外还需要附加约束条件才可以求解，一般增加最小范数条件：

$$\hat{\boldsymbol{x}}^{\mathrm{T}}\hat{\boldsymbol{x}} = \min \tag{7-105}$$

还可以附加秩亏平差的基准条件，二者是等价的：

$$\boldsymbol{G}^{\mathrm{T}}\hat{\boldsymbol{x}} = \boldsymbol{0} \Leftrightarrow \hat{\boldsymbol{x}}^{\mathrm{T}}\hat{\boldsymbol{x}} = \min \tag{7-106}$$

式中，$\boldsymbol{V}$ 为基线向量观测值的改正数；$\hat{\boldsymbol{x}}$ 为站点坐标的改正值；$\boldsymbol{l}$ 为对应的常数向量。具体有：

$$\begin{bmatrix} \Delta X_{ij} \\ \Delta Y_{ij} \\ \Delta Z_{ij} \end{bmatrix} + \begin{bmatrix} v_{\Delta X_{ij}} \\ v_{\Delta Y_{ij}} \\ v_{\Delta Z_{ij}} \end{bmatrix} = \begin{bmatrix} \hat{X}_i \\ \hat{Y}_i \\ \hat{Z}_i \end{bmatrix} - \begin{bmatrix} \hat{X}_j \\ \hat{Y}_j \\ \hat{Z}_j \end{bmatrix} \tag{7-107}$$

式中，$[\Delta X_{ij}, \Delta Y_{ij}, \Delta Z_{ij}]^{\mathrm{T}}$ 为测站 i 到测站 j 的基线向量；$[v_{\Delta X_{ij}}, v_{\Delta Y_{ij}}, v_{\Delta Z_{ij}}]^{\mathrm{T}}$ 为基线向量观测值的改正数；$[\hat{X}_i, \hat{Y}_i, \hat{Z}_i]^{\mathrm{T}}$ 与 $[\hat{X}_j, \hat{Y}_j, \hat{Z}_j]^{\mathrm{T}}$ 分别为测站 i 与测站 j 的坐标估值。考虑测站 i 与测站 j 的坐标估值由两部分组成，即坐标近似值 $[X_i^0, Y_i^0, Z_i^0]^{\mathrm{T}}$、$[X_j^0, Y_j^0,$

$Z_j^0]^{\mathrm{T}}$ 与对应改正数$[\hat{x}_i,\hat{y}_i,\hat{z}_i]^{\mathrm{T}}$、$[\hat{x}_j,\hat{y}_j,\hat{z}_j]$，根据坐标近似值可以得出基线向量近似值$[\Delta X_{ij}^0,\Delta Y_{ij}^0,\Delta Z_{ij}^0]^{\mathrm{T}}$，进而得到单条基线的误差方程：

$$\boldsymbol{v}_{ij}=[\boldsymbol{I}\quad -\boldsymbol{I}]\begin{bmatrix}\hat{\boldsymbol{x}}_i\\ \hat{\boldsymbol{x}}_j\end{bmatrix}-(\boldsymbol{c}_{ij}-\boldsymbol{c}_{ij}^0) \tag{7-108}$$

式中，$\boldsymbol{v}_{ij}$ 为基线向量观测值的改正数；$\boldsymbol{I}$ 为单位阵；$[\hat{\boldsymbol{x}}_i,\hat{\boldsymbol{x}}_j]^{\mathrm{T}}$ 为坐标改正数；$\boldsymbol{c}_{ij}$ 为测站 i 到测站 j 的基线向量；$\boldsymbol{c}_{ij}^0$ 为基线向量近似值。根据式(7-108)可以得出整个 GNSS 控制网中的基线误差方程,形式与式(7-103)中的误差方程一致。

附加基准方程后可以得到平差结果及其精度评定公式：

$$\hat{\boldsymbol{x}}=(\boldsymbol{A}^{\mathrm{T}}\boldsymbol{PA}+\boldsymbol{GG}^{\mathrm{T}})^{-1}\boldsymbol{A}^{\mathrm{T}}\boldsymbol{PL}=\boldsymbol{Q}_{\mathrm{G}}\boldsymbol{A}^{\mathrm{T}}\boldsymbol{PL} \tag{7-109}$$

$$\boldsymbol{Q}_{\hat{x}\hat{x}}=\boldsymbol{Q}_{\mathrm{G}}\boldsymbol{A}^{\mathrm{T}}\boldsymbol{PAQ}_{\mathrm{G}} \tag{7-110}$$

矩阵 $\boldsymbol{G}$ 在不同的基准下具有不同的形式。如果以固定网中一点作为基准,那么该点的子阵为单位阵,其余为零矩阵,即 $\boldsymbol{G}=[\boldsymbol{0}\quad\cdots\quad\boldsymbol{I}\quad\cdots\quad\boldsymbol{0}]^{\mathrm{T}}$。如果采用重心基准,即位置基准由全网重心提供,那么 $\boldsymbol{G}=[\boldsymbol{I}\quad\cdots\quad\boldsymbol{I}\quad\cdots\quad\boldsymbol{I}]^{\mathrm{T}}$，子阵均为单位阵。如果采用拟稳基准,那么网中位置相对稳定的测站对应的子阵为单位阵,其余为零矩阵,即 $\boldsymbol{G}=[\boldsymbol{0}\quad\cdots\quad\boldsymbol{I}\quad\cdots\quad\boldsymbol{I}\quad\cdots\quad\boldsymbol{0}]^{\mathrm{T}}$。

约束平差引入了已知点,认为其不存在误差,一般在误差方程中将起算点的近似坐标替换为已知坐标,并且在误差方程中消去起算点对应的未知参数改正值再去求解平差结果,这一方式将 GNSS 控制网中的坐标强制附合到了已知公共点上,所以得到了当地坐标系下的测站坐标,也就是网平差的最终结果。

网平差结果的质量检核包括:A、B 级 GNSS 网平差需要考虑系统误差参数的显著性检验,方差分量因子估值 σ^2 检验和每个改正数粗差的检验,转换参数的显著性检验;C、D、E 级 GNSS 网平差中的基线分量的改正数绝对值要小于 3 倍基线测量中误差,改正数较差的绝对值要小于 2 倍基线测量中误差。

思考题

请说明布尔莎模型和莫洛金斯基模型的异同之处,请查阅文献是否还有其他坐标转换模型,并进行比较和分析。

课后习题

[7-1] 在全国范围内,平面控制网和高程控制网是如何布设的?局部地区的控制网是如何布设的?

[7-2] 试述利用 GNSS 进行定位的基本概念。

[7-3]　如何进行局部地区平面控制网的定位和定向？

[7-4]　如何进行直角坐标与极坐标的换算？

[7-5]　导线的布设有哪几种形式？分别适用于什么场合？

[7-6]　GNSS 控制测量的基本流程是什么？

[7-7]　支导线 $A—B—C_1—C_2—C_3—C_4$ 如图 7-39 所示。其中，A、B 为坐标已知的点，$C_1 \sim C_4$ 为待定点。已知点坐标和导线的边长、角度观测值(左角)如图中所示。试计算各待定导线点的坐标。

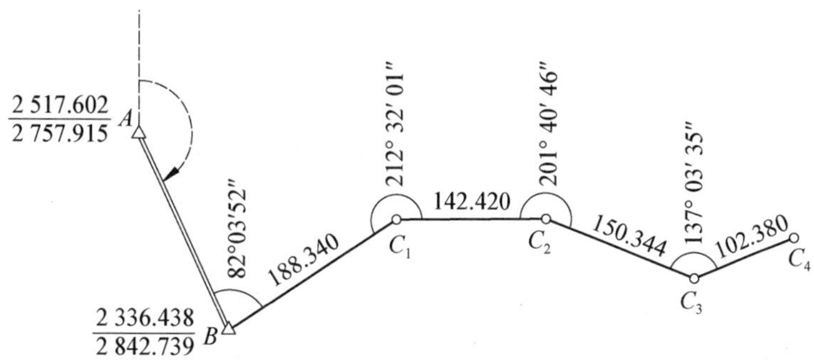

图 7-39　支导线计算练习题

[7-8]　图 7-39 中的支导线，设其观测精度为：$m_D = \pm 5$ mm，$m_\beta = \pm 4''$，估算支导线端点的坐标中误差 m_x、m_y 和点位中误差 M。

[7-9]　设闭合导线 307—309—311—312—310—307 的边长和角度(右角)观测值如图 7-40 所示。307 为已知点，起始坐标为 X=1 000.000，Y=1 000.000，307—309 边的坐标方位角为 135°35′20″。试按照闭合导线计算角度闭合差、各边方位角、导线全长闭合差以及各待定导线点的坐标。

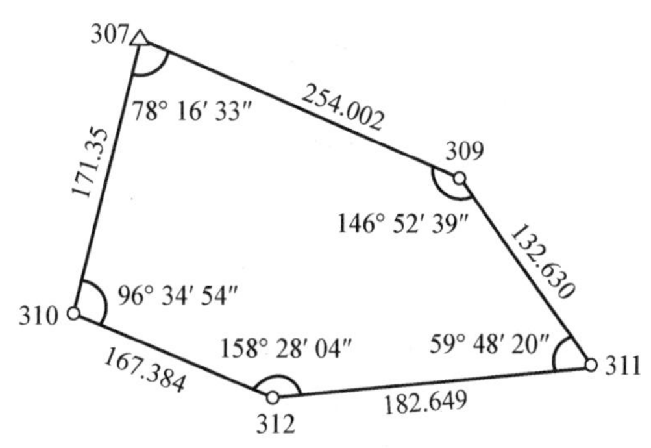

图 7-40　闭合导线计算练习题

[7-10]　附合导线 $A—B—K_1—K_2—K_3—C—D$ 如图 7-41 所示。其中，A、B、C、D 为坐标已知的点，$K_1 \sim K_3$ 为待定点。已知点坐标和导线的边长、角度观测值如图中所示。试计算各待定导线点的坐标。

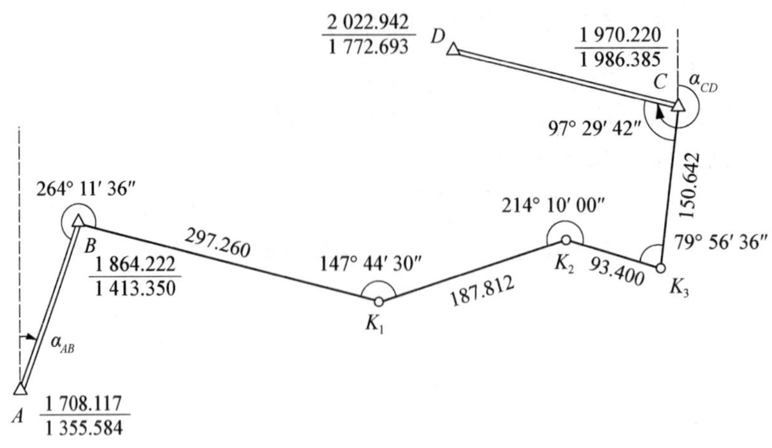

图 7-41 附合导线计算练习题

[7-11] 无定向导线 $B—T_1—T_2—T_3—T_4—C$ 如图 7-42 所示。其中,B 和 C 为坐标已知的点,$T_1 \sim T_4$ 为待定点。已知点坐标和导线的边长、角度观测值如图中所示。试计算各待定导线点的坐标。

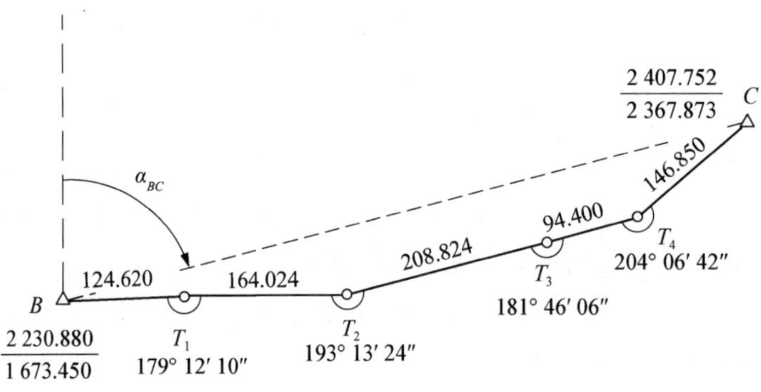

图 7-42 无定向导线计算练习题

[7-12] 用测角交会测定 P 点的位置。已知点 A、B 的坐标和观测的交会角 α、β 如图 7-43 所示,计算 P 点的坐标。

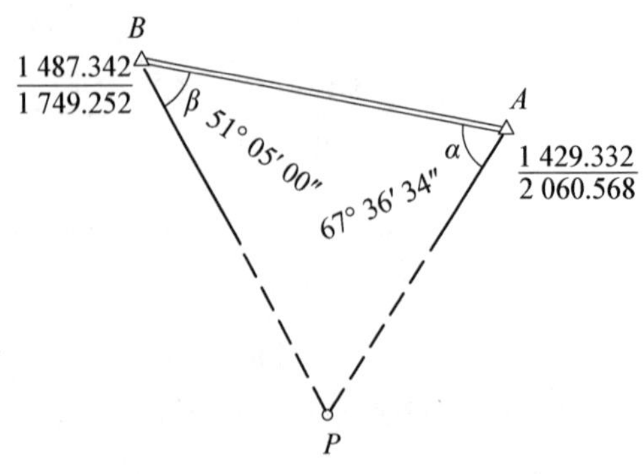

图 7-43 测角交会示意图

［7-13］　用测边交会测定 P 点的位置。已知点 A、B 的坐标和观测的边长 a、b 如图 7-44 所示，计算 P 点的坐标。

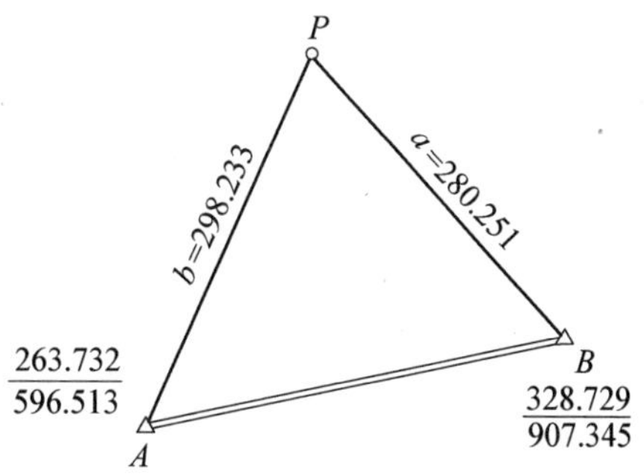

图 7-44　测边交会示意图

［7-14］　用边角交会测定 P 点的位置。已知点 A、B 的坐标和观测的边长 a、b 和角度 γ 如图 7-45 所示，计算 P 点的坐标。

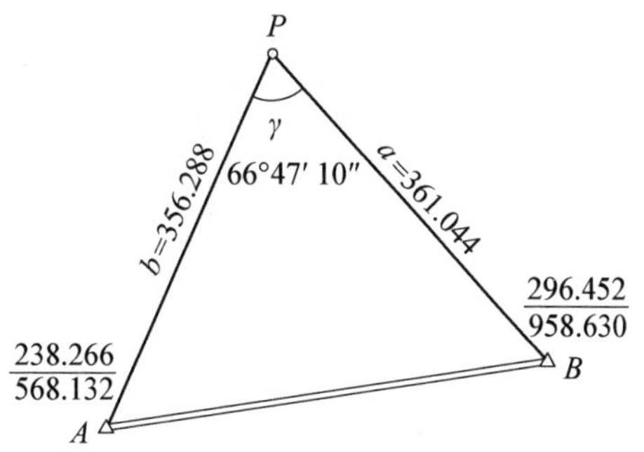

图 7-45　边角交会示意图

［7-15］　用后方交会测定 P 点的位置。已知点 A、B、C 的坐标和观测的水平方向值 R_A、R_B、R_C 如图 7-46 所示，计算 P 点的坐标。

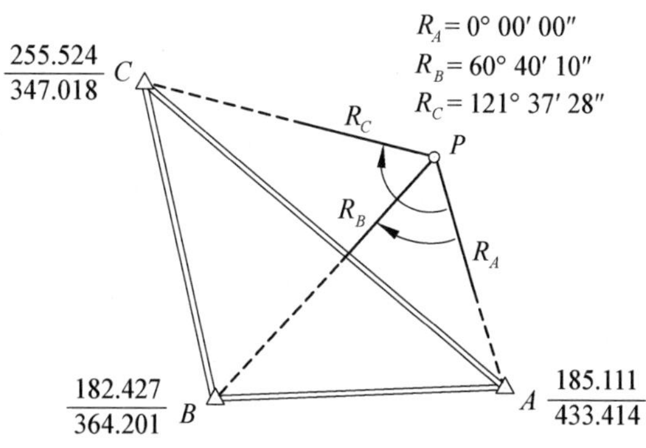

图 7-46　后方交会示意图

[7-16] 图 7-47 所示为四等单节点水准网,其中,A、B、C、D 为已知高程的三等水准点,网中有 4 条路线汇集于节点 N,在表 7-15 中计算节点 N 的高程最或然值并评定其精度。

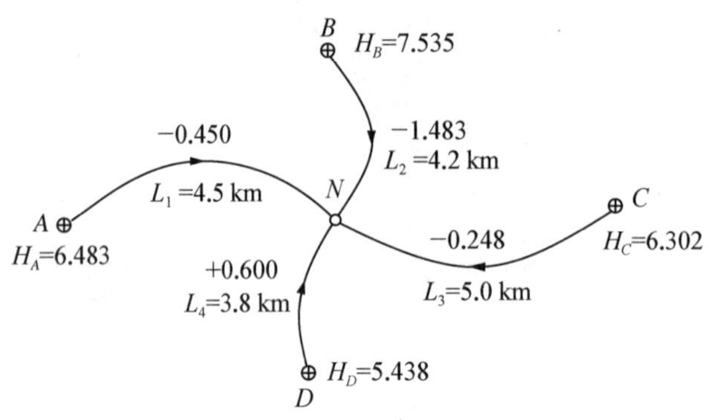

图 7-47 单节点水准网示意图

表 7-15 单节点水准网节点高程平差计算

路线号	路线长 L /km	路线观测高差 $\sum h_i$/m	起始点高程 H/m	节点观测高程 H_i/m	ΔH /mm	$P=\frac{1}{L}$	$P\Delta H$ /mm	v /mm	Pv /mm	Pvv /mm^2
L_1										
L_2										
L_3										
L_4										
			$H_0=$		$\sum$					
节点高程及中误差										

第 8 章

地形图与地形测量

地形图是测绘工作的重要成果。利用所学的测绘基本知识，通过测量获得各种基本观测量，经过内业计算、制图，形成地形图成果是测量工作者的基本工作内容之一。本章先介绍地形图的基本知识，然后介绍地物平面图和等高线地形图测绘的基本原理和方法，最后重点介绍大比例尺数字地形图测绘的方法及质量检查验收过程。

本章学习重点

- 掌握地形图的基本知识；
- 掌握地物平面图和等高线地形图的测绘方法；
- 了解大比例尺数字地形图的技术设计、数据采集、内业编绘、检查验收等过程。

8.1 地形图的基本知识

8.1.1 地形图概述

地面上由人工建造的固定物体和由自然力形成的独立物体,如房屋、道路、河流、桥梁、树林、边界、孤立岩石等,称为地物。地面上主要由自然力形成的高低起伏的连续形态,如平原、山岭、山谷、斜坡、洼地等,称为地貌。地物和地貌总称为地形。

地形图测绘是按照测量工作"先控制,后细部"的原则进行的。先在测区内建立平面和高程控制网,然后根据控制点进行地物和地貌测绘。将地面上各种地物的平面位置按一定的比例用线条和符号测绘在图纸上,并测定地面代表性点位的高程,这种图称为地物平面图;如果既测绘地物平面位置,又测定地面高程点,并据此绘制表示地貌的等高线,这种图称为等高线地形图。这两种图又通称为地形图。在地形图上用点位、线条、符号、文字表示的地物和地貌的空间位置及属性称为地形要素。地形测量就是测定地形要素,其最终成果就是地形图。

用传统的地形测量方法测绘的地形图是以图纸(优质画图纸或聚酯薄膜)为载体,将野外实测的地形数据,按预定的测图比例尺,手工用几何作图的方法,缩绘于图纸上,即用图纸保存点位、线条、符号等地形信息。这种图根据其性质又称为图解地形图,或称为白纸测图。最初的成品为地形原图,然后复制或印刷成纸质地形图,提供给用户使用。

自从全站仪应用于地形测量和计算机技术应用于制图领域以来,地形图测绘的方法已改进为野外实测数据的自动化记录和内业绘图时的计算机辅助成图,简称机助成图或数字测图。实测数据经过全站仪和计算机的数据通信以及计算机软件的编辑处理,将地形信息生成地形图,并以数字形式存储于计算机或其他载体。这种图根据其性质又称为数字地形图。地形图的应用可以在计算机屏幕上实现,图 8-1 所示为计算机屏幕上显示的地形图(局部),可以据此进行工程建筑的设计或数据量测等;也可以通过绘图仪,按一定的比例尺绘制成纸质地形图来应用。数字地形图中的图形数据,完全保持地形测量时的实测精度。

从传统的白纸测图到自动化数据采集和计算机数字化成图,是地形图测绘技术的重大革新,不仅提高了工作效率和制图精度,也方便了地形图的应用并扩大了应用范围,有利于地形信息的传递和共享。城市大比例尺数字地形图已成为城市地理信息系统的重要数据来源,发挥出日益重要的作用。

地形图也是一种具有历史价值的档案资料,城市和工程建设地区原有的大量以纸质原图方式保存的地形图,经过数字化仪或扫描仪数字化,也可以转变为数字地形图,这样便于保存和充分利用。但是这类地形图的精度不会因数字化而提高,这是它与实测数字地形图的主要区别。

虽然地形图测绘的白纸测图方法目前已基本上舍弃不用,大量的图解地形图已成为

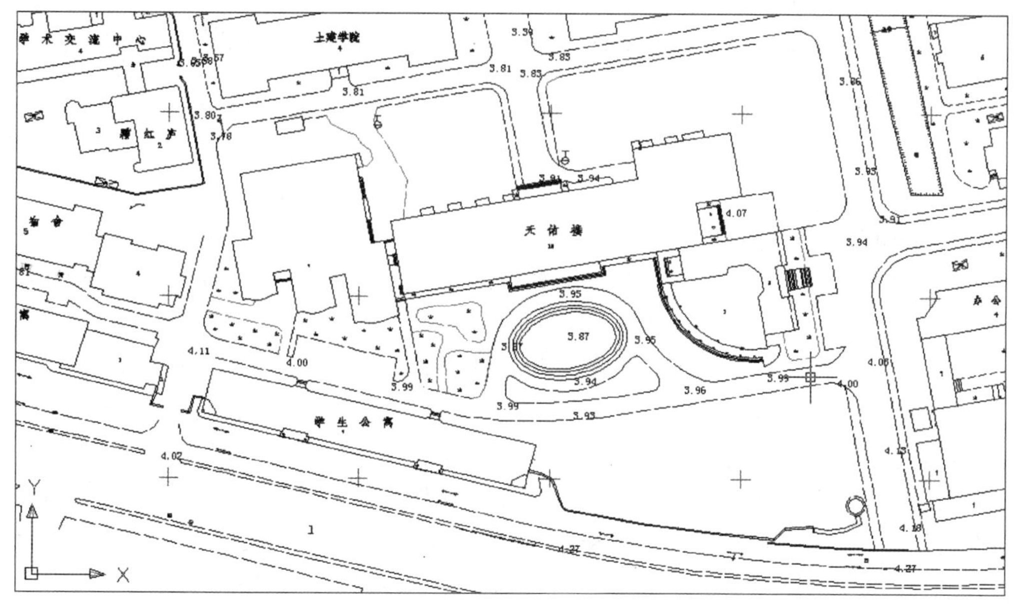

图 8-1　计算机屏幕显示的数字地形图

历史档案，但它并未完全失去利用价值，在地形图图库中仍是客观存在的。所以，对于它成图的基本方法和精度应有所了解，更何况，地形图测绘的基本原理从白纸测图到自动化数据采集和机助成图，并没有本质的改变。这些知识对于数字地形图测绘和地形图应用来说都是必须具备的。

8.1.2　地形图的比例尺

1. 比例尺的表示方法

图上一段直线长度与地面上相应线段的实地水平长度之比，称为图的比例尺。比例尺有下列两种表示方法。

1）数字比例尺

数字比例尺可表示为分子为 1、分母为整数的分数。设图上一段直线长度为 d，相应的实地水平长度为 D，则该图的数字比例尺为

$$\frac{d}{D}=\frac{1}{\frac{D}{d}}=\frac{1}{M} \tag{8-1}$$

式中，M 为数字比例尺的分母。此分数值越大（M 值越小），则比例尺越大。数字比例尺一般写成 1∶500、1∶1 000、1∶2 000 等形式。

2）图示比例尺

在地形图上绘制的表示实地标准长度的分划尺称为图示比例尺。最常见的图示比例尺为直线比例尺，图 8-2 所示为 1∶500 的直线比例尺，取 2 cm（实地为 10 m）长度为基本单位。从直线比例尺上可直接读得基本单位的 1/10，可估读到 1/100。

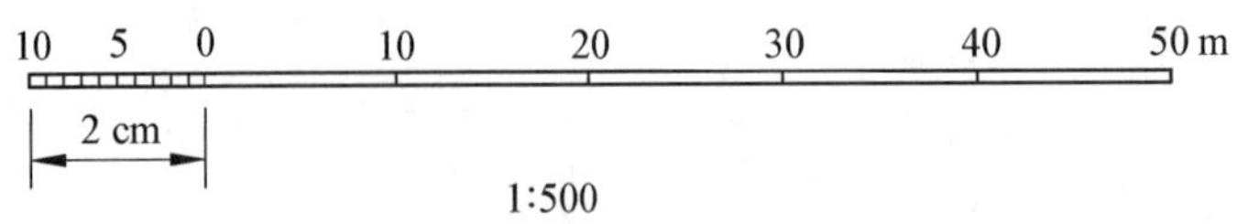

图 8-2　1∶500 直线比例尺

2. 地形图按比例尺分类

通常把 1∶500、1∶1 000、1∶2 000、1∶5 000 比例尺的地形图称为大比例尺图，把 1∶1 万、1∶2.5 万、1∶5 万、1∶10 万比例尺的地形图称为中比例尺图，把 1∶20 万、1∶50 万、1∶100 万比例尺的地形图称为小比例尺图。

中比例尺地形图是国家的基本图，由国家测绘部门负责在全国范围内测绘，目前均用数字摄影测量方法成图。小比例尺地形图一般由中比例尺地形图缩小编绘而成。

大比例尺地形图为城市和工程建设所需要。比例尺为 1∶500～1∶1 000 的地形图一般用全站仪测绘；比例尺为 1∶2 000 和 1∶5 000 的地形图一般用更大比例尺的地形图缩绘。大范围的大比例尺地形图也可以用数字航空摄影测量方法测绘。

3. 地形图比例尺的选用

地形图的比例尺越大，其表示的地物、地貌越详细，精度也越高。但是，一幅图所能包含的地面面积也越小，而且测绘工作量也会成倍增加，所以应该按实际需要选择测图的比例尺。在城市和工程建设的规划、设计和施工中，要用到多种比例尺的地形图，其比例尺的选用如表 8-1 所示。

表 8-1　地形图比例尺的选用

比例尺	用　　途
1∶10 000	城市总体规划、厂址选择、区域布置方案比较
1∶5 000	
1∶2 000	城市详细规划及工程项目初步设计
1∶1 000	建筑设计、城市详细规划、工程施工设计、地下管线图、工程竣工图
1∶500	

图 8-3 为 1∶1 000 地形图(40 cm×50 cm 图幅)，图中所示为城市平坦地区的地物分布情况。图 8-4 为 1∶2 000 地形图(50 cm×50 cm 图幅)，图中所示为农村丘陵地区，图中除了地物以外，还用等高线表示高低起伏的地貌。

4. 地形图的比例尺精度

人眼能分辨的图上最小距离为 0.1 mm，因此，一般在图上量测就只能达到图上 0.1 mm 的准确性。把相当于图上 0.1 mm 的实地水平距离称为比例尺精度。显然，比例尺越大，其比例尺精度数值也越大。不同比例尺地形图的比例尺精度如表 8-2 所示。

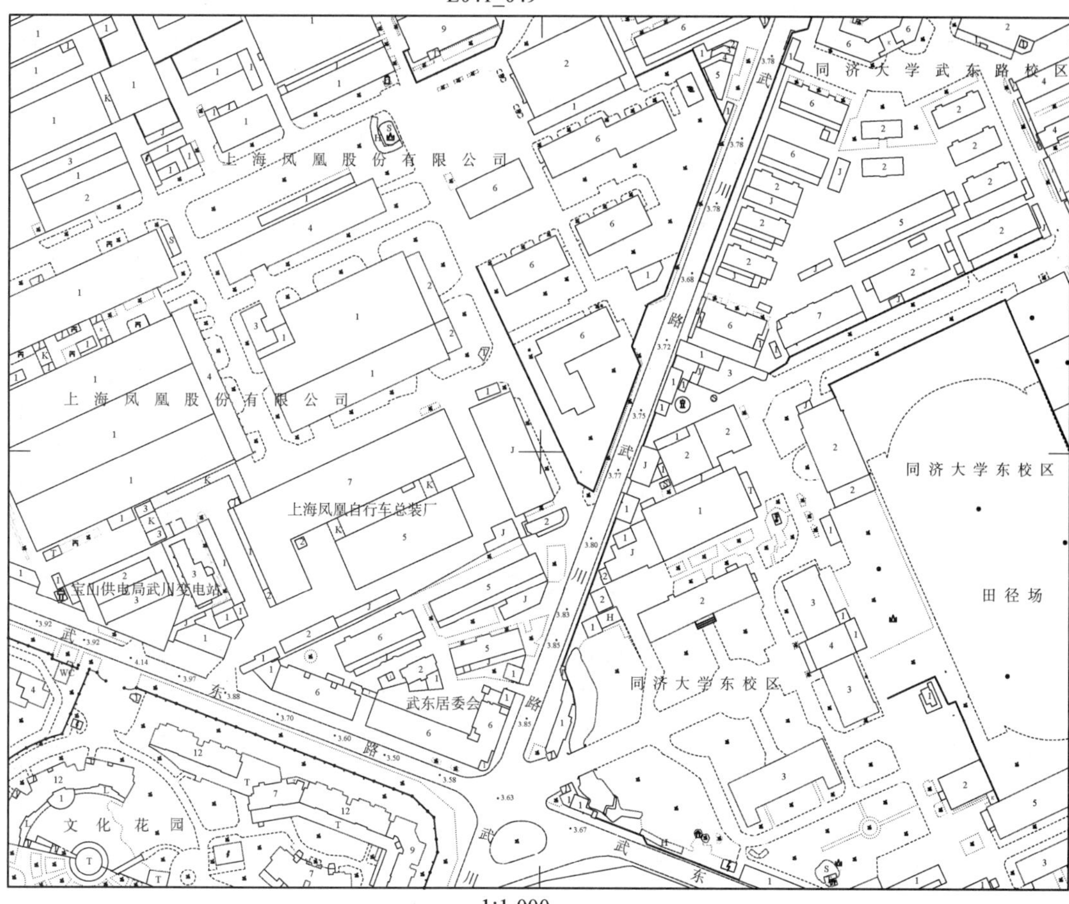

图 8-3　平坦地区城市地形图

表 8-2　地形图的比例尺精度

比例尺	1∶500	1∶1 000	1∶2 000	1∶5 000	1∶10 000
比例尺精度/m	0.05	0.1	0.2	0.5	1.0

比例尺精度的概念，对图解地形图（以图纸为载体的地形图）的测图和用图具有重要的意义。例如，以 1∶1 000 的比例尺测图时，实地量距只需取到 0.1 m，因为即使量得再精细，在图上也是无法表示出来的。又如，要求在图上能反映地面上 5 cm 的细节，则所选用地形图的比例尺不应小于 1∶500。

对于实测的数字地形图，其地形信息的数据直接来自实地测量，精确地存储在计算机或 U 盘中，并可以直接在计算机屏幕上显示和应用，按一定比例尺用绘图仪绘制的图纸仅是其表示方法之一。存储的地形信息保持地形测量时采集数据的精度，故对于实测的数字地形图来说只有测量精度，而不存在绘制地形图和使用地形图时的比例尺精度问题，这是数字地形图的优点之一。然而，数字地形图一旦按指定的比例尺将图形绘制于图纸上，则使用这种纸质地形图时，仍受到比例尺精度的限制。

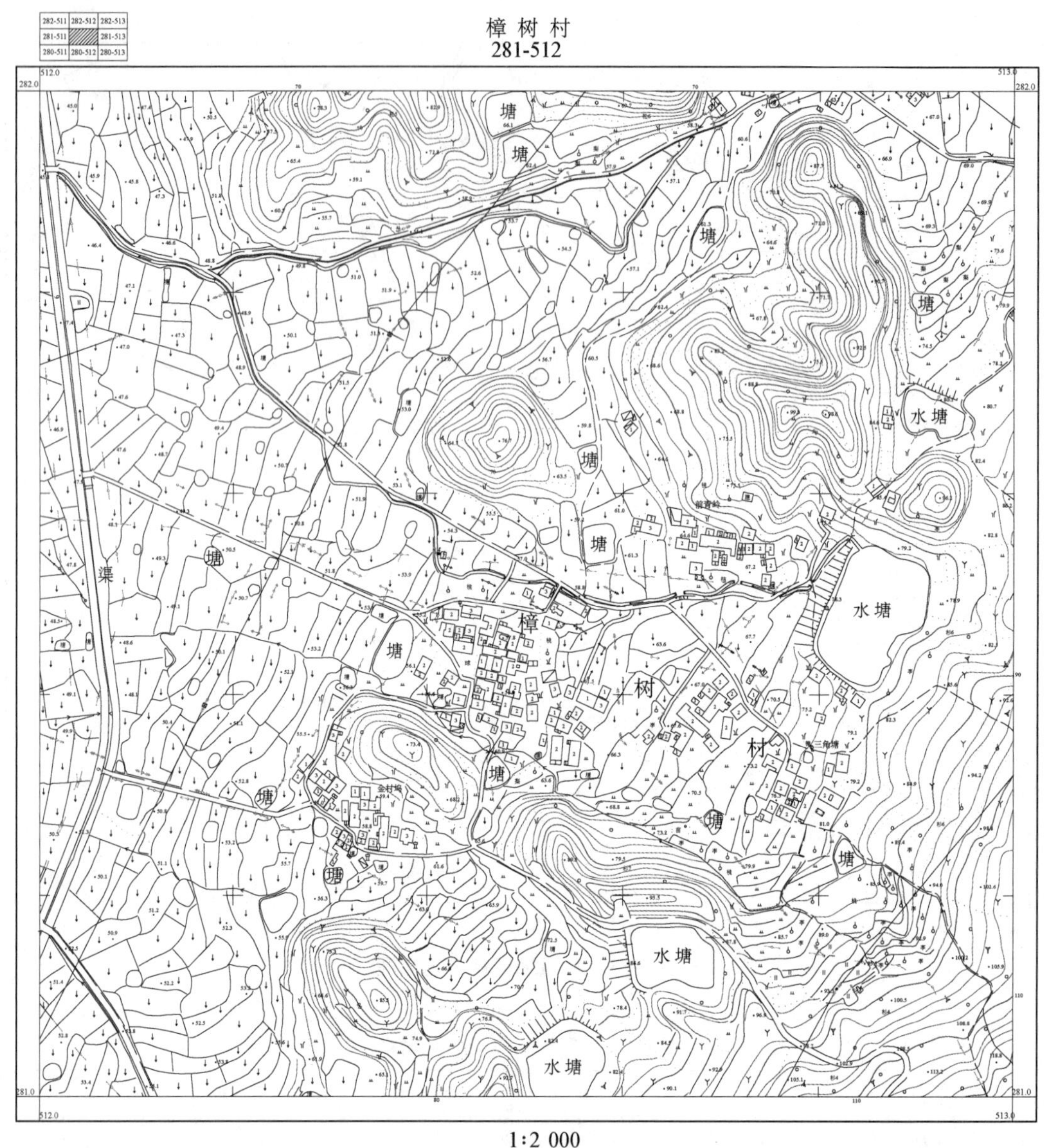

图 8-4 丘陵地区农村地形图

8.1.3 地形图图式

为便于测图和用图,在地形图上用各种点位、线条、符号、文字等表示实地的地物和地貌,这些线条和符号等统一代表地形图上所有的地形要素,总称为地形图图式。现行的大比例尺地形图图式是 2018 年 5 月 1 日实施的《国家基本比例尺地图图式 第 1 部分: 1∶500 1∶1 000 1∶2 000 地形图图式》(GB/T 20257.1—2017),以下简称《图式》。《图式》适用于国民经济建设各部门,是测绘、规划、设计、施工、管理、科研和教育等部门使用地形图的重要依据。表 8-3 所示为从《图式》中摘录的一些 1∶500 和 1∶1 000 比例尺常用的地形图图式符号。

表 8-3　地形图图式示例

符号名称	符号式样
定位基础	
三角点 a. 土堆上的 张湾岭、黄土岗—点名 156.718,203.623—高程 5.0——比高	张湾岭 156.718　a 5.0 黄土岗 203.623
导线点 a. 土堆上的 Ⅰ16,Ⅰ13——等级、点号 84.46,94.40——高程 2.4——比高	Ⅰ16 84.46　a 2.4 Ⅰ23 94.40
埋石图根点 a. 土堆上的 12,16——点号 275.46,175.64——高程 2.5——比高	12 275.46　a 2.5 16 175.64
水准点 Ⅱ——等级 京石 5——点名点号 32.805——高程	Ⅱ京石5 32.805
水系	
地面河流 a. 岸线 b. 高水位岸线 清江——河流名称	清 江
湖泊 龙湖——湖泊名称 (咸)——水质	龙 湖 (咸)
池塘	
居民地及设施	
单幢房屋 a. 一般房屋 b. 裙楼 b1. 楼层分隔线 c. 有地下室的房屋 d. 简易房屋 e. 凸出房屋 f. 艺术建筑 混、钢——房屋结构 2,3,8,28——房屋层数	a 混3　b 混3 混8　a c d 3 c 混3-1　d 简2　b 3 8 e 钢28　f 艺28　e f 钢28
廊房(骑楼)、飘楼 a. 廊房 b. 飘楼	a 混3　b 混3

符号名称	符号式样
饲养场 牲——场地说明	牲
宾馆、饭店	砼5 H
露天体育场、网球场、运动场、球场 a. 有看台的 a1. 主席台 a2. 门洞 b. 无看台的	a 工人体育场 b 体育场　球
屋顶设施 a. 直升飞机停机坪 b. 游泳池 c. 花园 d. 运动场 e. 健身设施 f. 停车场 g. 光能电池板	砼30 a　砼30 b　砼30 c 砼30 d　砼30 e　砼30 f 砼30 g
电话亭	
塑像、雕像 a. 依比例尺的 b. 不依比例尺的	a　b
围墙 a. 依比例尺的 b. 不依比例尺的	a　b
篱笆	
路灯、艺术景观灯 a. 普通路灯 b. 艺术景观灯	a　b
宣传橱窗、广告牌、电子屏 a. 双柱或多柱的 b. 单柱的	a　b
交通	
街道 a. 主干道 b. 次干道 c. 支线 d. 建筑中的	a 0.35 b 0.25 c 0.15 d 0.15

(续表)

符号名称	符号式样	符号名称	符号式样
内部道路	1.0 1.0	**地貌**	
		等高线及其注记 a. 首曲线 b. 计曲线 c. 间曲线 25——高程	a b c 0.15 25 0.3 0.15 1.0 6.0
管线			
通信检修井孔 a. 电信人孔 b. 电信手孔	1.0 0.5 8.0 a 2.0 b 2.0	**植被与土质**	
		草地 a. 天然草地 b. 改良草地 d. 人工绿地	2.0 1.0 10.0 10.0 a 2.0 90 10.0 10.0 b 1.6 5.0 0.8 10.0 d
管道检修井孔 a. 给水检修井孔 c. 排水(污水)检修井孔	a 2.0 c 2.0	花圃、花坛	1.5 1.5 10.0 10.0

《图式》中的符号有地物符号、地貌符号和注记三类。

1. 地物符号

地物符号分为比例符号、非比例符号和半比例符号。

按测图比例尺缩绘,用规定符号表示某种地物,图上图形与实地图形完全相似,这种地物符号称为比例符号,如地面上的房屋、桥梁、旱田等。

某些地物的平面轮廓虽然较小,但具有较重要意义,如测量控制点、界址点(土地权属边界上的点)、古树名木、电线杆、水井等,按比例缩小无法画出,只能用规定的符号表示它,这种地物符号称为非比例符号。

对于一些线状延伸的地物,如围墙、篱笆等,其长度和走向能按比例尺缩绘,但其宽度较小,一般不能按比例尺缩绘,这种地物符号称为半比例符号。

2. 地貌符号

地形图上表示地面高低起伏的地貌有多种方法,目前最常用的是等高线法。对于峭壁、冲沟、梯田等特殊地形,不便用等高线表示时,则绘制相应的地貌符号。

3. 注记

有些地物除了用相应的符号表示外,对于地物的性质、名称等在图上还需要用文字和数字加以注记,如房屋的结构和层数、地名、路名、单位名、等高线高程、散点高程以及河流的水深、流速等文字说明,称为地形图注记。

8.1.4 等高线

1. 典型地貌

地貌是地形图要表示的重要信息之一。地貌尽管千姿百态、错综复杂,但其基本形态可以归纳为几种典型地貌,如山头、山脊、山谷、山坡、鞍部、洼地、绝壁等(图 8-5)。

凸起而高于四周的高地称为山地,山的最高部分称为山头,山头下来隆起的凸棱称为山脊,山脊上最突出的棱线称为山脊线。山脊的侧面为山坡。近于垂直的山坡称为峭壁或绝壁,上部凸出、下部凹入的绝壁称为悬崖。两山脊之间的山体凹陷部分称为山谷,山谷中最

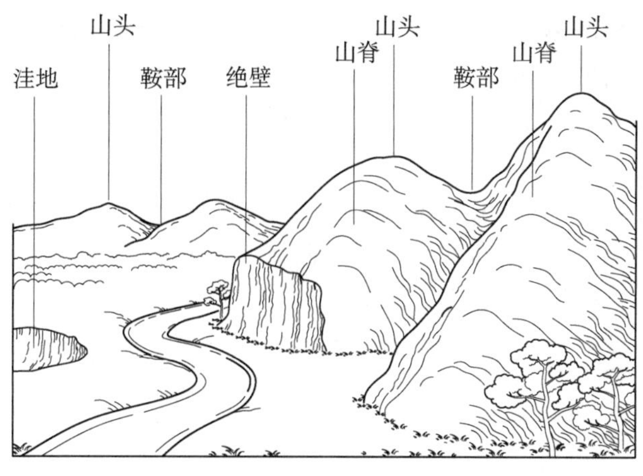

图 8-5　典型地貌

低点的连线称为山谷线。相邻两个山头之间的最低处、形似马鞍状的地形称为鞍部，它的位置是两个山脊和山谷的交会之处。低于四周的低地称为洼地，大范围的洼地称为盆地。

2. 用等高线表示典型地貌

等高线是地面上高程相同的相邻点所连成的一条闭合曲线，水面静止的湖泊和池塘的水边线，实际上就是一条闭合的等高线。因此，可以设想有一座在静止湖水中的山岛（图 8-6），开始时，水面的高程为 70 m，因此，水面与山岛表面的交线即为 70 m 的等高线，如果水面涨高 10 m，这时的水面高程已为 80 m，则水面与山岛表面的交线即为 80 m 的等高线，依此类推。然后把地面上的各条等高线沿铅垂线方向投影到水平面 H 上（称为正射投影或垂直投影），最后按一定的比例尺缩绘在图上，这样就得到一张等高线地形图。等高线上的数字代表等高线的高程。相邻等高线之间的高差，称为等高线间隔或等高距，一般用 h 表示，例如，在图 8-6 中，$h=10$ m。在同一幅地形图上，各处的等高距应相同。

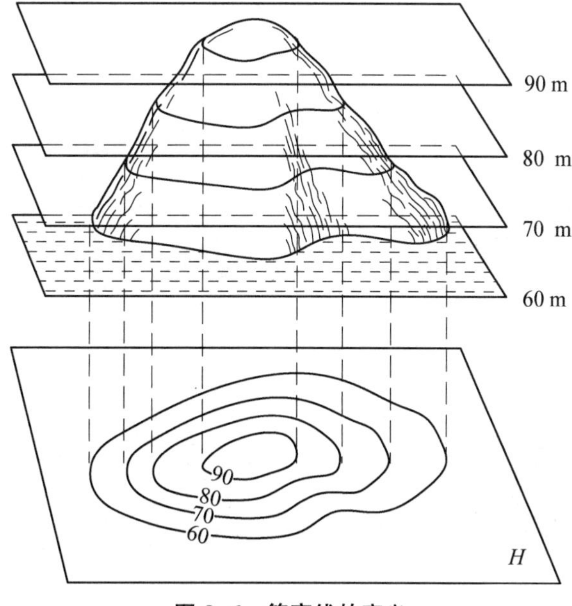

图 8-6　等高线的定义

相邻等高线之间的水平距离称为等高线平距，一般用 d 表示，它随着地面的起伏而改变。h 与 d 的比值就是地面坡度 i：

$$i=\frac{h}{d} \tag{8-2}$$

坡度一般以百分率表示，向上为正，向下为负。例如，$i=+5\%$，$i=-2\%$。

在等高线地形图上，一般按图的比例尺和测区的地形类别选择基本等高距 h 的值，如表 8-4 所示。

表 8-4　地形图的基本等高距 h　　(单位：m)

比例尺	地形类别			
	平地	丘陵地	山地	高山地
1∶500	0.5	0.5	0.5 或 1.0	1.0
1∶1 000	0.5	0.5 或 1.0	1.0	1.0 或 2.0
1∶2 000	0.5 或 1.0	1.0	2.0	2.0

在图上按基本等高距描绘的等高线称为首曲线。为了便于读图，每隔四条首曲线加粗一条等高线称为计曲线，在计曲线上注有高程。个别地方坡度较平缓，用基本等高线不足以显示局部地貌特征时，可按 1/2 基本等高距用虚线加绘半距等高线，称为间曲线，间曲线可以只画出局部线段。

下面介绍几种典型地貌的等高线。

1）山头和洼地的等高线

图 8-7 所示为山头的等高线，图 8-8 所示为洼地的等高线。它们投影到水平面上都是一组闭合曲线，但通过高程注记可以区分这些等高线所表示的是山头还是洼地；也可以在等高线上加绘示坡线(图 8-7、图 8-8 中等高线旁的短线)，示坡线的方向指向低处，这样也可以区分出山头与洼地。

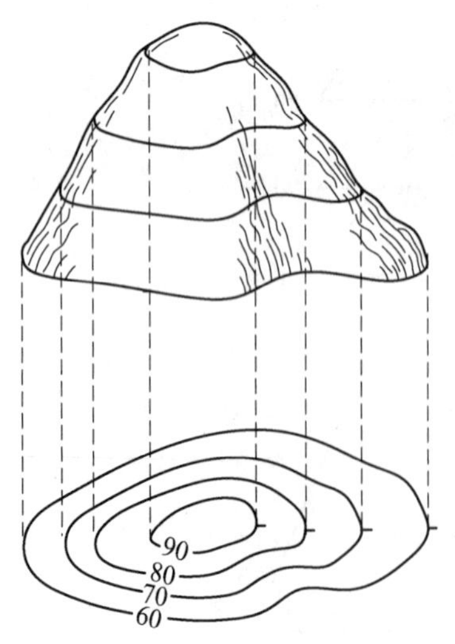

图 8-7　山头的等高线

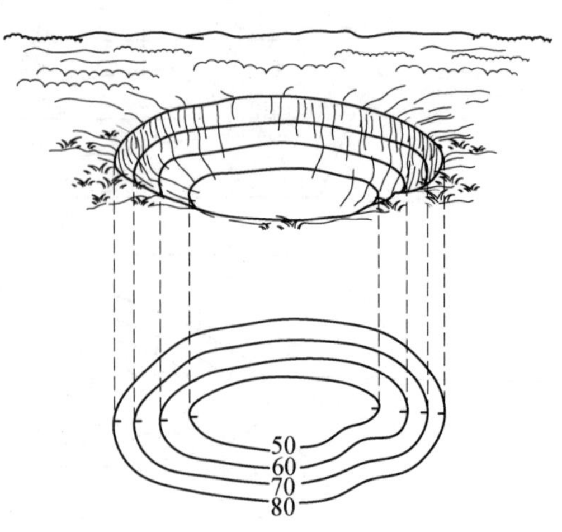

图 8-8　洼地的等高线

2）山脊、山谷和山坡的等高线

山脊的等高线是一组凸向低处的曲线（图 8-9），各条曲线方向改变处的连线称为山脊线（图中点划线）。山谷的等高线为一组凸向高处的曲线（图 8-10），各条曲线方向改变处的连线称为山谷线（图中虚线）。

山脊和山谷的两侧为山坡，山坡近似于一个倾斜平面，因此，山坡的等高线近似于一组平行线。

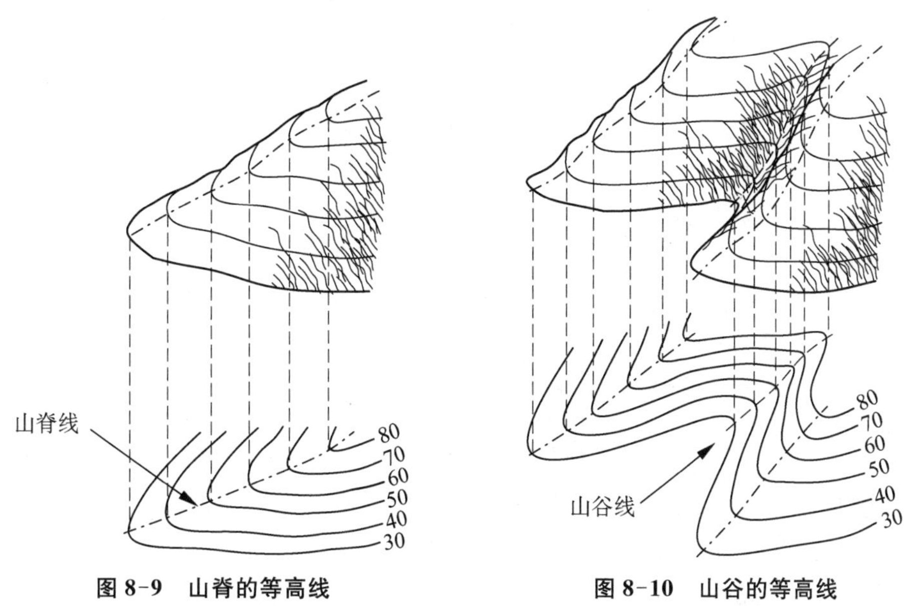

图 8-9　山脊的等高线　　**图 8-10　山谷的等高线**

在山脊上，雨水必然以山脊线为分界线而流向山脊的两侧，如图 8-11 中山脊线处箭头所指的方向，所以，山脊线又称为分水线。而山谷中，雨水必然由两侧山坡汇集到谷底，然后再沿山谷线流出，如图 8-11 中山谷线处箭头所指的方向，所以，山谷线又称为集水线。在地区规划及建筑工程设计时，要考虑地面的水流方向、分水线、集水线等问题。因此，山脊线和山谷线在地形图测绘和地形图应用中具有重要的意义。

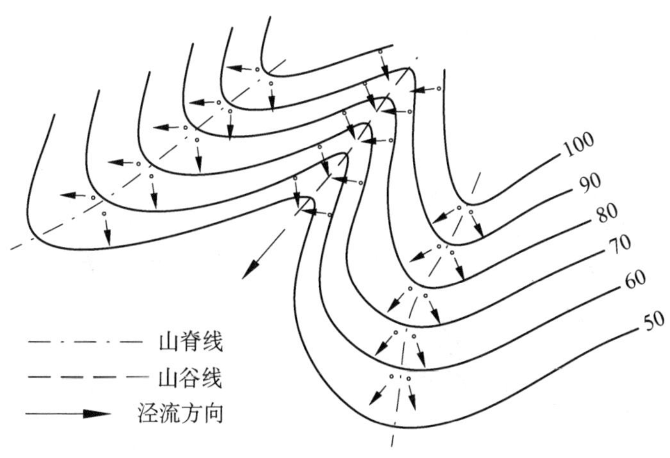

图 8-11　分水线和集水线

3）鞍部的等高线

典型的鞍部是在相对的两个山脊和山谷的汇聚处(图 8-12 中 S)。它的左、右两侧的等高线是大致对称的两组山脊线和两组山谷线。鞍部在山区道路的选线中是一个关键点，越岭道路常须经过鞍部。

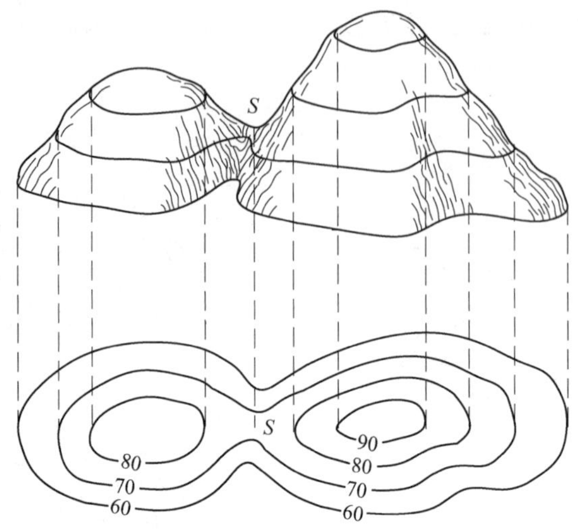

图 8-12　鞍部的等高线

4）绝壁和悬崖的等高线

绝壁又称陡崖，它和悬崖一般是由于地壳产生断裂运动而形成的。绝壁因为有比较高的陡峭岩壁，故等高线非常密集，这一部分在地形图上可以用绝壁符号来代替十分密集的等高线。在地形图上近乎直立的绝壁，一般用断崖符号表示，如图 8-13(a)所示。悬崖为上部凸出而下部凹入的绝壁，若干等高线投影到地形图上会相交，如图 8-13(b)所示，俯视时，隐蔽的等高线用虚线表示。

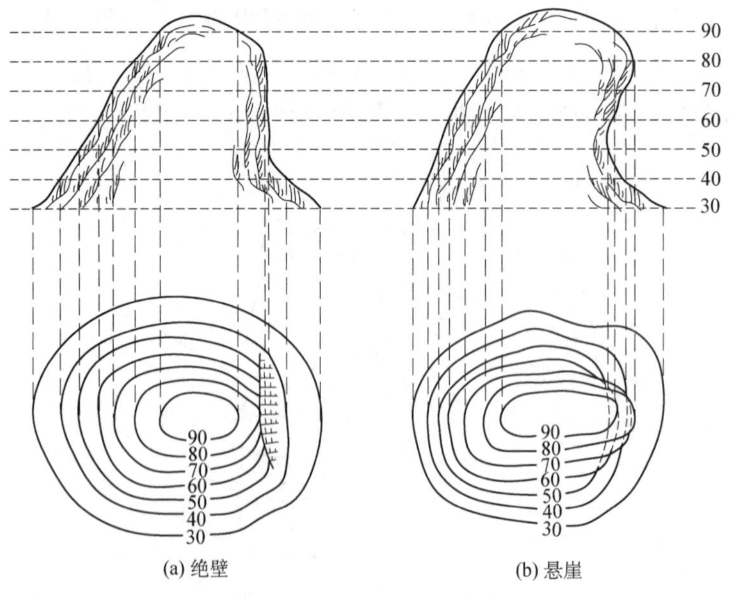

图 8-13　绝壁和悬崖的等高线

掌握上述典型地貌用等高线表示的方法以后，就基本上能够认识地形图上等高线表示的复杂地貌。图 8-14 为某一地区综合地貌及其等高线地形图。

图 8-14　综合地貌及其等高线表示

3. 阴影等高线

尽管用等高线正射投影在地图上描绘地形是目前表示地形起伏的几何信息的最好方法，但它也有缺点，即不具有直观的立体感，如图 8-15(a)为一般等高线地形图。设想从西北方向与地平面呈 45°交角的倾斜平行光线照射到按等高线制作的台阶形地形模型上，使之产生阴影，形成阴影等高线，如图 8-15(b)所示。使用阴影等高线地形图时，原来的等高线位置保持不变，按等高距假设为直立的壁面而投射出阴影，将等高线及其阴影以不同颜色彩印在地形图上。由于等高线阴影的绘制必须严格按照倾斜光线的投影法则和复杂的计算来完成，所以，阴影等高线地形图需要借助计算机计算并采用机助成图方法绘制。

4. 等高线的特征

为了掌握用等高线表示地貌时的规律，现将等高线的特征归纳如下：

(1) 同一条等高线上各点的高程都相同。

(2) 等高线是一条闭合曲线，不能中断，如果不在同一幅图内闭合，则必定跨越邻幅或许多幅图后闭合。

(a) 一般等高线

(b) 阴影等高线

图 8-15　同一地区的一般等高线和阴影等高线地形图

(3) 等高线只有在绝壁或悬崖处才会重合或相交。

(4) 等高线经过山脊或山谷时转变方向,因此,山脊线和山谷线应与转变方向处的等高线的切线垂直相交。

(5) 在同一幅地形图上,等高距应是相同的。因此,等高线平距大(等高线疏),表示地面坡度小,地形平坦;等高线平距小(等高线密),表示地面坡度大,地形陡峻。

8.1.5　地形图的分幅和编号

为了便于管理和使用地形图,需要将大面积的各种比例尺的地形图进行统一的分幅和编号。地形图的分幅方法有两种:一种是按经纬线分幅的梯形分幅法,也称国际分幅法;另一种是按坐标格网分幅的矩形分幅法。前者用于中、小比例尺的国家基本图的分幅,后者用于城市大比例尺地形图的分幅。

1. 地形图的国际分幅和编号

地形图的国际分幅由国际统一规定的经线为图的东、西边界,统一规定的纬线为图的南、北边界。由于各条经线(子午线)向南、北极收敛,因此,整个图幅略呈梯形。其划分的方法和编号,随比例尺不同而不同。为适应计算机管理和检索,1992 年国家技术监督局发布了《国家基本比例尺地形图分幅和编号》(GB/T 13989—92),自 1993 年 7 月 1 日起实施。2012 年 10 月 1 日,修订后的《国家基本比例尺地形图分幅和编号》(GB/T 13989—2012)开始实施。

1) 1∶100 万地形图分幅和编号

1∶100 万地形图的分幅是从地球赤道起,在纬度 60°以内,向两极每隔纬差 4°为一横行,依次以英文字母 A、B、C、D、…、V 表示;由经度 180°起,自西向东每隔经差 6°为一纵列,依次用1,2,3,…,60表示。图8-16所示为东半球北纬1∶100万地形图的国际分幅和编号。我国地处东半球赤道以北,图幅范围在经度72°～138°、纬度0°～56°内,包括行号为A、B、…、N的14行,列号为43,44,…,53的11列。对于每幅图的编号,先写出横行的代号,再写出纵列的代号。

例如,北京某地的地理坐标为北纬39°56′23″、东经116°22′53″,则其所在的1∶100万比例尺地形图的图幅号是J50;上海某地的地理坐标为北纬31°16′40″、东经121°31′30″,则其所在的1∶100万比例尺地形图的图幅号是H51。

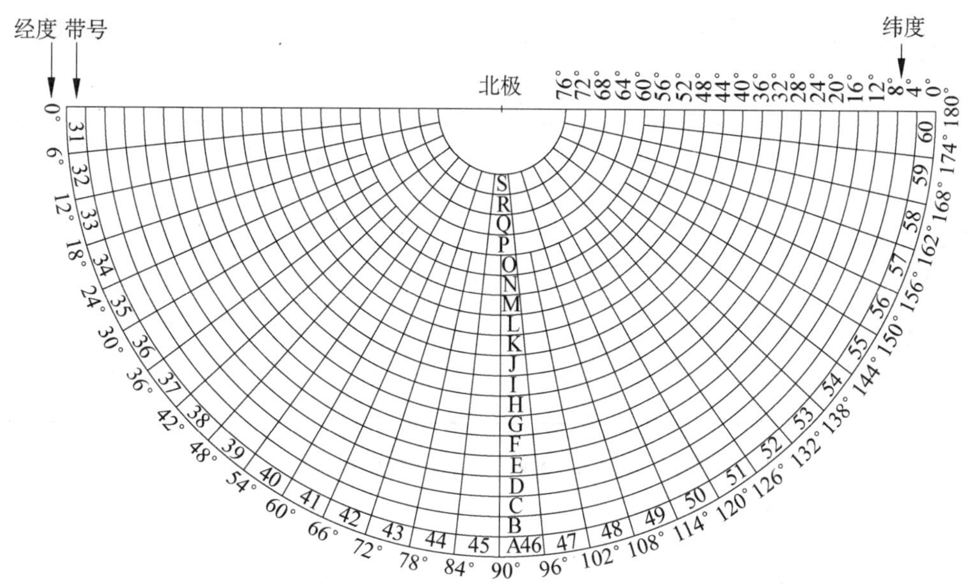

图8-16　东半球北纬1∶100万地形图的国际分幅和编号

2）1∶50万～1∶5 000地形图分幅和编号

1∶50万～1∶5 000地形图的分幅都由1∶100万地形图加密划分而成,编号均以1∶100万地形图的编号为基础,采用行列编号方法,由其所在1∶100万地形图的图号、比例尺代码和各图幅的行、列号共十位编码组成,如图8-17所示。各种比例尺地形图的代码及编号示例见表8-5。

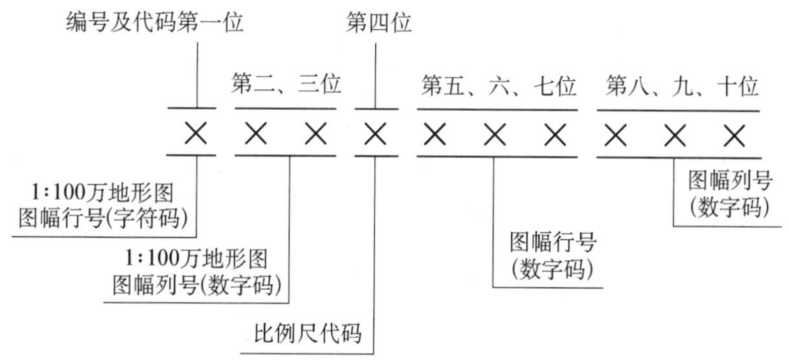

图8-17　1∶50万～1∶5 000地形图图幅编号的组成

表 8-5　地形图比例尺代码表

比例尺	1 : 500 000	1 : 250 000	1 : 100 000	1 : 50 000	1 : 25 000	1 : 10 000	1 : 5 000
代码	B	C	D	E	F	G	H
示例	J50B001002	J50C003003	J50D010010	J50E017016	J50F042002	J50G093004	J50H192192

每幅 1 : 100 万地形图划分为 2 行 2 列,共 4 幅 1 : 50 万地形图,每幅 1 : 50 万地形图的分幅为经差 3°、纬差 2°,如图 8-18 所示。其余各种比例尺的地形图均由 1 : 100 万地形图划分而成,分幅的图幅范围、行列数量关系见表 8-6。

表 8-6　国家基本比例尺地形图分幅关系表

比例尺		1 : 1 000 000	1 : 500 000	1 : 250 000	1 : 100 000	1 : 50 000	1 : 25 000	1 : 10 000	1 : 5 000
图幅范围	经差	6°	3°	1°30′	30′	15′	7′30″	3′45″	1′52.5″
	纬差	4°	2°	1°	20′	10′	5′	2′30″	1′15″
行列数量	行数	1	2	4	12	24	48	96	192
	列数	1	2	4	12	24	48	96	192

图 8-18 中阴影部分所示 1 : 50 万地形图的编号为 J50B001002。图 8-19 中阴影部分所示 1 : 10 万地形图的编号为 J50D010004。

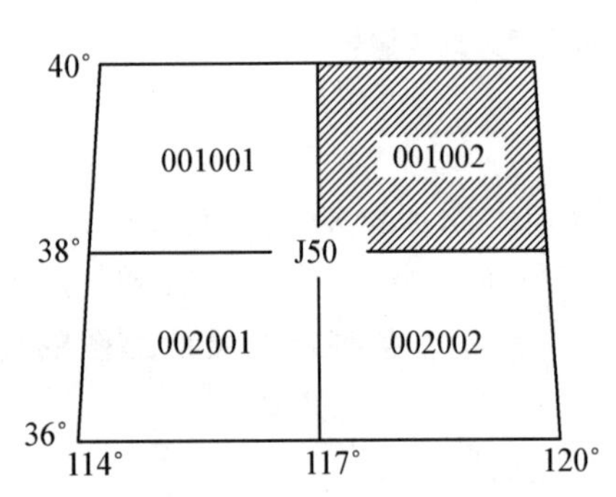

图 8-18　1 : 50 万地形图编号

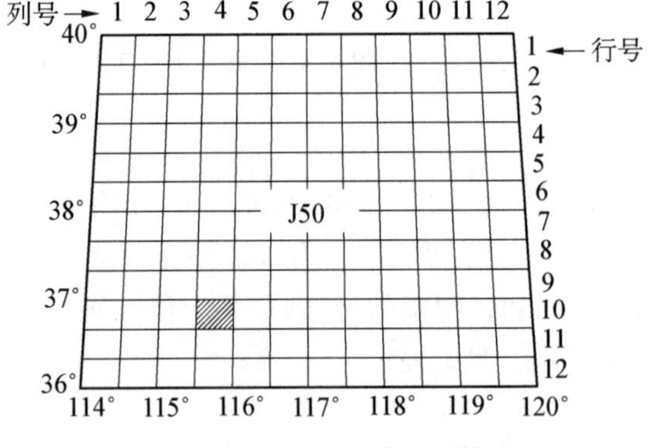

图 8-19　1 : 10 万地形图编号

3）图幅编号的计算

已知图幅内某点的经纬度 (λ, φ)，可按式(8-3)计算出该点所在 1 : 100 万地形图图幅的编号。

$$\begin{cases} a = [\varphi/4^\circ] + 1 \\ b = [\lambda/6^\circ] + 31 \end{cases} \tag{8-3}$$

式中，[·]表示取整；a 为 1∶100 万地形图图幅所在纬度带字符码对应的数字码；b 为 1∶100 万地形图图幅所在经度带的数字码。

例如，某点经度为 121°31′30″，纬度为 31°16′40″，计算其所在 1∶100 万地形图图幅的编号。

$$\begin{cases} a = [31°16'40''/4°] + 1 = 8(\text{对应的字符码为 H}) \\ b = [121°31'30''/6°] + 31 = 51 \end{cases} \tag{8-4}$$

因此，该点所在 1∶100 万地形图图幅的编号为 H51。

已知图幅内某点的经度和纬度，可按式(8-5)计算其所在 1∶100 万地形图图号后的行号和列号。

$$\begin{cases} c = 4°/\Delta\varphi - [(\varphi/4°)/\Delta\varphi] \\ d = [(\lambda/6°)/\Delta\lambda] + 1 \end{cases} \tag{8-5}$$

式中，(·)表示商取余；[·]表示商取整；c 为所求比例尺地形图在 1∶100 万地形图图号后的行号；d 为所求比例尺地形图在 1∶100 万地形图图号后的列号；φ 为图幅内某点的纬度；λ 为图幅内某点的经度；$\Delta\varphi$ 为所求比例尺地形图分幅的纬差；$\Delta\lambda$ 为所求比例尺地形图分幅的经差。

仍以经度为 121°31′30″、纬度为 31°16′40″的某点为例，计算其所在 1∶1 万地形图图幅的编号。根据该点所在 1∶100 万地形图图幅及其比例尺(1∶1 万)，编号的前四位代码为 H51G，然后按 1∶1 万地形图分幅的纬差 $\Delta\varphi = 2'30''$ 和经差 $\Delta\lambda = 3'45''$ 计算其行号和列号(各三位)：

$$\begin{cases} c = 4°/2'30'' - [(31°16'40''/4°)/2'30''] = 018 \\ d = [(121°31'30''/6°)/3'45''] + 1 = 025 \end{cases} \tag{8-6}$$

因此，该点所在 1∶1 万地形图图幅的编号为 H51G018025。

4) 按图号计算图幅西南图廓点的经纬度及其范围

已知某地形图的图号为 $X_1X_2X_3X_4X_5X_6X_7X_8X_9X_{10}$，根据该图号的前三位代码 $X_1X_2X_3$ 按式(8-7)计算出它所在的 1∶100 万地形图对应的西南图廓点的经纬度 λ_0、φ_0：

$$\begin{cases} \lambda_0 = (X_2X_3 - 31) \times 6° \\ \varphi_0 = (X_1 - 1) \times 4° \end{cases} \tag{8-7}$$

式中，X_1 为该 1∶100 万地形图图幅所在纬度带字符码对应的数字码；X_2X_3 为经度带的数字码。

根据比例尺代码 X_4 确定其纬差 $\Delta\varphi$ 和经差 $\Delta\lambda$，则该图幅西南图廓点的经纬度可按式(8-8)计算。

$$\begin{cases}\lambda = \lambda_0 + (X_8X_9X_{10} - 1) \times \Delta\lambda \\ \varphi = \varphi_0 + (4°/\Delta\varphi - X_5X_6X_7) \times \Delta\varphi\end{cases} \tag{8-8}$$

例如,某地形图图幅的编号为 H51G018025,求该图幅西南图廓点的经纬度及其范围。根据编号中的比例尺代码可知该地形图的比例尺为 1∶1 万,因此其图幅的纬差 $\Delta\varphi = 2'30''$,经差 $\Delta\lambda = 3'45''$,其所在 1∶100 万地形图图幅对应的西南图廓点的经纬度为

$$\begin{cases}\lambda_0 = (51 - 31) \times 6° = 120° \\ \varphi_0 = (8 - 1) \times 4° = 28°\end{cases} \tag{8-9}$$

该 1∶1 万地形图图幅对应的西南图廓点的经纬度为

$$\begin{cases}\lambda = \lambda_0 + (025 - 1) \times 3'45'' = 121°30' \\ \varphi = \varphi_0 + (4°/2'30'' - 018) \times 2'30'' = 31°15'\end{cases} \tag{8-10}$$

2. 地形图的矩形分幅和编号

大比例尺地形图通常采用以坐标格网线为图框的矩形分幅方法,图幅的大小为 50 cm×50 cm、50 cm×40 cm 或 40 cm×40 cm,每幅图以 10 cm×10 cm 为基本方格。一般规定,对于 1∶5 000 地形图的图幅,采用纵、横各 40 cm 的图幅,即实地为 2 km×2 km=4 km^2 的面积;对于 1∶2 000、1∶1 000 和 1∶500 地形图的图幅,采用纵、横各 50 cm 的图幅,即实地分别为 1 km^2、0.25 km^2 和 0.062 5 km^2 的面积。以上均为正方形分幅,也可采用纵距为 40 cm、横距为 50 cm 的分幅,总称为矩形分幅。图幅编号与测区的坐标值联系在一起,便于按坐标查找图幅。地形图按矩形分幅时,常用的编号方法有以下两种。

1) 图幅西南角坐标公里数编号法

以每幅图的图幅西南角坐标值(x, y)的公里数作为该图幅的编号,图 8-20 所示为 1∶1 000 的地形图,按图幅西南角坐标公里数编号法编号。其中,画阴影线的两幅图的编号分别为 3.0-1.5 和 2.5-2.5。图 8-4 所示的 1∶2 000 农村地形图也是用图幅西南角坐标公里数编号法编号的。

2) 基本图幅编号法

将坐标原点置于城市中心,X、Y 坐标轴将城市分成Ⅰ、Ⅱ、Ⅲ、Ⅳ四个象限,如图 8-21(a)所示。以城市地形图最大比例尺 1∶500 的图幅为基本图幅,图幅大小为 50 cm×40 cm,实地范围为东西 250 m、南北 200 m。行号按坐标的绝对值 x=0～200 m 编号为 001,x=200～400 m 编号为 002,……;列号按坐标的绝对值 y=0～250 m 编号为 001,y=250～500 m 编号为 002,……;依此类推。x、y 编号中间以下划线(_)分隔,成为图幅号。

上海市有关地形图测绘的规定:数字地形图根据其所在的象限和比例尺大小分别用大写的英文字母 A、B、C、D、…、L 表示,详细规定见表 8-7。

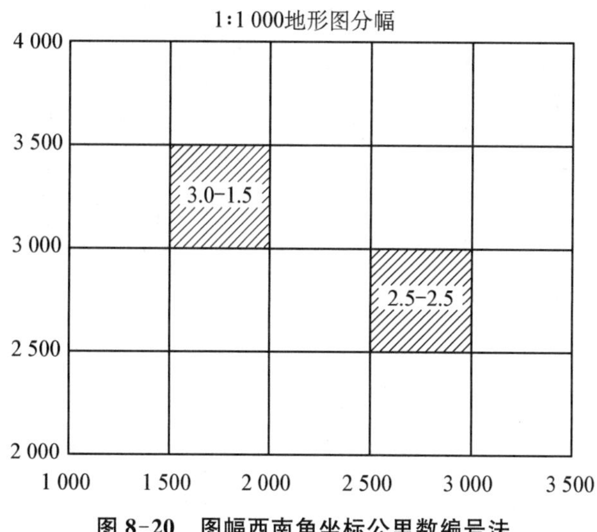

图 8-20　图幅西南角坐标公里数编号法

表 8-7　上海市大比例尺地形图的象限代码

图的类型	比例尺	象限			
图解地形图		Ⅰ	Ⅱ	Ⅲ	Ⅳ
数字地形图	1∶500	A	B	C	D
	1∶1 000	E	F	G	H
	1∶2 000	I	J	K	L

图 8-21(b)所示为 1∶500 的图幅在第一象限中的编号。每 4 幅 1∶500 的图构成 1 幅 1∶1 000 的图，因此，同一地区 1∶1 000 的图幅编号如图 8-21(c)所示。每 16 幅 1∶500 的图构成 1 幅 1∶2 000 的图，因此，同一地区 1∶2 000 的图幅编号如图 8-21(d)所示。图幅编号的示例如图 8-21 所示：①甲图为在第一象限的 1∶500 的地形图，其数字地形图的编号应为 A001_002；②乙图为在第二象限的 1∶1 000 的地形图，其数字地形图的编号应为 F003_003；③丙图为在第四象限的 1∶2 000 的地形图，其数字地形图的编号应为 L005_001。

基本图幅编号法的优点是：看到编号，就可以知道图的比例尺，其图幅的坐标值范围也很容易计算出来。例如，有一幅图的编号为 F039_053，就知道这是一幅 1∶1 000 的图，位于第二象限(城市的东南区)，其坐标值的范围为

$$\begin{cases} x:-200\ \text{m}\times(39-1)\sim-200\ \text{m}\times 40=-7\,600\ \text{m}\sim-8\,000\ \text{m} \\ y:250\ \text{m}\times(53-1)\sim 250\ \text{m}\times 54=13\,000\ \text{m}\sim 13\,500\ \text{m} \end{cases} \tag{8-11}$$

另外，已知某点坐标，可推算出其在某比例尺地形图的图幅编号。例如，某点坐标为(7 650，−4 378)，知其在第四象限，其所在 1∶1 000 地形图的图幅编号可由式(8-12)计算得到：

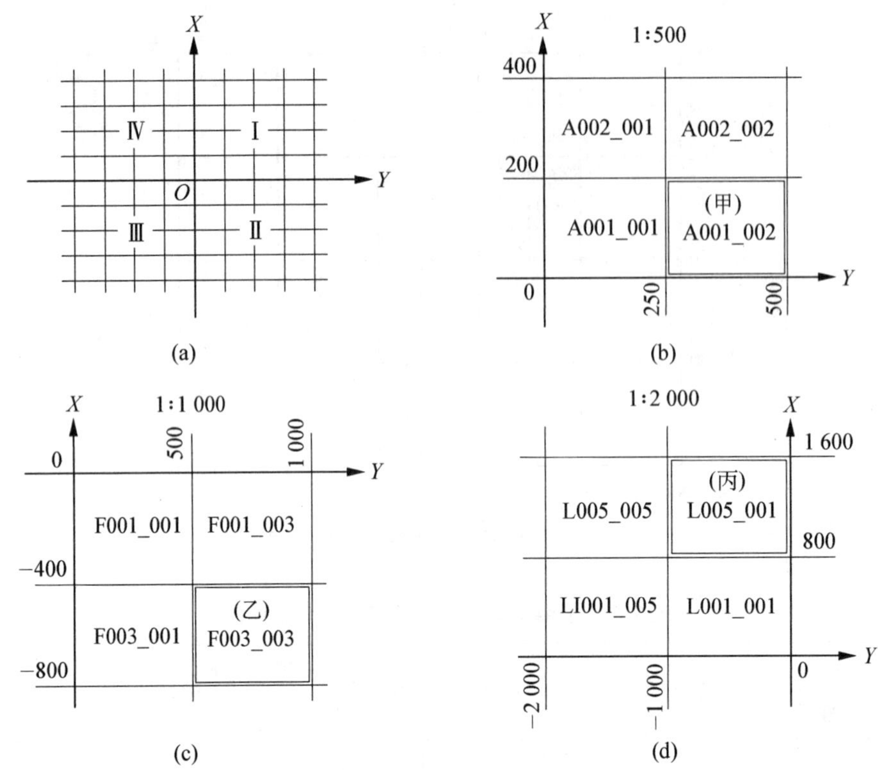

图 8-21　基本图幅编号法

$$\begin{cases} n_1 = [\mathrm{int}(\mathrm{abs}(7\,650))/400] \times 2 + 1 = 39 \\ m_1 = [\mathrm{int}(\mathrm{abs}(-4\,378))/500] \times 2 + 1 = 17 \end{cases} \tag{8-12}$$

故其在 1∶1 000 地形图上的编号为 H039_017。

例如,图 8-3 所示的 1∶1 000 城市地形图位于第一象限,按图幅的坐标,其编号为 E041_049。

思考题

请查阅资料,调查 1∶100 万国际分幅方案的制定时间、方案内容及其在国际制图史上的贡献。

8.2　地物平面图测绘

8.2.1　地面数字测图

数字测图系统是以全站仪和计算机为核心,在相应软件的支持下,对地形数据进行采集、传输、编辑、成图、输出、绘图、管理的测绘系统。数字测图系统框图如图 8-22 所示。

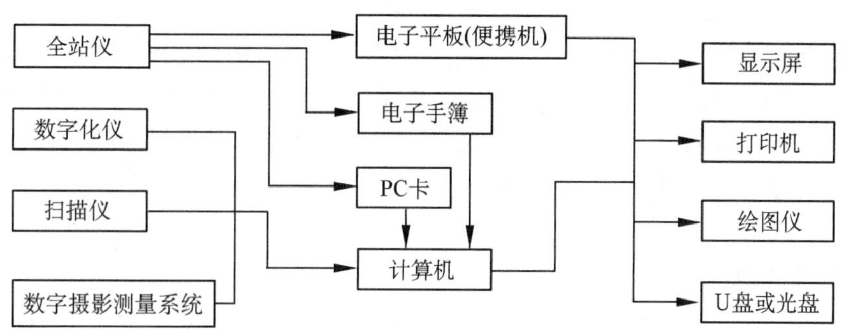

图8-22　数字测图系统框图

用全站仪在测站(图根控制点)对周围地形进行数字化测图,称为地面数字测图。由于使用全站仪直接测定地物点和地形点的精度最高,所能测定地物的细部最详细,所以地面数字测图是城市大比例尺地形图最主要的测图方法。对于大面积的测图,通常可采用航空摄影测量方法或卫星遥感影像测图方法,通过数字摄影测量系统得到数字地形图。本节主要介绍大比例尺地面数字测图的内容。

大比例尺地面数字测图系统的模式主要有数字测记法模式和电子平板模式两种。

数字测记法模式:野外测记,室内成图。在野外使用全站仪或RTK设备测量,电子手簿记录,同时配合人工草图(主要量测和记录一些仪器不能直接测得的数据和表达一些地物的细节)。到室内后将野外测量数据从电子手簿直接传输到计算机中,通过成图软件,根据编码系统以及参考草图编辑成图。使用的电子手簿可以是与全站仪配套的电子手簿,也可以是PAD、移动工作站等配置专用软件的记录手簿,或者直接利用全站仪配备的存储器和存储卡作为记录手簿。

电子平板模式:野外测绘,实时显示,现场编辑成图。电子平板测量是指将全站仪与安装成图软件的便携机连机,在测站上用全站仪实测地形点,计算机屏幕现场显示点位和图形,并可对其进行编辑(连线、修改、补充、删除等),满足测图要求后,将测量数据和编辑图形存盘。这样相当于在现场就得到一张实测的地形图,因此无需画草图,并可在现场将测得的图形与实地相对照,如果有错误和遗漏,也可以及时修正。

8.2.2　地物测绘的一般规定

地物一般可分为两大类:一类是自然地物,如河流、湖泊、森林、草地、陡坎的边界、孤立的岩石等;另一类是人工地物,如房屋、铁路、公路、水渠、桥梁、高压输电线路等。所有这些地物都需要在地形图上表示出来。

地物在地形图上的表示原则:凡是能依比例尺表示的地物,将它们轮廓的几何形状表示在图上,边界内再加绘相应的地物属性的符号,例如房屋的结构和层数、耕地和树林的种类等符号。对于面积较小、不能依比例尺表示的地物,则测定其中心位置,在地形图上以相应的地物符号来表示,如导线点、水准点、界址点、电线杆、消防栓、水井等。

地物测绘必须根据规定的测图比例尺,按规范和图式的要求,经过综合取舍,将各种地物表示在地形图上。测绘主管部门制定的各种比例尺的测量规范和地形图图式是测绘地形图的依据,因此必须遵守。

地物测绘主要是将地物几何形状的特征点测定下来,例如地物轮廓的转折点、交叉点、曲线上的曲率变化点、独立地物的中心点等。连接相应的特征点,便得到与实际地物相似的图形。除形状外,还应记录和表示其属性,例如房屋的结构和层数、公路的等级和路面材料等属性。以下具体介绍大比例尺地形图测绘各类地物的要求和取舍原则。

1. 居民地的测绘

对于居民地的外部轮廓,应准确测绘。其内部的主要街道以及较大的空地应区分出来。对于散列式的居民地、独立房屋应分别测绘。

(1) 固定建筑物应实测其墙基外角,并注明结构和层次。

(2) 房屋附属设施:廊、建筑物下的通道、台阶、室外扶梯、围墙、门墩和支柱等,应按实际测绘。

(3) 起境界作用的栅栏、栏杆、篱笆、活树篱笆、铁丝网等应测绘。

2. 道路及桥梁的测绘

1) 铁路和其他交通轨道

(1) 铁路轨道、电车轨道、缆车轨道等应按轨道测绘。

(2) 火车站及其附属设施(包括站台、天桥、地道、信号设备、水鹤等)应分别按实际位置测绘。

(3) 测绘铁路时,应测定铁轨中心线上的点,并量取轨距。在曲线部分及道岔部分,测点需要密一些,以便能正确表示其实际位置。

2) 公路

(1) 高速公路、等级公路、等外公路等应按其宽度测绘,并注记公路等级代码和路面材料,国道应注出其编号。

(2) 高架路的路面宽度及其走向应按实际投影测绘。

(3) 公路按路面或路肩边线位置测绘。在公路的弯道和道路交叉处,测点应密一些,以便能正确表达曲线的线型(如圆曲线、缓和曲线等)。

3) 其他道路

(1) 大车路、乡村路应按其实宽依比例尺测绘。

(2) 人行小路主要是指居民地之间往来的通道,应实测其中心线位置,其图上宽度小于 2 mm 的,可用单线表示。

(3) 单位或住宅小区的内部道路应按实际形状测绘。

4) 道路的附属设施

(1) 路堑、路堤、边坡、挡土墙应按实际位置测绘;里程碑应实测其位置,并注记里程。

(2) 对于立体交叉路,铁路在上方时,公路应在铁路路基处中断;反之,公路在上方时,铁路应在公路处中断。

5) 桥梁及渡口

(1) 公路桥、铁路桥的桥台、桥墩和桥梁应按实际测绘,并注记其结构。

(2) 渡口应区分行人渡口和车辆渡口,分别标注“人渡”或“车渡”,同时绘示航线。

3. 管线的测绘

1）电力线

（1）高压线应测定其电线杆、铁塔，电线走向在图上用双箭头符号表示。

（2）低压线应测定其电线杆，电线走向在图上用单箭头符号表示。

（3）电线杆上的变压器应实测其位置，并用符号绘示。

2）通信线

通信线应测定其电线杆，用符号表示线路走向。

3）地面管道

地面上的管道应实测其位置，架空的管道应测定其管架位置，并注明管径和用途。

4）地下管线检修井

地下管线检修井应实测井盖的中心位置，并按管线类别用相应符号表示。

4. 水系及其附属设施的测绘

水系包括河流、渠道、湖泊、池塘等，通常以岸边为界（岸线）进行测绘。如果要求测出水涯线（水面与地面的交线）、洪水位（历史上最高水位的位置）及平水位（常年一般水位的位置），则应按要求在调查的基础上进行测绘。对于水系的附属设施，其测绘规定如下：

（1）水闸的宽度在图上大于 4 mm 的，应按依比例尺的地物测绘，否则可按不依比例尺的地物测绘，以图式符号标示其中心位置和方位。

（2）防洪墙应按实宽测绘，用双线绘示。

（3）陡岸为人工建筑，应测绘岸线，并根据土质或石质按相应的图式符号表示。

5. 植被的测绘

根据覆盖地面的植物种类（植被）区分土地的类别，测定地类的界线（称为地类界），并在每个地块中用《图式》中规定的植被符号表示。土地的类别有：耕地（应区分稻田、旱田、菜地），园地（注明农作物名称），林地（应区分树林、竹林、苗圃，并注明树种），草地（应区分天然草地、人工草地）。铁路、公路、河流旁的行道树应测绘，实测首末位置，中间用符号绘示；独立树应实测中心位置，并注明树种。

6. 土质的测绘

地块的特殊土质有沙地、砂砾地、石块地、盐碱地、小草丘地、龟裂地、沼泽地、盐田、盐场等，应按《图式》要求绘示。

7. 高程点的测定

在平坦地区的地物平面图上，主要是表示出地物平面位置的相互关系，但地面各处仍有一定的高差，因此还需要在平面图上加测某些高程注记点（简称高程点）。对于高程点的测定，有以下规定：

（1）高程点的间距：在平坦地区的高程点的分布，其间距在图上以 5～7 cm 为宜，当地势起伏变化较大时，应予以适当加密。

（2）居民地高程点：在建成区街坊内部空地及广场内的高程点，应设在该地块内能代表一般地面的适中部位；如空地范围较大，应按规定间距测定。

（3）农田高程点的布设：在倾斜起伏的旱地上，高程点应设在高低变化处及制高部位的地面上；在平坦田块上，应选择有代表性的位置测定其高程。

(4) 高低显著的地形，如高地、土堆、洼坑及高低田坎等，其高差在0.5 m以上的，均应在高处及低处分别测注高程，并测定其范围。

8.2.3 图的注记

注记是地形图的重要内容之一，是判读和使用地形图的直接依据。注记对应于各种地物的名称、尺寸和数量。注记的方法应遵照《图式》的有关规定。

名称的注记必须使用国务院公布的简化汉字，各种注记的字义、字体、字大、字向、字序、字位应根据《图式》的规定，准确无误。字间隔应均匀，宜根据所指地物的面积和长度妥善配置。

1. 注记的排列形式

(1) 水平字列——各字中心连线应平行于南、北图廓，由左向右排列。

(2) 垂直字列——各字中心连线应垂直于南、北图廓，由上而下排列。

(3) 雁行字列——各字中心连线应为直线且斜交于南、北图廓。

(4) 屈曲字列——各字字边应垂直或平行于线状地物，且依线状地物的弯曲形状而排列。

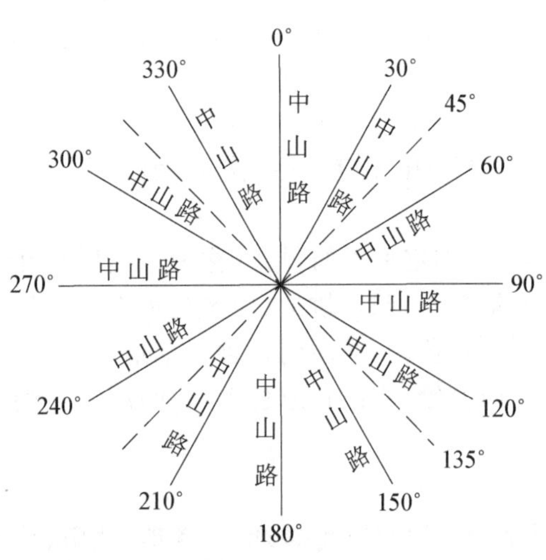

图 8-23 雁行字列的光线法则

2. 注记的字向

注记的字向一般为正向，即字头朝向北图廓。对于雁行字列，如果字中心连线与南、北图廓的交角小于45°，则字向垂直于连线；如果交角大于45°，则字向平行于连线。这被称为雁行字列注记的“光线法则”，如图8-23所示。道路名、弄堂名和门牌号等应按光线法则进行注记。

3. 名称注记

城市、集镇、村宅、街道、里弄、新村、公寓等居民地名称和政府机构、企业单位等名称，均应查明注记。一般应采用水平字列，根据图形的特殊情况，也可采用垂直字列或雁行字列。

4. 说明注记

建筑物的结构、层次，道路等级、路面材料，管线的用途、属性，土地的土质和植被种类等，凡属用图形线条和图式符号不能充分说明的地物，需加说明注记。说明注记用的字符应尽可能简单，例如对于房屋结构和层次，说明注记用“砼5”(混凝土结构5层)、“混3”(混合结构3层)、“钢10”(钢结构10层)等。注记的位置应在地物内部适中的位置，不偏于一隅，并以不妨碍地物线条为原则。

5. 数字注记

数字注记包括控制点的点号和高程、等高线和高程点的高程值、沿街房屋的门牌号、公路等级代码和编号及其他数字注记等。各种数字注记应选用《图式》规定的字大。

(1) 门牌注记宜全部逐号注记，毗邻房屋过密的，可分段注以起讫号数。

（2）高程注记数字以米为单位，重要地物高程注记至厘米，例如桥、闸、坝、铁路、公路、市政道路、防洪墙等，其余高程点可注至分米，注记字头一律向北。

（3）等高线高程的注记对每一条计曲线应注明高程值。当地势平缓、等高线较稀时，每一条等高线都应注明高程值，数字的排列方向应与等高线平列，字头应向高处。

8.2.4　全站仪细部地物数据采集

1. 野外地形数据采集

采用全站仪配合计算机进行地面数字测图是目前最常用的方法，测图作业按照先控制后细部的原则进行。

地形图测绘

在图根控制点上安置好全站仪后，输入测站点号、后视点号以及测站的仪器高和目标高（如果用激光免棱镜测距直接瞄准目标，则目标高为0），然后瞄准后视点进行水平度盘定向。通过测定后视点的坐标，检查后视定向是否正确。接着就可以开始对地物点或地形点按极坐标法进行三维坐标测定。目标点三维坐标测定的原理如图8-24所示，全站仪安置在图根控制点A上，通过测量仪器高，即可得到全站仪横轴中心的三维坐标（x_0，y_0，z_0），坐标z_0为测站点的高程加仪器高。经过水平度盘定向，瞄准目标点P时的水平度盘读数A_z即为目标的方位角，垂直度盘读数为目标的天顶距Z_e，向目标点测定的距离为斜距S。

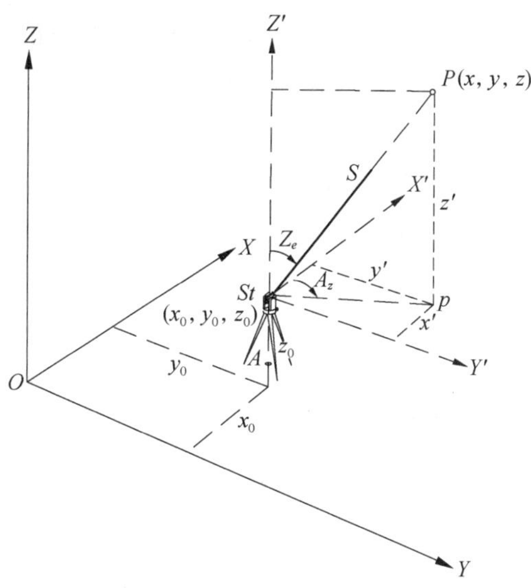

图8-24　全站仪对目标点的三维坐标测定

设全站仪直接瞄准目标（即目标高为0），则目标点相对于全站仪横轴中心的三维坐标为

$$\begin{cases} x' = S \cdot \sin Z_e \cdot \cos A_z \\ y' = S \cdot \sin Z_e \cdot \sin A_z \\ z' = S \cdot \cos Z_e \end{cases} \tag{8-13}$$

由式(8-13)计算的坐标,称为测站独立坐标系的坐标。顾及全站仪横轴中心的三维坐标(x_0, y_0, z_0),则目标点的三维坐标为

$$\begin{cases} x = x_0 + S \cdot \sin Z_e \cdot \cos A_z \\ y = y_0 + S \cdot \sin Z_e \cdot \sin A_z \\ z = z_0 + S \cdot \cos Z_e \end{cases} \tag{8-14}$$

如果目标高不为 0,则目标点的 Z 坐标应减去目标高。

在进行细部测量时,瞄准细部点的照准中心(棱镜中心、反射片中心或免棱镜测距时的细部点本身)后,按"测量"键,即进行角度和距离测量,并将细部点观测数据显示于屏幕;按"记录"键,则显示细部点的三维坐标值;按地形点分类和连线要求输入细部点编码,按"OK"键确认,则细部点的观测数据、坐标值及编码等被存储于当前工作文件中。然后又重新显示细部测量屏幕,可继续下一细部点的观测。在进行细部点观测时,可充分利用全站仪所提供的角度偏心观测、单距离偏心观测、双距离偏心观测等功能,以提高测量效率。对于目标点的编号,仪器可以预先设置好细部点的起始编号及间隔,以后随着观测的进行,仪器会自动对细部点进行编号。

2. 地形点编码输入

在用全站仪进行地形点数据采集时,地形点的编码还必须由观测员判断和人工输入。一般全站仪可根据常用的地形编码建立编码库,在进行地形测量需要输入编码时,可直接调用而不必一一键入。对于连续观测的各点需要输入相同的地形编码时,因为屏幕保留了上一点的编码,故不必重复输入。

有的地物点具有双重地物特征,例如,某点既是电线杆又是路边点,对于这种具有双重地物特征的细部点,可根据编码设计原则赋予十二位编码,每六位表示一种地物特征,这样就可减少对双重地物特征点重复测量的工作量。

在进行细部点测量时,应尽可能按地物的分类和连线的次序进行,这样便于编码输入和地物图形按编码自动连线。图 8-25 为地形测量细部点的观测次序和编码示例,其中有一个游泳池(分类编码 349□)、一幢房屋(分类编码为 31□□)、一个内部道路(分类编码为 415□)的交叉口、一个池塘(分类编码为 216□)和一个喷水池(分类编码为 3110)。图中小十字代表观测的细部点,左边为点号(代表观测次序),右边为采用六位地形编码法的编码。六位地形编码法的编码结构由六位字符组成,前 4 位代表地形点的地形分类,第 5 位代表点的连线方式,第 6 位代表连线种类。地形点之间已按连线信息进行连线,其中游泳池、喷水池和池塘的各点,按观测顺序可以使各点间的连线封闭(最后一点的地形编码的末位代码为 C)。

按照图 8-25 中点号的次序观测,对编码输入的改动较少。成图软件除按分类编码将地物点存入相应"图层"外,还可以按连线编码自动连成较完整的地物轮廓线,如图中的实线(包括直线、圆弧、样条曲线);图中虚线为未完成的连线,须在图形编辑时完成。

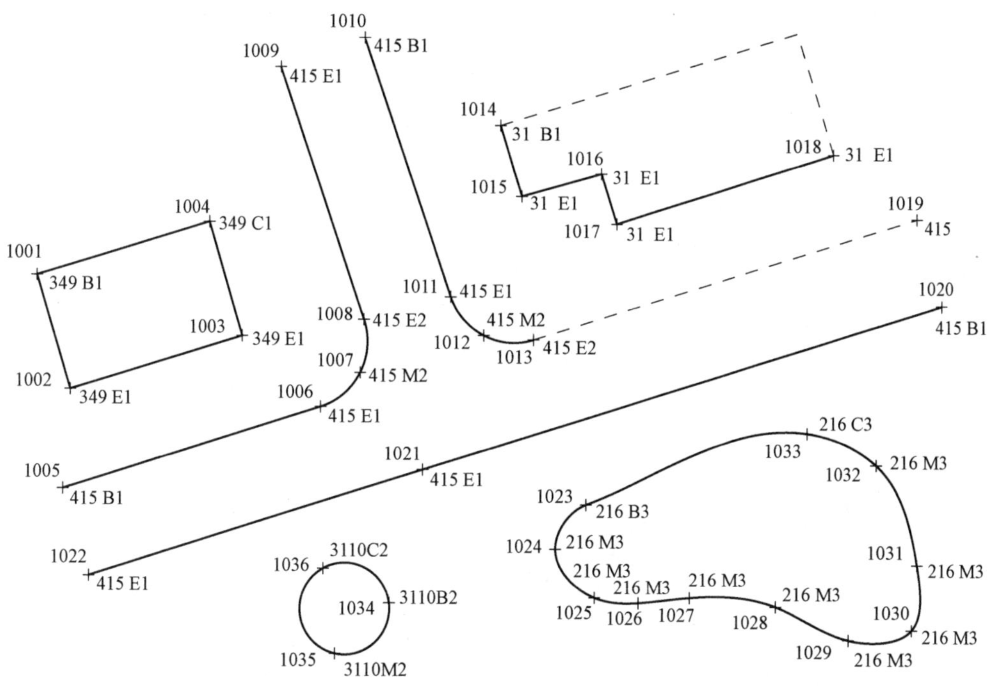

图 8-25　地形测量细部点编码示例

思考题

全站仪测量地形时，可以直接输出坐标成果，也可以保存原始观测数据（如测站编号或坐标、后视点编号或坐标、测距值、方位角、垂直角、棱镜常数值等）。相较于输出坐标成果，保存原始观测数据的好处是什么？

8.3　等高线地形图测绘

8.3.1　地形点选择

在测绘等高线地形图时，对于高低起伏、从表面上看来没有规则的地貌，与测绘地物一样，也应测定其地貌特征点，然后才能用等高线正确地表示其形状。自然地貌十分复杂和琐碎，对地貌特征点也应有取舍原则。因此，地貌特征点的选择十分重要。

不管地形怎样复杂，实际上都可以把地面看成是由向着各个不同方向倾斜和具有不同坡度的面所组成的多面体。山脊线、山谷线、山脚线（山坡和平地的交界线）等可以看作多面体的棱线，称为地性线。测定地性线的空间位置，地形的轮廓也就确定下来了。因此，这些棱线上的转折点（方向变化处和坡度变化处）就是地貌特征点。地貌特征点还包括山顶、鞍部、洼坑底部等以及其他地面坡度变化处。如图 8-26 所示，竖立棱镜标杆的点位即为地貌特征点。

图 8-26　地貌特征点

8.3.2　地形点的三维坐标测定

1. 地形点的测定方法

在地形图测绘中,地物点和地形点的平面位置测定是相同的,而对于每个地形点,还必须测定其高程,注记于点旁。即地形点是测定三维坐标(x, y, H)的点,并且用临时性线条标明是山脊线、山谷线还是山脚线(例如,用点划线表示山脊线,用虚线表示山谷线),用临时性符号标明山头和鞍部等,以便于正确绘制等高线。待等高线绘制完成后,可去掉这些临时性的线条和符号。

2. 地形点的分布和间距

在进行地形图测绘时,立尺员必须正确选定地形特征点,如山头、鞍部、山脊线和山谷线上方向或坡度变化处的点。如果某处的地面坡度变化甚小,地性线的方向也没有变化,但每隔一定的距离,也要测定地形点,使其均匀分布,这样才能较精确地绘制等高线。进行大比例尺测图时,地形点间距的规定如表 8-8 所示。

表 8-8　地形点间距规定

比例尺	地形点间距/m
1∶500	15
1∶1 000	30
1∶2 000	50

8.3.3　等高线的一般绘制

在地形图上,为了详尽地表示地貌的变化情况,又不使等高线过密而影响地形图的清晰，必须按规定的基本等高距(表8-4)绘制等高线。对于不能用等高线表示的地形，例如悬崖、峭壁、土坎、土堆、冲沟等，应采用《图式》所规定的符号表示。

由于等高线所代表的地面高程为整米数(少数为0.5 m)，而测定的地面点高程一般不为整数，因此，在这些地面点之间，必须用内插法确定高程为整米数的点，这些点就是等高线通过的位置。图8-27是根据地形点的高程，用内插法求得整米高程点，然后用光滑的曲线连接等高点，绘制成的局部等高线地形图。

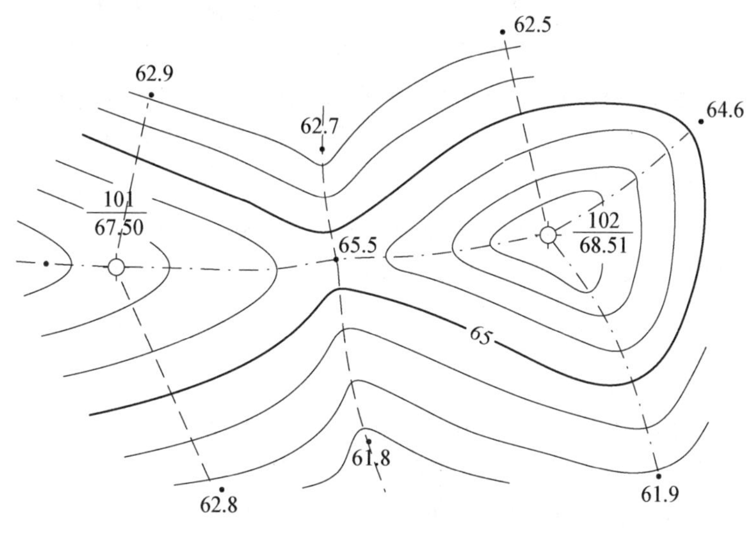

图8-27　等高线的绘制

8.3.4　等高线的自动绘制

野外测定的地貌特征点一般是不规则分布的地形点，根据这些点绘制等高线可采用方格网法和三角网法。

方格网法是建立长方形或正方形排列的小格网，每个格网点的高程以不规则分布的地形点为依据，按距离加权平均或最小二乘曲面拟合求得，再根据格网点的高程，内插绘制等高线。

三角网法是直接由不规则分布的地形点连成不规则三角网，在三角形边上以内插法求得等高线通过的点(称为等值点)，通过对等值点的追踪、连线、光滑，绘制成等高线。下面主要介绍三角网法。

不规则三角网(Triangular Irregular Net，TIN)的建立是通过不规则分布的地形点生成连续三角面的地形模型(TIN模型)来逼近地形表面。与方格网模型相比，TIN模型在一定分辨率下能用较少的空间和时间更精确地拟合复杂的地形表面。特别是当地形包含大量的地形特征线如山脊线、山谷线时，TIN模型能更好地顾及这些特征，从而能更精确合理地表达地表形态。

TIN的构造过程是将邻近的三个离散点连接成初始三角形，再以这个三角形的每条边向外扩展，寻找新的邻近的离散点构成新的三角形。如此下去，直到所有的三角形的边都无

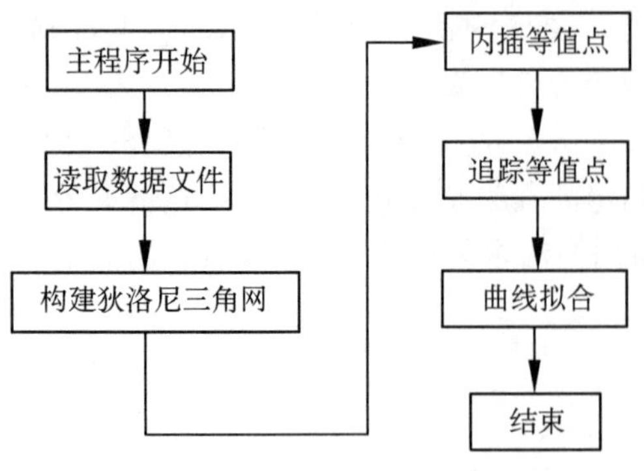

图 8-28 构建狄洛尼三角网绘制等高线的流程

法再扩展成新的三角形,而所有的离散点也都包含在三角形的顶点中为止。构造 TIN 模型时,由于对邻近离散点的判断准则不同,就会产生 TIN 模型的不同生成算法。常用的算法有狄洛尼(Delaunay)三角形法、最大角法等。图 8-28 所示为通过构建狄洛尼三角网绘制等高线的流程。

1. 构建狄洛尼三角网

在狄洛尼法中,将离散分布的地形点称为参考点。构成狄洛尼三角网时规定:每个由三个参考点组成的三角形的外接圆内都不包含其他参考点。下面介绍其计算方法。

设有参考点 $P_i(i=1, 2, \cdots, n)$,从 P_i 集合中取出最近的两个点,分别记为 P_1 和 P_2,以两点的连线作为基边,写出其直线方程:

$$y=\frac{y_2-y_1}{x_2-x_1}x+\frac{y_1(x_2-x_1)+x_1(y_1-y_2)}{x_2-x_1} \tag{8-15}$$

然后在两点附近找第三点。在找第三点的过程中,要逐点比较,一般取第三点到前两点的距离平方和最小的参考点作为候选点,以这三点作一外接圆,计算其外接圆圆心坐标。即先求出三角形两条边的中垂线方程,如 P_1P_2 的中垂线方程为

$$y=\frac{x_1-x_2}{y_2-y_1}x+\frac{{y_2}^2-{y_1}^2+{x_2}^2-{x_1}^2}{2(y_2-y_1)} \tag{8-16}$$

设 P_1 点附近的另一参考点为 P_3,则 P_1P_3 的中垂线方程为

$$y=\frac{x_1-x_3}{y_3-y_1}x+\frac{y_3^2-y_1^2+x_3^2-x_1^2}{2(y_3-y_1)} \tag{8-17}$$

将式(8-16)和式(8-17)作为联立方程式来解,得到两条中垂线交点的坐标,即 P_1、P_2 和 P_3 外接圆圆心的坐标(m, n),其计算公式为

$$\begin{cases} m=\dfrac{(b-c)y_1+(c-a)y_2+(a-b)y_3}{2g} \\ n=\dfrac{(c-b)x_1+(a-c)x_2+(b-a)x_3}{2g} \end{cases} \tag{8-18}$$

式中,

$$\begin{cases} a={x_1}^2+{y_1}^2 \\ b={x_2}^2+{y_2}^2 \\ c={x_3}^2+{y_3}^2 \\ g=(y_3-y_2)x_1+(y_1-y_3)x_2+(y_2-y_1)x_3 \end{cases} \tag{8-19}$$

接着判断周围是否有落入该外接圆的点,如图 8-29 所示。如果有,则该三角形不是狄洛尼三角形,如△123;再将周围其他的点作为候选点,重新作外接圆,重新判断周围是

否有点落入该外接圆内。直到没有其他参考点落入该外接圆内为止，则该三角形就是狄洛尼三角形，如△124。以该三角形的一边作为基边，用同样的方法形成其他三角形，直到所有参考点都参与构造狄洛尼三角网为止。三角网形成后，就可将三角网信息写入数据文件中。

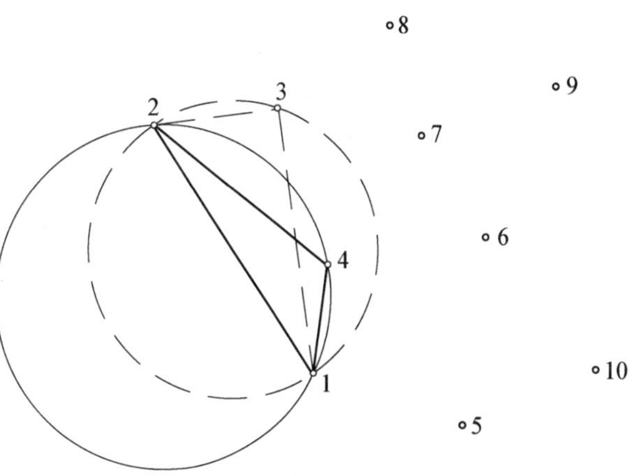

图 8-29　狄洛尼三角网的建立

2. 内插生成等高线

1）等值点内插

在相邻参考点之间，等高线通过的点称为高程等值点，简称等值点。等值点内插就是根据若干相邻参考点的三维坐标，求出等值点的平面坐标，在数学上属于插值问题。任意一种数学插值方法都是基于函数的连续性，等值点内插也是基于地形起伏的一致性，或者说邻近的地形点之间有很大的相关性，才可能根据邻近的地形点正确内插出待定的等值点。

狄洛尼三角网建立后，可获得三角网中以每个三角形的三个顶点为一组的高程信息。为了绘出等高线，还必须内插出位于各参考点间的等值点的平面位置。显然，等值点的内插必须在三角形的各边上进行。因此，必须首先讨论三角形的各边上是否有等值点，可以分以下几种情况考虑：①三角形的三个顶点的高程相等时的条件；②三角形的三个顶点高程不等时，各边需要满足的条件；③三角形的三个顶点高程不等，而其中有一点的高程等于等值点高程时，各边需要满足的条件；④三角形有两个顶点高程相等时，各边需要满足的条件。

在确定三角形边上存在等值点后，用内插方法求出等值点的平面坐标。对于某一条等高线，最多通过三角形的两条边，在这两条边上的等值点 B_1、B_2 坐标 (x_{B_1}, y_{B_1})、(x_{B_2}, y_{B_2}) 的线性插值公式为

$$\begin{cases} x_{B_1} = x_1 + \dfrac{x_2 - x_1}{z_2 - z_1}(z - z_1) \\ y_{B_1} = y_1 + \dfrac{y_2 - y_1}{z_2 - z_1}(z - z_1) \end{cases} \tag{8-20}$$

$$\begin{cases} x_{B_2} = x_2 + \dfrac{x_3 - x_2}{z_3 - z_2}(z - z_2) \\ y_{B_2} = y_2 + \dfrac{y_3 - y_2}{z_3 - z_2}(z - z_2) \end{cases} \tag{8-21}$$

式中，(x_1, y_1, z_1)、(x_2, y_2, z_2)、(x_3, y_3, z_3) 分别为三角形三个顶点的三维坐标；z 为等高线的高程值。

2）等值点追踪

相邻三角形公共边上的等值点，既是第一个三角形的出口点，也是相邻三角形的入口

点，根据这一原理来建立追踪算法。对于给定高程的等高线，从构网的第一条边开始按顺序搜索，判断构网边上是否有等值点。当找到一条边后，将该边作为起始边，通过三角形追踪下一条边，依次向下追踪。如果追踪又返回到第一个点，即为闭曲线(闭合等高线)，如图 8-30 中 1—2—3—4—5—6—1。如果找不到入口点(即不能返回到入口点)，如图 8-30 中 7—8—9—10—11，则将已追踪的点逆排序，再由原来的起始边向另一方向追踪，直至终点，如图 8-30 中 12—13—14。将二者合成，即 11—10—9—8—7—12—13—14，成为一条完整的开曲线(不闭合等高线)。当某一高程值的等高线全部追踪后，再调用曲线光滑程序，把离散等值点连接成光滑曲线。需要注意的是，对于某一高程值的等高线，可能有多条分支，此时应同样先绘出所有开口等高线，在不出现记录开口等高线线头的情况下，转入绘闭合等高线。闭合等高线的线头可以从任一三角形的等值点开始，并按上述方法追踪和光滑连接。绘完某一高程值的等高线后，再绘下一高程值的等高线，直到完成全部等高线的绘制为止。

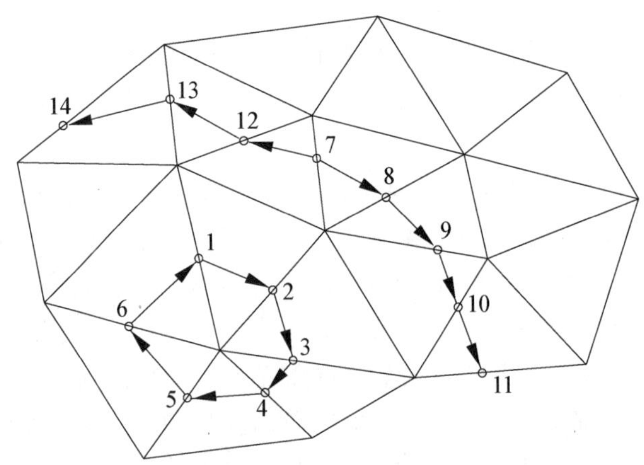

图 8-30　三角形边上的等值点追踪

3) 曲线光滑

由离散点绘制光滑曲线的方法有很多，且各有特点，下面介绍几种常用的方法。

(1) 分段三次多项式插值法：首先要求给出的数据点是属于一个连续的光滑曲线模型。分段三次多项式的含义是：每两个数据点之间建立一条三次多项式曲线方程，要求整条曲线上具有连续的一阶导数来保证曲线的光滑性。各个节点的一阶导数是以一点为中心、两边相邻各两点(共五点)来确定的，因此又称为五点光滑法。设平面上有 n 个离散点，要将这 n 个点连成一条光滑的曲线，就需要整条曲线上有连续的一阶导数。

(2) 二次多项式平均加权法：该方法又称为正轴抛物线平均加权法。其基本思想是在重叠范围内用平均加权的方法获得平均曲线作为最终的插值曲线。

(3) 张力样条函数插值法：张力样条函数的特征是具有一个张力系数 σ。当 $\sigma \to 0$ 时，张力样条函数就等同于三次样条函数；当 $\sigma \to \infty$ 时，张力样条函数就退化成分段线性函数，即从节点到节点之间是以折线连接。因此，可以选择合适的 σ，类似于在整条曲线的两端用一作用力拉到合适的程度，既能消除可能出现的多余拐点，也能保持曲线的光滑性。

图 8-31 为利用等高线自动绘制软件绘制的某地区等高线地形图。

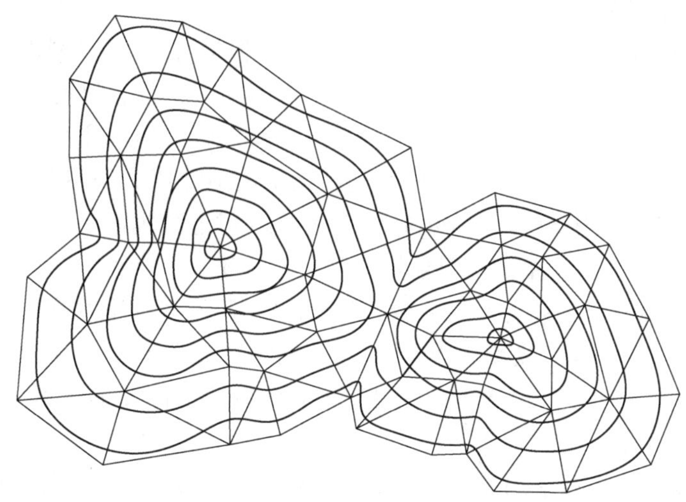

图 8-31　自动绘制等高线地形图

思考题

根据本章的知识，悬崖峭壁处的等高线会产生重叠、交叉，那么在悬崖峭壁处如何进行地形图测绘呢？

8.4　大比例尺数字地形图测绘方法

8.4.1　数字测图技术设计

在测图任务开始前，应编写技术设计书，拟定作业计划，以保证测量工作在技术上合理、可靠，在经济上节省人力、物力，有计划、有步骤地开展工作。

大比例尺野外数字测图的作业规范和图式主要有：《工程测量标准》(GB 50026—2020)、《城市测量规范》(CJJ/T 8—2011)、《地籍测绘规范》(CH 5002—1994)、《房产测量规范》(GB/T 17986—2000)、《1∶500　1∶1 000　1∶2 000 外业数字测图规程》(GB/T 14912—2017)、《国家基本比例尺地图图式　第1部分：1∶500　1∶1 000　1∶2 000 地形图图式》(GB/T 20257.1—2017)、《地籍图图式》(CH 5003—1994)、《基础地理信息要素分类与代码》(GB/T 13923—2022)等。

根据测量任务书和相关测量规范，并依据所收集的资料(包括测区踏勘等资料)编制技术计划。技术计划的主要内容有：任务概述，测区情况，已有资料及分析，技术方案设计，组织与劳动计划，仪器配备及供应计划，财务预算，检查验收计划以及安全措施等。

测量任务书应明确：工程项目或编号，设计阶段及测量目的，测区范围(附图)及工作量，对测量工作的主要技术要求和特殊要求，以及提交资料的种类和日期等内容。

在编制技术计划之前，应预先搜集并研究测区内及测区附近已有的测量成果资料，扼要说明其施测单位、施测年代、等级、精度、比例尺、规范依据、范围、平面和高程坐标系统、投影带号、标石保存情况及可利用程度等。

在一般工程建设中,测区面积多为几至十几平方千米,这时可以利用国家控制网一个点的坐标和一个方向。但多数情况下没有国家控制点可以利用,这时可以采用独立坐标系统。如测区面积大于 100 km^2,则应与国家控制网联测,采用国家坐标系统。此时控制测量成果应顾及球面与平面的差别,并归算到高斯平面上计算。采用 3°带投影时,距中央子午线最远地区的长度变形为 1/2 900,这时普通导线测量影响尚不是很严重。无论是 3°带投影,还是 1.5°带投影,一个测区只能用一种坐标系统。

高程系统应尽量与国家高程系统一致,即采用 1985 国家高程基准的高程系统。如测区附近没有国家水准点,或者联测工作量很大,这时可以在已有地形图上求得一个点的高程作为起算高程。对于扩建和改建的工程测图,为保持两次测图的高程一致,可以利用原来的水准点高程。

凡影响到测量工作安排和进展的问题,应到测区进行实地调查,调查内容包括人文风俗、自然地理条件、交通运输、气象情况等。踏勘时还应核对旧有的标石和点之记。初步考虑地形控制网(图根控制网)的布设方案和必须采取的措施。

根据收集的资料及现场踏勘情况,在旧有地形图(或小比例尺地形图)上拟定地形控制的布设方案,进行必要的精度估算。有时需要提出若干方案进行技术要求与经济核算方面的比较(优化)。对地形控制网的图形、施测、点的密度和平差计算等方面进行全面的分析,并确定最终方案。实地选点时,在满足技术规定的条件下容许对方案进行局部修改。

拟定计划时,还应将已有控制点展绘到图上,并绘制测区地形图分幅图。梯形分幅除绘出图廓线外,还应绘出坐标格网线。

根据技术计划的方案,统计工作量,并结合计划提交资料的时间,编制组织措施和劳动计划,提出仪器配备计划、经费预算计划和工作计划进度,同时拟定检查验收计划。

在测量工作的各生产过程(如野外踏勘、选点、造标、埋石、观测、计算)中要尽量避免工伤事故和减少仪器设备损坏,确保安全生产。

8.4.2 野外数据采集

对于大比例尺地形图的野外数据采集,主要采用全站仪和 RTK 两种工具。

全站仪是一种精度较高的测量设备,能够实现角度和距离的测量,主要用于地形测量、建筑工程测量和各类精密测量等,在地形图的野外数据采集中有着重要的应用。

RTK 是一种基于 GPS 或其他全球导航卫星系统(如北斗)的高精度定位技术。RTK 通过接收到的卫星信号与地面基站的差分数据计算,可以实时提供厘米级的定位精度。在大比例尺地形图的数据采集中,RTK 能够提供高精度、高效率的测量和定位服务。

8.4.3 地形图内业编绘

地形图编辑

地形图的内业编绘是一个详细而复杂的过程,需要遵循严格的步骤和技术。以下是地形图内业编绘的详细流程。

(1) 数据导入和整理:首先要导入外业采集的地形数据。高程数据通常以高程点的坐标和高程值的形式存在。地物数据包括各种地物特征的位置和属性信息。数据整理包括去除重复数据、填补缺失值、解决数据不一致问题等。

(2) 地形图底图创建：地形图底图是地形图的基础。创建底图时，需要确定地形图的尺度、边界和坐标系统。比例尺的选择将决定地形图的绘制比例，而坐标格网的设计需要考虑地形图的精度和可读性。

(3) 等高线生成：生成等高线需要对高程数据进行处理，通常采用插值方法确定高程值之间的等高线，以在地形图上绘制连续的等高线。

(4) 地物符号化：将地物数据转化为地形图上的符号和标记。例如，建筑物可以用方块或矩形表示，道路可以用线段表示，河流可以用线条和填充表示。符号的选择通常受到地形图样式和用途的影响。

(5) 地名标注：在地形图上添加地理名称标签是帮助用户识别地理特征的关键。地名标注需要选择合适的字体、字大和位置，以确保标签清晰可读且不会干扰地形图的可视性。

(6) 图例和比例尺：图例用于解释地形图上使用的符号和颜色，而比例尺用于表示地形图的比例关系。图例和比例尺的设计需要考虑地形图的复杂性和用户的需求。

(7) 布局和排版：地形图的布局和排版涉及各个元素的位置和关系的确定，包括标题、图例、比例尺、坐标格网和边距，以确保地形图的整体美观和易读性。

(8) 审查和质量控制：在地形图制作过程中，需要进行多次审查和质量控制，以确保地形图的准确性和一致性。这可能包括检查高程数据的精度、地物位置的准确性、标签的正确性等方面。

例如，在一次测量任务中，需完成面积约 200 m×200 m 范围 1∶500 地形图的内业编绘，其中包含房屋、道路、附属设施等，且需画出山坡上的等高线。

测量前，先在地形图上选择 200 m×200 m 的具体测量范围，并确定每部分的具体测量点位和控制点位置。测量时用已知点进行后视定向，确定坐标系，通过已知点测量几个未知点的坐标作为控制点，然后将全站仪架设到控制点，向外辐射测其周围点的坐标。对于地物测绘来说，周围点包括建筑物轮廓、道路边缘、井盖、路灯、消防栓、垃圾桶、台阶、花坛轮廓、桥梁等；等高线测绘包括山坡上点的坐标。

测量时，跑图员有规律地在选定范围内由外到内、由下到上均匀布点；观测员负责观测点位并给出调整的指挥信号；记录员负责在地形图上大致标注点位。同时还要对测量范围内存在的地物进行命名编号，以便于数据的存储和整理，命名如下：路灯 L；消防栓 X；山上小路 P；行车大路 R；方井盖(雨水井)G；图书馆轮廓 T；台阶 S；山上的点 H；花坛 F；桥 B；垃圾桶 O；圆井盖 J；电力井 E；移动井 A。根据方位将测量范围划分为 6 个区域 A、B、L、W、E、S，结合地物命名，以此对点号进行命名，如 LT1。

测量后，将全站仪中存储的点位数据传输到 U 盘中，再传输到电脑中形成数据文件，同时将数据转化为数字测图软件中定义的格式。利用 AutoCAD 的绘图插件 CASS，将所得的坐标数据展现在绘图界面上。依据外业工作中标注的点位，直接应用测图软件提供的点、线、面符号等绘制工具绘制成图。依据数据文件进行插点建模勾绘，绘制等高线。利用道路两条边的点，绘制形成道路。然后在已有地形图的基础上进行细节的编辑、修改、调整,如将路灯、井盖等标志物一一标出,对绿化植物的范围进行标注,对地形图进行分幅加图幅号或文字注记等,完成地形图的绘制(图 8-32)。

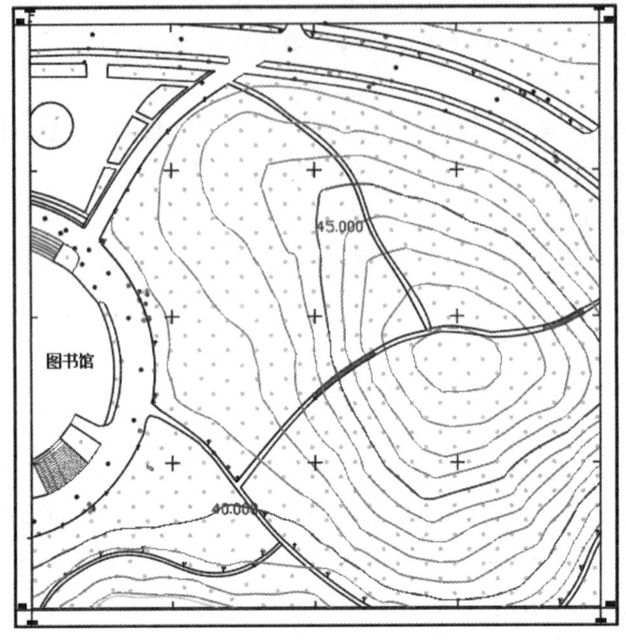

图 8-32　地形图最终成图

8.4.4　数字测图检查验收

数字测图任务完成后,需要通过质量检查验收,才算真正完成测图任务。因此,作业人员、绘图人员必须熟知数字测图任务的质量检查验收方法,方能减少测图、绘图过程中的错误,尽量提高成品的质量。

1. 数字地形图的基本要求

大比例尺数字地形图的平面坐标系一般采用以 CGCS2000 坐标系为大地基准(部分地区也会沿用西安 80 坐标系)、高斯-克吕格投影的平面直角坐标系,按 3°分带,亦可选择任意经度作为中央子午线的高斯-克吕格投影。特殊情况下,1∶500～1∶2 000 地形图可采用独立坐标系。高程基准采用 1985 国家高程基准。

大比例尺数字地形图地物点的平面位置精度要求:地物点对最近野外控制点的图上点位中误差在平地和丘陵地区不得大于 0.6 mm。

高程精度要求:高程注记点对最近野外控制点的高程中误差在平地和丘陵地区,1∶500 地形图不得大于 0.4 m,1∶1 000 和 1∶2 000 地形图不得大于 0.5 m;高程注记点密度为图上每 100 cm^2 内 8～20 个。等高线对最近野外控制点的高程中误差在平地和丘陵地区,1∶500 地形图不得大于 0.5 m,1∶1 000 和 1∶2 000 地形图不得大于 0.7 m。

2. 数字地形图的质量要求

大比例尺数字地形图的质量要求通过对产品的数据说明、数学基础、要素分类与代码、位置精度、属性正确、逻辑一致性、完备性等质量特性的要求来描述。大比例尺数字地形图的质量要求须满足二级检查(包括过程检查和最终检查)、一级验收制度。

(1) 数据说明包括产品名称和范围说明、存储说明、数学基础说明、采用标准说明、数据采集方法说明、数据分层说明、产品生产说明、产品检验说明、产品归属说明和备注等。

(2) 数学基础是指地形图采用的平面坐标系和高程基准、等高线等高距。

(3) 要素分类与代码对各类自然和人工地物要素的名称、级别和代码进行了分类规定,制图时必须遵循。根据通用原则,地形要素分为九个大类,分类代码采用四位数字层次码,包括大类码、小类码、一级代码和二级代码。

(4) 位置精度包括地形点、控制点、图廓点和格网点的平面精度,高程注记点和等高线的高程精度,形状保真度,接边精度等。

(5) 地形图属性正确是指描述每个地形要素特征的各种属性数据必须正确无误。

(6) 地形图数据的逻辑一致性是指各要素相关位置应正确,并能正确反映各要素的分布特点及密度特征。例如线段相交,无悬挂或过头现象,面状区域必须封闭等。

(7) 地形要素的完备性是指各种要素不能有遗漏或重复现象,数据分层要正确,各种注记要完整,并指示明确等。

数字地形图显示时,其线画应光滑、自然、清晰,无抖动、重复等现象。符号应符合相应比例尺地形图图式规定。注记应尽量避免压盖地物,其字体、字大、字向等应符合相应比例尺地形图图式规定。

3. 大比例尺数字地形图的质量评定方法

1) 检测方法和一般规定

对于野外测量采集数据的数字地形图,当比例尺大于 1∶5 000 时,检测点的平面坐标和高程采用外业散点法按测站点精度施测,每幅图一般选取 20～50 个点。

用钢尺或测距仪量测相邻地物点间距离,每幅图量测边数一般不少于 20 条。平面检测点应均匀分布,随机选取明显地物点。

2) 检测点的平面坐标中误差和高程中误差计算

检测点的平面坐标中误差按下式计算:

$$\begin{cases} M_X = \pm\sqrt{\dfrac{\sum\limits_{i=1}^{n}(X_i' - X_i)^2}{n-1}} \\ M_Y = \pm\sqrt{\dfrac{\sum\limits_{i=1}^{n}(Y_i' - Y_i)^2}{n-1}} \end{cases} \tag{8-22}$$

式中,M_X 为坐标 X 的中误差;M_Y 为坐标 Y 的中误差;X' 为坐标 X 的检测值;Y' 为坐标 Y 的检测值;X_i 为坐标 X 的原测值;Y_i 为坐标 Y 的原测值;n 为检测点个数。

相邻地物点之间的距离中误差按下式计算:

$$M_S = \pm\sqrt{\frac{\sum\limits_{i=1}^{n}\Delta S_i^{\,2}}{n-1}} \tag{8-23}$$

式中，ΔS_i 为相邻地物点实测边长与图上同名边长的较差；n 为量测边的条数。

高程中误差按下式计算：

$$M_H = \pm\sqrt{\frac{\sum_{i=1}^{n}(H_i' - H_i)^2}{n-1}} \tag{8-24}$$

式中，H_i' 为检测点的实测高程；H_i 为数字地形图上相应内插点的高程；n 为高程检测点个数。

4. 大比例尺数字地形图的检查验收方法

大比例尺数字地形图的检查验收实行过程检查、最终检查和验收制度，验收工作应经最终检查合格后再进行。在验收时，一般按检验批中单位产品数量的10%抽取样本。

检验批一般应由同一区域、同一生产单位的产品组成。同一区域范围较大时，可以按生产时间的不同分别组成检验批。

验收时应对样本进行详查，并进行产品质量核定，对样本以外的产品一般进行概查。当样本中经验收有质量为不合格产品时，须进行二次抽样详查。验收工作完成后，编写验收报告，随产品归档。

思考题

假如你是一名测绘工程项目经理，接受一项地形测量任务后，试想一下在整个项目开展过程中，需要获取和提交哪些文档资料？

课后习题

[8-1] 何谓地形图比例尺？何谓比例尺精度？

[8-2] 何谓地形图图式？何谓比例符号、非比例符号和半比例符号？

[8-3] 何谓等高线？等高线有哪些特征？何谓山脊线和山谷线？

[8-4] 何谓地形图分幅？有哪几种分幅方法？

[8-5] 何谓数字测图？包含哪些主要内容？数字测图与传统测图方法相比，有何异同点？

[8-6] 上海某地的纬度 $\varphi = 31°16'40''$，经度 $\lambda = 120°31'32''$，试求该地在1∶50万、1∶10万、1∶1万三种比例尺地形图的国际分幅的图幅编号。

[8-7] 已知某1∶5 000地形图的国际分幅编号为J50H092084，试计算其西南图廓的经度和纬度。

[8-8] 已知上海某地物点的坐标为(5 332.148，−3 164.969)，试求该地物点在1∶1 000地形图上按基本图幅编号法的编号。

[8-9] 数字地形图的质量要求有哪些？在评定质量时，一般计算哪些指标？如何计算？

第9章

数字测量新技术

数字测量新技术突破了传统测绘技术存在的缺陷，大幅提升了测绘工作的效率。传统测绘技术受到观测仪器与方法的限制，只能应用于局部区域的测量工作。数字测量新技术结合了现代化先进的信息技术与空间技术，进一步推动了测绘行业的发展。以光学摄影测量技术、三维激光扫描技术为代表的新型测绘技术，具有高效率、高精度、非接触、大范围测量的优点。此外，数据获取平台与方式也呈现出多样化的特点，从航空航天平台到低空无人机平台，从地面固定测量平台到移动测量平台，这些前沿技术已经在地形测量等领域得到了广泛的应用。

本章学习重点

- 了解数字航空摄影测量成图的基本方法；
- 了解三维激光扫描测图方法并掌握三维激光扫描仪基本使用方法；
- 了解无人机测图方法并掌握无人机基本使用方法；
- 了解移动测量系统，能够通过综合测绘方法完成基本地形成图实验。

9.1 数字摄影测量基础

9.1.1 摄影测量原理

摄影测量一词的英文是 Photogrammetry,其含义是基于像片的量测,即利用光学摄影机摄影的像片,研究和确定被摄物体的形状、大小、位置以及相互关系的技术。摄影测量的主要特点是在像片上进行量测和解译,无需接触被测物体本身,因而很少受自然和地理条件的限制,而且可获得摄影瞬间的动态物体影像。像片及其他各种类型的影像均是客观物体或目标的真实反映,可以从中获得所研究物体的大量几何信息。

按照应用对象的不同,摄影测量可分为地形摄影测量和非地形摄影测量。地形摄影测量的主要任务是测绘各种比例尺的地形图及城镇、农业、林业、地质、交通、工程、资源与规划等部门需要的各种专题图,建立地形数据库,为各种地理信息系统提供三维的基础数据。非地形摄影测量则广泛应用于工业、建筑、考古、医学、生物、体育、变形监测、事故调查、公安侦破与军事侦察等各方面。其测量对象与任务千差万别,但主要方法与地形摄影测量一样,即根据二维影像重建三维模型,在重建的三维模型上提取所需的各种信息。

摄影测量能够通过摄影成像的方式直接获取被摄目标点的空间三维坐标信息,其基本原理类似于交会测量中的测角交会(又称前方交会),即从两个已知点 1 和 2 向待定点 A 观测其连线与给定坐标系 O-XYZ 之间的夹角 α_1、α_2、β_1、β_2,通过计算得到待定点的坐标,如图 9-1 所示。

在此基础上,将两台相机分别放置在 1,2 两点,分别用 S_1 和 S_2 来表示两台相机的摄影中心,对目标点 A 进行成像,A 点在两台相机的像平面上对应的像点分别用 a_1 和 a_2 来表示,对应于同一个目标点的像点通常称为同名点,如图 9-2 所示。理论上,摄影中心 S_1、S_2,同名像点 a_1、a_2 和待测点 A 均在同一平面上。因此,在已知摄影中心位置及相机内外部参数的情况下,量测得到影像上同名点的像片坐标后,就可以进行前方交会,求解未知点 A 的坐标。同理,对于空间中的其他待测点,如图 9-2 中 B 点的坐标,也是通过类似方法求解的。

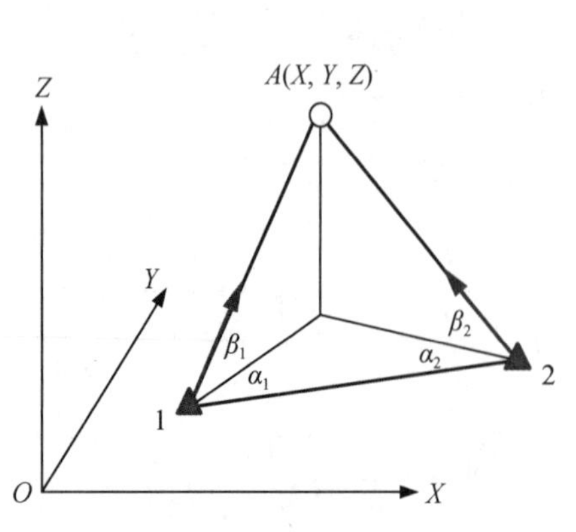

图 9-1 前方交会原理

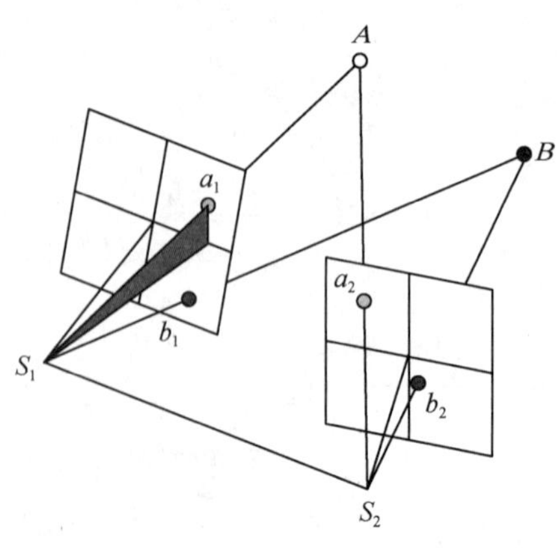

图 9-2 摄影测量原理

摄影测量的基本原理就是通过量测两张或多张影像上的同名像点，建立摄影中心、像点、物方空间点之间的空间三维模型并解算空间点的三维坐标信息。

9.1.2　航空摄影测量

航空摄影测量是摄影测量的一个重要分支，其成像平台通常为飞机。航空摄影测量与地面测图相比，具有速度快、精度均匀、效率高等优点，尤其适用于高山区或人不易到达的地区。要通过摄影测量方法获得目标点的三维坐标信息，需要在两张或多张影像上获取目标点的同名像点。对于航空摄影测量而言，此过程可以通过在其成像平台上搭载两台或多台相机来实现，也可以仅用一台相机来实现。仅用一台相机时，需要保证飞机飞行过程中相机拍摄的相邻影像间具有较高的重叠度。此时，在重叠区域实际上就形成了多台相机观测的情况，进而可以利用摄影测量方法获取重叠区域的目标点的空间位置信息，如图 9-3 所示。

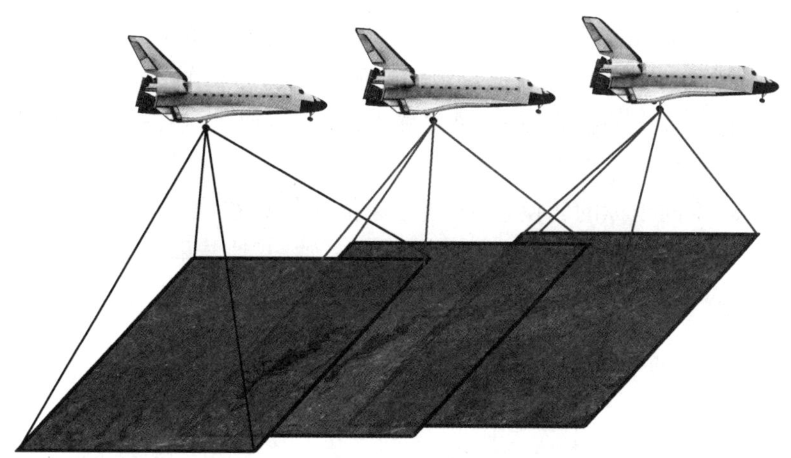

图 9-3　航空摄影测量示意图

9.1.3　共线方程

用摄影测量方法研究被摄物体的几何信息和物理属性时，必须建立该物体与像片之间的数学关系。共线条件是中心投影构像的数学基础，也是各种摄影测量处理方法的重要理论基础。以图 9-2 为例，共线条件的基本含义是：摄影时，摄影中心 S_1、物方点 A、物方点投影在相机 1 像平面上的像点 a_1 位于同一直线上。据此可以建立如下的空间关系：

$$\frac{X_a - X_S}{X - X_S} = \frac{Y_a - Y_S}{Y - Y_S} = \frac{Z_a - Z_S}{Z - Z_S} = k \tag{9-1}$$

式中，(X_S, Y_S, Z_S) 为摄影中心 S 在某一规定的物方空间坐标系 $O\text{-}XYZ$ 下的坐标；(X, Y, Z) 为任一物方点在 $O\text{-}XYZ$ 坐标系下的三维坐标；a 点为物方点在像片上对应的像点，该像点同样也有其在 $O\text{-}XYZ$ 坐标系下的三维坐标，用 (X_a, Y_a, Z_a) 表示；k 为比例因子。

将式(9-1)变换形式,则有

$$\begin{cases} X_a - X_S = k(X - X_S) \\ Y_a - Y_S = k(Y - Y_S) \\ Z_a - Z_S = k(Z - Z_S) \end{cases} \tag{9-2}$$

式中,像点 a 在 O-XYZ 坐标系下的三维坐标 (X_a, Y_a, Z_a) 通常属于中间变量,需要进一步建立像点在像平面的位置与 (X_a, Y_a, Z_a) 的转换关系,从而直接建立物方点三维坐标 (X, Y, Z) 与其像点位置的关系。

为此,首先需要确定航空摄影瞬间摄影中心与像片在地面设定的物方空间坐标系中的位置和姿态,描述这些位置和姿态的参数称为像片的方位元素。其中,表示摄影中心与像片之间相关位置的参数称为内方位元素,表示摄影中心与像片在物方三维空间坐标系中的位置和姿态的参数称为外方位元素。

像点在像平面上的位置通常用其在框标坐标系下的坐标值 (x, y) 来表示,像片框标坐标系如图 9-4 所示。通常以像片上对边框标的连线作为 x 轴、y 轴,其交点作为坐标原点。摄影中心在像平面上的投影点 O 通常称为像主点,像主点在框标坐标系下的坐标通常用 (x_0, y_0) 来表示。

为了便于进行空间坐标的转换,需要建立起描述像点在像空间位置的坐标系,即像空间坐标系。该坐标系以摄影中心 S 为坐标原点,x 轴、y 轴与框标坐标系的 x 轴、y 轴平行,z 轴与摄影中心和像主点的连线 SO 重合,如图 9-5 所示。

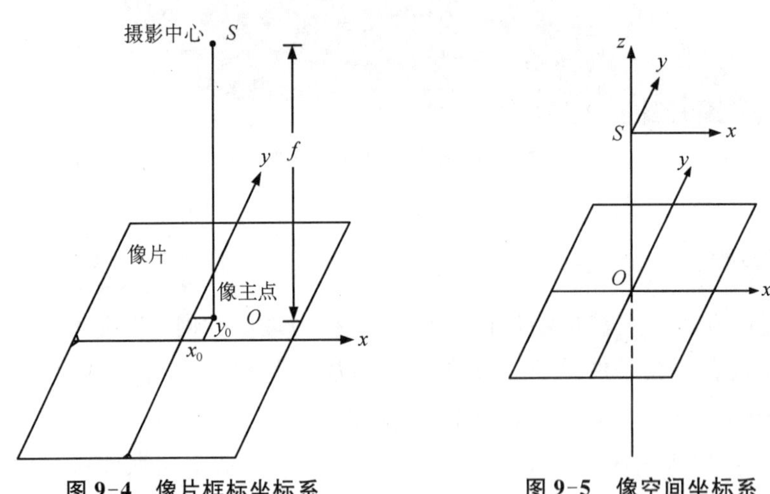

图 9-4 像片框标坐标系　　图 9-5 像空间坐标系

在这个坐标系中,像平面上每个像点的 z 坐标都等于 $-f$,f 为相机的焦距;(x, y)坐标则表示为 $(x - x_0, y - y_0)$,因此,像点在像空间坐标系中可以表示为 $(x - x_0, y - y_0, -f)$。其中,像主点坐标 (x_0, y_0) 与相机的焦距 f 即影像的内方位元素,内方位元素一般通过相机检校确定。

像空间坐标系根据像片的空间位置而定,所以每张像片的像空间坐标系是各自独立的。

像空间坐标系和物方空间坐标系同为空间三维直角坐标系，像点在两个坐标系下的坐标分别为 $(x-x_0, y-y_0, -f)$ 和 (X_a, Y_a, Z_a)，且像空间坐标系原点在物方空间坐标系下的坐标为 (X_S, Y_S, Z_S)，据此可以通过三维坐标变换的方式建立二者之间的关系：

$$\begin{bmatrix} x-x_0 \\ y-y_0 \\ -f \end{bmatrix} = \begin{bmatrix} a_1 & b_1 & c_1 \\ a_2 & b_2 & c_2 \\ a_3 & b_3 & c_3 \end{bmatrix} \begin{bmatrix} X_a - X_S \\ Y_a - Y_S \\ Z_a - Z_S \end{bmatrix} \tag{9-3}$$

将式(9-2)代入式(9-3)，则得到如式(9-4)所示的共线方程，这是摄影测量中最基本、最重要的公式。

$$\begin{cases} x-x_0 = -f\dfrac{a_1(X-X_S)+b_1(Y-Y_S)+c_1(Z-Z_S)}{a_3(X-X_S)+b_3(Y-Y_S)+c_3(Z-Z_S)} \\ y-y_0 = -f\dfrac{a_2(X-X_S)+b_2(Y-Y_S)+c_2(Z-Z_S)}{a_3(X-X_S)+b_3(Y-Y_S)+c_3(Z-Z_S)} \end{cases} \tag{9-4}$$

式中，(a_i, b_i, c_i) 为通过像片的 3 个外方位角元素计算得到的旋转矩阵参数，值得注意的是，旋转矩阵通常为正交矩阵。外方位角元素是像空间坐标系与物方空间坐标系对应轴的夹角，也是摄影中心与像片在物方空间坐标系中的姿态。(X_S, Y_S, Z_S) 是摄影中心在物方空间坐标系中的位置，其通常被称为外方位线元素。3 个外方位角元素与 3 个外方位线元素统称为像片的外方位元素。

此外，由式(9-2)和式(9-3)还可以推出共线方程的另一种形式：

$$\begin{bmatrix} X \\ Y \\ Z \end{bmatrix} = \lambda \begin{bmatrix} X_a - X_S \\ Y_a - Y_S \\ Z_a - Z_S \end{bmatrix} + \begin{bmatrix} X_S \\ Y_S \\ Z_S \end{bmatrix} = \lambda \begin{bmatrix} a_1 & a_2 & a_3 \\ b_1 & b_2 & b_3 \\ c_1 & c_2 & c_3 \end{bmatrix} \begin{bmatrix} x-x_0 \\ y-y_0 \\ -f \end{bmatrix} + \begin{bmatrix} X_S \\ Y_S \\ Z_S \end{bmatrix} \tag{9-5}$$

式中，$\lambda = \dfrac{1}{k}$。

如式(9-4)所示，若已知像片的内、外方位元素及物方点三维坐标，则利用共线方程可直接计算得到相应的像点坐标；反之，若已知像点坐标及像片内、外方位元素，还不能由单张影像直接计算得到物方点的三维坐标。因此，在摄影测量处理中，需要使用立体影像确定物方点三维坐标，如式(9-5)所示。此外，若已知单张像片的内、外方位元素以及至少 3 个物方点坐标并量测出其相应的像点坐标，则可根据共线方程列出至少 6 个方程式，从而求解出像片的 6 个外方位元素，该过程通常称为空间后方交会。

9.1.4　影像匹配

摄影测量的基本内容包括：在两张或多张影像上测定同一物方点对应的像点，建立像点坐标与物方点坐标之间的变换关系(共线方程)。其中，在两张或多张影像上自动识别对应于同一物方点的同名像点的过程，就称为影像匹配。影像匹配是摄影测量、计算机视觉等领域中非常重要的基础研究方向。最初的影像匹配是利用相关技术实现的，其原理是利用相关性评价函数，评价两个影像窗口的相似性，以确定同名点。随着摄影场景复杂性的提升和信息技术的发展,越来越多的新型影像匹配方法或研究方向开始出现,如基于深度学习的影像匹配方法,光学影像、雷达影像、红外影像、激光点云等多源数据间的匹配方法等。影像匹配至今仍是相关领域的研究热点与难点所在。本节主要以相关系数法为例介绍影像匹配过程。

以一对立体影像为例,假设在左片上有一个目标点,为了搜索它在右片上的同名点,可以以它为中心取其周围 $n \times n$ 个像素的灰度序列形成一个目标区,如图 9-6 所示。在目标区中任意一个像元的灰度值设为 $g_{i,j}(i, j = 1, 2, \cdots, n)$,一般取 n 为奇数,其中心点即为目标点。根据左片上目标点的坐标概略地估计出它在右片上的近似点位,并以此为中心取其周围 $l \times m$ 个像素的灰度序列($l > n$, $m > n$),组成一个搜索区。在搜索区内有 $(l - n + 1) \times (m - n + 1)$ 个与目标区等大的区域,称为相关窗口,窗口内任意一点的灰度值设为 $g'_{i+k,j+h}(k = 0, 1, \cdots, l - n;\ h = 0, 1, \cdots, m - n)$。

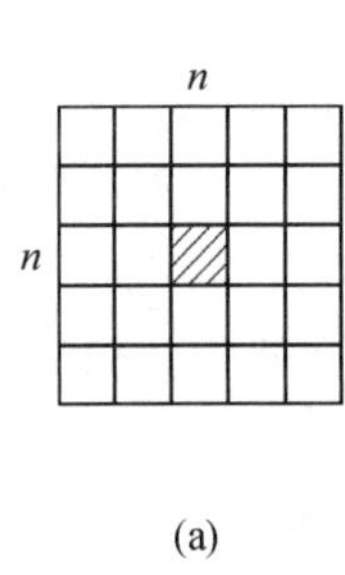

(a)

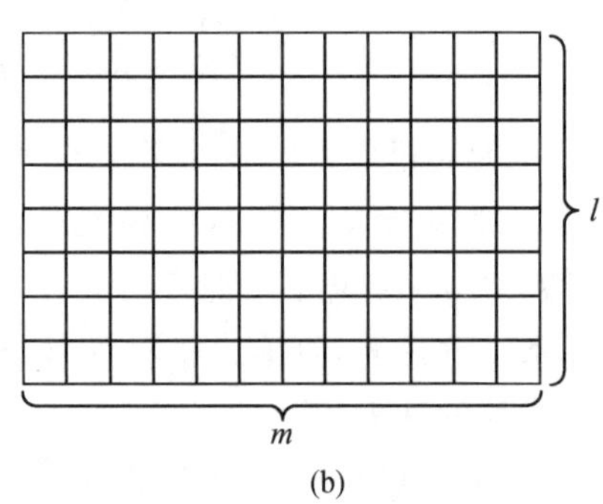

(b)

图 9-6　二维相关区域

为了在右片上的搜索区内寻找同名点,需对这 $(l - n + 1) \times (m - n + 1)$ 个区域分别计算其与左片目标区的相关系数值。其中,相关系数值最大时所对应的右片相关窗口的中心点即认为是左片目标点在右片上对应的同名像点。

9.1.5　空中三角测量

空中三角测量是根据少量的野外控制点,在室内进行控制点加密并求得加密控制点坐标的测量方法。其目的是提供测图或纠正所需要的控制点,目前常用的是光束法区域网空中三角测量方法。

1. 光束法区域网空中三角测量

光束法区域网空中三角测量是以一幅影像所组成的一束光线作为平差的基本单元,以中心投影的共线方程作为平差的基础方程。通过各个光线束在空间的旋转和平移,使模型之间公共点的光线实现最佳交会,并使整个区域最佳地纳入已知的控制点坐标系统中。这里的旋转相当于光线束的外方位角元素,而平移相当于摄站点的空间坐标。在有多余观测的情况下,由于存在像点坐标测量误差,所谓的相邻影像公共交会点坐标应相等以及加密控制点坐标与地面测量坐标应一致,均是在保证投影误差最小的意义下的一致。这便是光束法区域网空中三角测量的基本思想(图 9-7)。

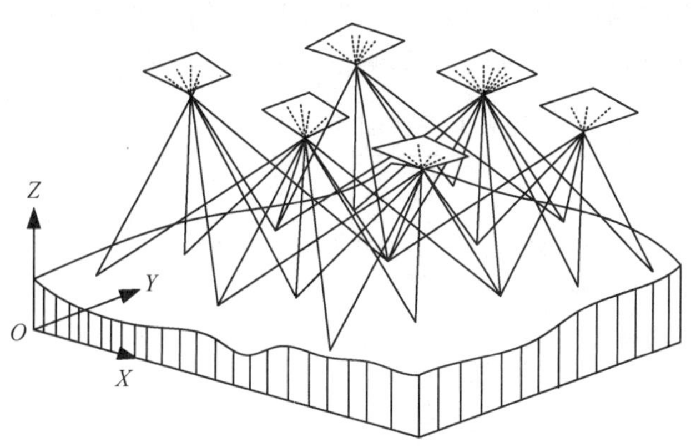

图 9-7　光束法区域网空中三角测量示意图

2. POS 辅助空中三角测量

定位定向系统(Position & Orientation System, POS)集差分 GNSS 定位技术和惯性导航技术于一体,可以获取移动物体的空间位置和三轴姿态信息,广泛应用于飞机、轮船和导弹的导航定位。POS 系统主要包括 GNSS 接收机和惯性测量装置(Inertial Measurement Unit, IMU)两个部分,亦称 GNSS/IMU 集成系统。

将 POS 系统和航摄仪集成在一起,通过 GNSS 载波相位差分定位获取航摄仪的位置参数,通过 IMU 测定航摄仪的姿态参数,经联合处理后可直接获得测图所需的每张像片的 6 个外方位元素,从而能够大大减少乃至无需地面控制直接进行航空影像的空间地理定位,为航空影像的进一步应用提供快速、便捷的技术手段。在崇山峻岭、戈壁荒漠等难以通行的地区,或国界、沼泽、滩涂等作业员无法到达的地区,采用 POS 系统和航空摄影系统集成进行空间直接对地定位,快速高效地编绘基础地理图件已成为行之有效的方法。

9.1.6　数字化测图

空中三角测量能够获取加密点的坐标和每张像片优化后的外方位元素,在此基础上,可以直接使用两张或多张影像,在其重叠区域利用影像匹配技术自动寻找同名像点并量测坐标,进而根据共线方程同时解求重叠区域内同名点对应的物方点坐标,由此进一步建立数字高程模型、自动绘制等高线、制作正射影像图、提供基础地理信息等。

9.1.7　摄影测量应用

数字摄影测量技术是快速生产和更新数字空间数据的必要手段。在数字摄影测量系统平台上,用全数字化和自动化方法快速生产数字高程模型和数字正射影像,并从正射影像上自动或人机交互式地提取各种专题信息,包括道路、水系、居民地等,然后将这些结果直接输入数据库中,可以实现数据库的自动建立和更新。

传统的摄影测量三维模型重建也考虑物体表面纹理的表达,例如地面的正射影像就是地表的真实纹理,但在大多数的应用中,较少考虑物体表面纹理的表达。随着社会、经济与科技的发展,三维模型真实纹理的重建在摄影测量任务中变得日渐重要。在某些应用中,需要利用不同的摄影方法完成真实纹理的重建,例如城市的三维建模,可能需要航空摄影与近景摄影相结合才能完成。摄影测量的典型应用领域如表 9-1 所示。

表 9-1　摄影测量典型应用领域

应用领域	说　　明
基础地理信息测绘	通过航空摄影或卫星影像获取地表特征和地形数据,用于土地管理、城市规划和自然资源管理等领域。
遥感应用	结合遥感数据,用于地表覆盖分类、环境监测和资源调查,服务于农业、环境保护和自然灾害评估等领域。
三维建模	获取建筑物、地形和其他物体的三维模型,应用于虚拟现实、游戏开发和建筑设计,提供沉浸式体验和准确数据。
地质勘探	在地质勘探中应用广泛,包括测量地质构造、岩层分析和矿产资源评估,帮助了解地下地质特征,支持矿产资源的勘探和开发。
环境监测	结合遥感数据进行环境监测和保护,监测森林覆盖变化、湿地退化和土地退化等,为环境保护决策提供数据支持。
工程测量	用于建筑物的测量和监测,包括立面测量、结构变形监测和施工监控,支持建筑设计、施工和维护过程。

思考题

摄影测量成功应用的关键之一在于物方点同名像点的成功识别和匹配。据此,试举例说明哪些典型应用场景会显著提升摄影测量建模的难度。

9.2　地面三维激光扫描测图

9.2.1　地面三维激光扫描测量原理

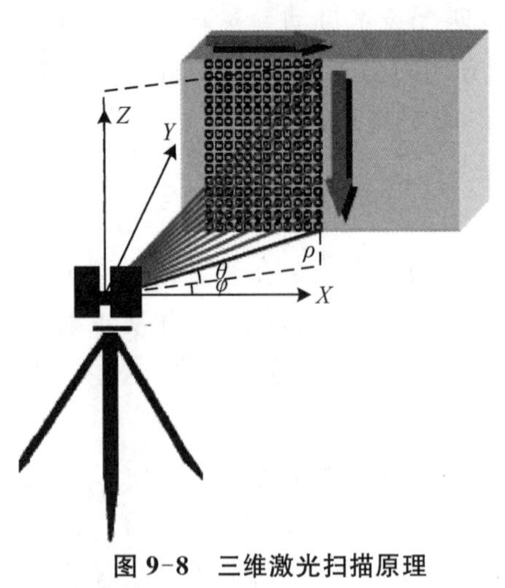

图 9-8　三维激光扫描原理

地面三维激光扫描仪主要由激光脉冲发射器、接收器、时间计数器(石英钟)、由马达控制的可旋转的滤光透镜、彩色 CCD 相机、微电脑和软件组成。激光脉冲发射器周期性地驱动激光二极管发射激光脉冲,然后由接收透镜接收目标反射信号,石英钟对激光脉冲发射与接收的时间差作计数,最后由微电脑通过软件计算出仪器至目标点的空间距离(斜距) ρ。由石英钟控制的编码器同步测量每个激光脉冲的横向扫描角度 φ(相当于方位角)和纵向扫描角度 θ(相当于天顶距),如图 9-8 所示。

据此得到激光扫描点在测站坐标系下的三维坐标:

$$
\begin{cases} x = \rho \cdot \sin\theta \cdot \cos\varphi \\ y = \rho \cdot \sin\theta \cdot \sin\varphi \\ z = \rho \cdot \cos\theta \end{cases} \tag{9-6}
$$

由式(9-6)可见,激光扫描点与全站仪的散点测量应用同样的计算公式,不同之处在于:全站仪是由测量员选择少量的地物特征点测定其三维坐标,而激光扫描仪能够快速和高密度地自动连续获取地物(实体)表面点的三维坐标。因此,激光扫描仪的测量作业方式称为“扫描”,获取的巨量点位数据称为“点云”,后续利用计算机软件系统可以方便地建立起以点云为表达方式的地物或地形的场景模型。

9.2.2　三维激光扫描特点

与使用全站仪和水准仪等获取点位空间信息相比,三维激光扫描技术展现出明显的技术优势,主要有以下六个方面:

(1) 非接触性:三维激光扫描技术避免了与待测量目标的直接接触,对于矿区等许多难以到达的待测量部位,观测人员可以在可控的安全处,对危险以及不易到达的建筑部位进行数据采集,以获取目标物的空间三维信息。

(2) 高效性:三维激光扫描技术能够在非常短的时间内获得大量的三维点云数据,效率非常高,点云数据量庞大。

(3) 高密度性:使用三维激光扫描仪进行扫描,采集到的数据之间的间隔可以非常小,一般点间距在厘米级至毫米级,部分场景可以达到亚毫米级。

(4) 高精度性:三维激光扫描系统直接获取待测物的三维空间坐标信息,减少了计算转换过程中产生的误差,仪器本身的测角和测距精度也很高,确保了数据的高精度。同时,高精度也意味着所获得的数据可用于进一步的量测,即具有可量测性。

(5) 实时性:三维激光扫描仪具有智能性,计算机和扫描仪是可以相互连通的。在实际操作过程中,可以利用计算机控制扫描仪,实时、动态地查看扫描仪采集的空间点云数据,数据有疑问时便可以重新采集当前扫描站的数据。

(6) 直观性、表面性:人眼可以通过三维激光扫描获得的数据直观地观察物体表面的形状信息。在扫描仪作业过程中,还可以通过仪器内置或外加的CCD相机拍下扫描仪镜头视野内的高清彩色照片,同步获得待测物表面的纹理信息,数据后处理时,将此纹理信息直接附到点云数据上便可直观真实地呈现出待测物的空间彩色信息。

9.2.3　三维激光扫描仪分类

针对不同的使用目的,如何在种类复杂多样的三维激光扫描仪中作出最合理的选择极为关键。这就需要对不同的三维激光扫描仪作出明确的分类,现阶段一般根据三维激光扫描系统的测距原理或扫描距离进行分类。

地面三维激光扫描系统

1. 按测距原理分类

三维激光扫描仪根据测距原理可分为脉冲式、相位式、三角式三种。

(1) 脉冲式三维激光扫描仪。脉冲测距法是基于时间漂移原理的一种距离测量方法。

该方法通过直接测定脉冲波在仪器与目标之间往返的时间差值,然后根据激光传播速度计算得到被测目标的距离。脉冲式三维激光扫描仪一般适用于对距离较远的面状目标进行测量扫描,但受距离及扫描原理的限制,其测量精度较低。

(2) 相位式三维激光扫描仪。相位式测距方法又称连续波相位式激光测距法,其原理是利用无线电波段的频率,对激光束的幅度进行周期调制,同时计算出调制的光束在整个测程往返一次所产生的相位值的差,然后借助激光的波长性质,换算此相位延迟所产生的距离。

(3) 三角式三维激光扫描仪。激光三角测距法是根据在扫描空间构建的三角几何坐标关系,通过三角计算求得激光发射中心到扫描目标之间的距离。

上述三种激光测距原理,各有其优缺点。其中,脉冲测距的有效工作距离最长,测量范围广,但其测量精度往往随着测量距离的增加而降低;相位法测量的距离适中,且精度较高,但由于该方法是通过间接量计算得到距离值,技术要求较高,故只有较少的三维激光扫描仪应用这种测距原理;三角测量原理的测量距离相对较小,但其测量精度是最高的,常用于室内测量工作。

2. 按扫描距离分类

三维激光扫描仪根据扫描距离可分为近距离、中距离、长距离三种。

(1) 近距离三维激光扫描仪。扫描距离很短,一般只有几米,但是其扫描速度快且精度很高,常用于精密机械制造领域。

(2) 中距离三维激光扫描仪。测距一般为几十米,主要用于室内外、道路、林区、文物保护现场等领域。

(3) 远距离三维激光扫描仪。测距可以达到几百米至数千米,一般用于地质灾害监测、大型结构变形检测、大范围地形测绘等方面。

9.2.4 地面三维激光扫描数据采集

地面三维激光扫描是一种高效、精确获取地表点云数据的方法,常应用于地形测绘、城市规划、建筑物模型重建等方面。地面三维激光扫描数据采集的一般步骤如下:

(1) 确定扫描区域和目的:确定需要采集数据的区域范围,例如城市街区、建筑物、地形等。确定数据采集的目的,例如建立数字地图、进行建筑物模型重建等。

(2) 选择合适的激光扫描设备:根据采集区域和目标的特点,考虑设备的扫描范围、精度、分辨率等因素,选择合适的激光扫描设备。

(3) 设置扫描参数:根据采集目标和设备规格,配置扫描参数,例如扫描角度、扫描密度、激光脉冲频率等。扫描密度的选择会直接影响点云数据采集的细节和精度。

(4) 实地采集数据:将激光扫描设备安装在合适的位置,启动扫描设备,开始采集数据。设备会发射激光束并记录回波信号,进而测量地表的距离信息。

(5) 数据处理:采集的原始点云数据通常会存在噪声、畸变等问题,需要进行后期处理。使用点云处理软件对原始点云数据进行滤波、去噪、配准等处理,以提高数据质量和准确性。

(6) 数据融合:可能需要将多次扫描的数据进行融合,以获取更全面、密集的点云信息。融合过程需要对点云数据进行配准，将不同扫描站的点云拼接在一起。

(7) 生成三维模型或地图：经过数据处理和融合后，可以得到高质量的地面三维点云数据，根据需求，可以使用点云数据生成三维模型、数字地图或其他相关产品。

9.2.5　点云数据

点云数据是用来描述物体表面形状的一组三维坐标向量的集合，通常用坐标(X，Y，Z)表示。除了三维坐标外，有的点云数据还含有 RGB 颜色、灰度值、激光反射强度等信息。常见的点云存储格式有 PCD、TXT、XYZ、PTX、LAS 等。相较于三角网格数据，激光扫描系统采集的点云数据中每个点与点之间没有连接信息。

1. 点云数据特点

通过激光扫描系统采集得到的三维点云数据具有以下特点：

(1) 三维立体化、高密度、数据量大：点云数据描述了被测物体表面的三维坐标，显示立体化。激光扫描系统得到的点云数据为了获取物体详细信息，扫描点非常密集，根据扫描物体大小和扫描间距的不同，点云数据可包含几万到几百万甚至上亿个点，占用存储空间比较大。

(2) 无拓扑信息：激光扫描系统得到的点云数据是由一个个点组成的，每个点之间的相互关系(即拓扑结构)未知，导致点云数据组织管理、空间计算、浏览查询困难。

(3) 包含被测物体属性信息：根据不同点云获取方式，点云数据还可以包含被测物体的一些属性信息，例如：激光反射强度，可以反映物体表面反射率，有利于区别被测物体表面材质；RGB 颜色信息，可以反映物体表面纹理；回波信息，可以反映物体表面穿透能力。

(4) 数据“空洞”：根据不同扫描场合的情况，由于被测物体表面被其他物体遮挡或物体表面材质的原因，激光扫描系统采集不到被测物体表面真实的三维信息，导致点云数据缺失，形成数据“空洞”。

2. 点云排列方式分类

由于点云采集设备以及采集原理的不同，点云数据会有不同的排列方式。

(1) 扫描式点云：基于特定方向(如沿扫描方向)排列的数据，如图 9-9(a)所示。

(2) 阵列式点云：基于某种方式(如图像像素规则)排列的有序数据，如图 9-9(b)所示。

(3) 网格式点云：通过三角网相连的有序数据，如图 9-9(c)所示。

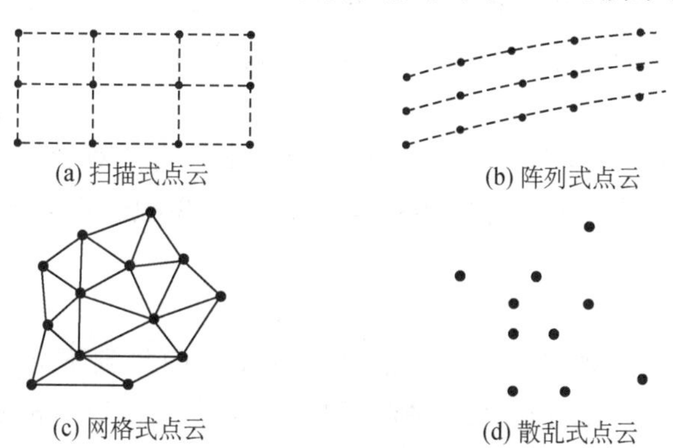

图 9-9　不同排列方式的点云

(4) 散乱式点云:数据之间没有规律,完全散乱,如图 9-9(d)所示,这是最常见的点云组织方式。

扫描式、阵列式和网格式三种点云因其数据存在一定的拓扑关系,称为有序点云。散乱式点云因数据之间毫无规律,称为无序点云。相较于无序点云,有序点云因数据之间有一定的拓扑规律,因此处理更为方便。因此,部分点云处理算法的第一步,就是将无序点云组织成有序点云,从而加快后续的处理。

9.2.6 点云数据处理

海量点云数据内业处理是三维激光扫描系统最重要也是最复杂的一环,同时也是花费时间最多的环节,经过一系列的点云数据处理才能得到目标物的三维数字模型、特征结构等信息。三维激光扫描点云数据处理的一般流程如图 9-10 所示。

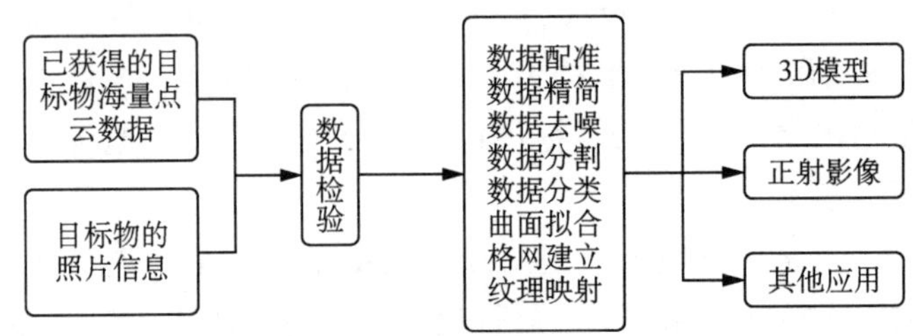

图 9-10 点云数据处理的一般流程

1. 数据配准

数据配准是将多个扫描站采集的点云数据通过拼接和转换的方式,使其都处于同一全局坐标系中。这个过程对于获得连续、无缝衔接的大范围点云数据至关重要,有助于构建完整的三维地图、建筑物或景观模型。

2. 数据精简

由于点云数据量通常非常大,数据精简是必要的步骤。数据精简是在保留原始特征信息的前提下,通过特定的抽稀算法,减少点云数据量,以大幅提高数据处理和存储效率,便于后续的分析和模型构建。

3. 数据去噪

激光扫描数据可能受到环境和设备等因素的影响,存在一定程度的噪声点。数据去噪是通过滤波和数据平滑等方法,减少或消除这些噪声点,提高数据的准确性和可靠性。

4. 数据分割

大规模点云数据处理时,为了方便处理和管理,常常需要对数据进行分块处理。数据分割是指将点云数据划分成较小的块,使得每个块可以单独进行处理,同时避免内存等方面的限制。

5. 数据分类

数据分类是指将点云数据中的点按照其形状特征归类到不同的曲面类型或对象类别。这种分类有助于进一步分析和理解点云数据,提取出特定目标物的信息,如建筑物、树木、道路等。

6. 纹理映射

纹理映射是指将相机拍摄的目标物的照片映射到点云或已建立的三维模型上，使点云或模型呈现出真实的外观和质感。这对于虚拟现实(Virtual Reality, VR)、增强现实(Augmented Reality, AR)等应用来说非常重要，可使三维模型更具视觉真实感和细节感。

9.2.7　三维激光扫描技术应用

三维激光扫描技术具有非接触、精度高、速度快、能大幅节约时间和成本等特点，并且其测量数据通用性强，这些优势使三维激光扫描技术得到了广泛的应用。

1. 文物与古建筑保护

文物古迹是一个民族的精华和瑰宝，对我国来说更是如此。我国大量的文物、古建筑随着时间的流逝受到不同程度的破坏，调查、维修和保护工作刻不容缓。对于外形较为规则、简单的古建筑，可采用传统的测量方法和手工方法进行绘制；对于较为复杂不规则的古建筑，则测量难度较大，且准确性难以保证。采用地面三维激光扫描技术可以实现无接触测量，最大程度地还原文物、古建筑的外貌，获得准确的信息资料。三维激光扫描技术已经在我国的敦煌莫高窟、北京故宫、乐山大佛、秦始皇兵马俑、应县木塔以及柬埔寨的吴哥窟等国内外重要文物和古建筑保护方面得到了成功应用。

2. 数字孪生与虚拟现实

三维激光扫描技术在数字孪生和虚拟现实中发挥着重要作用，为各行各业提供了更精确、真实的数据基础，同时也为用户带来了更为沉浸式和强交互性的体验。使用三维激光扫描数据可以建立高精度的数字孪生模型，模拟工厂或设备的运行，预测设备维护需求，优化生产流程，提高生产效率，如图 9-11 所示的虚拟厂房和虚拟变电站等。

通过三维激光扫描获取的真实世界环境数据可以用于游戏中的场景构建，使虚拟游戏世界更加真实，提供沉浸式体验；利用三维激光扫描获取的点云数据，可以创建逼真的虚拟旅游体验，让用户在虚拟环境中游览名胜古迹或自然景观。

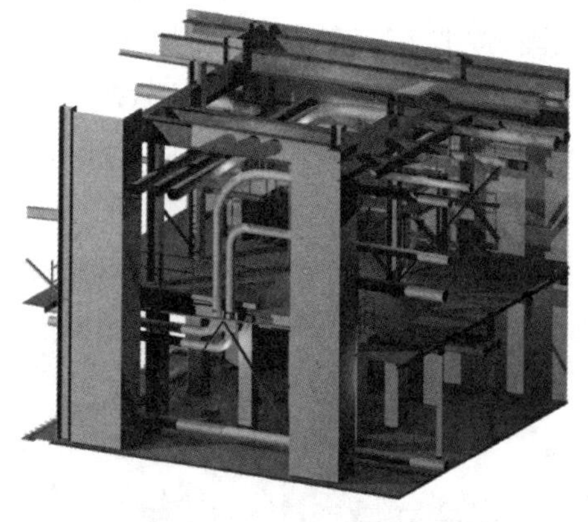

图 9-11　虚拟厂房和虚拟变电站

3. 大型船舱测量和舱容计算

随着三维激光扫描技术的不断发展，其快速、大面积获取目标对象表面高分辨率三维坐标数据的特点可克服传统测量方法采样点少、采样工序复杂等缺点,可用于解决船舱容积快速、精准测量的专业问题(图 9-12);建筑信息模型(Building Information Model, BIM)技术以三维模型作为信息载体,可完成三维模型在不同状态下的切割、合并、变换等定性分析及模型体积定量统计工作,从而计算船舱在不同姿态下的容积。

图 9-12 大型船舱的内部测绘

4. 现场保护测绘

三维激光扫描技术在事故现场保护方面有着重要的应用,它能够提供高精度、真实的现场数据,为事故调查和救援提供有力支持,同时保护现场的证据和安全。

三维激光扫描技术可以快速、精确地获取事故现场的三维点云数据,包括地面、建筑物、车辆等物体的几何形状和位置信息。这些数据可用于事故现场的高精度重建,帮助调查人员和救援队伍更好地理解现场情况,包括事故原因、受伤情况等,从而作出更明智的决策。在事故现场采集的三维激光扫描数据可以作为重要的证据,用于事故调查和责任追究,也可以用于生成详细的三维图像和模型,帮助事故调查人员在法庭上清晰地展示现场情况和事故原因,从而为法律判决提供支持(图 9-13)。

图 9-13 三维激光扫描技术在事故现场的应用

5. 边坡滑移监测

边坡滑移是常见的山区道路灾害，严重危害人类生命及财产安全。采用三维激光扫描技术可以实时掌握边坡的形状，实现边坡动态监控和预测。通过多期扫描，可以获得不同时间点的滑坡地表数据，有助于了解滑坡的演化过程。将多期扫描数据进行对比分析，可以构建滑坡的形变场，揭示滑坡区域地表的位移、沉降等变化情况，为滑坡研究提供基础数据。

思考题

对一棵大型、常绿乔木进行三维激光扫描，可以选择何种设备？扫描时应注意哪些方面？

9.3 低空无人机测图

9.3.1 无人机测图概述

1. 无人机简介

无人机(Unmanned Aerial Vehicle, UAV)是一种配备数据处理系统、传感器、自动控制系统和无线电通信系统等必要机载设备的不载人飞行器。无人机起源于军事领域，目前已广泛应用于民用领域，包括航拍摄影、物流运输、农业、环境监测、紧急救援等领域。无人机系统通常由飞行器、飞控系统、数据链路、发射与回收系统等组成。根据不同的用途和需求，无人机的外形、尺寸和功能也有所不同，如图 9-14 所示。

图 9-14　不同型号的无人机

无人机的飞行方式可以分为遥控操控和自主导航两种。在遥控操控模式下，操作员使用遥控器或地面站来控制无人机的飞行，实时接收图像和数据。在自主导航模式下，无人机通过搭载的导航系统和传感器，如全球导航卫星系统、惯性导航系统、气压计、激光雷达、光学相机等，实现自主飞行和任务执行。

无人机在多个领域发挥着重要作用。在航拍摄影中，无人机可以携带高清摄像机或摄像头，从空中拍摄视频和照片，为电影、广告、勘测等提供独特的视角；在物流运输方面，无人机可以快速、高效地运送货物,尤其在交通拥堵或紧急救援时更具有优势;在农业领域,无人机可以进行精准的植保喷洒、作物监测和灌溉,从而提高农作物的产量和质量。此外,无人机还可以用于环境监测、边境巡逻、灾害勘察、科学研究等领域。

2. 无人机分类

无人机作为一种可快速移动的运载平台,具有隐蔽性好、生命力强,造价低廉、不惧损毁,起降简单、操作灵活等优点。无人机的类型多样,可以按照不同的属性特点进行分类。

按功能分类,无人机可分为军用无人机和民用无人机。其中,军用无人机可进一步分为:信息支援类,主要用于发现来袭目标并迅速提供报警信息;信息对抗类,用于实施电子干扰、电子欺骗、电子诱饵、网络攻击和反辐射摧毁;火力打击类,具备携带和发射武器系统的能力,能够执行类似有人战斗机的任务。民用无人机可进一步分为:检测巡视类,包括用于火灾、水灾、地震等灾害场景的监测,交通、水利等环境的监测,以及气象监测等;遥感测绘类,用于地形测绘、地质遥感监测、矿藏监测等领域;通信中继类,主要用于提供通信中继和组网服务。此外,无人机还可以参照表 9-2 所示的分类准则进行分类。

表 9-2 无人机分类准则

尺寸	活动半径	任务高度	飞行速度	飞行方式
微型无人机	超近程无人机	超低空无人机	低速无人机	固定翼无人机
轻型无人机	近程无人机	低空无人机	亚音速无人机	单旋翼无人机
小型无人机	短程无人机	中空无人机	跨音速无人机	多旋翼无人机
中型无人机	中程无人机	高空无人机	超音速无人机	动力飞艇
大型无人机	远程无人机	超高空无人机	高超音速无人机	临近空间无人机
				空天无人机
				扑翼无人机

3. 无人机测图简介

无人机测图以航空遥感为基础,利用先进的无人飞行器、遥感传感器、遥测遥控、通信、GNSS 差分定位和遥感应用等技术,实现自动化、智能化、专业化的灾害应急处理、基础测绘、土地利用调查、矿山开发监测和城市规划等。无人机测图相比于传统的地面测量和航空摄影具有许多优势,主要包括以下几个方面:

(1) 高分辨率影像:无人机低空平台测图可以获得高分辨率的影像数据。由于离地面较近,无人机可以拍摄到更加详细和清晰的影像,捕捉到更多细节和地貌特征。这对于地物识别、地貌分析和基础设施管理等应用非常重要。此外,传统的航空航天平台因其成像高度问题,光学影像易受云雾干扰影响,而此类天气对无人机低空平台影响较小。

(2) 灵活性和机动性:无人机低空平台测图具有较高的灵活性和机动性。相比于传统的航空测绘，无人机可以在较狭窄的区域或复杂的地形条件下，如在地下管线、矿井等场景下开展飞行任务，能够更好地适应不同的测绘任务需求。此外，无人机低空平台还可以进行垂直或斜角拍摄，以获取更全面的地理数据。

（3）快速响应和实时数据：无人机低空平台测图可以快速响应需求并实时获取数据。相比于卫星遥感，无人机可以在短时间内启动并执行测绘任务，不受天气条件和卫星轨道限制，从而可以提供实时的地理数据，以支持紧急响应和即时决策。

（4）低成本和可控性：相比于传统的航空测绘，无人机低空平台测图通常成本较低。无人机的采购、运营和维护成本相对较低，且不需要复杂的地面基础设施。此外，测图过程中可以根据需要灵活控制飞行高度、速度和航线，以获得更好的测绘效果。

（5）安全性和环境友好性：无人机低空平台测图相对较安全，并对环境友好。无人机的飞行高度较低，降低了对人群和建筑物的风险。此外，无人机通常采用电力驱动，减少了对环境的污染和噪声。

在无人机测图中，关键的设备是搭载在无人机上的成像传感器。这些传感器可以是传统的RGB相机、红外相机、多光谱相机、热红外相机等，根据测绘任务的需求选择不同类型的传感器。通过无人机飞行，传感器可以捕捉到地表的影像数据，结合无人机的位置和姿态信息，可以进行后续的图像处理和分析。

无人机测图已在许多领域中得到了广泛应用。在土地规划和土地管理方面，无人机测图可用于城市规划、建筑设计、土地利用评估等；在环境保护和监测方面，无人机测图可用于森林资源监测、自然保护区管理、水资源管理等。此外，无人机测图还在灾害响应和紧急救援中发挥重要作用，可以提供灾区地形和损毁情况的实时信息。

9.3.2　无人机测绘系统

无人机测绘系统是指利用无人机进行地表测图和制图的整套设备和工作流程，通常包括以下几个部分。

无人机航测

（1）无人机：无人机是测绘系统的核心组件，主要用于搭载航空摄影机等设备。选择适合测绘任务的无人机是关键，通常选择具备稳定飞行性能、长续航时间和高载荷能力的多旋翼或固定翼无人机。

（2）传感器：传感器用于采集地理数据。常见的传感器包括RGB相机、多光谱相机和热红外相机等，也可以是激光雷达等，用于获取更多的地理信息。传感器的选择要根据具体应用需求确定。

以倾斜相机（Oblique Camera）为代表的无人机成像模式已逐渐成为大比例尺地形测图的主流方式。倾斜相机是一种安装在飞机、无人机等航空器上的相机，其特点是能够以倾斜的角度拍摄地面影像。相比于传统的垂直（垂直朝下）相机，倾斜相机在拍摄过程中能够捕捉到地面目标的斜面和立面，从而提供更多的地物细节和立体感。

倾斜相机通常由多个相机模块组成，每个模块安装在航空器的不同方向上，可以同时朝向前、后、左、右和下方。这样的配置使倾斜相机能够以不同的角度和方向拍摄地面影像，并覆盖更广阔的区域，如图9-15所示。

（3）数据处理软件：无人机测绘系统需要使用专业的数据处理软件对采集到的图像或

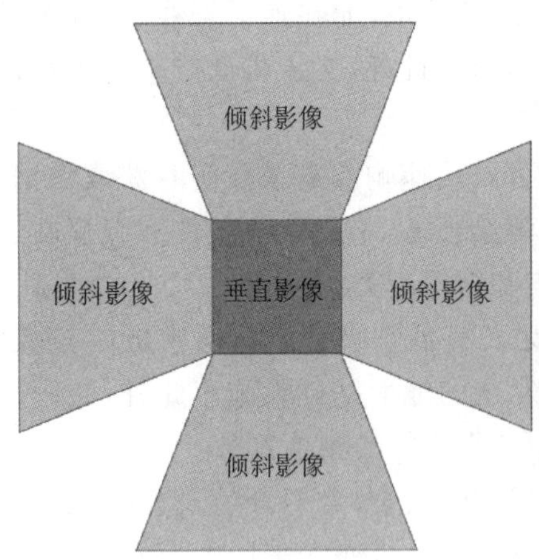

图 9-15　倾斜摄影示意图

传感器数据进行处理和分析。这些软件可以进行图像拼接、地物提取、地形建模、数字制图等处理，进而生成最终的测绘产品。

(4) 遥控与导航系统：遥控与导航系统用于控制和指导无人机的飞行。通常包括遥控器、地面控制站和 GPS 导航系统等。操作人员通过地面控制站与无人机建立通信，发送指令控制飞行任务和采集数据。

(5) 硬件和附件：无人机测绘系统还可能包括其他硬件和附件，如电池、充电器、存储设备、地面标识和安全装备等。这些附件和设备用于支持无人机的运行和保障测绘任务的顺利进行。

无人机测绘系统的工作流程通常包括任务计划、飞行操作、数据采集、数据处理和制图等环节。在执行测绘任务时，操作人员需要进行任务规划，设定飞行参数和航线。无人机根据设定的参数进行飞行并采集数据。采集到的数据通过数据处理软件进行处理和分析，生成测绘产品，如数字高程模型(Digital Elevation Model, DEM)、数字表面模型(Digital Surface Model, DSM)、数字正射影像(Digital Orthophoto Map, DOM)等。

9.3.3　无人机数据处理

无人机为数据获取提供了一个更加高效、便捷的途径，其数据来源还是依赖于其搭载的相机、激光雷达等，其数据处理方式与前面介绍的摄影测量、三维激光扫描数据处理方法类似。随着硬件技术、传感器技术、信息技术的快速发展以及越来越多遥感数据可获取性的提升，众多数据处理方法与软件系统逐渐向商业化、开源化、专业化转型。无人机成像数据因极高的空间分辨率，除应用于常规的大比例尺地形图测绘外，还越来越多地应用于各类目标的三维建模研究，并广泛应用于街景地图、智慧城市、实景中国等领域。

1. 无人机数据处理软件

无人机数据处理软件是用于处理和分析通过无人机采集的地理数据的专业软件。这些软件通常提供一系列功能和算法，用于图像处理、数据拼接、地物提取、地形建模、制图等任务。以下是几种常用的无人机数据处理软件。

1）Pix4D

Pix4D是一款由瑞士Pix4D SA公司开发的三维建模和测绘软件，专门处理无人机拍摄的影像数据。Pix4D的核心模块Pix4Dmapper支持多种无人机和相机型号，能够自动识别和处理大量影像数据，用户只需设置若干初始参数，即可生成高质量的处理结果。Pix4D能够将二维影像转化为高精度的三维点云、DSM、DEM和DOM。此外，该软件还提供了详细的项目报告功能，用户可以自定义报告内容，包含精度分析、处理日志等，便于结果的验证和展示。

2）Agisoft Metashape

Agisoft Metashape（其前身为Photoscan）是一款由俄罗斯Agisoft LLC开发的功能强大的无人机数据处理软件，它基于摄影测量、多视图三维重建的原理能够准确处理在任意位置拍摄的一系列图像并生成三维空间数据。Agisoft Metashape的界面简洁、使用便捷，无需进行相机检校、初始参数设置等复杂操作，可直接对绝大多数常见图像格式的文件进行自动化处理，即使非专业人员也可以在一台电脑上处理成百上千张航空影像，生成专业级别的摄影测量数据。Agisoft Metashape的工作流程和主要产品包括：对齐图像、建立密集点云、建立网格与纹理贴图、生成DSM、生成DEM、生成DOM等。

3）DroneDeploy

DroneDeploy是一款由美国DroneDeploy公司开发的专业无人机影像处理和分析软件，旨在提供从影像采集到数据处理的一站式解决方案。DroneDeploy的核心功能包括影像处理、三维建模和数据分析，可对多款主流无人机和相机数据进行处理。该软件具有用户友好的操作界面和自动化的处理流程，能够对数据进行实时处理和快速预览，用户可以在现场立即查看和分析数据，从而提高工作效率。

4）ContextCapture

ContextCapture是一款由Bentley Systems开发的专业三维建模软件，专门用于处理大型影像数据集，生成高精度的三维模型和DSM。ContextCapture利用摄影测量技术，基于无人机、地面相机或卫星影像等多种数据源，能够自动生成高分辨率的三维模型，广泛应用于建筑、城市规划、基础设施管理和文物保护等领域。

无人机影像三维重建

5）COLMAP

COLMAP是一款开源的三维重建软件，是计算机视觉和摄影测量领域常用的影像处理软件。COLMAP利用多视图立体匹配技术，能够从多张二维影像中自动生成高精度的三维点云、网格模型和纹理化模型，其核心功能包括图像匹配、相机校准、稀疏与密集三维重建等。图像匹配模块通过特征检测和匹配算法，自动识别影像中的共视点，并进行相机姿态估计。相机校准模块支持多种相机模型的校准，确保三维重建的精度。稀疏重建模块通过光束法平差优化相机参数和三维点的位置，生成稀疏点云。密集重建模块则利用多视图立体匹配技术，生成高密度的三维点云和纹理化模型。

6）OpenMVG/OpenMVS

OpenMVG（Multiple View Geometry）和OpenMVS（Multi-View Stereo）是两个开源的三维重建软件库，广泛应用于计算机视觉和摄影测量领域。OpenMVG专注于多视图几何学，通过图像匹配、相机校准和稀疏重建，生成高精度的三维点云。OpenMVS负责从稀疏点云生成高密度点云、网格模型和纹理化模型。二者结合使用,可构成完整的三维重建工作流程,为用户提供高效、可靠的三维数据处理解决方案。

这些软件在无人机数据处理领域具有广泛的应用,并且不断更新和改进以满足不同应用需求。无人机数据处理软件的选择应考虑数据类型、处理需求和用户技术水平等因素。

2. 运动恢复结构方法

在多视图无人机影像或地面影像三维重建研究方面,除传统摄影测量方法外,目前广泛应用的方法是运动恢复结构方法(Structure From Motion, SFM)。SFM 是一种从图像序列中恢复出场景的三维结构和摄像机运动的方法,通过计算图像中的特征点及其匹配关系,SFM 可以推断出场景中点的位置以及相机在不同时间或位置的运动。SFM 方法一般包括以下步骤:

(1) 特征提取:从图像序列中分别提取特征点,这些特征点可以是角点、边缘、SIFT (Scale-Invariant Feature Transform,尺度不变特征变换)特征点等。这些特征点应在不同图像中具有良好的重叠性,以确保后续步骤中匹配的准确性。

(2) 特征匹配:通过特征描述子为图像序列中的特征点生成一个独特的描述向量,比较特征描述子的信息可匹配不同图像中对应的特征点对。常用的特征描述子包括 SIFT、SURF (Speeded-Up Robust Features,加速稳健特征)等,常用的匹配算法包括最近邻匹配算法等。

(3) 运动估计:根据特征点的匹配关系,估计相机在不同时间或位置的运动状态。该步骤通过恢复相机的旋转和平移矩阵来实现,常用的方法包括本质矩阵(适用于内参已知的情况)、基础矩阵(适用于内参未知的情况)、单应性矩阵分解(适用于场景中存在平面结构的情况)等。

(4) 三维重建:利用估计的相机运动状态和特征点的深度信息,恢复出场景中特征点的三维位置。三角测量是常见的三维重建方法之一,该方法利用几何关系,通过已知的相机位置和特征点匹配关系,计算特征点在三维空间中的位置。

(5) 稠密重建(可选):在获得稀疏的三维点云后,可以采用图像插值或基于区域的方法进行稠密重建,生成更密集的点云或表面模型。常用的稠密重建方法包括半全局匹配(Semi-Global Matching, SGM)、半全局块匹配(Semi-Global Block Matching, SGBM)、PatchMatch 算法以及基于深度学习的稠密匹配等方法。

从以上步骤可以看出,此类计算机视觉方法与摄影测量处理的流程具有较高的相似性。SFM 方法具有高效性、灵活性的特点,在许多领域都有广泛的应用,包括航空测绘、三维重建、虚拟现实、增强现实、自动驾驶等。它可以通过分析图像序列中的运动和几何关系,从图像中推断出三维结构和相机运动,为后续的分析和应用提供基础数据。需要注意的是,SFM 方法的准确性和鲁棒性同样受到图像质量、特征点提取和匹配的准确性、相机运动的多样性等因素的影响。

9.3.4 无人机大比例尺测图应用

常见的无人机测图成果主要包括数字表面模型(DSM)、数字地形模型(Digital Terrain Model, DTM)、正射镶嵌图、实景三维模型、3D 点云、等高线等,如图 9-16 所示。

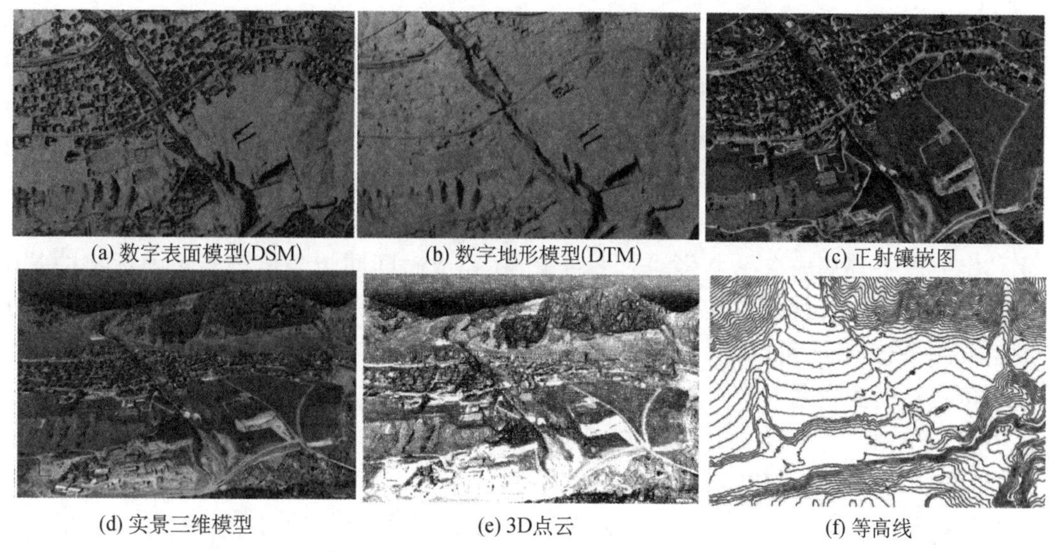

图 9-16　常见的无人机测图成果(资料来自 Setia Geosolutions)

无人机测图具有成本低、作业方式灵活快捷、高时空分辨率、针对性强等特点，近年来被广泛应用于国土资源管理、智慧城市建设、应急测绘保障、环境保护、农林业、水利、矿山监测、电力工程等各个领域，典型应用场景如表 9-3 所示。

表 9-3　无人机测图典型应用场景

序号	应用领域	典型场景及应用说明
1	基础测绘	无人机快速提供 DOM、DSM、DTM 等基础测绘成果，并可从图像中提取房屋、宗地、道路等特征。
2	智慧城市建设	利用无人机获取的地图及 3D 模型辅助规划者将建筑物叠加到现有环境中。
3	设施规划、建设、管理	基于无人机影像生成高分辨率 DOM 和 DSM，测量距离、表面积、高程和体积，执行管道/道路/桥梁检查、铁路监控、库存体积测量等。
4	灾害调查及监测	利用无人机实时影像对滑坡、洪涝、火灾等灾害进行调查和实时监测，支撑决策。
5	农林业调查	利用无人机多光谱数据揭示田间变化，发现农作物疾病；利用激光雷达数据调查森林冠层及获取地形，推动农林业精细化、定量化。
6	文物古迹保护	利用无人机平台进行文物古迹高精度三维重建，创建数字档案，记录形态、结构、纹理等信息，为文物保护和研究提供重要资料，保留和共享文物信息。

思考题

当无人机测绘系统应用于城市高分辨率三维重建时，存在哪些仅依赖单一手段难以避免的缺点？可以通过何种方式进行有效补充？

9.4 移动测量系统

9.4.1 移动测量系统概述

移动测量系统是将数字照相机、激光扫描仪、GNSS 接收机、惯性测量单元(IMU)及其他定位定姿设备等集成在一个移动的平台上,在完成时间同步与传感器之间标定的基础上,获取各传感器观测数据,经数据解算,最终获得三维地理空间数据的测量系统。根据系统搭载的平台不同,可以分为机载移动测量系统、车载移动测量系统、轨道移动测量系统和背负式移动测量系统等。

机载移动测量系统以飞机为载体,主要应用于大范围数字高程模型的高精度实时获取、城市三维模型快速重建等方面;车载移动测量系统以车辆为载体,主要应用于城市道路及其周边环境的采集、道路高精地图制图、全息测绘等方面;轨道移动测量系统以轨道交通车辆或行驶在轨道上的移动工具为载体,主要应用于隧道变形监测、病害调查、竣工验收、限界检测、数字化铁路建设等方面;背负式移动测量系统以人体背负平台为载体,具有高度集成性、体积小、重量轻的特点,针对室内、室外或地下场景完成高精度三维激光全景数据采集,可以进入狭小、拥挤、地下、管道等场地环境。

移动测量系统的组成通常包括以下几个方面。

(1) 激光扫描系统:激光扫描系统是移动测量系统中最常见的传感器,包括激光测距单元和机械扫描装置。关于激光扫描仪的介绍,可以参见本章 9.2 节。

(2) GNSS 系统:GNSS 系统是在地球表面或近地空间的任何地点为用户提供全天候空间三维坐标和时间等信息的空基无线电导航定位系统,通常包括一个或多个卫星星座及其支持特定工作所需的增强系统。目前,GNSS 系统主要包括我国北斗、美国 GPS、俄罗斯 GLONASS、欧洲 Galileo 系统等。GNSS 在 LiDAR 系统中的主要作用有:①与 IMU、激光器之间实现时间同步;②与 IMU 数据进行组合导航及轨迹解算,提高位置和姿态精度;

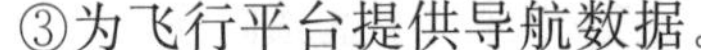

③为飞行平台提供导航数据。

图 9-17 Point Grey Ladybug5 全景相机

(3) 惯性导航系统:惯性导航系统主要包括 IMU 和导航处理器。IMU 是负责姿态测定的陀螺和加速度计等惯性单元的总称,通常由三个加速度计和三个陀螺、数字电路、中央处理器等组成,其作用是测量激光发射时刻扫描仪的姿态信息,包括俯仰(pitch)角、翻滚(roll)角和偏航(yaw)角。IMU 与 GNSS 构成定位定姿系统,提供位置和姿态信息,其精度直接决定激光雷达系统获取的点云数据精度。

(4) 相机系统:激光断面扫描仪一般不带有 CCD 影像传感器,其只能提供点云的回波强度数据,无法提供点云的色彩数据。然而,许多应用都要用到色彩信息,如站台的设施、道路的白线和黄线的区分等。为此,需要在测量系统中加入相机,为点云赋予色彩信息。图 9-17、

图 9-18 为 Point Grey 公司的 Ladybug5 360°全景相机及其拍摄的相片样张，该相机被广泛应用于移动测量系统中。

图 9-18　Ladybug5 全景照片样张

（5）里程计：在公路隧道、地铁隧道等无 GNSS 信号环境下，里程计与 IMU 结合，可用于移动激光测量系统的相对定位。其中，里程计采用角度编码器与可编程逻辑控制器（Programmable Logic Controller, PLC）或单片机结合的方式进行里程计数，用于测量数据的相对定位。图 9-19 所示为德国 Sick 公司的 DFS60B 高分辨率增量型角度编码器，它可以将旋转的机械信号转换成电气信号，之后被 PLC 记录下来，完成里程记录功能。

图 9-19　DFS60B 角度编码器

（6）GNSS 时钟：不同传感器的集成需要将不同时间系统下的数据统一到一个时间系统，故需要一个时间同步装置来完成该过程。例如，车载移动测量系统可采用 NTP 协议的 GNSS 时钟实现这个功能。考虑到移动测量系统的移动性与易安装性，并不需要时间同步器提供以太网以外的接口，可选择尺寸较小、功耗较低（如 2W 以下）的 GNSS 时钟，通过路由器将该时钟与笔记本电脑以及具有 NTP 协议的传感器连接，GNSS 时钟将为它们提供高精度的授时信息。

（7）监测及控制系统：监测及控制系统主要用于控制激光扫描仪、GNSS、IMU、相机、里程计等传感器的工作状况，核心是监测和保持各系统协调同步工作以及对获取的数据进行存储。

9.4.2 移动测量系统的工作原理和关键技术

1. 移动测量系统的工作原理

以机载移动测量系统为例，其作业流程主要包括计划制订、数据采集、数据处理等三个步骤。在数据采集和处理开始前，需先制订详细周密的工作计划，包括测区资料的收集、设备的准备和检校、飞机航线的制订、飞行高度和速度等参数的确定、地面 GPS 基站的确定等。采集到各类观测数据后，通过 GPS 差分、GPS 和 IMU 集成等处理过程，得到点云和航迹线信息。同时对采集的航空影像依据航迹线和点云进行正射化处理，得到正射影像。机载移动测量系统的工作原理如图 9-20 所示。

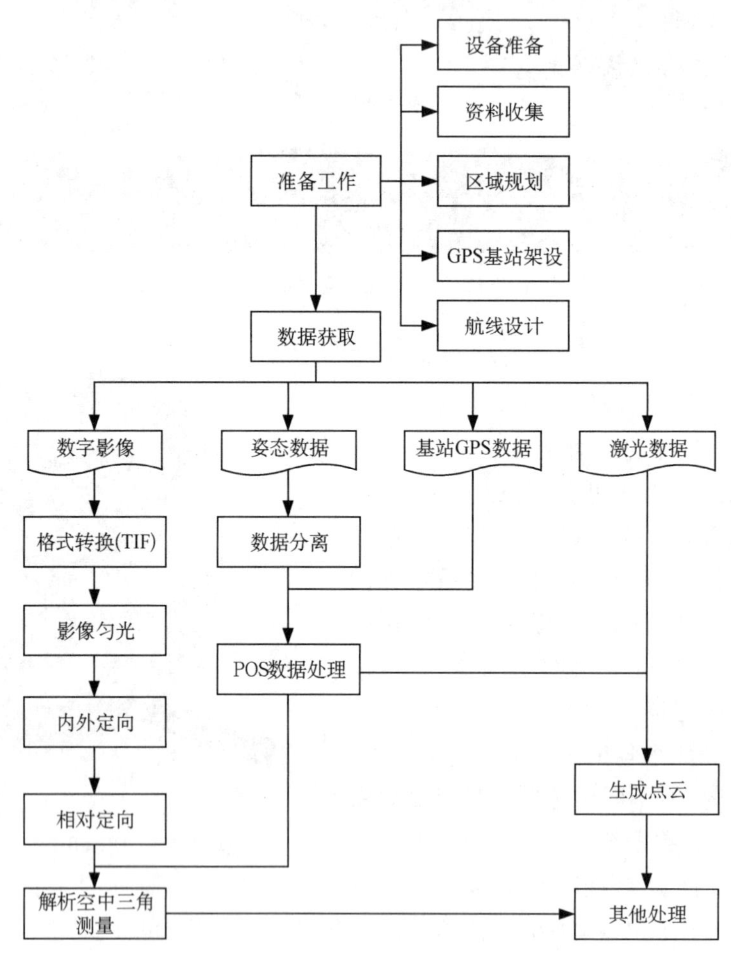

图 9-20　机载移动测量系统的工作原理

2. 移动测量系统的关键技术

移动测量系统涉及的关键技术包括多传感器时间同步、多传感器相互位置关系标定、系统的空间位置及姿态获取、点云生成等。

1）多传感器时间同步

多传感器的时间同步是为了将系统中不同传感器在同一时刻所获取的测量数据联系

起来。有多种方法可以实现多传感器的时间同步,比如首先选择一个基准时间尺度,然后对各传感器所采集的数据进行内插、外推等操作,将不同传感器获得的不同观测时间精度的数据统一到基准时间尺度上;也可以采用 GNSS 同步控制单元,从 GNSS 中获取时间基准,从而使多传感器采集到的数据具有统一的时间基准。

2) 多传感器位置标定

多传感器的位置标定是移动测量系统获得高精度观测成果的前提。标定过程中,可以利用光电元器件寻找激光扫描仪扫过的点并将其作为公共点,也可以利用基于同名线段对应的扫描仪间接标定方法,或者利用系统中的相机来标定扫描仪与相机之间的位置关系,借助相机来完成标定。

3) 空间位置及姿态获取

移动测量系统的空间位置获取的难点在于卫星失锁时如何进行精确定位工作。通常的做法是使用 GPS 接收机和惯性导航系统组成定位定姿系统(POS),当卫星难以观测时,通过惯性导航系统辅助 GPS 系统得到定位结果。

4) 点云生成

根据移动测量系统实时测量所获得的位置、姿态数据,通过位置与姿态融合、内插、局部坐标系点云生成、坐标转换、影像与点云融合等一系列处理,最终得到可用于后续处理的点云数据。

9.4.3　移动测量系统数据采集及处理

1. 车载移动测量系统数据采集及处理

图 9-21 所示为同济大学开发的车载移动测量系统的示例。为了完整提取路面信息,在车顶上搭建一个传感器平台,用于放置两台激光扫描仪、全景相机、GPS 天线等设备。两个单独的激光扫描仪直接对路面进行斜 45°扫描,IMU 安装在平台中间,GPS 天线和授时天线分别安装在传感器平台中间位置。为了不遮挡 360°全景相机的视野,将相机安装在汽车顶部中心位置。车顶系统总控箱除了能够给传感器供电,还可以为 GPS 时间同步装置、计算主机、路由器等提供放置空间。

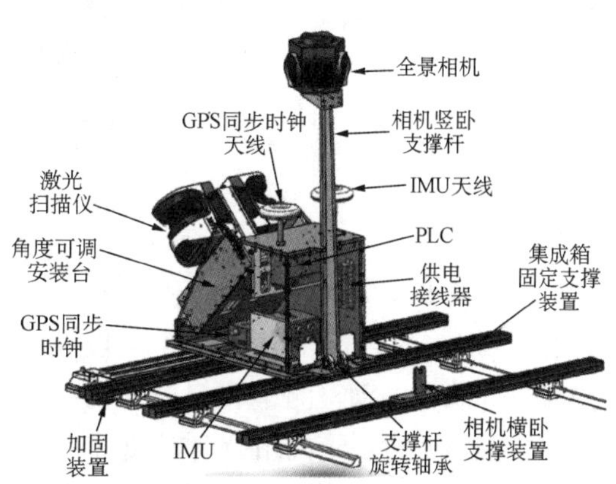

图 9-21　车载移动测量系统及组成

利用该系统获取数据时一般按以下流程进行作业：将车辆开到待获取数据区域，开启计算机控制系统，在保证基站GPS已开启且正常工作的条件下，打开GPS与IMU进行初始对准；初始对准完成后，对相机做白平衡处理，然后开启激光。至此准备工作完成。车辆尽量保持匀速行驶，各个传感器开始工作，计算机系统开始记录激光原始数据、CCD相机数据、IMU数据、GPS数据以及里程计数据。

车载移动测量系统及其搭载的扫描仪能快速获取道路及道路两旁地物的空间位置数据和属性数据，大量的空间地物点数据集合在一起形成点云，它体现了空间物体的三维几何特性，能够准确地描述物体的形状和分布，点云中所包含的强度信息能在一定程度上反映物体的类型和材质，有助于地物的三维重建。利用车载移动测量系统及其搭载的全景相机能快速获取道路及道路两旁地物的影像数据，影像数据带有丰富的色彩信息，是我们对世界的直观认识，可用于重建三维模型上的纹理信息。车载移动测量系统的研究围绕点云去噪、点云分类、点云特征提取、点云建模、点云色彩数据的提取和处理等方面展开，其中点云色彩信息对真实三维场景的重建或其他应用如大比例尺制图等都有着非常重要的作用。虽然点云的强度信息对区分地物类型也有一定帮助，但仍然没有色彩信息的表达直观有效，会导致某些地物类型难以区分。如果只根据强度信息判断数据类型，会产生较大的局限性，因此可将车载激光点云与全景影像匹配及融合得到点云的色彩信息。

2. 轨道移动激光扫描数据采集及处理

图9-22所示为同济大学开发的TLSD轨道移动激光扫描系统，它由软件和硬件组成。硬件包括搭载工具、传感器、平板电脑、电池等，其中，传感器包括三维激光扫描仪、惯性导航系统、里程计、轨距传感器等。软件是系统的核心，包括传感器控制、数据采集、数据处理与成果发布等功能。TLSD系统可以用于地铁轨道、铁路轨道等轨道场景下的数据采集和分析。

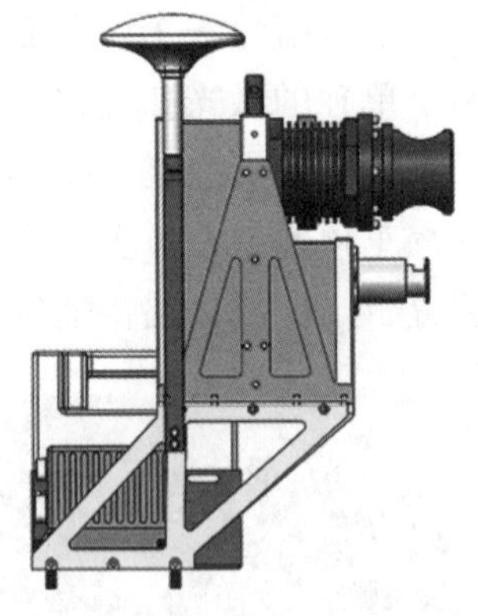

图9-22 TLSD轨道移动激光扫描系统

作业前，需要先完成设备组装和调试，具体包括：①确认设备和配件线材都完备，包括激光扫描仪、IMU、各类通信线路、连接平板等；②检查电动检测车螺丝是否有松动，车轮是否粘有异物；③确保电动检测车和扫描仪电池满电；④确认扫描仪镜头干净无污点；⑤提前完成仪器台组装，减少隧道内组装时间；⑥移动激光扫描系统现场组装；⑦系统开机自检。

整体组装完毕后，使用电动检测车的慢速挡试运行，检查电动检测车在轨道上是否能平稳运行，若能平稳运行，则先停止电动车，再选择所需挡位开始作业；若不能平稳运行，则调整电动检测车放置角度和位置，继续试运行直至工作正常。隧道光线较暗，可以打开前灯或后灯照明，提示前方其他工作人员注意避让。

采集任务完成后，应先把扫描仪内的原始数据拷贝到内页数据处理工作站或平板电脑。通过 TLSD 软件的数据导入、计算等功能，生成轨道移动激光扫描点云数据(图 9-23)。

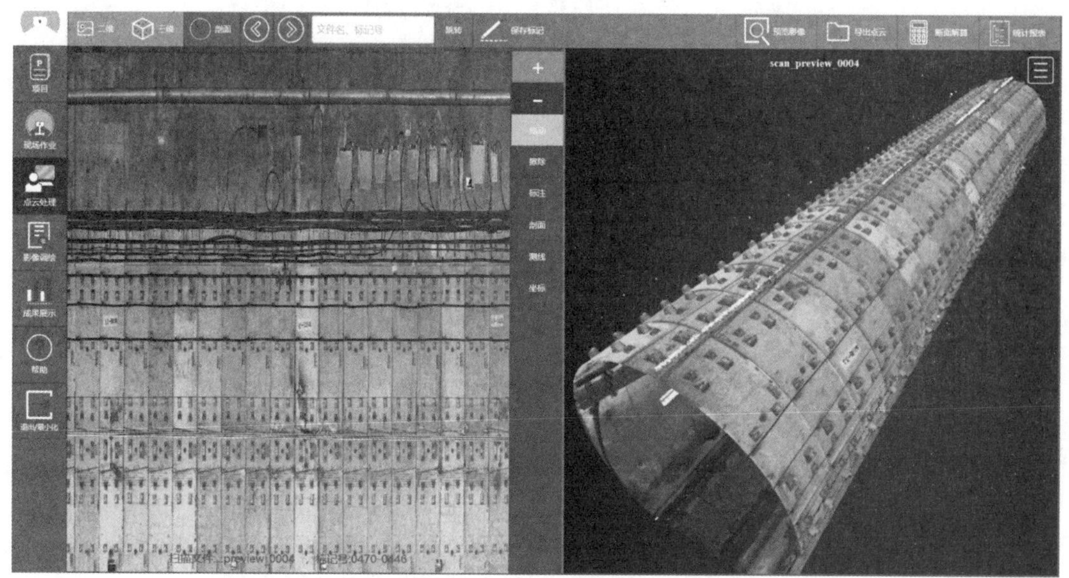

图 9-23　TLSD 轨道移动激光扫描系统采集的隧道点云数据

9.4.4　移动测量系统的工程应用

1. 道路高精地图

道路高精地图是车载移动测量系统的重要应用场景，广泛应用于智能驾驶等领域。车载移动测量系统综合采集 GNSS、IMU、激光、影像等各类数据后，通过解算得到道路及附属设施的点云数据，经过加工最终得到道路高精地图(图 9-24)。

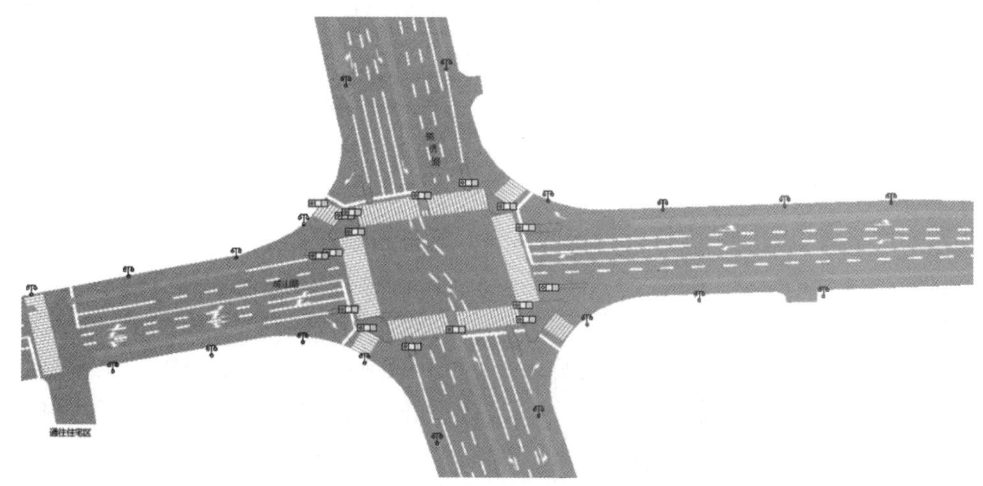

图 9-24　道路高精地图

2. 地铁/铁路隧道精细化建模

轨道移动测量系统通过采集轨道环境的多源数据，通过开展盾构隧道三维点云的多层级关键要素提取以及内壁影像智能识别，获取盾构隧道几何信息、附属设施信息等关键建模参数，动态实现基于移动激光扫描数据的盾构隧道实景 BIM 三维模型的快速、低成本建模(图 9-25)，进一步推动 BIM 技术在盾构隧道工程中的广泛应用。

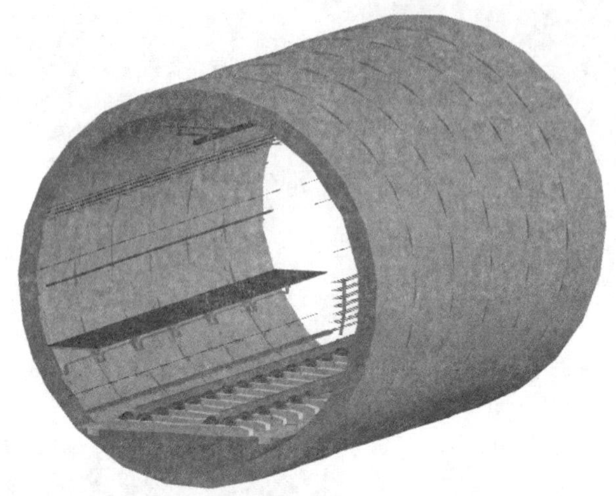

图 9-25　构建的隧道和轨道 BIM 模型

3. 隧道变形监测与病害检测

运营期盾构隧道的监测主要分为定期监测和受邻近施工影响的监护测量。利用人工监测(主要)或自动化监测(少量)的技术手段，部分地区已开展隧道病害普查和结构安装状态评估，并针对病害严重区段进行注浆或钢环加固等治理措施。传统人工巡检主要采用相机、钢尺、温度计等工具，获取隧道内壁渗漏水(泥或沙)、结构破损等信息，无法快速获取隧道变形、净空断面等定量结构安全评估数据，同时存在缺乏统一检测标准、作业效率低下、容易发生漏检等不足。随着大量新建线路建成并投入运营，传统的人工巡检技术已经难以满足大规模线网的精细化运营维护保障的要求。

轨道移动激光扫描系统在获得隧道内壁影像的基础上，通过计算直径收敛、错台变形、渗漏面积等指标，全面评价隧道基础设施的安全状态。

4. 室内地图制图

随着城市人口的增加和当今社会大型建筑(如机场、火车站、购物中心和医院)的不断修建，对室内环境空间布局和其中包含的部件信息准确重建的需求也在不断增长。由于室内场景部件丰富且遮挡严重、不同传感器适用场景不同、三维传感器数据量大且处理复杂、异构传感器数据难以融合等问题，三维传感器用于室内场景多尺度数据采集和处理的难度较大。背负式移动测量系统用于室内场景可以解决这些困难，获得场景内的高精度点云数据，从而为构建高精度室内地图提供可靠数据来源(图 9-26)。

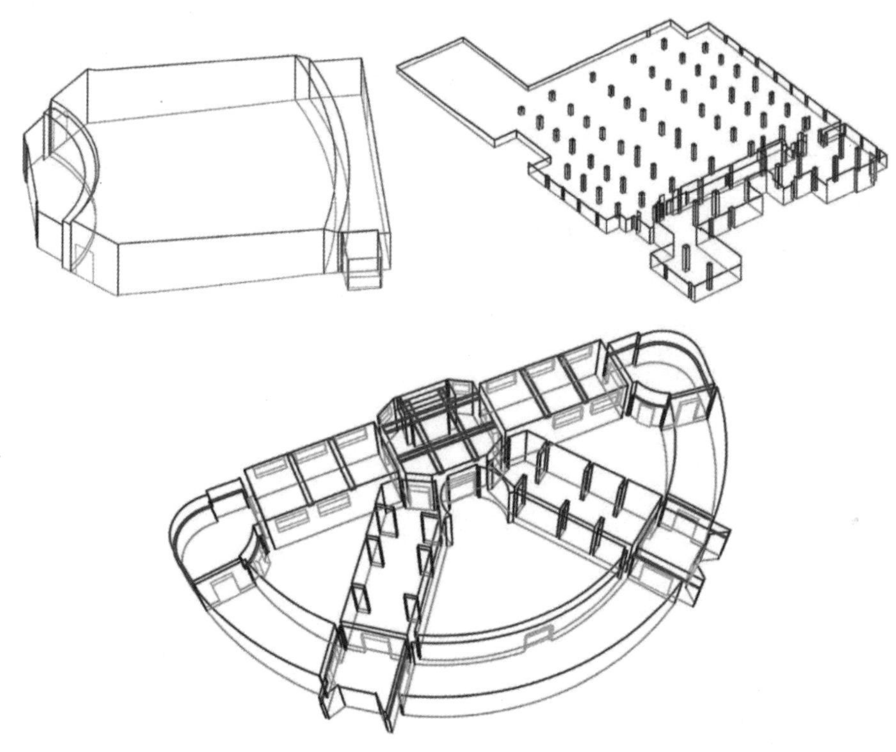

图 9-26　室内三维地图

思考题

扫描道路场景时，使用无人机平台和使用车载平台，所采集的点云数据分别有什么特点？如何快速区分这两类点云数据？

课后习题

[9-1] 摄影测量的定义与任务是什么？

[9-2] 什么是共线方程？试推导出其数学表达式，并说明它在摄影测量中有哪些主要应用。

[9-3] 什么是单像空间后方交会?

[9-4] 试说明光束法区域网平差方法的作用与基本原理。

[9-5] 什么是 POS 辅助的空中三角测量? 它较常规空中三角测量有何异同?

[9-6] 三维激光扫描测图与全站仪测图的联系和区别是什么? 三维激光扫描测图有何优势?

[9-7] 什么是无人机测绘? 无人机测绘的核心技术是什么?

[9-8] 简述无人机测绘的系统组成、特点。

[9-9] 简述无人机影像三维重建的流程。

[9-10] 简述无人机测绘的应用前景。

[9-11] 简述移动测量系统的组成与应用前景。

[9-12] 简述移动测量系统与三维激光扫描系统的关系。

第 10 章

数字地形图应用

数字地形图是存储在计算机存储介质上的地形测量数据的有序集合。它能直观完整地表达地表的形貌信息，可方便高效地进行数据量算、信息更新和工程应用。随着现代测绘、遥感、地理信息和计算机技术的长足进步，数字高程模型(DEM)逐渐成为描述二、三维地形、地貌的重要方法，可以用于未知点的高程模拟和计算。DEM 的应用范围逐渐扩大，不仅适用于地球上的形貌，还可以描述深空天体的形貌。数据来源也不再局限于野外数字化测量，还包括摄影测量、InSAR 和激光测量等多种手段。数字地形图及其扩展表达形式具有简洁的数据组织方式、直观的地形表达方式、简单高效的地形因子解译方法等优势，在地球观测、工程和军事、深空探测等领域发挥着重要作用。

本章首先介绍数字地形图的基本量算方法和工程应用，然后介绍 DEM 的生成方法，最后介绍 DEM 的应用。

本章学习重点

- 掌握数字地形图的工程应用，包括基本量算和多领域应用；
- 掌握 DEM 的定义与内涵、结构与表达方法等；
- 了解 DEM 在地球观测、工程和军事、深空探测等领域的应用。

10.1 数字地形图的工程应用

10.1.1 数字地形图应用概述

1. 数字地形图的应用特点

地形测量的实测数据通过全站仪、激光扫描仪等地基测量方式，以及低空无人机、航空飞机、卫星等空基测量方式采集数据。通过编写或使用成图软件进行编辑和建模，这些数据可以被转化为线划地形图或三维模型，形成数字地形图。传统的地形图使用纸张作为载体，而纸张在不同环境条件下容易发生变形，不便于保存、计算和应用。相比之下，数字地形图能够保持原始数据采集时的精度，可通过编辑加工形成满足多种需求的地形信息源，同时便于保存和传输。

数字地形图可以二维、三维等多种形式表示，包括平面二维数字地形图、数字高程模型(Digital Elevation Model, DEM)、数字表面模型(Digital Surface Model, DSM)、数字正射影像(Digital Orthophoto Map, DOM)、数字真正射影像(True Digital Orthophoto Map, TDOM)、倾斜摄影三维模型和激光点云等。这些扩展的数据产品丰富了地形图的内容和应用范围。例如，数字地形图可以用于数据量测、工程设计和内容改编(如增添、删除、复制、移位、旋转、缩放等)，以满足不同的制图需求。如果将这些信息按照一定比例尺绘制在纸张上，其形式类似或等同于传统纸质地形图。相较于直接在纸上制图，数字地形图在纸质化后的成图精度仍然有不同程度的提高。

数字地形图扩展了地形信息的内涵，能够以二维和三维形式表达，更真实完整地反映客观世界。相比之下，纸质等高线地形图只能通过等高线线条和特定记号来表示地貌特征，这是一种约定俗成的符号表示法，在观察地形时缺乏直观性。而数字地形图不仅可以使用等高线表示，还可以根据地形点数据构建三维数字地形模型(Digital Terrain Model, DTM)，从而获得地表的立体形态，使地形观察更加直观。图 10-1 所示为典型的数字地形模型及其对应的三维场景。

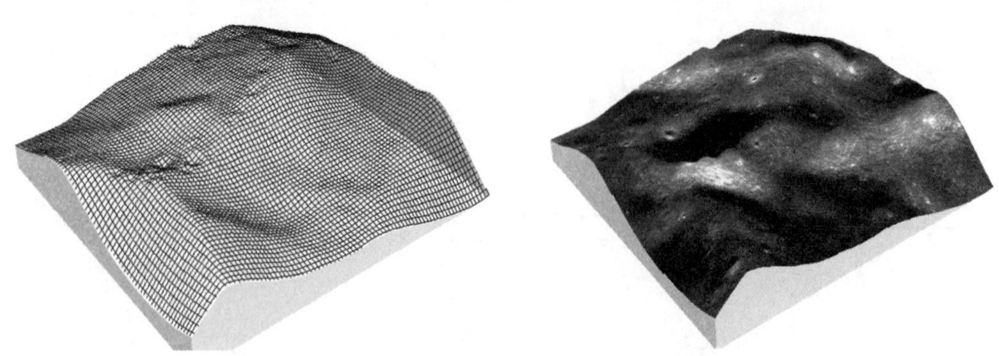

图 10-1 数字地形模型及地形三维场景示例

以城市环境和地物制图为例，纸质地形图只能通过文字注记来表示建筑结构和层次，通过图示符号来表示各种城市地物，对于非专业人士来说，这类地图的直观性较差，理解起来需要专业知识的支持。通过增加数据采集，数字地形图可以生成三维城市模型（Three-Dimensional City Model, 3DCM），真实再现房屋、道路、桥梁、公园、广场、雕塑、路灯、林木等城市空间要素，构建出“虚拟现实（Virtual Reality, VR）”城市或数字孪生城市，这也是数字地球的重要组成部分。

2. 数字地形图的应用范围

相较于纸质地形图，数字地形图在以下几个方面扩大了应用范围。

（1）在地理信息系统（Geographic Information System, GIS）中的应用。数字地形图作为一种空间基础数据，为 GIS 提供多元化的数据，其中实景三维模型是未来 GIS 的主要数据形式之一，可提供日照分析、淹没分析、通视性分析、三维量测、填挖方分析等功能，对于国土整治、环境保护、资源开发、城市规划、灾害预报、农作物估产等测绘工作具有支撑作用。

（2）在工程建设及其智能管理中的应用。利用数字地形图的三维图形处理功能，可以建立地面和地形的立体模型（DTM 和 DEM）。在工程设计阶段，可以利用该模型制作各种比例尺的等高线地形图、地形立体透视图、地形断面图，用于确定汇水范围和计算面积，确定场地平整的填挖边界和计算土方量。在公路和铁路设计中，可以绘制地形的三维轴测图和纵横断面图，进行自动选线设计。在建筑物勘查与修复中，可以采用多种测量方法，如 GNSS、三维激光扫描、倾斜摄影测量、无人机测量等，为建筑物保护提供翔实的三维测绘资料。图 10-2 是为工程建设构建的真彩色倾斜三维场景模型。

图 10-2　基于真彩色点云数据构建的倾斜三维工程建设场景模型

图 10-3 高精度数字地图支撑的无人自动驾驶

(3) 在导航和无人驾驶中的应用。数字地形图广泛应用于车辆导航、道路监控、交通管理和自动驾驶等领域。在地面交通中,数字道路交通地图可用于行驶路径规划,指导车辆选择行进路线和方向;在航海中,数字地图(海图)可为船舶提供航线和实时导航。对于无人驾驶而言(图 10-3),传统地图无法提供车道级高精度地图、行驶环境的三维信息和感知、车辆的高精度定位等服务,而数字化地图能够提供更详细的道路信息,包括车道数和位置、车道边界线、道路箭头、人行横道、红绿灯、指示牌、拥堵情况和交通管制情况等,并能即时更新。

(4) 在资源管理中的应用。数字地形图不仅能够满足土地资源规划管理的需求,而且能够方便地维护地形图内容的实时性,并能够根据使用目的进行灵活的编辑和定制,生成多种专题地图。在土地资源管理中,数字地形图可以用于距离、面积、体积、坡度等数据量算,以及土地类型、属性、数量等的统计和分析。此外,数字地形图还可以用于水资源、森林资源、矿产资源等各类资源的管理。

(5) 在交通旅游中的应用。数字地形图可以通过网络向用户提供与交通和旅游相关的空间信息,并且可以在机场、车站、码头、广场、宾馆、商场等公共场所的触摸屏上显示电子地图,为人们提供交通、旅游、购物等方面的信息。通过多媒体数字地形图,人们可以了解旅游景点的基本情况(例如图 10-4 中的故宫),帮助他们选择旅游路线和制订最佳旅游计划。如今,各类旅行 App 以及高德地图、百度地图等应用程序都提供了交通和旅游相关的功能。

(6) 在农业和气象中的应用。农业部门可以利用数字地形图来预测粮食及其他经济作物的产量,以及各类作物的播种面积分布,为各级政府的决策提供支持和参考。同时,将数字地形图与气象信息处理系统相连接,可以对气象信息处理结果进行空间可视化,向公众发布实时的天气预报和灾害天气的数字化信息,为国民经济建设和生产生活提供服务。

(7) 在自然灾害监测中的应用。在滑坡监测方面,三维数字地形图能够以不同高程和角度反映滑坡体及周边地形的细节和整体特征,提供关于位置、距离、坡度、植被等的信息,并进行挖填方量估算、视野分析、可达性分析等,为滑坡监测、救援指挥和灾后重建提供技术支持。在防汛救灾方面,专用的数字地形图可以显示各级堤防分布、险段分布、交通线路等信息,为防汛指挥部门制订抗洪抢险方案提供科学依据,如物资调配、人员安排、淹没区群众转移和安全抢险等。

图 10-4　Google Earth 中的故宫三维模型

(8) 在军事指挥中的应用。数字地形图是战场环境中的重要组成部分，可以安装在各类军事装备上，实时显示位置并供驾驶员观察、分析和操作。同时，数字地形图也可以实时将位置显示在指挥部的数字地形系统中，使指挥员能够实时了解战场情况，为指挥决策提供支持。此外，数字地形图还可用于模拟战场实景，为军事演习和训练提供服务。

10.1.2　数字地形图的基本量算

地形图量算是指从地形图中获取长度、角度、坐标和面积等信息的过程。在进行量算之前，必须确保正确定义坐标系，通过坐标来准确定位点或其他几何元素在空间中的位置。

1. 点位的空间坐标量算

1) 平面坐标

纸质地形图与数字地形图在坐标量算方面具有一定的共通性，这里以大比例尺地形图为例，图 10-5 上绘有纵横坐标方格网，欲从地形图上量测 A 点的坐标，可先通过 A 点作坐标格网的平行线 mn 和 pq，再按地形图比例尺量出 mA 和 pA 的长度，则

$$\begin{cases} x_A = x_0 + mA \\ y_A = y_0 + pA \end{cases} \tag{10-1}$$

式中，x_0、y_0 为该点所在方格西南角点的坐标(图中，$x_0 = 500$ m，$y_0 = 1\,200$ m)。

2) 高程

如果 A 点恰好位于图上某一条等高线上，则 A 点的高程与该等高线的高程相同。若

A 点位于两条等高线之间(图 10-6),可以通过 A 点画一条垂直于相邻两等高线的线段 mn,则 A 点的高程为

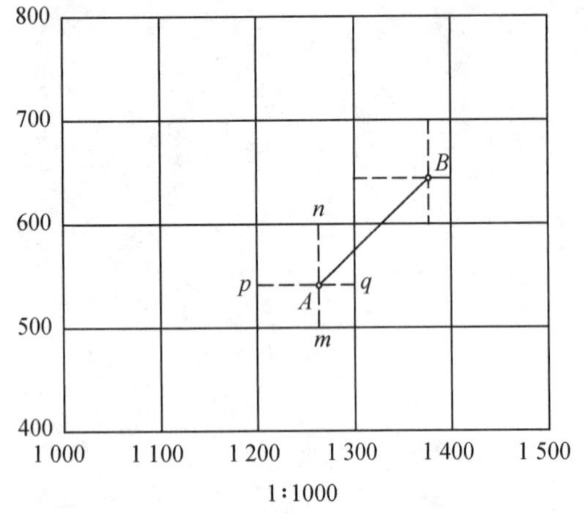

图 10-5 点位的坐标量算

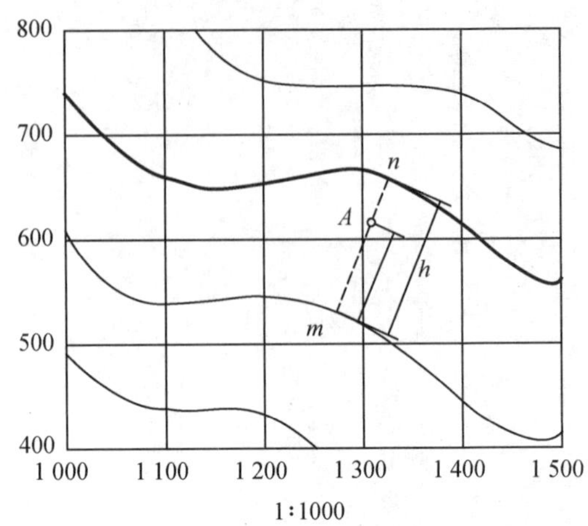

图 10-6 点位的高程量算

$$H_A = H_m + \frac{mA}{mn}h \tag{10-2}$$

式中,H_m 为通过 m 点的等高线的高程;h 为等高距。

由此,可求出地形图上 A 点的空间坐标(X_A, Y_A, H_A)。

2. 两点间的距离和方位角量算

欲求 A、B 两点间的距离,先用式(10-1)计算出 A、B 两点的坐标,则 A、B 两点的距离为

$$D_{AB} = \sqrt{(X_B - X_A)^2 + (Y_B - Y_A)^2} \tag{10-3}$$

直线 AB 的方位角为

$$\alpha_{AB} = \arctan\frac{Y_B - Y_A}{X_B - X_A} \tag{10-4}$$

在 ArcGIS 软件中,可以利用“测量”工具来进行各种量测操作。在地形图上可以绘制线和面,从而获取线的长度和面的周长。此外,通过单击选中要素,可以直接获取该要素的距离、方位角等量测信息。在 ArcCatalog 中还可以创建 COGO 字段,批量计算直线、线段等的方位角。

3. 两点间的坡度量算

如图 10-7 所示,E 点的高程为 54 m,F 点位于 53 m 与 54 m 两根等高线之间,通过 F 点作一大致与两根等高线相垂直的直线,与两根等高线分别相交于 m 点和 n 点,从图上量得 $mn=d$, $mF=d_1$,设等高距为 h,则 F 点的高程为

$$H_F = H_m + \frac{d_1}{d}h \tag{10-5}$$

在地形图上求得两点间的水平距离 D 和高差 $\Delta h(\Delta h=H_F-H_E)$以后，可按下式计算两点间的地面坡度 i 或地面倾角 α：

$$\begin{cases} i = \tan\alpha = \dfrac{\Delta h}{D} \\ \alpha = \arctan\dfrac{\Delta h}{D} \end{cases} \tag{10-6}$$

如果是数字地形图，除了可以直接量测两点间的水平距离 D，还可以得到两点间的三维坐标差($\Delta X,\Delta Y,\Delta Z$)，则可按下式计算两点间的地面坡度 i 或地面倾角 α：

$$\begin{cases} i = \tan\alpha = \dfrac{\Delta Z}{D} \\ \alpha = \arctan\dfrac{\Delta Z}{D} \end{cases} \tag{10-7}$$

在山地或丘陵地区进行道路、管线等工程设计时，往往要求在不超过某一坡度 i 的条件下，沿地面设计一条最佳线路。如图 10-7 所示，设需要从 A 点到高地的 B 点定出一条线路，要求坡度限制为 3.3%。图中等高距 $h=1$ m，则按式(10-6)求出符合该坡度的等高线间平距为

$$D = \frac{h}{i} = \frac{1}{0.033} = 30\ \text{m} \tag{10-8}$$

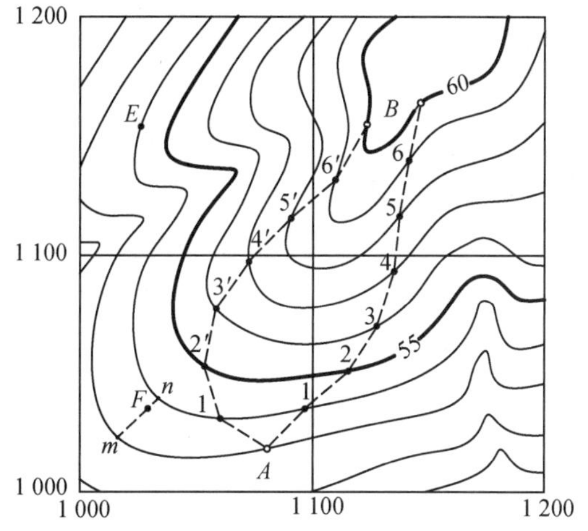

图 10-7　在地形图上量算地面坡度和设计等坡线

在数字地形图中进行线路设计时，往往先计算坡度图，再通过阈值法直接求得不大于某个坡度阈值的区域，进而在保留区域中规划可行的线路。

4. 面积量算

在工程设计等工作中，经常会遇到平面图形的面积测量和计算问题。例如，城市和工程建设中的土地面积、建筑面积、绿化面积和工程实体的断面面积等，农业建设中的耕地面积、植树造林面积、水库汇水面积等，地籍管理中的宗地面积、用地分类面积等。

面积测量的方法分为在野外实地测定和在地形图上量测，其计算原理和方法基本相同。根据面积量算的目的和用途的不同，相应的精度要求也不相同。

1）基本几何图形的面积量算

几何图形是一种规则的平面图形，常见的有矩形、三角形、梯形、圆形、扇形、弓形、椭圆形等，需要测定图形中的长度和角度等几何元素。常见的基本几何图形的面积量测和计算公式见表 10-1。

表 10-1　基本几何图形的面积计算公式

几何图形	量取几何元素	面积(P)计算公式
矩形	长度 a 宽度 b	$P = ab$
三角形	底长 b 高 h	$P = \frac{1}{2}bh$
三角形	三边长度 a、b、c	$s = \frac{1}{2}(a+b+c)$ $P = \sqrt{s(s-a)(s-b)(s-c)}$
梯形	上底 a 下底 b 高 h	$P = \frac{1}{2}(a+b)h$
圆形	半径 r	$P = \pi r^2$
扇形	半径 r 弦长 c	$\beta = 2\arcsin\frac{c}{2r}$ $P = \frac{\beta}{360^\circ}\pi r^2$
弓形	弦长 c 矢高 h	$\frac{\beta}{2} = 2\arctan\frac{2h}{c}$ $r = \frac{c}{2\sin\frac{\beta}{2}}$ $P = \frac{\beta}{360^\circ}\pi r^2 - \frac{c}{2}(r-h)$
椭圆形	长半径 a 短半径 b	$P = \pi ab$

实际需要量算的面积通常是表中多种图形的组合，这就需要将较复杂的图形分解成若干个基本几何图形。例如，图 10-8 所示为某地块的平面图，其中 1～6 为界址点(边界点)，阴影线部分为地块中的房屋建筑。欲测量地块边界线的长度和房屋外墙的长度，并测量庭院对角线的长度，可将地块的图形划分为 1 个矩形和 2 个三角形，分别按其边长计算面积再取其总和。由此可得，该地块房屋占地面积为：75.11＋142.78＝217.89 m^2，地块的总面积为：393.35＋328.79＋71.11＝793.25 m^2。

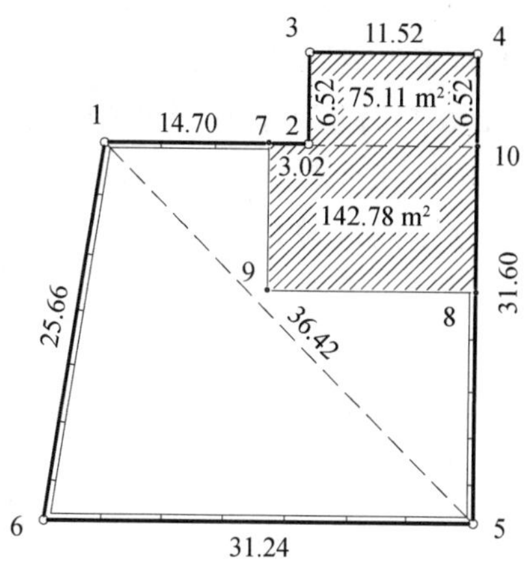

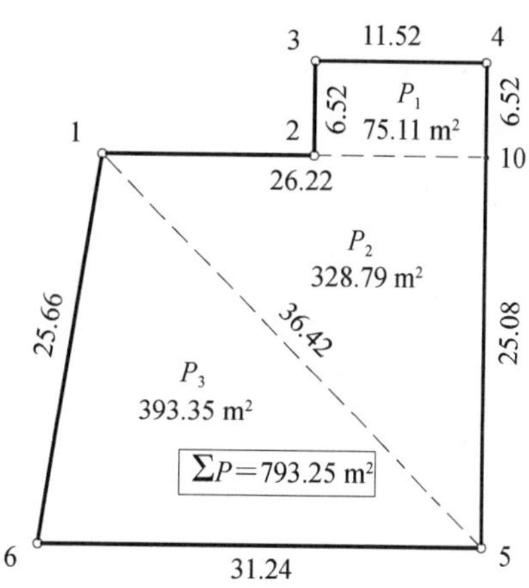

图 10-8　通过测量长度计算面积

2）多边形的面积量算

对于任意多边形，可以按各角点的平面坐标计算其面积，称为坐标解析法。在地籍测量中，在野外根据图根控制点测定界址点的坐标，利用全解析法来计算面积；如果已经形成地形图，则可以利用图解法量取图形的角点坐标来计算面积。

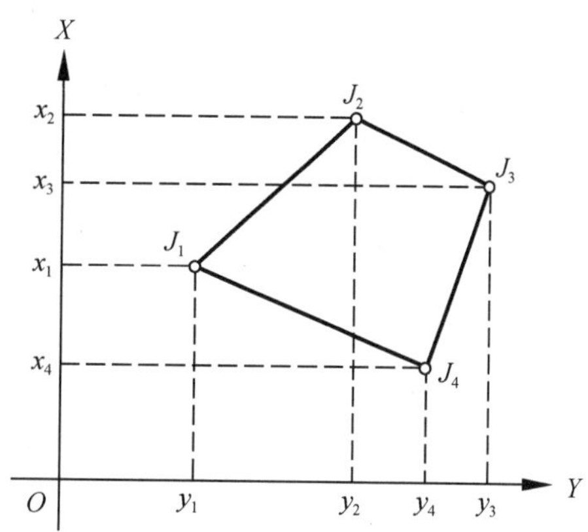

图 10-9　按多边形角点坐标计算面积

图 10-9 中，J_1、J_2、J_3、J_4 为多边形角点，多边形的每一条边和坐标轴、坐标投影线（图中虚线）组成多个梯形，例如 $x_1J_1J_2x_2$、$x_2J_2J_3x_3$，因此，多边形的面积 P 是这些梯形面积的和或差：

$$P=\frac{1}{2}[(x_1+x_2)(y_2-y_1)+(x_2+x_3)(y_3-y_2)-(x_3+x_4)(y_3-y_4)-(x_4+x_1)(y_4-y_1)] \tag{10-9}$$

将上式整理后，得到

$$P=\frac{1}{2}[x_1(y_2-y_4)+x_2(y_3-y_1)+x_3(y_4-y_2)+x_4(y_1-y_3)] \tag{10-10}$$

对于任意的 n 边形，可以写出按角点坐标计算面积的通用公式：

$$P=\frac{1}{2}\sum_{i=1}^{n}x_i(y_{i+1}-y_{i-1}) \tag{10-11}$$

$$P=\frac{1}{2}\sum_{i=1}^{n}y_i(x_{i+1}-x_{i-1}) \tag{10-12}$$

$$P=\frac{1}{2}\sum_{i=1}^{n}(x_i+x_{i+1})(y_{i+1}-y_i) \tag{10-13}$$

$$P=\frac{1}{2}\sum_{i=1}^{n}(x_iy_{i+1}-x_{i+1}y_i) \tag{10-14}$$

在数字地形图中,以 ArcGIS 为例,该软件提供直接计算和查询面积的功能,可以使用“计算几何”和“测量”工具计算和查询指定面要素类的面积;对于栅格数据,可将其转为矢量要素类再进行计算。对于 TIN 或 DEM 等数据,ArcGIS 也可提供计算带地形起伏的地表面积的功能,如 ArcMap 中利用“表面体积”工具计算地表面积,满足不同的应用场景;或者使用 ArcScene 中的 3D 测量工具勾勒出待测量的区域,选择元素并直接计算地表面积。

3) 面积量算的精度

各种工程对面积量算有一定的精度要求,而不同面积量算方法的精度估算方法也不同。以下讨论坐标解析法进行面积量算的精度,根据坐标解析法的面积计算公式(10-14),得到

$$\begin{aligned} 2P &= \sum_{i=1}^{n}(x_i y_{i+1} - x_{i+1} y_i) \\ &= x_1 y_2 - x_2 y_1 + x_2 y_3 - x_3 y_2 + \cdots + x_n y_1 - x_1 y_n \end{aligned} \tag{10-15}$$

对式(10-15)中的面积 P 和坐标(x_i, y_i)取全微分:

$$\begin{aligned} 2\mathrm{d}P = &\ y_2 \mathrm{d}x_1 + x_1 \mathrm{d}y_2 - y_1 \mathrm{d}x_2 - x_2 \mathrm{d}y_1 + y_3 \mathrm{d}x_2 + x_2 \mathrm{d}y_3 - y_2 \mathrm{d}x_3 - x_3 \mathrm{d}y_2 + \cdots + \\ &\ y_1 \mathrm{d}x_n + x_n \mathrm{d}y_1 - y_n \mathrm{d}x_1 - x_1 \mathrm{d}y_n \\ = &\ [(y_2 - y_n)\mathrm{d}x_1 + (y_3 - y_1)\mathrm{d}x_2 + \cdots + (y_1 - y_{n-1})\mathrm{d}x_n] - \\ &\ [(x_2 - x_n)\mathrm{d}y_1 + (x_3 - x_1)\mathrm{d}y_2 + \cdots + (x_1 - x_{n-1})\mathrm{d}y_n] \end{aligned} \tag{10-16}$$

设坐标值(x_i, y_i)为独立变量,根据误差传播定律,由式(10-16)得到

$$m_P^2 = \frac{1}{4}\sum_{i=1}^{n}[(y_{i+1} - y_{i-1})^2 m_{x_i}^2 + (x_{i+1} - x_{i-1})^2 m_{y_i}^2] \tag{10-17}$$

设各点的坐标中误差都相等:

$$m_x = m_y = m_c \tag{10-18}$$

设 $D_{i+1,i-1}$ 为图形中第 i 点的左、右相邻点的连线(称间隔点连线)的长度,如图 10-10 所示,则

$$D_{i+1,i-1}^2 = (x_{i+1} - x_{i-1})^2 + (y_{i+1} - y_{i-1})^2 \tag{10-19}$$

将式(10-18)和式(10-19)代入式(10-17),得到用坐标解析法量算图形面积时估算面积中误差的公式:

$$m_P = \frac{m_c}{2}\sqrt{\sum_{i=1}^{n} D_{i+1,i-1}^2} \tag{10-20}$$

由此可见,坐标解析法量算面积的精度不仅与边界点的坐标测定精度有关,而且与测定边界的点数有关。当面积 P 和坐标中误差 m_c 为定值时,测定的边界点越密,即间隔点连线越短,面积量算的精度越高。

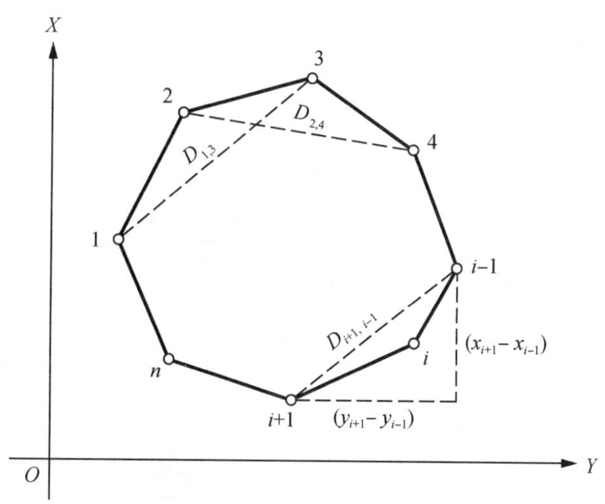

图 10-10　多边形间隔点的连线

10.1.3　数字地形图的工程应用

1. 绘制地形断面图

在进行道路、隧道、管线等工程设计时，往往需要了解两点之间的地面起伏情况，可根据等高线地形图或 DEM 来绘制断面图。

如图 10-11(a)所示，在等高线地形图上作 A、B 两点的连线，与各等高线相交，各交点的高程即各等高线的高程，而各交点与 A 点或 B 点的水平距离可在图上量得。绘制地形断面图时，先画出两条相互垂直的轴线[图 10-11(b)]，以横轴表示平距，以纵轴表示高程；然后在地形图上量取 A 点至各交点及地形特征点 c、d、e 的平距，并按作图比例尺将其分别转绘在横轴上，以相应的高程作为纵坐标，得到各交点在断面上的位置；连接这些点，即得到 AB 方向上的地形断面图。地形断面图有水平比例尺和垂直比例尺，为了更明显地表示地面的高低起伏情况，断面图上的高程一般比平距比例尺大 5～10 倍(即扩大高程 5～10 倍)。

能够绘制地形断面图的软件很多，以 ArcGIS 为例，它可提供绘制直线或曲线生成断面图的功能。根据需要，可利用 3D Analyst 工具[图 10-11(c)]在地形图上绘制线，通过生成剖面图功能便能直接生成地形断面图，还可以对剖面图标题和表现形式等属性进行修改，并导出 JPG 和 PNG 等常见图片格式。通过绘制线提取剖面图的方法虽然简单，但是对指定线或指定点生成剖面图不太适用，需要先将要素输入并转为折点，再通过 Spatial Analyst 将路线上各点的高程值提取至点的属性表内；通过导出至 Excel 或创建图表的方式，指定 X 轴、Y 轴的字段，从而绘制剖面图。

2. 确定汇水范围

当铁路、道路跨越河流或山谷时，需要建造桥梁或涵洞。在设计桥梁或涵洞的孔径大小时，需要预判通过桥梁或涵洞的水流量，而水流量是根据汇水面积来计算的。汇水面积是指降雨时有多大面积的雨水汇集起来，并通过该桥涵排泄出去。为了计算汇水面积，需

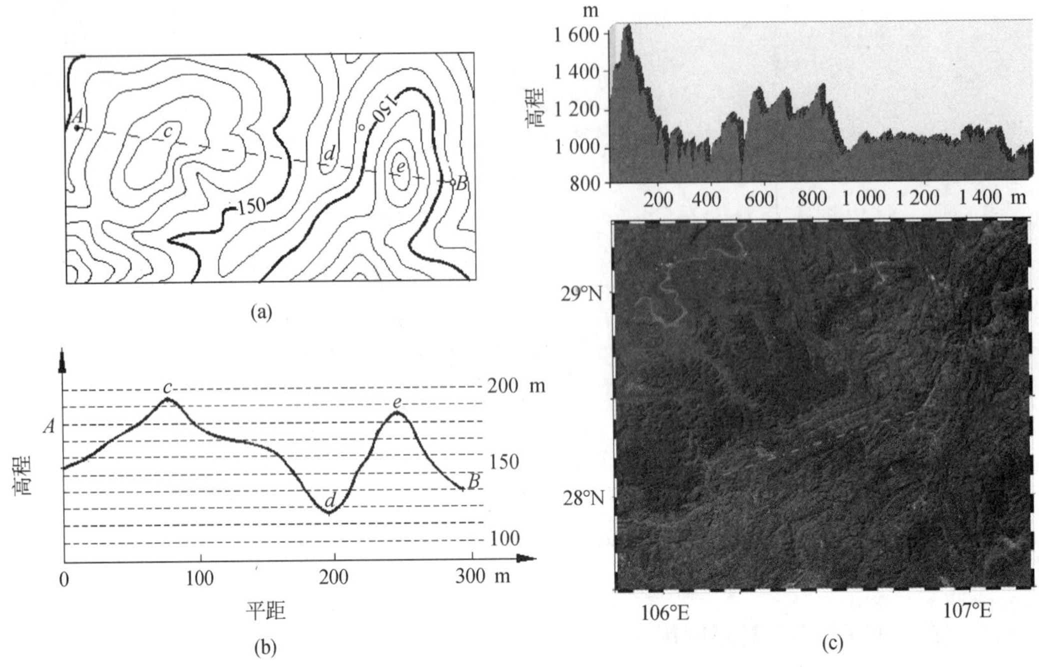

图 10-11 绘制地形断面图

要先在地形图上确定汇水范围。汇水范围的边界线是由一系列的分水线连接而成的。根据山脊线是分水线的特点,如图 10-12 所示,将山顶点 B、C、D、…、H 等沿着山脊线通过鞍部用虚线连接起来,即得到通过桥涵 A 的汇水范围。据此可以在地形图上按汇水范围的图形量测其汇水面积。

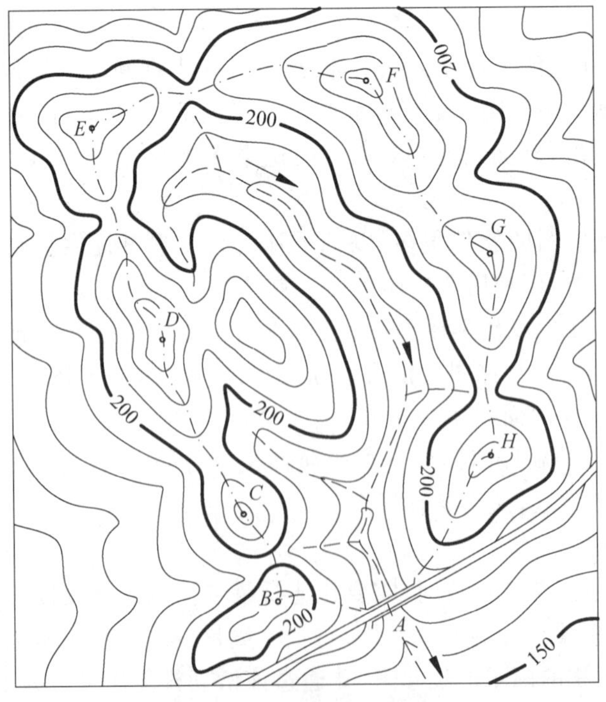

图 10-12 确定汇水范围

3. 确定填挖边界线和计算土方量

1）平整成水平面

如图 10-13 所示，在地形图所示范围内要求平整成高程为 50 m 的水平地面，因此需要确定其填挖边界和计算填挖土方量(单位：m^3)。

(1) 确定填挖边界线：已知设计平面高程为 50 m，因此，图上 50 m 高程的等高线即为填挖边界线。

(2) 在地形图上绘制方格网：方格网的大小取决于地形的复杂程度、地形图比例尺的大小和精度要求，一般方格边长为图上 2 cm。然后用内插法求出各方格顶点的高程，并标注在相应顶点的右上方，如图中数字 52.0 m、52.6 m、50.9 m、51.5 m 等就是这些点的高程。

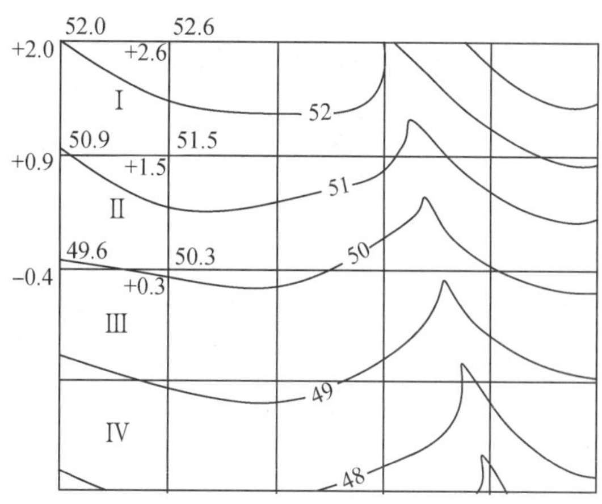

图 10-13　平整成水平面

(3) 标注填挖数值：各方格顶点的地面高程减去设计高程，即得填挖数值，并标注在相应顶点左上方，如+2.0 m、+0.9 m 和−0.4 m 等，数值前带正号表示挖土深度，带负号表示填土高度。

(4) 计算填挖土方量：设 V 为土方量，A 为该方格填挖土的面积，则图中方格Ⅰ的挖土方量为

$$V_{\text{Ⅰ挖}} = \frac{1}{4}(2.0 + 2.6 + 1.5 + 0.9)A_{\text{Ⅰ挖}} = 1.75A_{\text{Ⅰ挖}} \tag{10-21}$$

方格Ⅱ中以 50 m 等高线为分界线，分为挖方区和填方区。

挖土方量为

$$V_{\text{Ⅱ挖}} = \frac{1}{5}(0.9 + 1.5 + 0.3 + 0 + 0)A_{\text{Ⅱ挖}} = 0.54A_{\text{Ⅱ挖}} \tag{10-22}$$

填土方量为

$$V_{\text{Ⅱ填}} = \frac{1}{3}(0 + 0 - 0.4)A_{\text{Ⅱ填}} = -0.13A_{\text{Ⅱ填}} \tag{10-23}$$

将所有的填挖土方量相加，即可得总的填挖土方量。

2）平整成倾斜平面

图 10-14 是某一地区的等高线地形图，现要求将原地形改造成某一坡度的倾斜平面。一般根据土方量最少、填挖土方量基本平衡的原则，设计斜面的坡度。在地形图上设计倾斜面，确定填挖边界线和计算土方量的步骤如下：

(1) 首先在地形图上绘制方格网，然后根据等高线内插求出各方格顶点的地面高程，并标注在各顶点的右上方。

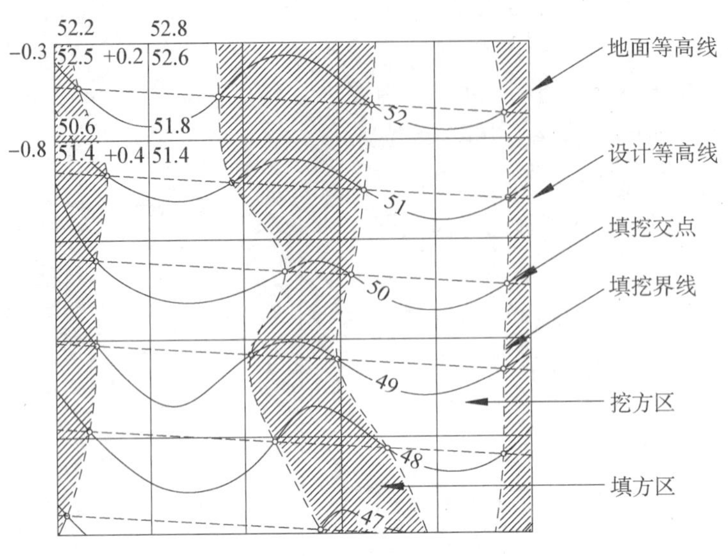

图 10-14 平整成倾斜平面

(2) 按设计要求,并尽量结合自然地形,在地形图上画出设计等高线(图中平行虚线),根据设计等高线求出各方格顶点的设计高程,并标注在各顶点的右下方。

(3) 计算各顶点的挖深和填高数值时,用顶点的地面高程减去设计高程,将其值标注在各顶点的左上方。

(4) 设计等高线与原地面相同高程等高线的交点,即不填不挖的点(又称零点),连接各零点,即得到填挖边界线。

(5) 计算填挖土方量,其方法与整理成水平场地时相同。

ArcGIS 提供了一系列的工具实现填挖方土量的计算。其中,ArcGIS 的 3D Analyst 扩展可以进行三维建模和土方量计算,可以通过 DEM 数据构建三维地形模型,然后使用 3D Analyst 中的 Cut/Fill 工具来计算填挖土方量。该工具可以计算出填方和挖方的体积,并生成相应的土方计算表和图形报告。同时,ArcGIS 还提供了如 Cut and Fill Volume Calculation、Terrain Volume Calculation 等其他土方量计算工具,用户可以根据需要进行选择使用。

4. 提取特征地物

我国在深空探测领域取得了举世瞩目的成就,其中测绘遥感为深空探测任务提供了关键的空间信息支撑。全球多尺度或局部高分辨率的 DEM 提供了月表精确的地形信息,可以根据月球等高线地形图自动获取月球的撞击坑信息,为月球科学研究和探测任务提供空间信息。

1) 基于 DEM 提取月球地形等高线

等高线是地形图上连接相同高程点的闭合曲线,因此,首先需要从 DEM 中采集一定数量的点(同时具有平面位置和高程),通过这些点构建 TIN,进而插值找到一系列登高的点,将这些点连成线并进行平滑得到等高线。

2）基于撞击坑形态进行等高线筛选

撞击坑通常呈现出类圆形的形态，因此其等高线往往表现为相互嵌套的类圆环状。为了筛选出这种类圆形等高线，可以建立一套指标体系，包括以下五个方面。

（1）凹凸性检测：通过分析等高线的曲率和曲率变化，检测等高线的凹凸性。撞击坑等高线应为下凹形态，剔除上凸形态的等高线。

（2）圆形度：计算等高线所形成的曲线与圆形的接近程度，其值反映测量边的类圆程度，其计算公式为

$$e = \frac{4\pi A_0}{P^2} \tag{10-24}$$

式中，A_0 为面积；P 为周长。

这个特征值对圆形面域取最大值 1，坑唇边缘越接近 1 的等高线越符合条件。

（3）长宽比：其定义为

$$k = \frac{W}{L} \tag{10-25}$$

式中，W 为最小外接矩形的宽；L 为最小外接矩形的长。

圆形面域的体态比取值为 1，该参数可以把不规则的细长等高线剔除。

（4）等高线密度：该指标反映了地形的复杂程度。等高线密度越大，则地形越复杂；等高线密度越小，则地形越简单，不同区域的撞击坑具有不同的等高线密度，因此应以识别区域的等高线密度与其周围密度做差值运算，筛选出正确的等高线。

（5）标定外部曲线：利用等高线外部的曲线信息对等高线进行标定，在类圆形等高线中，这些外部曲线通常会与等高线环绕的圆形轮廓相吻合。

3）撞击坑边界识别与拟合

对满足条件的等高线，通过图形边界拟合算法对撞击坑进行拟合，最终得到中心点和撞击坑半径大小，通过高程差获取深度信息，成功提取撞击坑信息。图 10-15 所示为月球南极某区域，基于等高线对撞击坑进行有效识别。

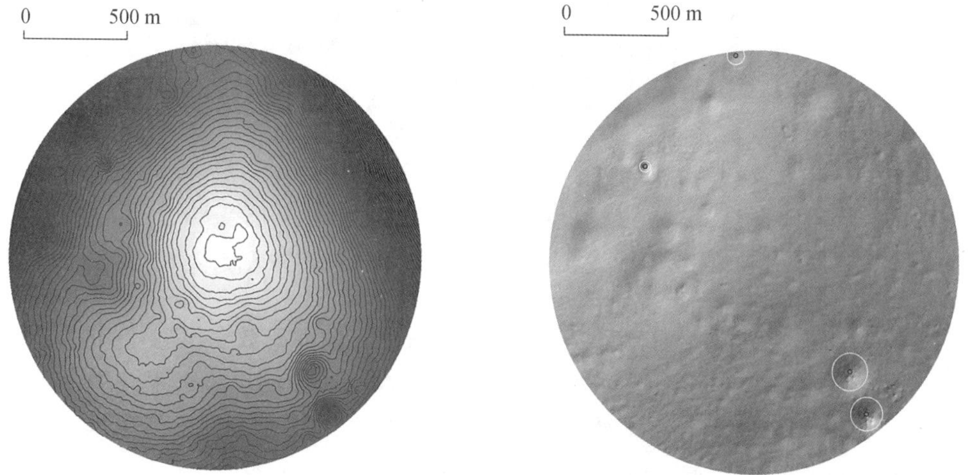

图 10-15 基于等高线提取月球撞击坑

思考题

为保证深空探测任务成功实施,月球和火星等地外天体的地形测图不可或缺,是否可以通过深空地形测绘来阐述纸质地图和数字化地图之间的显著差异?

10.2 数字高程模型(DEM)概述

10.2.1 DEM的基本概念

地形地貌作为描述地表的重要自然地理要素,表征了地球表面的起伏和环境状况。在基础设施建设中,测量施工区域的高程和面积是使建筑图纸成为现实的基准;在生态环境保护中,水文调查、地质调查、生态建设等都需要地形数据支撑;在军事国防建设中,导弹的末端制导需要高精度地形图提供位置确定与目标导航服务。

传统的高程表示方法是基于纸质地图上的等高线,在20世纪60年代之前,等高线往往附着于纸质地图,随着时代的发展,纸质地图已无法满足各类应用需求。1958年,Mille首次提出DEM的概念,经过几十年的发展,DEM已成为表示地表高程的主流方式,在地表测绘、深空测绘、深地测绘、深海测绘、军事制导等领域发挥了重要作用。图10-16是利用DEM来描述月球地形起伏的实例。

图10-16　用DEM来描述地形起伏的实例(月球表面)

DEM是一种使用离散化的高程数据来表示地表连续曲面的数字模型,它是DTM的一种形式。由于地球表面是一个连续的曲面,无法使用单一的数学模型来存储每个点的高程值。传统的水准测量、激光点云测量、GNSS测量等数据获取方法只能获得离散点的高程数据,因此,使用一组有限序列来表示地表高程是有必要的。

在数学意义上，DEM 被定义为二维空间上表示高程的连续函数 $H = f(x, y)$，通常使用一个由有限采样点组成的近似平面集合来逼近原始地表曲面。因此，DEM 的数学定义为：区域 S 的采样点 p_i 按某种连接规则 φ 连接的平面集合，其数学表达式为

$$DEM = \left\{A_i = \varphi(p_i) \mid p_i(x_i, y_i, H_i) \in S, i = 1, 2, \cdots, n\right\} \tag{10-26}$$

连接规则 φ 是 DEM 的数据结构，可以是规则分布的格网，也可以是不规则分布的格网(图 10-17)。正方形格网是最经典的数据结构，此时 DEM 可以理解为一个 a 行 b 列的二维高程矩阵：

$$\boldsymbol{DEM} = \begin{bmatrix} H_{11} & \cdots & H_{1b} \\ \vdots & \ddots & \vdots \\ H_{a1} & \cdots & H_{ab} \end{bmatrix} \tag{10-27}$$

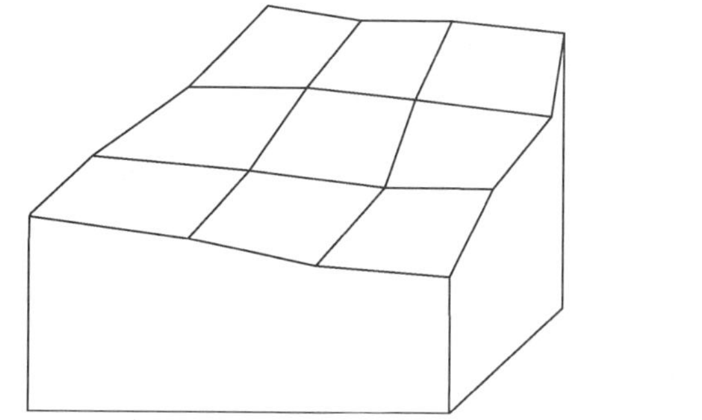
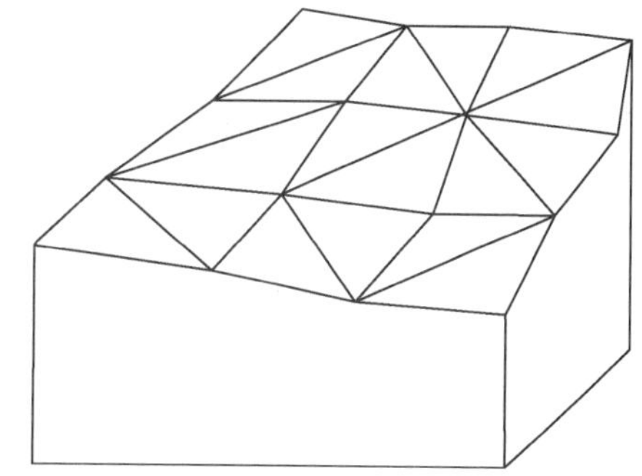

图 10-17　基于规则格网与不规则三角形的 DEM

不规则三角网(TIN)是另一种经典的 DEM 数据结构，这将在地理信息系统理论中详细介绍。由三个采样点 p_i、p_j、p_k 组成的三角形是该结构的基本单元，此时 DEM 可以理解为多个三角形平面 T 的集合：

$$DEM = \left\{T_i \mid T_i = t(p_i, p_j, p_k)\right\} \tag{10-28}$$

DEM 的高程值是相对于大地水准面的地球表面的绝对高度，不包括地物如建筑物、植被、树木的高度。通过对 DEM 进行内插，可以获取研究区域内任意点的高程值，因此，DEM 具有存储空间有限、表达方式简单、应用范围广的特点。随着 DEM 的应用范围不断扩大，其定义也扩展为描述地理空间中各种地理对象的高程模型。DEM 不仅适用于地表地理空间分析，还可以应用于深空探测领域，如月球、火星、小行星等表面地形的绘制。在深空探测任务中，DEM 可以用于绘制这些天体表面的高精度地形模型。这些模型可以帮助探测器执行着陆避障、巡视器路径规划等任务。通过 DEM 可以了解探测区域的地形特征，选择安全的着陆点，并规划探测器的运动路径，从而提高任务的成功率和效率。

10.2.2 DEM的数据来源

建立DEM的前提是获得高可信度的平面坐标和高程数据。DEM主要数据来源有数字地形图、野外测量数据、摄影测量数据、InSAR数据、激光测量数据等。

1. 数字地形图

DEM中包含地形的等高线,可以通过等高线内插来计算区域内所有点的高程。世界各国都按照本国的标准制作各种比例尺和多用途的地形图。这些地形图具有广泛的覆盖范围、多样的比例尺种类,数据的获取也越发便利,因此,它们是构建DEM的重要数据源。

在使用数字地形图提取平面坐标和高程数据时,首先构建均匀(规则)或非均匀(不规则)采样点格网(表10-2),利用数字地形图提取平面坐标。规则分布指采样点按照规则的形状分布,如矩形格网、正方形格网、三角形格网和六边形格网。不规则分布指采样点按照地形特征分布,如按照地形剖面、等高线、断裂线等特征分布或者随机分布。

表10-2 构建DEM所采用的数据分布类型

<table>
<tr><td rowspan="4">规则分布</td><td rowspan="2">二维规则格网</td><td>矩形格网</td></tr>
<tr><td>正方形格网</td></tr>
<tr><td rowspan="2">特殊规则分布</td><td>三角形格网</td></tr>
<tr><td>六边形格网</td></tr>
<tr><td rowspan="4">不规则分布</td><td rowspan="2">一维分布</td><td>地形剖面</td></tr>
<tr><td>等高线</td></tr>
<tr><td>链表分布</td><td>断裂线等特征线</td></tr>
<tr><td>随机分布</td><td>随机分布</td></tr>
</table>

2. 野外实地测量数据

当需要为工程建设提供地形参考的小范围DEM时,数据精度要求通常较高。在这种情况下,使用地形图数字化方法可能无法满足精度要求,因此可以通过野外测量的方式获取数据来建立DEM。野外数据采集可以使用不同的仪器和方法,其中主要包括全站仪测量、GNSS测量和激光扫描等。

为了满足野外数据采集的合理分布和客观反映地形的要求,数据采集系统应尽可能具备实时显示功能。在采集过程中,每个测点的点位信息可以实时显示在屏幕上,以便现场检查数据的完整性,避免数据重复或遗漏,并确保测量数据和连接信息的准确性。

3. 摄影测量数据

摄影测量是利用两张以上影像量测空间对象的三维坐标的方法。根据搭载平台的不同,摄影测量可以分为航天、航空、地面摄影测量。航天摄影测量是利用搭载在卫星平台上的光学传感器获取地表影像;航空摄影测量是利用搭载在飞机或无人机上的光学传感器获取影像;地面相机一般采用倾斜摄影测量的方法获取影像。目前,摄影测量发展到了数字摄影测量阶段,使用数字影像处理方法实现自动化测图。利用摄影测量技术和影像,可以计算影像重叠区域的点位三维坐标,最终利用这些点的三维坐标构建 DEM。

4. InSAR 数据

InSAR 是一种将合成孔径雷达(Synthetic Aperture Radar, SAR)和干涉测量技术相结合的主动式微波遥感技术。该技术具有高精度、全天候、高分辨率和大幅宽等优点,广泛应用于制作 DEM。InSAR 技术的基本原理是利用在两个或多个不同时间或不同位置获取的 SAR 影像进行干涉处理。通过分析这些影像之间的相位差异,可以推导出地表形变、高程信息和地表变化等,这些信息也可以用于生成高精度的 DEM。

5. 机载激光扫描数据

激光雷达(Light Detection And Ranging, LiDAR)是一种集成激光、全球定位系统和导航系统的测量系统,用于获取目标环境的三维点云数据。LiDAR 系统可以部署在航空飞机、无人机、测绘车、机器人等多种平台上,以满足不同任务需求。LiDAR 技术通过雷达传感器向目标表面发射激光束,并接收返回激光的位置、距离、角度等观测数据。通过对这些观测数据进行二次解算,可以获取目标表面的三维点云信息,从而构建所需的 DEM。LiDAR 技术是一种主动遥感技术,与光学传感器不同,它不受日照条件的限制,可以全天候主动获取高分辨率的 DEM 和三维坐标数据,具有采集速度快、高程精度高、成图周期短等特点。

10.2.3 DEM 的表达方法

DEM 通过采用基于场的镶嵌数据结构(这将在地理信息系统理论课程中详细讲解),能够准确地表示连续空间场景。

DEM 三维可视化

1. 简单矩阵数据结构

镶嵌数据模型是一种通过相互连接的网络来覆盖和逼近空间三维对象的数据模型。在二维区域上,这种数据模型将整个研究区域划分为相邻的小区域,用格网来表示。镶嵌数据模型的参数包括格网大小、形状等,根据格网的形状可以分为规则镶嵌数据模型和不规则镶嵌数据模型。规则镶嵌数据模型使用规则的平面集合来近似连续的地形曲面,常见的有正方形、正三角形、正六边形等。

2. 不规则三角网数据结构

不规则三角网(TIN)是 DEM 的一种数据结构,使用三角形格网单元来组织地面观测数据。TIN 模型需要描述每个三角形的大小、形状及其与相邻三角形之间的关系。它存储了三角形的每个顶点的高程、平面坐标、顶点之间的连接关系及与相邻三角形之间的拓扑关系。围绕三角形的拓扑关系描述,产生了多种 TIN 的数据结构,如 TIN 的面结构、点结构、点面结构、边结构、边面结构等,均可用于构建 DEM。

10.2.4 DEM 的建立方法

表 10-3 描述了 DEM 常用的内插方法,包括数据分布、内插范围、内插函数性质,分为 3 大类方法、11 小类方法。

表 10-3　DEM 常用的内插方法

DEM 内插	数据分布	采样点规则分布内插
		采样点不规则分布内插
	内插范围	整体内插
		局部内插
		逐点内插
	内插函数性质	线性插值
		双线性插值
		高次多项式插值
		样条函数插值
		有限元内插
		最小二乘内插

建立 DEM 的一般方法和步骤如下：

(1) 选择空间结构：根据需求和数据特点，选择合适的空间结构来表示地形表面。常见的选择包括规则镶嵌格网(如正方形、正三角形、正六边形等)或不规则三角网(TIN)。

(2) 内插函数选择：在空间结构中确定合适的内插函数，用于估计格网点的高程值。常见的内插方法包括最邻近插值、反距离加权插值、克里金插值等，可以根据数据的特点和准确性要求选择合适的内插函数。

(3) 空间结构划分：对研究区域进行空间结构划分，如将区域划分为规则格网单元或不规则三角形单元，并确定格网大小或三角形的形状。

(4) 高程内插：利用分布在空间结构中的采样点或已知高程点，使用选择的内插函数计算格网点的高程值。内插过程可以根据采样点的密度和分布情况进行加权计算。

(5) 高程值存储：将计算得到的高程值以适当的数据结构进行存储。常见的存储方法包括简单矩阵数据结构、行程编码或块状编码等，以减少存储空间和提高数据访问效率。

思考题

设想你需要为一个新的地理信息系统设计一个 DEM，你会如何选择最适合的生成方法？请详细解释你的选择过程以及可能的挑战，并考虑数据源的选择、预处理、分类、建模等步骤。

10.3　DEM 的应用

DEM 凭借着简洁的数据组织方式、直观的地形表达、简单高效的地形因子解译方法等优势，在 DEM 分析与应用、地球观测应用、深空探测应用、工程及军事等领域发挥着重要作用(图 10-18)。随着 DEM 数据的不断丰富，其已成为经济社会发展不可或缺的基础信息。

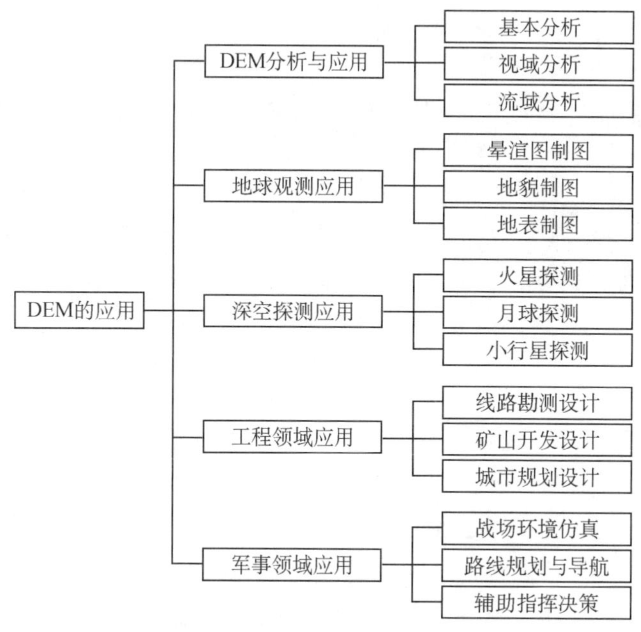

图 10-18　DEM 的典型应用

10.3.1　DEM 分析与应用

DEM 分析与应用主要包括基本分析(坡度、坡向、曲率)、视域分析、流域分析，在设施选址、城市建设、深空探测等方面得到了广泛应用。

DEM 及其应用

1. 基本分析

坡度的计算在 10.1.2 节已经阐述过，此处不再赘述。

坡向是斜坡方向的量度，量纲是度，从正北为 0° 开始，顺时针移动，回到正北以 360° 结束。在用坡向做数据分析之前，通常需对坡向进行转换，常用方法是将坡向分为北、东、南、西共 4 个基本方向，或者北、北东、东、南东、南、南西、西、北西共 8 个基本方向，并把坡向作为类别数据(图 10-19)。对于地面任何一点来说，坡向表征了该点高程值改变量的最大变化方向。

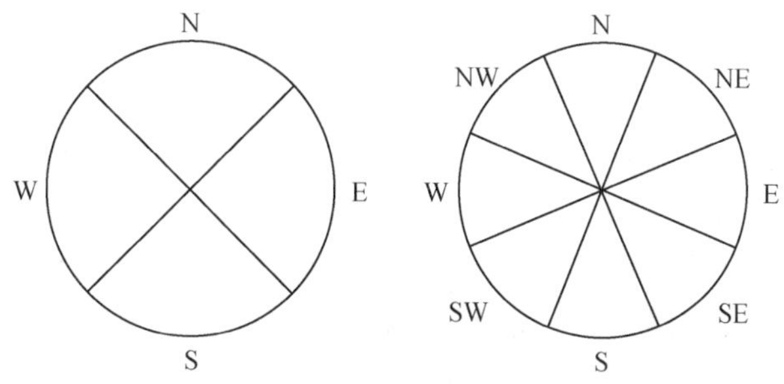

图 10-19　坡向的 4 个基本方向或 8 个基本方向

曲率是对地形表面一点的扭曲变化程度的定量化度量因子,在垂直和水平两个方向上分别称为平面曲率和剖面曲率(图 10-20)。地形表面曲率反映了地形结构和形态,可用于分析影响农林作物生长的条件、住宅楼房建设的布局、月球探测中巡视路径规划和光照建模等。

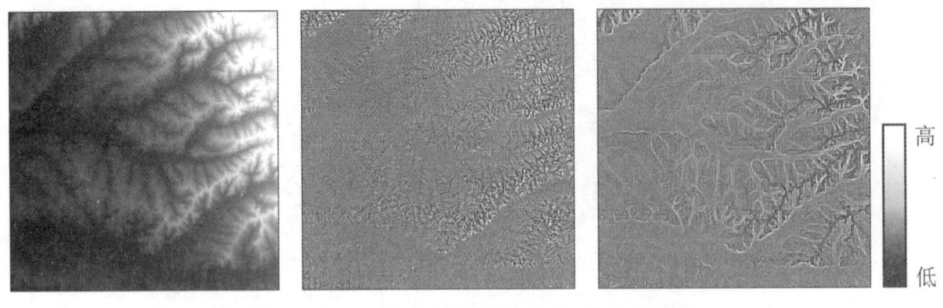

图 10-20　DEM、平面曲率、剖面曲率示意图

2. 视域分析

视域是指从一个或多个观察点可以看见的地表范围(图 10-21),提取视域的过程称为视域分析或可视性分析。

利用 DEM 进行视域分析的步骤如下:①在观察点和目标位置之间创建视线;②沿视线生成一系列中间点;③插值获得中间点的高程(如线性内插);④通过算法检查中间点的高程,并判断目标是否可视。视域分析通常用于设施选址,如森林瞭望哨、无线电话基站、广播电视微波发射塔等的选址。

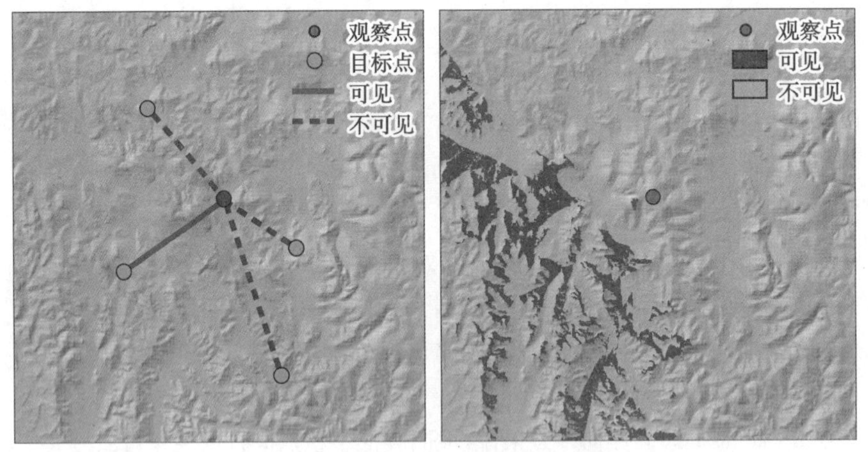

图 10-21　视域示意与视域分析图

3. 流域分析

流域是河流分水线以内的地表范围,是水域及其他资源管理规划的区域单元。流域分析是指用 DEM 和流向来勾绘河网和流域,可以获取河网和流域等地形要素。流域分析包括以下 4 个步骤:①DEM 洼地填充,把像元值加高到其周围的最低像元值;②流向确定,可采用单流向和多流向两种;③流量累计,采用累计栅格对每个像元计算流经的像元数;④流域网络提取,在流量累计栅格的基础上,通过设定的阈值,将沿水流方向高于阈值

的格网连接起来，形成流域网络(图 10-22)。流域分析可用于平地和洼地提取、水位计算、水量估算等。

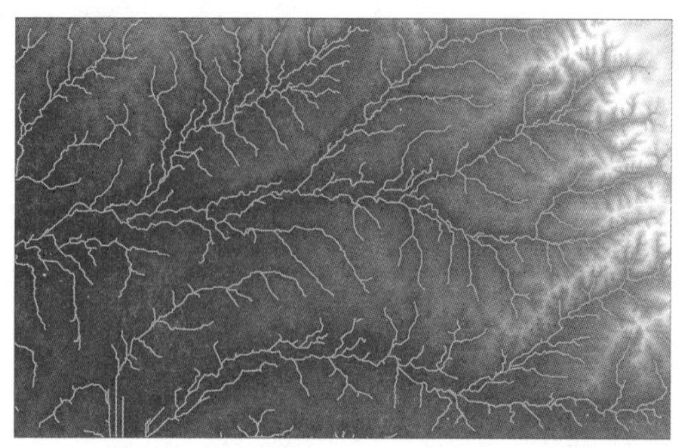

图 10-22　基于 DEM 流域分析的河网示意图

10.3.2　地球观测应用

DEM 在地球观测遥感与制图中广泛应用，典型的例子有晕渲图制图、地貌制图和地表制图等。

1. 晕渲图制图

晕渲图是 DEM 地表形态表达的一种形式，即用深浅不同的色调表示地形起伏形态，通过设置光源的高度角和方位角，以人类视觉呈现区域的地形更具有立体感(图 10-23)。借助地形晕渲图能够更加快速、准确地分辨出平原、丘陵、山地、盆地等地形地貌，在实际应用中，不同地形区域晕渲立体效果区别明显。

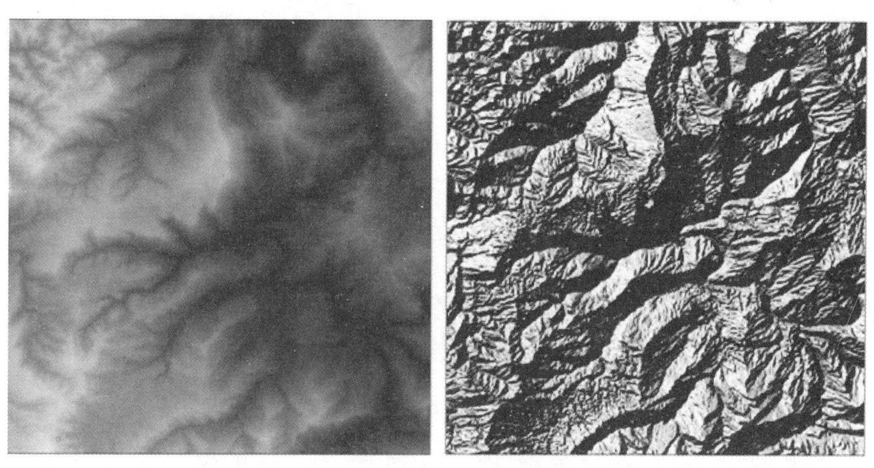

图 10-23　DEM 与晕渲图

2. 地貌制图

DEM 作为辅助数据，与其他遥感影像结合可用于地貌分类与制图、流域地貌演化、构造地貌发育模式等。针对地貌分类与制图，基于 DEM 开展地貌分类及分区，可完善数字地貌分类的指标体系，还可用于地形因子、纹理、正负地形、流域剖面谱、坡面景观、地形特征点簇等分析。在月球探测中,基于 DEM 数据可以提取和分析撞击坑,为巡视路径规划和月球地质分析等提供形貌基础数据。

3. 地表制图

DEM 在遥感中可作为地物分类的辅助数据,如土地利用/覆盖分类、植被分类与制图等。针对土地利用/覆盖,DEM 通常作为地形因子,结合多光谱遥感数据,将土地利用/覆盖分为城市、林地、水域、农田等类型;针对植被分类与制图,DEM 需结合其他遥感数据和反演参数实现。

10.3.3 深空探测应用

在深空探测中,DEM 是地外天体形貌的数字化表达,是保障在轨探测和就位探测安全性的直接支撑,已在月球和火星探测中发挥了至关重要的作用。在月球探测方面,DEM 可以用于月球撞击坑的提取与分析、着陆器的探测避障、巡视器路径规划、着陆点选址等任务;在火星探测方面,DEM 可用于提取火星撞击坑、山谷网络,辅助水冰探测和生命痕迹寻找,对着陆选址同样具有重要作用。

1. 月球探测

在着陆点选址方面,DEM 可生成坡度和粗糙度两个指标,直接反映着陆区的工程安全情况。以月球南极 Amundsen 撞击坑为例,图 10-24(a)是 Amundsen 撞击坑坡度分级结果,按照坡度值将该区域分为平坦区域(小于 7°)、局部起伏区域(7°~15°)和危险起伏区域(大于 15°)。结果表明,Amundsen 撞击坑底部地形平坦,92%的区域的坡度小于 7°,少数撞击坑和中心峰的坡度大于 7°但小于 15°,撞击坑底部有危险起伏区域;撞击坑南部和西北部的坑壁区域内坡度大于 7°的面积占比明显增加,平均可达 12°;大于 15°的危险起伏区域分布在撞击坑边缘的南部和西北部。图 10-24(b)的撞击坑粗糙度图显示,区域中心峰两侧粗糙度较低,坑底东部的粗糙度较高是因为分布有多个小型撞击坑,适合开展撞击坑定年的巡视探测任务。

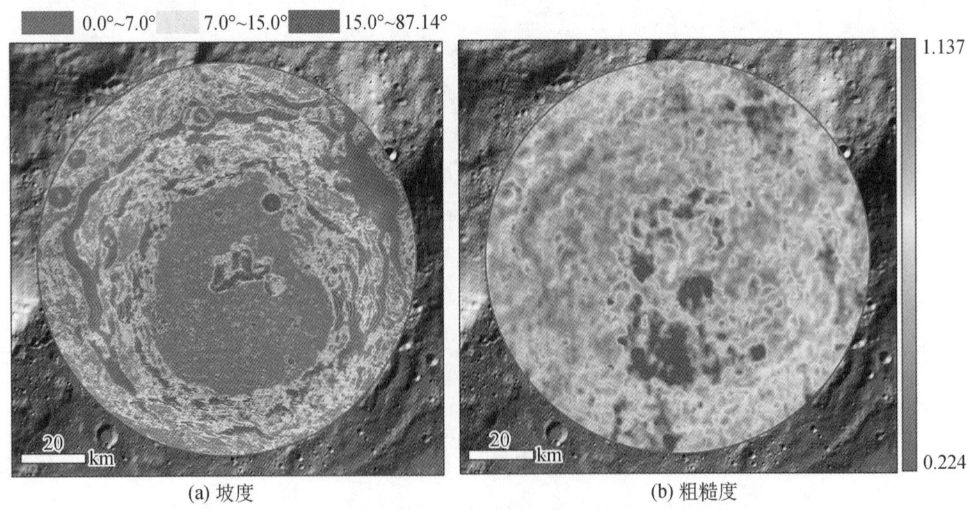

(a) 坡度　　(b) 粗糙度

图 10-24　月球南极 Amundsen 撞击坑的坡度和粗糙度

月球撞击坑研究包括获取撞击坑参数、探究撞击坑形态、分析撞击坑形成过程等。DEM可用于识别撞击坑的形态信息，包括近圆形特征和地形曲率特征，这些信息均保留在 DEM 数据中，借助模式识别、变换函数、机器学习等计算机图像处理方法可以实现自动提取。此外，由于 DEM 不受太阳角度影响，利用 DEM 来确定撞击坑边缘的方法是比较准确的。

在月球地貌单元的划分中，高程是研究月球地貌的最基本的指标，为月球地貌图制图提供了基础。基于 DEM，可将月球表面分为微起伏平原、微起伏台地、微小起伏丘陵、小起伏山地、中起伏山地、大起伏山地、极大起伏山地等 7 种地貌类型。

2. 火星探测

在辅助着陆选址中，DEM 是火星着陆选址的重要工程约束指标。如果着陆区高程较高，着陆器在下降过程中会因为开伞高度过低而没有足够的减速时间，导致下降速率过高而坠毁。在考虑下降过程中相关条件的影响后，通常选择高程处于－2 km 以下的地形区域作为备选着陆区。火星“卡塞谷”着陆区中心位于西经 55.37°、北纬 25.69°，图 10-25 展示了“卡塞谷”着陆区的地貌及 DEM。着陆区的平均高程为－3 143 m，高程范围为－3 730～－2 584 m，高程差为 1 146 m，地形起伏较大，该着陆区的高程由西北向东南逐渐降低。

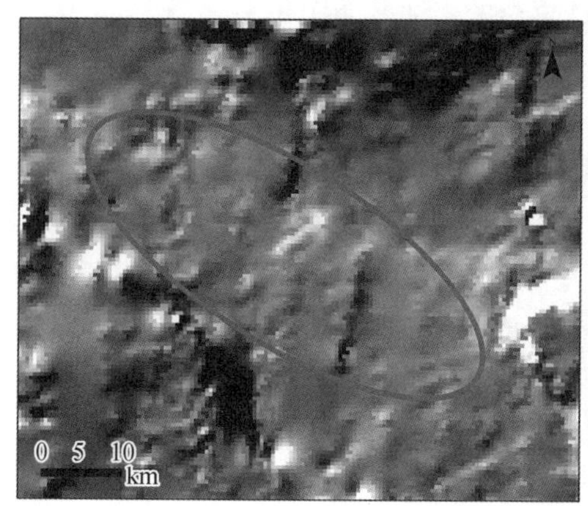

(a) 地貌图

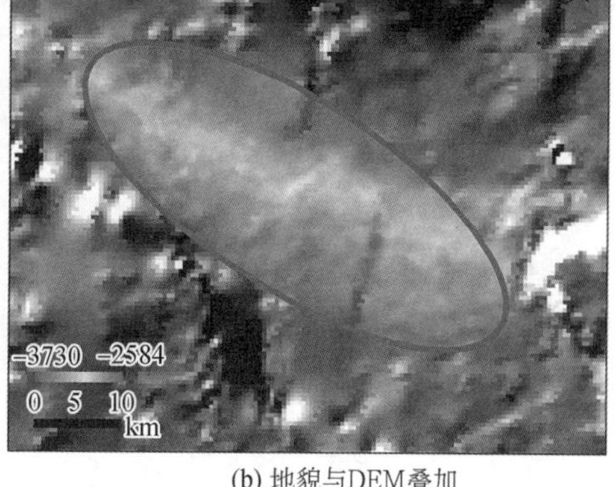

(b) 地貌与DEM叠加

图 10-25　着陆椭圆的地貌与 DEM

图 10-26(a)是“卡塞谷”着陆区坡度的分级统计结果，按照坡度值将该区域分为平坦区域(小于 8°)、局部起伏区域(8°～15°)和危险起伏区域(大于 15°)。结果表明，“卡塞谷”着陆区约 92%的区域的坡度小于 8°，属于平坦安全区域，局部起伏区域和危险区域占 8%。图 10-26(b)为着陆区的归一化粗糙度可视化情况，变化范围为 0.513～0.911，在粗糙度低的西北部着陆更具有安全性。

在基于 DEM 数据提取火星表面类水系构造山谷网络的方法中，常见的有手工绘制和自动化提取两种方法。手工绘制主要基于 DEM 数据或其他辅助数据提取，如利用 MOLA DEM 和光学遥感影像 CTX 数据绘制山谷网络；自动化提取主要包括基于地表流水物理模拟、基于切线曲率以及基于极值线从 DEM 数据中提取山谷网络。

在辅助水冰探测方面，DEM 作为关键要素，与反照率、热惯量等一起影响着水冰的形成和变化，常作为关键参数模拟和预测水冰是否存在以及存在状态。DEM 是典型的冰川

(a) 地貌与坡度叠加　　(b) 地貌与粗糙度叠加

图 10-26　火星探测着陆椭圆的坡度和粗糙度

地貌分析指标,冰川地貌主要包括叶状岩屑坡、线状谷底沉积、黏性流动特征和同心撞击坑填充等,可结合热红外、雷达数据等探测火星全球的水冰分布范围。

10.3.4　工程领域应用

在工程领域,DEM 的应用主要包括线路勘测设计、矿山开发设计和城市规划设计。

1. 线路勘测设计

在线路工程中,如公路、铁路等选线和设计中,可应用 DEM 获取线路的纵横断面的地形信息(图 10-27)。首先,基于平面曲线分测点的平面坐标,利用建立的带状 DEM,采用移动拟合法内插获取纵断面;然后,根据现行设计标准所规定的最小坡长作为平滑范围,对纵断面进行平滑处理。将 DEM 应用于线路勘测设计,便于获取线路中任意地段的纵横断面。

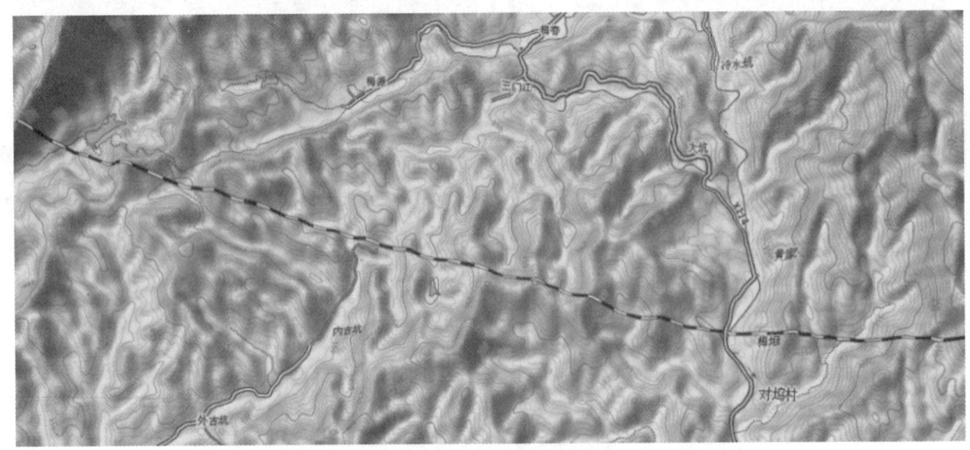

图 10-27　DEM 及线路设计(均使用 3D-Mapper 制图)

2. 矿山开发设计

在矿山开发工程中,矿产资源储量情况和储量变化是重要信息,也是矿山开采的重要决策依据。利用 DEM 和探矿地质钻孔数据，可计算矿产资源储量。通过两期 DEM 叠加分析比较，可获取矿产开采量、储量变化等参数。

3. 城市规划设计

在城市规划与管理中，地势和地形作为重要条件，对城市用地以及基础设施的规划具有引导作用。在城市综合管理中，DEM 是三维数字城市的底图；在城市排水防涝等工程中，均需要基于 DEM 获取城市地面高程信息；在观景台及基础设施建设中，需要 DEM 可视分析来协助规划设计和决策。

10.3.5　军事领域应用

DEM 是自动化军事管理系统的重要数据资源，应用于战场环境仿真、路线规划导航、辅助指挥决策等方面。

1. 战场环境仿真

战场环境仿真涉及大范围地理空间的三维场景显示和处理，DEM 为战场环境的生成提供底层支撑。DEM 结合仿真技术能够准确模拟客观世界的地形地貌，可用于部队训练和演习；借助基于三维地形的虚拟现实技术，可全面把握战场情况，从不同高度、不同角度对整个战场或局部重点区域进行勘察。

2. 路线规划导航

在路线规划导航中，DEM 用于军事路线规划、导弹与飞机导航等方面，还用于对巡航导弹及精确制导炸弹的辅助导航与定位。

3. 辅助指挥决策

在军事指挥决策中，包括指挥人员以及车辆行进、指挥兵力武器作战、开展通信联络等，地形地势是必须考虑的因素，其对军事活动具有重要影响。DEM 作为地形的数字化模拟，可为军事指挥决策提供重要参考和依据，对于准确把握信息主动权、提高指挥效能具有重要意义。

思考题

假设你是一名宇航员，你的团队正在设计一项对新的行星进行探测的任务，你们需要了解它的地形来设计登陆策略。请讨论如何利用 DEM 来评估探测任务中可能遇到的风险(例如地形障碍、地形变化等)？在理想情况下，你希望获取哪些额外的数据或信息来改进你的 DEM 和探测策略？

课后习题

[10-1] 试述数字地形图在工程中的应用。

[10-2] 纸质地形图和数字地形图有何区别？试述数字化地形图测绘技术的优点。

[10-3] 设图 10-28 为 1∶10 000 的等高线地形图，图下印有直线比例尺，用以从图上量取长度。根据该地形图，用图解法解决以下三个问题：

(1) 求 A、B 两点的坐标及 AB 连线的坐标方位角；

(2) 求 C 点的高程及 AC 连线的地面坡度；

(3) 从 A 点到 B 点定出一条地面坡度 $i=7\%$ 的线路。

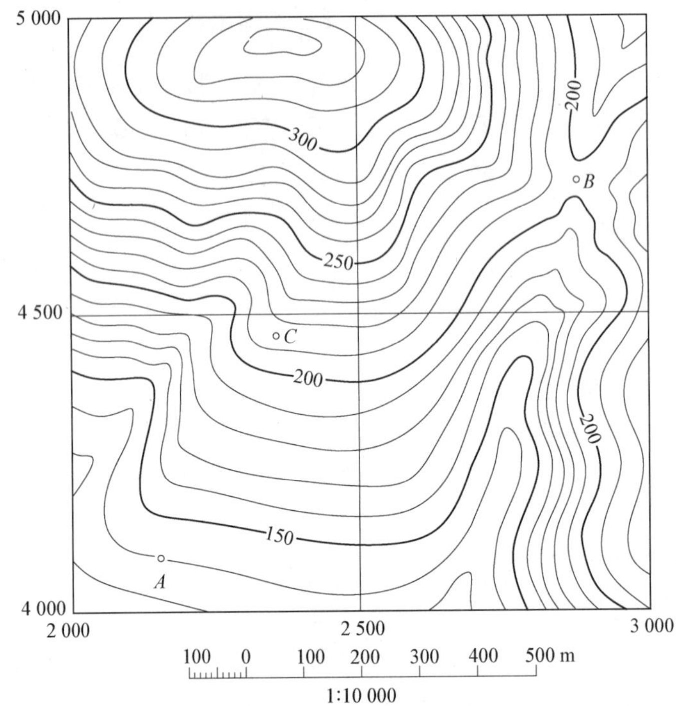

图 10-28　在地形图上量取坐标高程、方位角及地面坡度

[10-4] 根据图 10-29 所示的等高线地形图，沿图上 A—B 方向，按图下已画好的高程比例，作出其地形断面图。

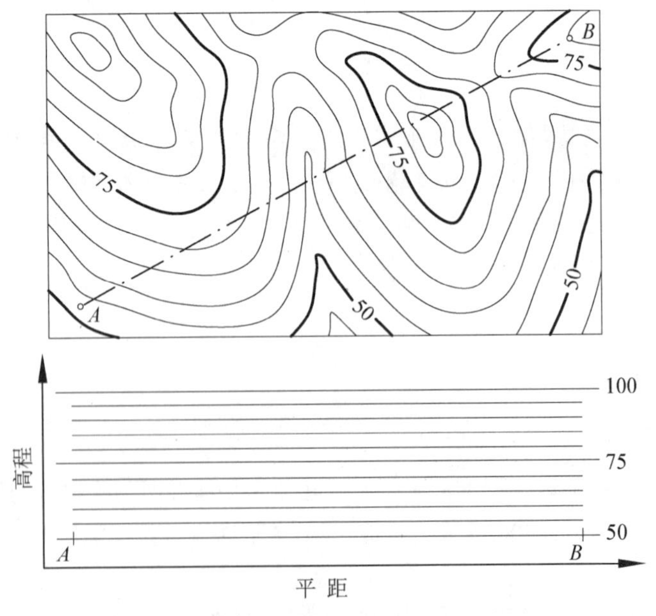

图 10-29　根据等高线地形图作断面图

[10-5] 在图 10-30 所示的等高线地形图上设计一倾斜平面，倾斜方向为 A—B 方向，要求该倾斜平面通过 A 点时的高程为 45 m，通过 B 点时的高程为 50 m，在图上作出填、挖边界线，并在填土部分画上斜阴影线。

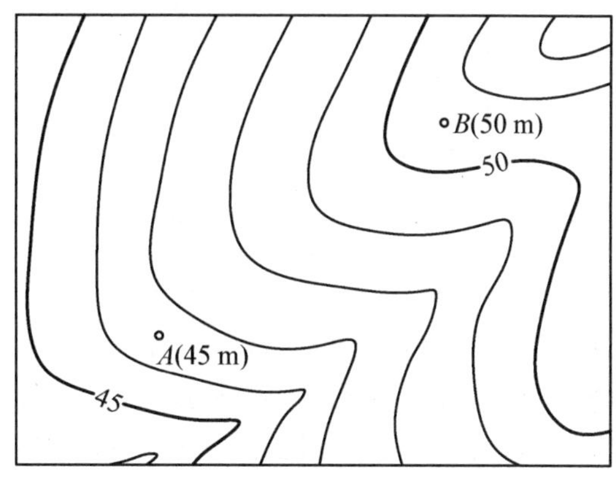

图 10-30　在地形图上设计倾斜平面

[10-6] 已知某测量多边形的所有顶点坐标(按顺时针顺序)，如表 10-4 所示。使用坐标解析法计算该多边形的面积，并推算出坐标解析法量算面积的中误差计算公式(设各点的点位坐标中误差相同，即 $m_x = m_y = m$)。

表 10-4　某测量多边形的顶点坐标(按顺时针顺序)

点序号	X/m	Y/m
A	1 234.56	2 345.67
B	2 134.78	1 890.12
C	2 678.90	3 289.34
D	1 956.21	4 123.45
E	1 345.67	3 654.89
F	789.45	3 056.78

[10-7] 根据表 10-5 中已知点坐标及高程值，使用一种常见的 DEM 内插方法(反距离加权插值)，计算 E 点的高程值。反距离加权插值公式如下：

$$Z(x,y)=\frac{\sum_{i=1}^{N} Z_i d_i^{-p}}{\sum_{i=1}^{N} d_i^{-p}} \tag{10-29}$$

式中，$Z(x, y)$ 为待求点 (x, y) 的高程值；Z_i 为已知点 i 的高程值；d_i 为已知点 i 到待求点的距离；p 为幂指数(此处设为 2)。

表 10-5 已知点坐标及高程值

点序号	X/m	Y/m	高程/m
A	1 000	2 000	50
B	1 500	2 500	55
C	2 000	2 000	60
D	1 500	1 500	65
E	1 750	2 250	

[10-8] 什么是数字高程模型？数字高程模型需要满足哪些特性？对地表拍摄的栅格图像是否就是数字高程模型？栅格图像和数字高程模型有什么关系？

[10-9] DEM 的经典数据来源有哪些？DEM 的采样策略和数据结构中都有规则格网的描述，如何理解二者的区别？

[10-10] 请解释 DEM 的空间结构与空间模型之间的关系，总结常用的空间结构(结合计算机内的信息存储文件)。

[10-11] 总结 DEM 建立的一般流程(从数据获取开始)。

[10-12] 尝试下载 DEM 数据，并基于 ArcGIS 开展坡度、坡向、视域分析、流域分析等应用。

[10-13] 如何利用 DEM 数据计算地形的坡度和坡向？在地形坡度和坡向的基础上，分别进行第二次坡度解算，有什么实际意义？存在什么问题？

[10-14] 在深空探测中，高精度的数字地形图是至关重要的基础数据。依据高精度 DEM，简要叙述如何指挥无人驾驶巡视器在行星表面进行路径规划和科学考察。

[10-15] 简述 DEM 的进展前沿及应用。对比不同的 DEM 数据，简述其在不同应用领域的优缺点。

第 11 章

工程测量与应用

任何工程建设都需要经过勘测、设计和施工三个阶段。地形图和各种测量数据为工程的勘测设计提供必要的测绘资料，在施工阶段必须应用各种测量手段使建(构)筑物正确定位，在运营阶段需要采用测量手段对大型建(构)筑物进行必要的监测。本章将介绍测量学在工程建设中的应用，包括工程施工和运营阶段，主要聚焦地上工程(如建筑工程)和地下工程。施工测量的基本任务是将工程设计的建(构)筑物的平面位置和高程，按照设计数据以一定的精度在实地测设，进而据此施工，因此又称为施工放样。在工程建设过程中，还需要对建筑物及附近设施进行变形监测，以保障工程安全。

本章学习重点

- 了解工程测设的基本要素和方法；
- 了解地上工程控制测量和施工测量的基本方法；
- 了解地下工程控制测量和施工测量的基本方法；
- 了解变形监测的工作内容和基本方法。

11.1 工程要素测设

工程建设过程中,施工测量主要涉及水平角、距离、点位平面位置、点位高程、坡度线、铅垂线等要素的测设。

11.1.1 水平角测设

测设设计的水平角时,地面上应有一个已知的方向,一般为两个固定点:一点为需要测设水平角度的点,为测站点;另一点为定向点,或称为后视点。水平角测设根据精度要求的不同,有以下几种方法。

1. 半测回法

如图 11-1(a)所示,设在 A 点以 B 点为定向点,需要在顺时针方向测设水平角 β,在该角的方向上定出 C 点。置全站仪于 A 点,对中整平后,在盘左或盘右位置,瞄准后视点 B,设置水平度盘读数为零;转动全站仪使水平角读数为 β,按视线方向在地面上定出 C 点。

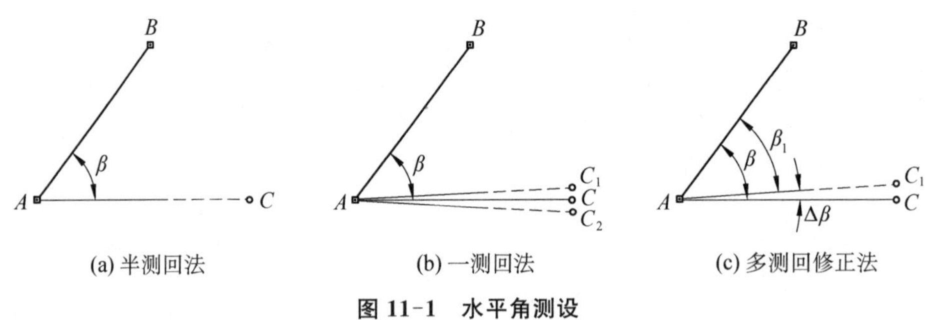

图 11-1 水平角测设

2. 一测回法

一测回法测设水平角又称正倒镜分中法。在盘左位置按上述方法测设水平角 β,在地面上定出 C_1 点;在盘右位置按同样方法测设水平角 β,在地面上定出 C_2 点;取 C_1 和 C_2 的中点 C,如图 11-1(b)所示,则$\angle BAC$ 为需测设的水平角 β。若 $\beta=180°$,则直线 AC 为直线 BA 的延长线。用正倒镜分中法测设水平角或延长直线,可以抵消测角仪器的视准轴误差和横轴误差,一般用于水平角测设精度要求较高的场合。

3. 多测回修正法

如果水平角测设精度要求很高,例如,测设大型厂房主轴线间的水平角度,则可以采用多测回修正法。如图 11-1(c)所示,在 A 点安置测角仪器,先用半测回法按定向点 B 测设 β 角,在地面上定出 C_1 点;用多次测回法观测水平角$\angle BAC_1$,取其平均值设为 β_1,计算其与设计角度的差值:

$$\Delta\beta'' = \beta - \beta_1 \tag{11-1}$$

以及在 C_1 点处的左右位移值:

$$C_1C = AC_1 \cdot \tan\Delta\beta = AC_1 \cdot \frac{\Delta\beta''}{\rho''} \tag{11-2}$$

据此修正 C_1 的点位。例如，$AC_1=100$ m，$\Delta\beta=+6''$，按式(11-2)计算，$C_1C=3$ mm；从 C_1 点在垂直于 AC_1 方向上向右量 3 mm，得到 C 点，则$\angle BAC=\beta$。

11.1.2　水平距离测设

用测距仪测设水平距离时，由于可以直接测得水平距离，并且能预先设置改正参数，因此比用钢尺更为方便，尤其是在距离较长、地面并不平坦时。测设时，在起点 A 安置测距仪或全站仪，按测设时的气温、气压设置气象改正值，设置距离显示值为水平距离；然后用测距仪或全站仪瞄准指定的方向 AB，指挥反射棱镜安置在该方向上进行测距，按测得的平距与设计平距的差值，在此方向上前后移动棱镜，使测得的平距等于设计平距，从而得到 B 点的位置。

11.1.3　平面点位测设

测设设计的平面点位的方法有直角坐标法、极坐标法、角度交会法和距离交会法等。一般按照平面控制点的分布、现场地形条件、仪器设备和点位测设的精度要求选择合适的测设方法。

全站仪放样

1. 直角坐标法

当建筑场地的施工控制网为矩形格网时，设计的建筑物轴线往往与控制网相平行或垂直，采用直角坐标法测设建筑物的轴线点位较为方便。如图 11-2 所示，A、B、C、D 为矩形施工控制网中的平面控制点，P_1、P_2、P_3、P_4 为设计的建筑物轴线点，轴线与控制网的边相平行，并给出设计数据 Δx、Δy_1、Δy_2 等。用直角坐标法测设 P_1、P_2 点的方法如下：置全站仪于 A 点，瞄准 B 点，定 AB 方向；按 Δy_1 和 Δy_2 用测设水平距离的方法在 AB 直线上定出 E_1 和 E_2；分别安置全站仪于 E_1 和 E_2，测设与 AB 方向成 90°的水平角，定出垂直方向；再在此方向上测设水平距离 Δx，定出 P_1、P_2 点。

GNSS 放样

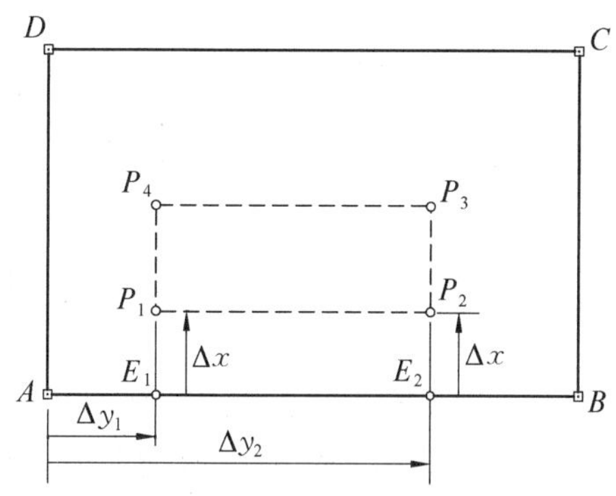

图 11-2　直角坐标法测设点位

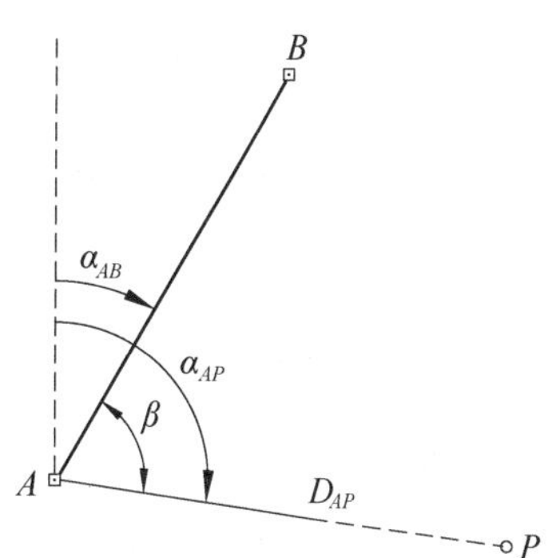

图 11-3　极坐标法测设点位

2. 极坐标法

如图 11-3 所示，A、B 为平面控制点，P 为待测设的点位，其坐标均为已知，用极坐标法测设 P 点。设以 A 点为测站，用坐标反算公式计算 AB 和 AP 的方位角 α_{AB} 和 α_{AP}、水

平角 β 以及 AP 的水平距离 D_{AP}：

$$\begin{cases} \alpha_{AB} = \arctan \dfrac{y_B - y_A}{x_B - x_A} \\ \alpha_{AP} = \arctan \dfrac{y_P - y_A}{x_P - x_A} \end{cases} \tag{11-3}$$

$$\beta = \alpha_{AP} - \alpha_{AB} \tag{11-4}$$

$$D_{AP} = \sqrt{(x_P - x_A)^2 + (y_P - y_A)^2} \tag{11-5}$$

置全站仪于 A 点，瞄准后视点 B，测设水平角 β，定出 AP 的方向；在此方向上用钢尺或全站仪测设水平距离 D_{AP}，定出 P 点。

3. 角度交会法

角度交会法又称方向交会法。当需要测设的点位远离控制点或不便于量距而又缺少测距仪时，可以用角度交会法。如图 11-4 所示，先根据控制点 A、B 的坐标和待测设点 P 的设计坐标计算出测设数据——水平角 α 和 β 的角值；然后将全站仪分别安置于 A、B 点，分别测设 α 和 β 角，方向线 AP 和 BP 的交点即为待测设的 P 点。

4. 距离交会法

距离交会法又称长度交会法。如图 11-5 所示，先根据控制点 A、B 的坐标和待测设点 P 的设计坐标计算出测设数据——A、B 点至 P 点的水平距离 D_{AP} 和 D_{BP}；从控制点 A、B 同时用钢尺测设这两段水平距离，其相交处即为待测设的 P 点。距离交会法适用于场地平坦、便于用钢尺量距且测设距离不大于一尺段的场合。

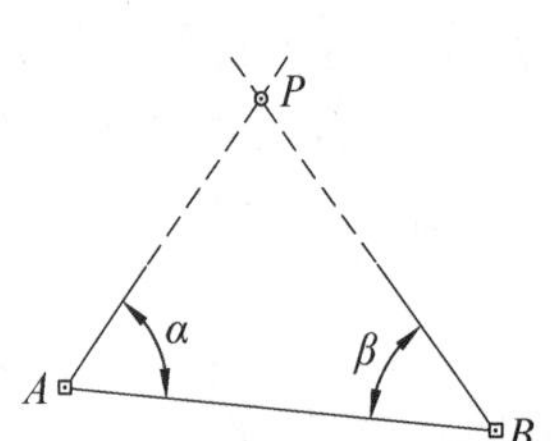

图 11-4　角度交会法测设点位

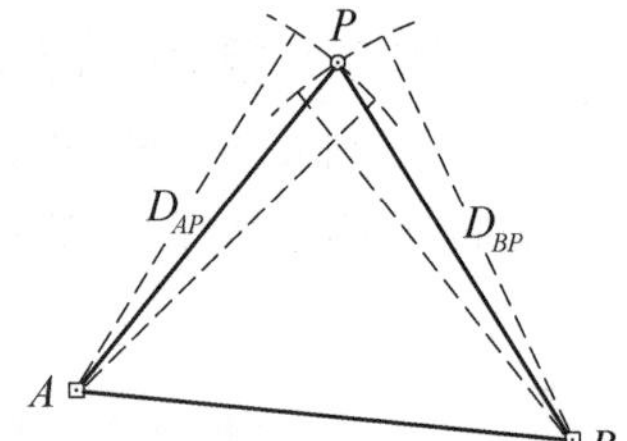

图 11-5　距离交会法测设点位

11.1.4　点位高程测设

在工程建筑施工中，在一些点位上需要测设由设计所指定的高程，例如平整场地、开挖基坑、定路面坡度、定基础和地坪的设计标高等。建筑场地的高程测设一般采用水准测量的方法，在场地内从附近的国家水准点或城市水准点引测若干个供施工用的临时水准点作为高程控制点；然后，用水准仪测设点位的设计高程。测设高程和水准测量的不同之处在于：测设高程不是测定两固定点之间的高差，而是根据已知高程的一点测设另一点的高低位置，使其高程为设计所指定的数值。

如图 11-6 所示，设水准点 A 的高程为 H_A，需要测设 B 桩的高程为 H_B。在 A、B

两点间安置水准仪，先在 A 点立水准尺，读得尺上读数为 a，由此得到水准仪的仪器高程：

$$H_i = H_A + a \tag{11-6}$$

在 B 桩边立水准尺，为使尺底高程为 H_B，则水准尺的读数应为

$$b = H_i - H_B \tag{11-7}$$

上下移动水准尺，使水准仪的读数为 b，按尺子底部在木桩侧面画线，此线即标志出所需测设的高程 H_B。

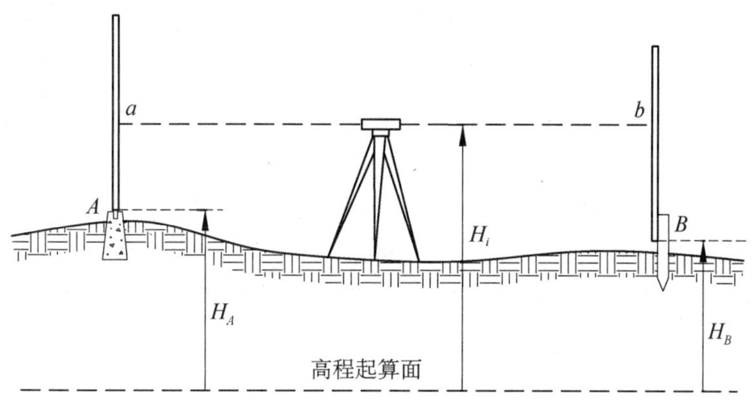

图 11-6　测设设计高程

当需要测设高程处与水准点的高差很大时，可以用垂直悬挂的钢卷尺代替水准尺，尺子下端悬挂重锤。如图 11-7 所示，在深基坑内测设高程，先安置水准仪于地面，后视立于水准点 A(高程为 H_A)的水准尺读数为 a_1，前视悬挂的钢卷尺(尺的零点在下)读数为 b_1；移置水准仪于基坑内，后视悬挂的钢卷尺读数为 a_2，按式(11-8)、式(11-9)计算需要测设其高程为 H_B 的木桩旁的水准尺的应有读数 b_2：

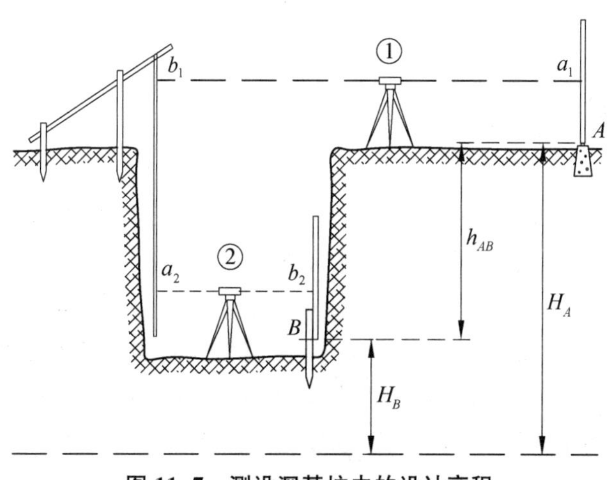

图 11-7　测设深基坑内的设计高程

$$H_B - H_A = (a_1 - b_1) + (a_2 - b_2) = h_{AB} \tag{11-8}$$

$$b_2 = a_2 + (a_1 - b_1) - h_{AB} \tag{11-9}$$

上下移动水准尺，使水准仪的读数为 b_2，按水准尺底部在木桩侧面画线，此线即标志出设计高程 H_B。

11.1.5 坡度线测设

在铺设管道、修筑路面等工程中，需要测设设计的坡度线，采用的仪器为水准仪或全站仪。如图 11-8 所示，设 A 点桩顶高程为 H_A，A、B 两点间的平距为 D，两点间的设计坡度为 i(高差与平距之比，以%表示，上坡为正，下坡为负)，则 B 点的设计高程为

$$H_B = H_A + iD \tag{11-10}$$

先按上述测设设计高程的方法，测设 B 点的高程；然后置水准仪(或全站仪)于 A 点，把仪器的一个脚螺旋放在 AB 方向上，量取仪器高 h；瞄准竖立在 B 点的水准尺，转动 AB 方向上的脚螺旋，使横丝在尺上的读数为 h，此时，仪器的视准轴即平行于所需测设的坡度；随后，依次在 AB 直线上的 1，2，3，…点处的木桩上竖立水准尺，保持仪器的视准轴不动，在水准尺上读数，逐步将木桩打入土中，使水准尺读数逐渐增大至 h，此时的木桩顶面位于 A、B 两点间所设计的坡度线上。

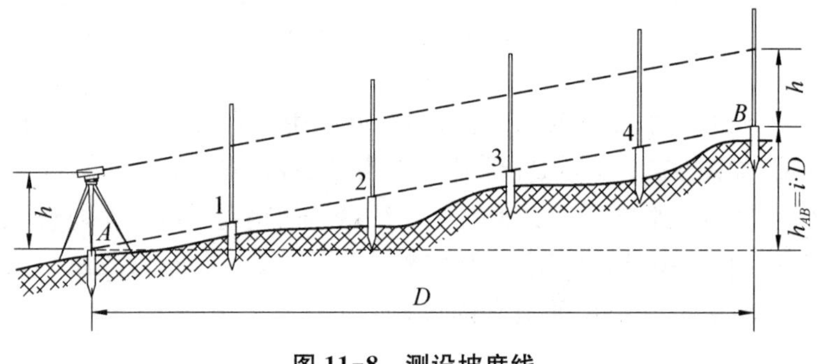

图 11-8 测设坡度线

11.1.6 铅垂线测设

建造高层建筑、电视发射塔、斜拉桥索塔等高耸建筑物和竖井等深入地下的建筑物时，需要测设以铅垂线为基准的点和线，称为垂准线。测设垂准线的测量作业称为垂直投影。建筑物的上下高差越大，垂直投影的精度要求就越高。

1. 悬挂垂球法

最原始和简便的垂直投影方法是用细绳悬挂垂球，例如用于测量仪器向地面点对中、检验墙面和柱子的垂直偏差等，这种垂直投影的相对精度大约为 1/1 000。将垂球加重，绳子减细，可以提高用垂球进行垂直投影的精度，例如传统上建造高层房屋、烟囱、竖井等工程时，用直径不大于 1 mm 的钢丝悬挂 10～50 kg 的大垂球，将垂球浸没于油桶中，使其摆动受到阻尼作用，其垂直投影的相对精度可达 1/20 000 以上。但悬挂大垂球的方法操

作费力，并且容易受风力和气流等干扰而产生偏差。

2. 全站仪垂直投影法

在垂直投影的高度不大并且有开阔的场地时，可以用两台全站仪（也可以用一台仪器两次安置），在两个大致相互垂直的方向上，利用仪器置平后的视准轴上下转动面为一铅垂面，两铅垂面相交而测设铅垂线。如图 11-9 所示，安置于 A、B 两点的全站仪均瞄准 C 点后，全站仪水平制动，则视准轴上下转动形成铅垂面，得到相交于通过 C 点的铅垂线上的点，如 C_1、C_2 等，称为 C 点的垂直投影点。这就是建筑施工中常用的点的垂直投影方法。

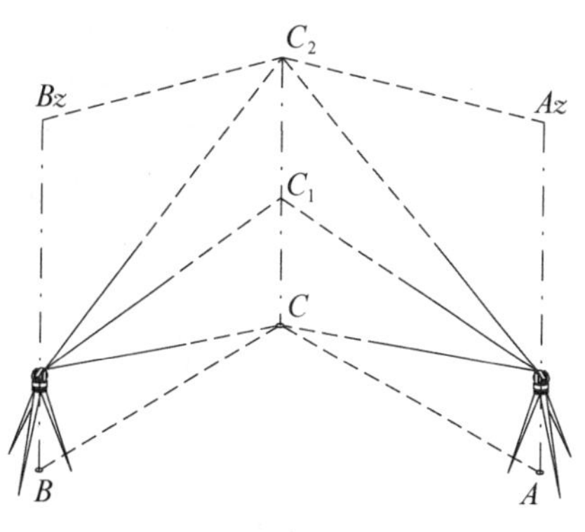

图 11-9　用两架全站仪作垂直投影

用全站仪作点的垂直投影，望远镜需要瞄准较高的目标时，仪器应配置直角目镜（又称弯管目镜），图 11-10 所示为在全站仪上安装直角目镜。直角目镜能使望远镜的视准轴旋转 90°。安装时，先将原有目镜按逆时针方向旋下，然后旋上直角目镜。装上直角目镜后的全站仪，不但可以瞄准仰角或俯角很大的目标，如图 11-10(a)所示，还可以直接瞄准位于天顶的目标（垂直角 $\alpha=90°$，天顶距 $z=0°$），作垂直投影，如图 11-10(b)所示。

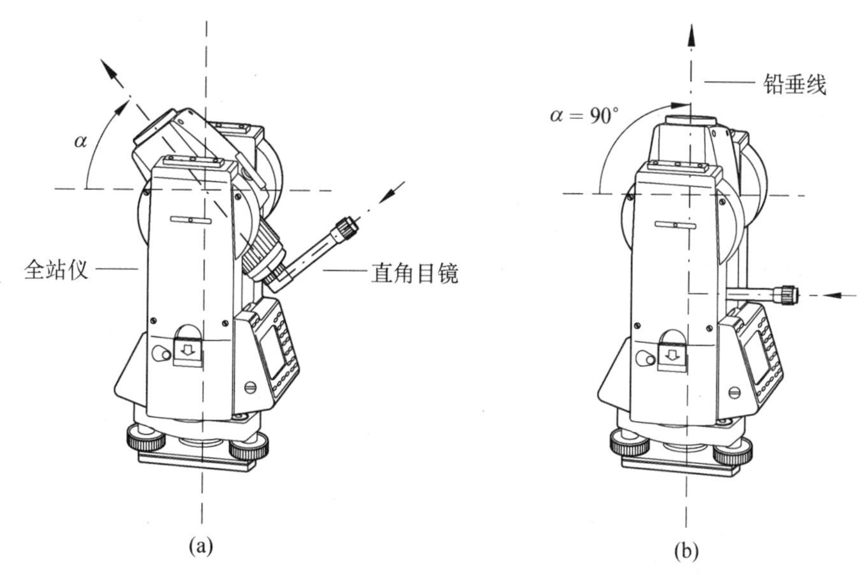

图 11-10　安装直角目镜的全站仪

3. 垂准仪法

测设铅垂线的专用仪器为垂准仪，又称天顶仪。图 11-11 所示为 PD3 型垂准仪及其垂直剖面示意图。它有两个上下装置的望远镜，便于向上和向下作垂直投影；在望远镜光路中安装直角棱镜，使上、下目镜及十字丝分划板位于水平位置，便于观测；在基座上有两个垂直安装的水准管，用于置平仪器，使视准轴位于铅垂方向。PD3 垂准仪垂直投影的相对精度为 1/40 000，同样精度的垂准仪有 DZJ3 型等。最高精度的垂准仪（如 WILD-ZL 型、WILD-NL 型）的垂直投影精度可达 1/200 000，用于大型精密工程的施工测量和变形监测。安装弯管目镜的全站仪,由于可以瞄准天顶的目标,因此也具有垂准仪的功能。

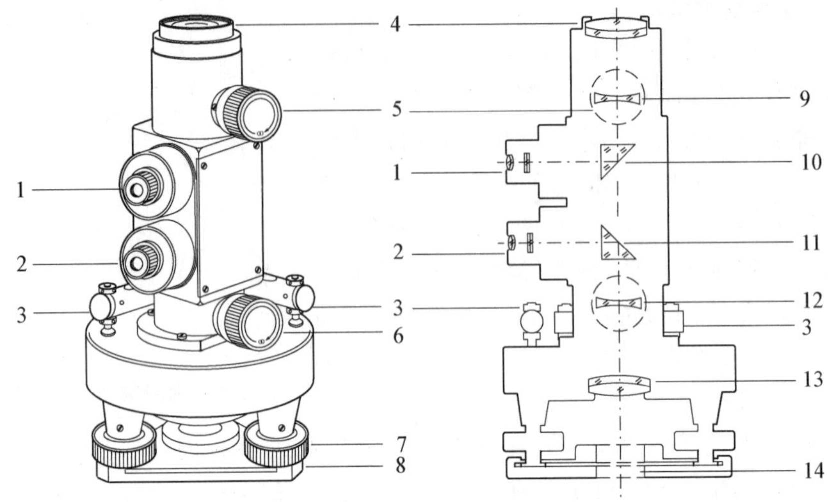

1—上目镜;2—下目镜;3—水准管;4—上物镜;5—上物镜调焦螺旋;6—下物镜调焦螺旋;
7—脚螺旋;8—底板;9—上调焦透镜;10—上直角棱镜;11—下直角棱镜;12—下调焦透镜;
13—下物镜;14—连接螺旋孔及向下瞄准孔。

图 11-11　PD3 型垂准仪及其剖面图

思考题

某公园有一片长 12 m、宽 10 m 的空地,现要将空地建设成一个小花园,要求至少有假山、亭子和小路,请对空地进行设计,并阐述设计方案涉及哪些工程要素的测设。

11.2　地上工程测量

建筑工程的施工测量贯穿于整个施工过程中。从场地平整、建筑物轴线放样、基坑开挖、基础施工到建筑物主体施工和细部结构安装等,都需要进行施工测量。建筑工程竣工后,为便于管理、维护和改建或扩建,需要进行竣工测量。某些高大或重要的构筑物,在施工期间和建成后,还需要进行变形监测,为工程建筑的安全施工和使用提供依据。

在施工现场,由于各种建(构)筑物的分布面较广,而且施工有先后,为了保证各建(构)筑物在平面位置和高程上都能符合设计要求,联系成一个整体,应遵循“由整体到局部”和“先控制后细部”的测量原则,并且也需要进行控制测量。施工控制网的精度一般要高于测图控制网。在施工控制网的基础上,可分别测设各个建(构)筑物的细部。

建筑物的施工放样与地形测图相比,放样精度要求更高,因为放样的误差将 1∶1 地影响建筑物的位置、尺寸和形状,而地形图总是按一定的比例尺缩小来应用的。

11.2.1　地上建筑施工控制测量

1. 施工控制网概述

建筑施工控制测量的任务是建立施工控制网。在勘测阶段所建立的测图控制网,由于各种建筑物的设计位置尚未确定，无法满足施工测量的要求。另外，施工场地预先做土地平整时，大量土方的填挖也会损坏原有的测量控制点。因此，在建筑施工时，一般需要建立施工控制网。

工业厂房、民用建筑、内部道路等通常是沿着相互平行或垂直的方向布设的，因此，在新建的大、中型建筑工地上，施工的平面控制网一般布设成矩形格网，称为建筑方格网，如图 11-12 中的实线网格。对于面积不大且不太复杂的建筑设计，常根据平行于主要建筑物的轴线布设一条或若干条基线，作为建筑施工的平面控制，称为建筑基线。也有布设导线作为建筑施工的平面控制网。

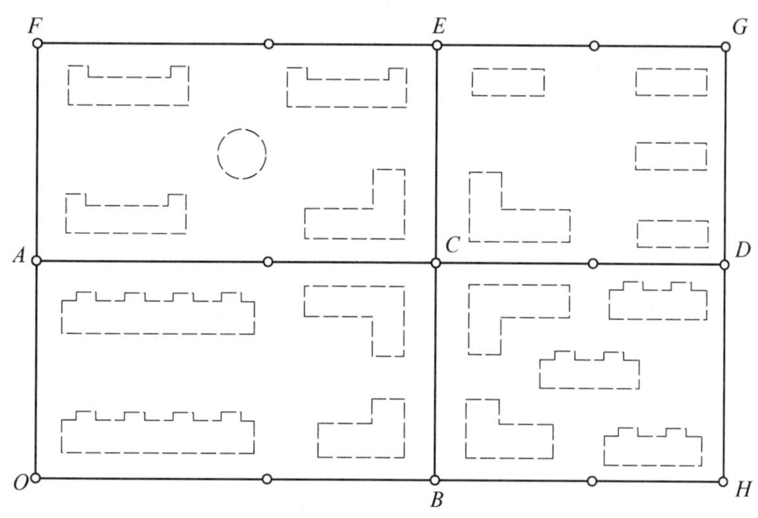

图 11-12　建筑方格网

2. 施工平面和高程控制

建筑基线是根据设计建筑物的分布、以比较简单的形式布设的平面施工控制网，其布置形式如图 11-13 所示。布设的方法主要是测设较精确的 90°或 180°的水平角和距离，埋设在施工期间能保持稳定的地点，以便于建筑物轴线及细部的施工放样。建筑方格网的布设是根据建筑设计总平面图上各建筑物的布置并结合现场的地形情况拟定的。测设时，应先定方格网的主轴线(如图 11-12 中的 $A—C—D$，$B—C—E$)，然后再测设其他方格点。建筑方格网布设时，方格网的主轴线应布置在整个建筑区的中部，并与设计的建筑轴线相平行。

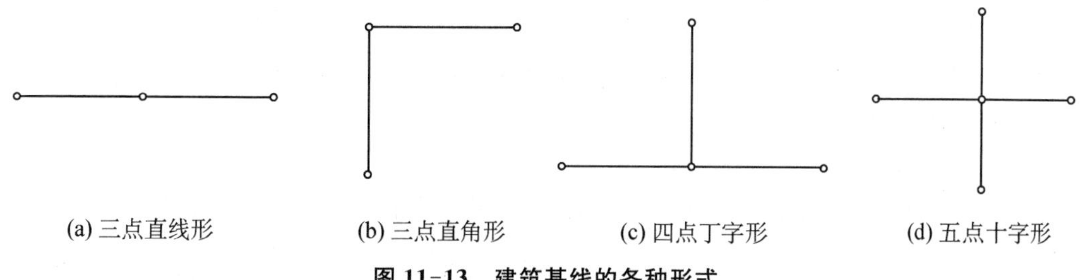

(a) 三点直线形　(b) 三点直角形　(c) 四点丁字形　(d) 五点十字形

图 11-13　建筑基线的各种形式

在建筑施工场地，采用四等水准测量精度，从国家或城市水准点联测高程，布设若干个(一般不少于 3 个)临时水准点，建立高程控制网。水准点的密度应尽可能一次安置水准仪即可测设所需的高程点。

11.2.2 地上建筑施工测量

1. 建筑物轴线测设

民用建筑物的施工测量应根据设计图纸上所给出的建筑物位置进行定位，将建筑物的外墙轴线交点测设在地面上，如图 11-14 中的 M、N、P、Q 点，然后根据这些点进行外墙和内墙的详细放样。民用建筑物外墙轴线测设的方法视现场条件而定，可以根据规划道路红线测设建筑物轴线，也可以根据与已有建筑物的位置关系测设建筑物轴线。

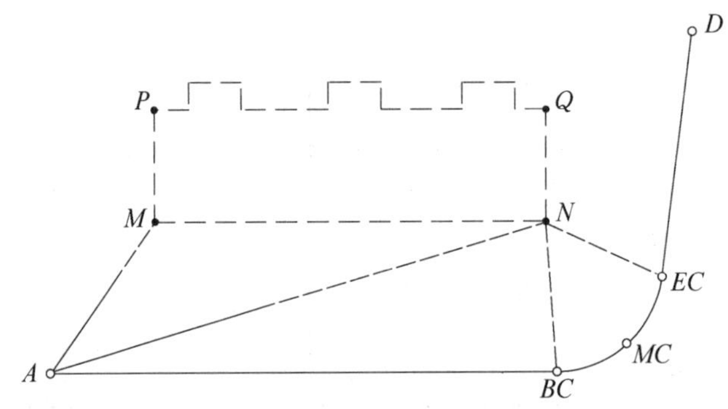

图 11-14 根据规划道路红线点测设设计建筑物轴线点

2. 施工控制桩和龙门板测设

建筑物的主轴线测设好以后，即可详细测设建筑物各轴线交点的位置，并在桩顶钉一小钉作为标志，称为轴线中心桩。由于施工时的基槽开挖会破坏轴线中心桩，因此，在基槽开挖前，应将轴线引测到基槽边线以外不受施工影响之处。引测的方法为测设施工控制桩和龙门板。

施工控制桩测设是用全站仪延长直线的方法将控制桩测设在轴线的延长线上，离基槽开挖边线一般在 2 m 以外。如系多层或高层建筑的施工，为了便于向高处引测，控制桩应设置在离建筑物较远的地方。如有可能，最好将轴线引测到周围固定的建筑物上。为了保证控制桩的测设精度，控制桩应与轴线中心桩一起测设。

在一般民用建筑中，为便于施工，在房屋的转角和隔墙的基槽开挖边线外 1～1.5 m 处设置龙门桩，在龙门桩上测设标高线，按标高线钉设龙门板，如图 11-15 所示。

3. 基础施工测量

1) 基槽挖土的放线和高程控制

按照设计规定的基槽开挖宽度，在墙轴线两侧拉线洒石灰粉，标明基槽的开挖边线。待基槽挖到一定深度后，用水准仪在基槽壁上测设高程控制桩，其高程与预定的基槽底的高差为一整分米数，以便于控制基槽的开挖深度。

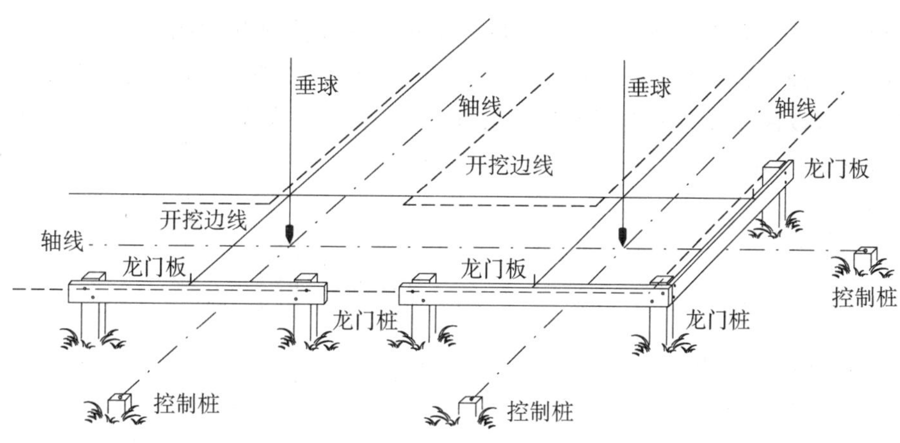

图 11-15　施工控制桩和龙门板

2）基础施工的放线和高程控制

基槽开挖到规定深度后，按施工控制桩或龙门板上的墙轴线用垂球垂直投影到基槽底部，用木桩标志。将桩顶高度测设为垫层的高程，据此铺设垫层。垫层经夯实后，用同样的方法投测轴线，测设基础高程，据此设置模板和浇筑混凝土基础。在混凝土基础面上，再用同样的方法投测轴线后，即可进行墙体的施工。

4. 高层建筑施工测量

高层建筑施工测量中的主要问题是建筑轴线的垂直投影和高程传递。

1）平面控制网和高程控制网

高层建筑一般包括主楼和裙房。建筑物内部的平面控制网首先布设于地坪层（地面层），形式一般为一个或若干个矩形，如图 11-16 所示。平面控制点位置的选择，除了考虑与建筑轴线相适应、有利于保存、便于测设建筑物的细部等基本要求以外，还应考虑逐次向上层（直至最高层）投影的问题。因此，矩形控制网的各边应与建筑轴线相平行；建筑物内部的细部结构（主要是柱和承重墙）不妨碍控制点之间的通视；从控制点向上作垂直投影时，需要在各层楼板上设置垂准孔。

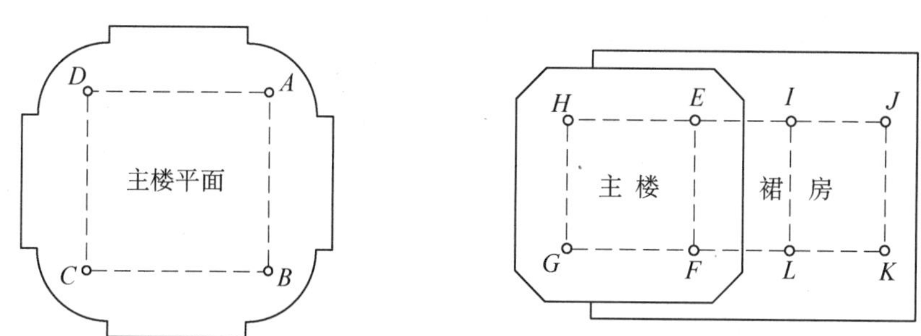

图 11-16　高层建筑内部的平面控制网

2）平面控制点的垂直投影

在高层建筑施工中，建筑物内部平面控制点的垂直投影是指将地坪层的控制点沿铅垂线方向逐层向上测设，使在建造中的每个层面都有与地坪层控制点的坐标完全相同的平面控制网。如图 11-17 所示,A、B、C、D 为地坪层平面控制点,沿铅垂线向上层投影,得到各层的平面控制点,据此可以正确测设各层面上的建筑物细部,其中尤为重要的是柱和承重墙的位置,以保证高楼的施工质量。另外,高层建筑的幕墙施工测量也需要根据各层的控制点来正确定位。

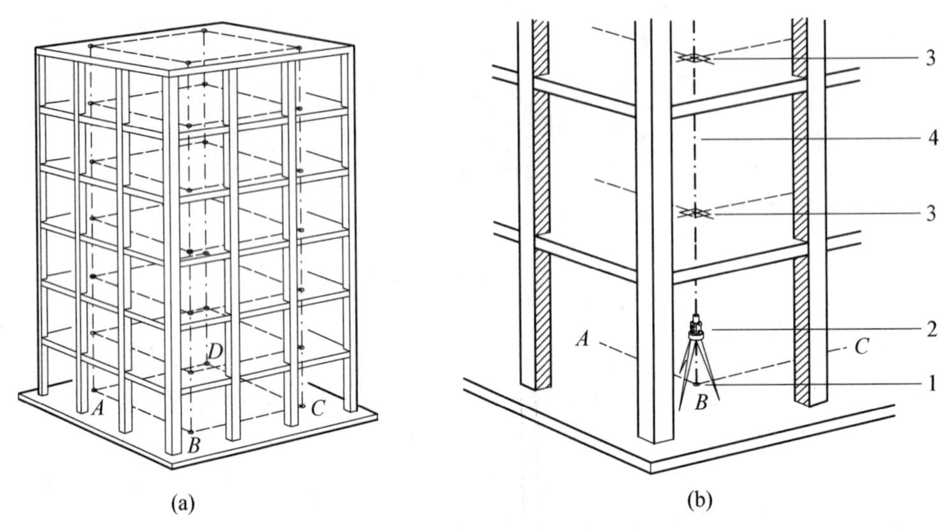

1—地坪层平面控制点;2—垂准仪;3—垂准孔;4—铅垂线。

图 11-17 高层建筑中平面控制点的垂直投影

3) 高层建筑的高程传递

在高层建筑施工中,需要从地坪层的高程控制点开始,向上面各层传递高程(标高),测设各层的柱、墙、楼板、楼梯、窗台等细部的设计标高。

高程传递主要有两种方法:①钢卷尺水准测量法。用钢卷尺代替水准尺,垂直悬挂于上下可直通的墙、柱、电梯井等处,根据地坪层的高程控制点,测设上层一定高度的标高线,如图 11-18(a)所示。②全站仪天顶测距法。高层建筑施工中的垂准孔或电梯井等,为

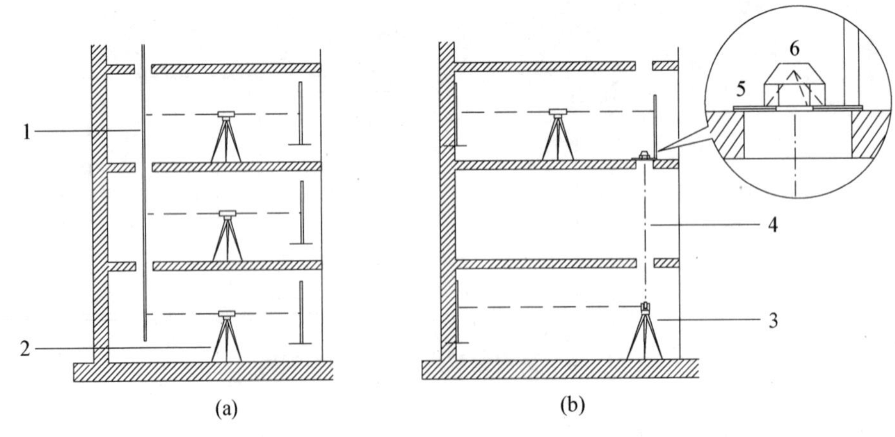

1—钢卷尺;2—水准仪;3—全站仪;4—铅垂线;5—有孔铁板;6—反射棱镜。

图 11-18 高层建筑施工中的高程传递

光电测距提供了一条垂直通道，如图 11-18(b)所示。在底层垂准孔下安置配有直角目镜的全站仪，将望远镜指向天顶(显示天顶距为 0°)，分别在各层垂准孔上方安置有孔铁板及反射棱镜，仪器瞄准棱镜后，按测距键测定垂直距离。

4) 建筑结构细部测设

高层建筑各层面上的建筑结构细部有外墙、立柱、横梁、电梯井、楼梯等，以及各种安装构件的预埋件(例如玻璃幕墙的预埋件等)，施工时，均须按设计数据测设其平面位置和高程(标高)。根据各层面的平面控制点，用极坐标法或距离交会法测设细部点的平面位置，由于距离较近且层面平整，一般用全站仪和钢卷尺测设较为便捷。根据各层的一米标高线，用水准仪测设细部点的高程。

11.2.3　管线工程测量

建筑工程与外界的沟通和联系离不开各种管线。管线工程测量包括新建管线的施工测量、新埋设管线的竣工测量和已有管线的探查测量。其目的如下：确保管线正确的施工定位；测绘管线图(平面图和断面图)；采集城市管线信息系统所需要的测绘信息，其数据采集规格应符合当地城市管线信息系统的统一要求。

管线工程测量的基本方法同一般建筑工程施工测量，即在控制测量的基础上测设管线设计点位的三维坐标(平面位置和高程)，以便能按设计位置正确施工，以及测绘管线的竣工图。

下面主要介绍新建的管线工程测量，包括管线中线测量，管线纵、横断面测量，管道施工测量、竣工测量以及管线图等内容。

1. 管线中线测量

管线中线测量的任务是将设计的管道中心线的位置测设在地面上。管道中心线的直线段上的点位称为转点，中线转折处的点位称为交点，其他表示管线位置的点称为细部点。转点桩和交点桩的桩位可以根据附近的已有建筑物进行测设。如图 11-19 所示，根据已布设的导线点 T_1、T_2、T_3，用极坐标法测设管道中心线的设计点位，其中 G_1、G_2、G_3 为设计管道直线段的转点，G_4、G_5、G_6 为曲线段的细部点。按导线点的坐标和管线点的设计坐标，计算极坐标法测设所需的角度和距离数据，据此测设管线点位。

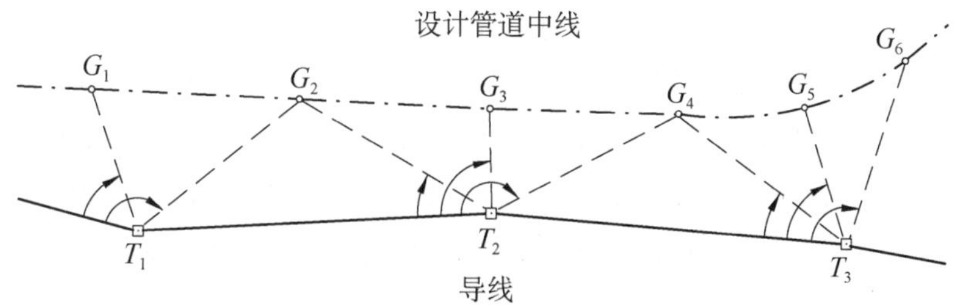

图 11-19　根据导线点测设设计管线点

管线设计时，当管道中心线在实地确定后，需要测绘沿线的地面纵、横断面图。为此，在地面的管道中心线上，自起点开始每隔 50 m(或 100 m)打一个里程桩，在里程桩之间，如果地形有变化或遇特殊地物，还需要打加桩。

2. 管线纵、横断面测量

管线纵断面测量的目的是根据沿管道中心线所测得的桩点高程，绘制纵断面图，表示沿管道设计中心线的地面高低起伏情况。

纵断面测量采用水准测量测定各里程桩和加桩的高程。水准路线布设成两端附合于城市水准点的附合线路，如图 11-20 中的 BM. 101 和 BM. 102 为城市水准点。水准测量时，以每隔 100～200 m 的桩点作为转点，一般用两次仪器高法或双面尺法进行后视读数和前视读数；两转点之间的里程桩或加桩用一次前视测定其高程(称为中视，水准尺读数至厘米)，如图 11-20 中的 0+230 和 0+275 等点。

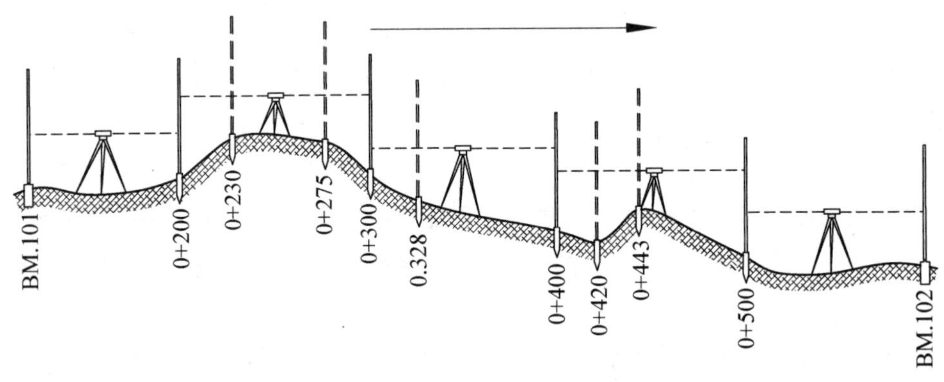

图 11-20 管线纵断面水准测量

横断面测量是测定各里程桩和加桩处中线两侧的地面高低起伏情况。横断面的方向垂直于管线中线，横断面上需测定的点用钢尺或测距仪测量其至中线桩的距离，用水准仪测定其与中线桩的高差；也可以用全站仪一次测定其距离和高差，据此绘制横断面图。

测绘管线沿线地面的纵、横断面图是设计管道埋深、坡度和计算施工土方量的依据。

3. 管道施工测量

1) 开槽管道施工测量

管道的埋设一般采用地面开槽的方法，其准备工作主要有地面槽口的放线、施工控制桩和临时水准点的测设。按照管道直径、埋设深度、土质情况和槽壁支撑设备等因素确定槽口宽度，从管道中线桩量向两侧，用洒石灰粉等方法标明开挖边线。按中线桩的位置在槽口向外两侧不受施工影响之处，测设施工控制桩一对，两控制桩连线的中点即为中心桩位。沿线每隔 150～200 m 采用水准测量测定一个临时水准点，作为管道施工的高程控制。

管道施工中的测量工作主要是控制管道中心线设计位置和管底设计高程，为此，在管道线路上每隔 10～20 m 设置坡度板，并以管线里程作为桩号。坡度板跨槽设置，如图 11-21 所示。

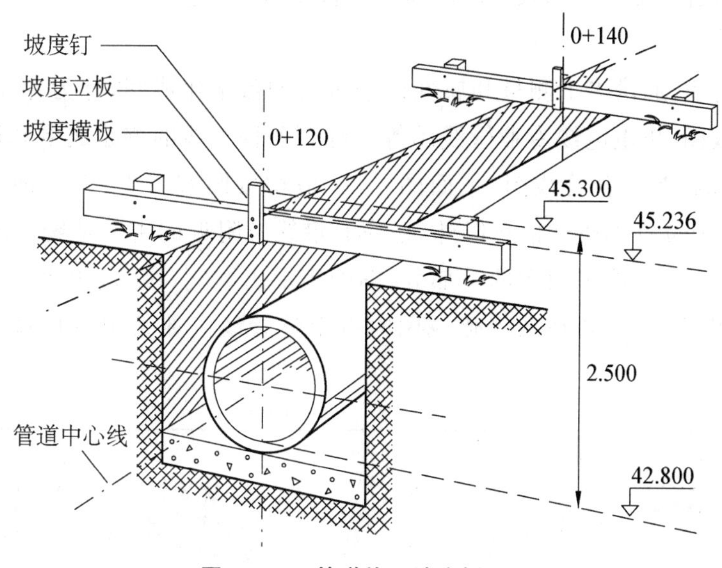

图 11-21　管道施工坡度板设置

根据中线控制桩，用全站仪和钢尺将管道中心线的平面位置测设在坡度横板上。为了控制沟槽的开挖深度和管道的设计高程，还需要在坡度板上测设设计坡度，为此在坡度横板上设置坡度立板，使板的一侧对准中线，竖面上测设一条高程线，使其与管底的设计高程的高差为一整分米数(称为下反数)，在该高程线上横向钉一小钉，称为坡度钉。开挖深度、垫层高程和铺设的管底高程，均据此高程线控制。

2）顶管施工测量

当管道施工需要穿越道路或其他地面建筑物时，为避免破坏原有建筑物，可采用顶管施工法。先挖好顶管工作坑，根据地面上测设的管道中线桩，用全站仪垂直投影将中线引测到坑底，在坑内再用全站仪测设管道中心线。另外，在顶管工作坑内测设临时水准点，用水准仪和可立于管内的短水准尺测设管内前后各点，以控制管底的设计高程和坡度。在顶管施工中，管内水平放置一把长度略小于管内径的木尺，尺上标明中心点的长度刻划。顶管施工时，在全站仪视场中，可以从小尺上读出管中心偏离中线方向的数值，以此校正顶管的方向。

4. 管线竣工测量

管线竣工后，经过覆土，即成为隐蔽工程，尤其是城市管线，大部分集中埋设于城市道路路面之下，如果情况不明，施工或维修时可能会发生工程事故。因此，管线的竣工测量是在管线施工时至回填土前、管线特征部位明显暴露的情况下进行的。这样，施测对象明确，所需观测数据容易获得，并且具有较高的测量精度。为了保证管线的空间地理位置精度和数据的全面性，以满足建立城市管线信息系统的需要，必须按管线的有关技术规程，如《城市测量规范》(CJJ/T 8—2011)和《城市地下管线探测技术规程》(CJJ 61—2017)等的规定,采用边施工边测量(施工跟踪测量)的方式,直接测量出管线特征点的平面位置和高程,绘制管线平面图、断面图以及获取所需要的管线属性信息。

5. 管线图

对于专业管线,通过竣工测量和属性调查进行的数字化成图,称为专业管线图,如给水管道专业管线图、供电电缆专业管线图等。综合各种管线的测绘成果和调查资料编绘而成的数字化图称为综合管线图(平面图)。一般均按照城市 1∶500 地形图的统一分幅,除了具有管线位置和属性信息以外,还应有沿线及附近的主要地物。图 11-22 所示为一幅 1∶500 综合管线平面图的一部分,图中表示出燃气、污水、雨水、给水、供电五种管线及其检修井的位置,并在数字化成图时按上述管线内业编辑软件输入各种管线的属性。

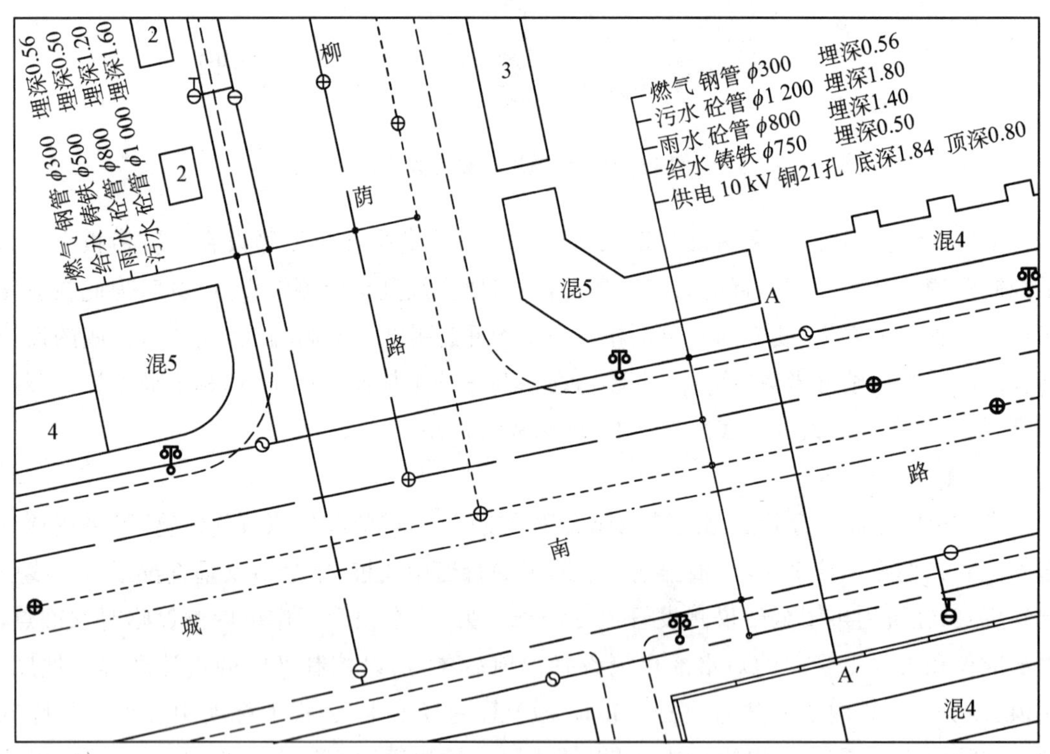

图 11-22 综合管线平面图

管线横断面图是表示与管线走向相垂直的同一断面内各种管线之间、管线与地上建筑物之间的竖向关系的图。图 11-23 所示为图 11-22 中 A—A′断面的管线横断面图,图中表示出城市道路、人行道及路边建筑物墙面的横断面,以及该处五种管线的位置和断面形状,管线所在铅垂线上的地面高、管顶高、管底高、沟底高和管径,以及管子与管子之间、管子与地物之间的平距。

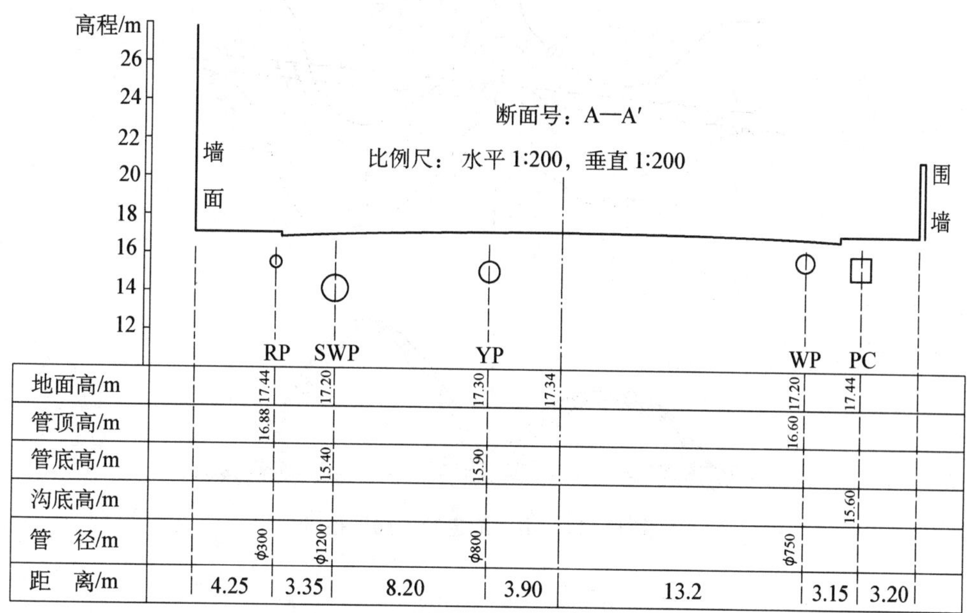

RP—燃气管道；SWP—污水管道；YP—雨水管道；WP—给水管道；PC—供电电缆。

图 11-23 管线横断面图

思考题

除了传统测量方法，基于计算机视觉、无线通信技术等的室内高精度定位技术近年来发展迅速，请查阅文献资料，举例说明 5 种室内高精度定位技术，并阐述其是否可以用于建筑物内部控制测量与施工放样。

11.3 地下工程测量

地下工程包括铁路、公路、水利工程方面的隧道、城市地下道路、地下铁道、越江隧道以及人防工程的地下洞库、工厂、电站、医院等。虽然地下工程的性质、用途以及结构形式各不相同，但在施工过程中，都是先在地面建立测量控制网，再从地面通过地下工程的洞口或竖井传递到地下，建立地下控制网，据此开挖各种形式的地下建(构)筑物和通道。

在山区隧道施工中，为了加快工程进度，一般都由隧道两端洞口进行对向开挖，如图 11-24 中 a、b 所示。在长隧道施工中，往往在两洞口间增加竖井，如图 11-24 中 c 所示，以增加开挖工作面。城市地下铁道的施工，一般以沉井或明挖的方式建造车站，站与站之间的隧道用盾构在地下进行定向掘进，如图 11-25 所示。

地下工程一般投资大、周期长。地下工程中的测量工作有其特点，例如隧道施工的掘进方向在贯通前无法与终点通视，完全依据敷设支导线形式的隧道中心线或地下导线指导施工。若因测量工作的一时疏忽或错误，将引起对向开挖隧道不能正确贯通、盾构掘进不能与预定接收面吻合等问题，进而造成不可挽回的巨大损失。所以，在测量工作中要十分认真细致，应特别注意采取多种措施，做好校核工作，避免发生错误。

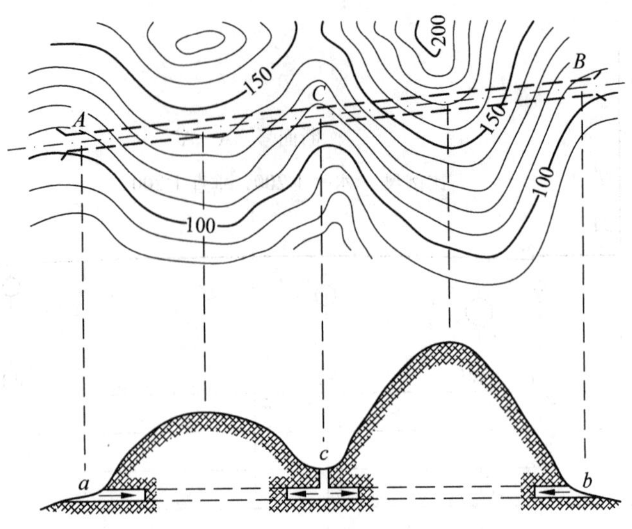

图 11-24　山区隧道的对向开挖

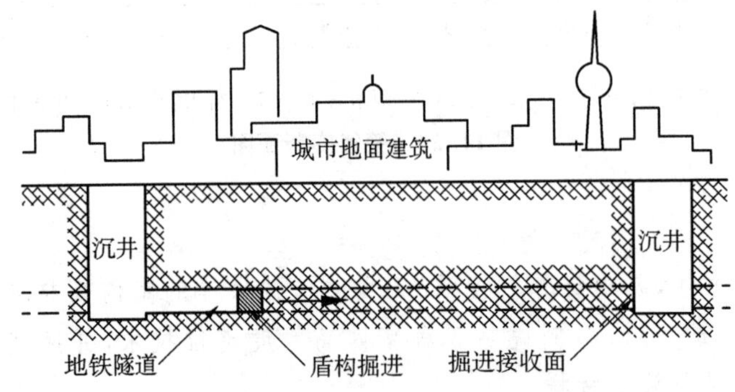

图 11-25　城市地下铁道的盾构掘进

地下工程施工对测量工作的精度要求,要视工程的性质、隧道长度和施工方法而定。在对向开挖隧道的遇合面(贯通面)上,其中线如果不能完全吻合,这种偏差称为贯通误差。如图 11-26 所示,贯通误差包括纵向误差 Δt、横向误差 Δu、高程误差 Δh。其中,纵向误差仅影响隧道中线的长度,施工测量时,较易满足设计要求。因此,一般只规定贯通面上横向限差 Δu 及高程限差 Δh,例如规定:$\Delta u < 50 \sim 100$ mm,$\Delta h < 30 \sim 50$ mm(按不同要

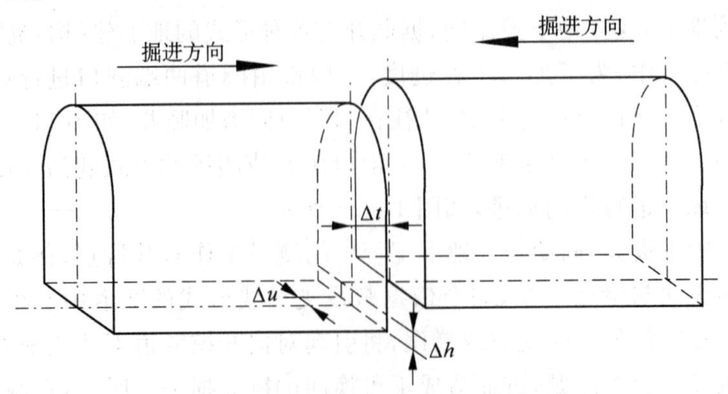

图 11-26　隧道对向开挖的贯通误差

求而定)。在城市地下铁道的隧道施工中,从一个沉井用盾构向另一接收沉井掘进时,也同样有上述贯通误差的限差规定。

11.3.1　地下工程地面控制测量

1. 地下工程平面控制测量

地下工程平面控制测量的主要任务是测定各洞口控制点的相对位置,以便根据洞口控制点,按设计方向,向地下进行开挖,并能以规定的精度贯通。例如对于隧道工程,平面控制网选点时要求包括隧道的洞口控制点,然后控制网得以向洞内(地下)延伸。

对于长度较短的山区直线隧道,可以采用直接定线法。如图 11-27 所示,A、D 两点是设计选定的直线隧道的洞口点,直接定线法就是把直线隧道的中线方向在地面标定出来,即在地面测设出位于 AD 直线方向上的 B、C 两点,作为洞口点 A、D 向洞内引测中线方向时的定向点。

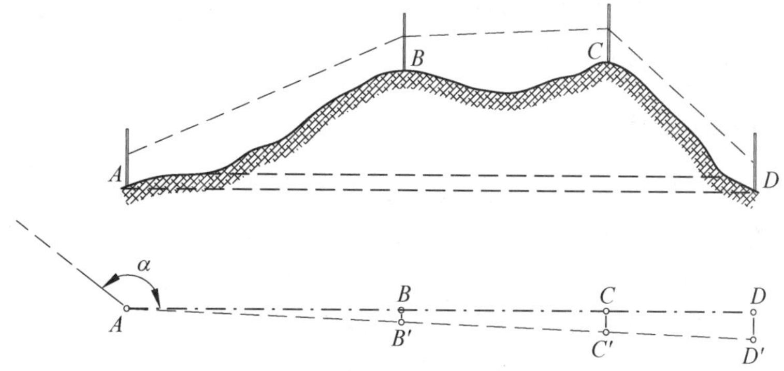

图 11-27　隧道直接定线法平面控制

对于长度较长、地形复杂的山岭地区或城市地区的地下隧道,地面的平面控制网一般布设成三角网形式,其中包括隧道洞口点 A 和 B,如图 11-28 所示。用全站仪测定三角网的边角,使其成为边角网。

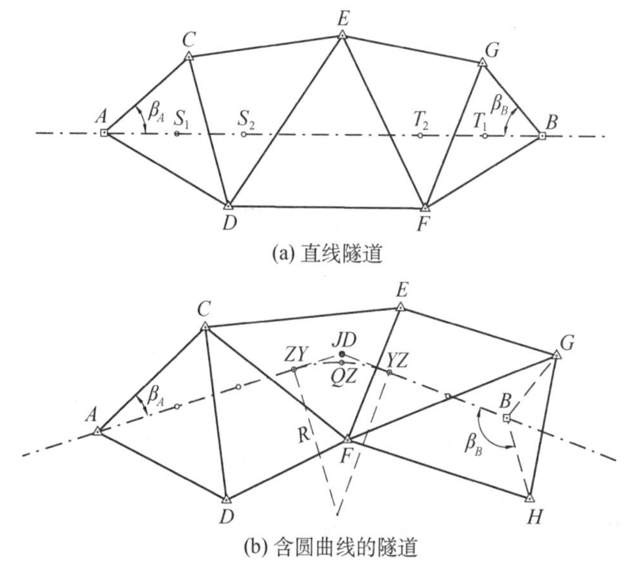

图 11-28　边角网平面控制

GNSS 定位技术也可以用于地下工程施工的地面平面控制，只需要在洞口布设洞口控制点和定向点。除了洞口点及其定向点之间因需要作施工定向观测而应通视之外，洞口点与另外洞口点之间不需要通视，与国家控制点或城市控制点之间的联测也不需要通视。因此，地面控制点的布设灵活方便，且 GNSS 定位精度目前已能超过常规的平面控制网，加上其他优点，GNSS 定位技术已在地下工程的地面控制测量中得到广泛应用。

2. 地下工程高程控制测量

高程控制测量的任务是按规定的精度施测隧道洞口（包括隧道的进出口、竖井口、斜井口和坑道口）附近水准点的高程，作为将高程引测进洞内的依据。水准路线应选择连接洞口最平坦和最短的路线，以期达到设站少、观测快、精度高的要求。一般每一洞口埋设的水准点应不少于 3 个，且安置一次水准仪即可联测，便于检测其高程的稳定性。两端洞口之间的距离大于 1 km 时，应在中间增设临时水准点。高程控制通常采用三、四等水准测量的方法，按往返或闭合水准路线施测。

11.3.2 地下工程联系测量

隧道洞外平面控制和高程控制测量完成后，即可求得洞口控制点（各洞口至少有 2 个）的坐标和高程，同时按设计要求计算洞内设计中线点的设计坐标和高程。按坐标反算方法求出洞内设计点位与洞口控制点之间的距离、角度和高差关系（测设数据），测设洞内的设计点位，据此进行隧道施工，称为洞口联系测量。用竖井或沉井进行地下工程施工时，通过井口和井底进行的联系测量称为竖井联系测量。

1. 隧道洞口联系测量

1）掘进方向测设数据计算

图 11-28(a)所示为一直线隧道的平面控制网，A、B、C、…、G 为地面平面控制点，其中 A、B 为洞口点，S_1、S_2 为洞口点 A 进洞后隧道中线的第一个和第二个里程桩。为求得 A 点洞口隧道中线掘进方向及掘进后测设中线里程桩 S_1，计算下列极坐标法测设数据：

$$\begin{cases} a_{AC} = \arctan\dfrac{y_C - y_A}{x_C - x_A} \\ a_{AB} = \arctan\dfrac{y_B - y_A}{x_B - x_A} \end{cases} \tag{11-11}$$

$$\beta_A = a_{AB} - a_{AC} \tag{11-12}$$

$$D_{AS_1} = \sqrt{(x_{S_1} - x_A)^2 + (y_{S_1} - y_A)^2} \tag{11-13}$$

对于 B 点洞口隧道中线的掘进测设数据，可以进行类似的计算。对于中间含曲线的隧道，如图 11-28(b)所示，隧道中线交点 JD 的坐标和曲线半径 R 已由设计指定，因此可以计算出测设两端进洞口隧道中线的方向和里程。掘进达到曲线段的里程以后，可以按照测设道路圆曲线的方法测设曲线上的里程桩。

2）洞口掘进方向标定

隧道贯通的横向误差主要由测设隧道中线方向的精度所决定，而进洞时的初始方向尤为重要。因此，在隧道洞口要埋设若干个固定点，将中线方向标定在地面上，作为开始掘进及以后洞内控制点联测的依据。如图 11-29 所示，用 1，2，3，4 号桩标定掘进方向，再在洞口点 A 和中线垂直方向上埋设 5，6，7，8 号桩作为校核。所有固定点应埋设在施工中不易被破坏的地方，并测定 A 点至 2，3，6，7 号桩的平距。这样，在施工过程中，可以随时检查或恢复洞口控制点 A 的位置、进洞中线的方向和里程。

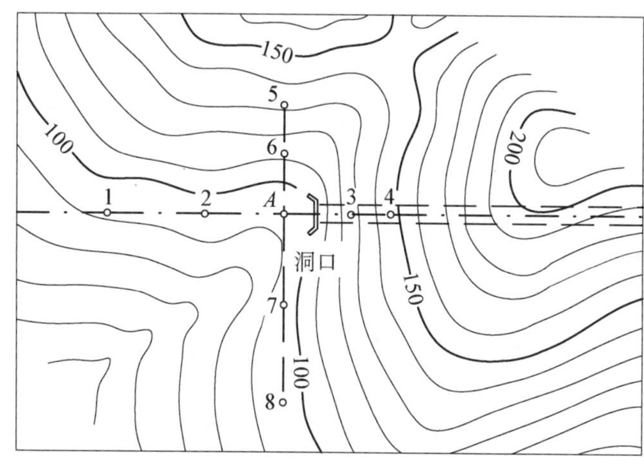

图 11-29　山区隧道洞口掘进方向的标定

3）洞内施工点位高程测设

对于平洞，根据洞口水准点，采用一般水准测量方法，测设洞内施工点位的高程。对于深洞，则采用深基坑传递高程的方法，测设洞内施工点位的高程。

2. 竖井联系测量

在隧道施工中，可以采用开挖竖井的方法来增加工作面，将整个隧道分成若干段，实行分段开挖，例如城市地下铁道的建造，每个地下车站都是一个大型竖井，在站与站之间用盾构掘进，施工可以不受城市地面密集建筑物和繁忙交通的影响。

为了保证地下各开挖面能准确贯通，必须将地面控制网中的点位坐标、方位角和高程经过竖井传递到地下，建立地面和井下统一的工程控制网坐标系统，这项工作称为竖井联系测量。

竖井施工时，根据地面控制点把竖井的设计位置测设到地面上。竖井向地下开挖后，其平面位置用悬挂大垂球或用垂准仪测设铅垂线，将地面的控制点垂直向下投影至地下施工面。其工作原理和方法与高层建筑的平面控制点垂直向上投影完全相同。高程控制点的高程传递可以采用钢卷尺垂直丈量法或全站仪天顶测距法。

竖井施工到达底面以后，应将地面控制点的坐标、高程和方位角作最后的精确传递，以便能在竖井的底层确定隧道的开挖方向和里程。由于竖井的井口直径（圆形竖井）或宽度（矩形竖井）有限，用于传递方位的两根铅垂线的距离相对较短（一般仅为 3～5 m），垂直投影的点位误差会严重影响井下方位定向的精度，一般要求投影点误差小于 0.5 mm。两垂直投影点的距离越大,则投影边的方位角误差越小。

在竖井联系测量工作中,方位角传递(定向)是一项关键性工作。竖井联系测量主要有一井定向、两井定向等方法。

通过一个竖井口,用垂线投影法将地面控制点的坐标和方位角传递至井下隧道施工面,称为一井定向。

在隧道施工时,为了通风和出土方便,往往在竖井附近增加一个通风井或出土井。此时,井上和井下的联系测量可以采用两井定向的方法,以克服因一井定向时两个投影点相距过近而影响方位角传递精度的缺点。

两井定向是在两个竖井中分别测设一根铅垂线(用垂准仪投影或悬挂大垂球),由于两垂线间的距离大大增加,因而减小了投影点误差对井下方位角推算的影响,有利于提高洞内导线的精度。两井定向时,在地面上采用导线测量方法测定两投影点的坐标。在井下,利用两竖井间的贯通巷道,在两垂直投影点之间布设无定向导线,以求得连接两投影点间的方位角和计算井下导线点的坐标。

在井下时,还可以采用陀螺仪测定井下方位角。在全站仪的支架上方安装陀螺仪,组合成陀螺全站仪。陀螺仪定正北方向的原理如下:当陀螺仪中自由悬挂的转子在陀螺马达的驱动下高速旋转(约 21 500 r/min)时,因受地球自转影响而产生一个力矩,使转子的轴指向通过测站的子午线方向,即真北方向。全站仪的水平度盘可根据真北方向进行定向(读盘读数设置为 0°);当全站仪转向任一目标时,水平度盘的读数即为测站至目标的真方位角。

真方位角与坐标方位角之间还存在一个子午线收敛角的差别,通过地面控制点和井下联系测量,可以求得测站的子午线收敛角,从而将真方位角化为坐标方位角。

11.3.3 地下工程施工测量

1. 隧道洞内中线和腰线测设

1) 中线测设

根据隧道洞口中线控制桩和中线方向桩,在洞口开挖面上测设开挖中线,并逐步往洞内引测隧道中线上的里程桩。一般情况下,隧道每掘进 20 m,就要埋设一个中线里程桩。中线桩可以埋设在隧道的底部或顶部。

2) 腰线测设

在隧道施工中,为了控制施工的标高和隧道横断面的放样,在隧道岩壁上,每隔一定距离(5~10 m)测设出比洞底设计地坪高出 1 m 的标高线,称为腰线。腰线的高程由引测入洞内的施工水准点进行测设。由于隧道的纵断面有一定的设计坡度,因此,腰线的高程按设计坡度随中线的里程而变化,它与隧道底的设计地坪高程线是平行的。

2. 隧道洞内施工导线测量和水准测量

1) 洞内导线测量

测设隧道中线时,通常每掘进 20 m 埋一个中线桩,由于定线误差,所有中线桩不可能严格位于设计位置上。所以,隧道每掘进至一定长度(直线隧道每隔 100 m 左右,曲线隧道按通视条件尽可能放长),就应布设一个导线点,也可以利用原来测设的中线桩作为导线点,组成洞内施工导线。洞内施工导线只能布设成支导线的形式，并随着隧道的掘进逐渐延伸。支导线缺少检核条件，观测时应特别注意，导线的转折角应观测左角和右角，导线边长应往返测量。为了防止施工中可能发生的点位变动，导线必须定期复测，进行检核。根据导线点的坐标来检查和调整中线桩的位置，随着隧道的掘进，导线测量必须及时跟上，以确保贯通精度。

2）洞内水准测量

用洞内水准测量控制隧道施工的高程。隧道向前掘进，每隔 50 m 应设置一个洞内水准点，并据此测设腰线。通常情况下，可利用导线点位作为水准点，也可将水准点埋设在洞顶或洞壁上，但都应力求稳固和便于观测。洞内水准测量均为支水准路线，除应往返观测外，还须经常复测。

3）掘进方向指示

根据洞内施工导线和已测设的中线桩可以用全站仪指示出隧道的掘进方向。由于隧道洞内工作面狭小，光线暗淡，因此，在施工掘进的定向工作中，经常使用激光全站仪或专用的激光指向仪，用以指示掘进方向。激光指向仪具有直观、对其他工序影响小、便于实现自动控制等优点。例如，采用机械化掘进设备，用固定在一定位置上的激光指向仪，配以装在掘进机上的光电接收靶，在掘进机向前推进中，如果方向偏离了激光指向仪发出的激光束，则光电接收装置会自动指出偏移方向及偏移值，为掘进机提供自动控制的信息。

3. 盾构施工测量

盾构法隧道施工是一种先进的、综合性的施工技术，它是将隧道的定向掘进、土方和材料的运输、衬砌安装等各工种组合成一体的施工方法。其作业深度可以距地面很深，不受地面建筑和交通的影响；机械化和自动化程度很高，是一种先进的隧道施工方法，广泛应用于城市地下铁道、越江隧道等的施工中。

盾构的标准外形是圆筒形，也有矩形、双圆筒形等与隧道断面一致的特殊形状。图 11-30 所示为圆筒形盾构及隧道衬砌管片的纵剖面示意图。切削钻头是盾构掘进的前沿部分，利用沿盾构圆环四周均匀布置的推进千斤顶，顶住已拼装完成的衬砌管片（钢筋混凝土预制管片）向前推进，由激光指向仪控制盾构的推进方向。

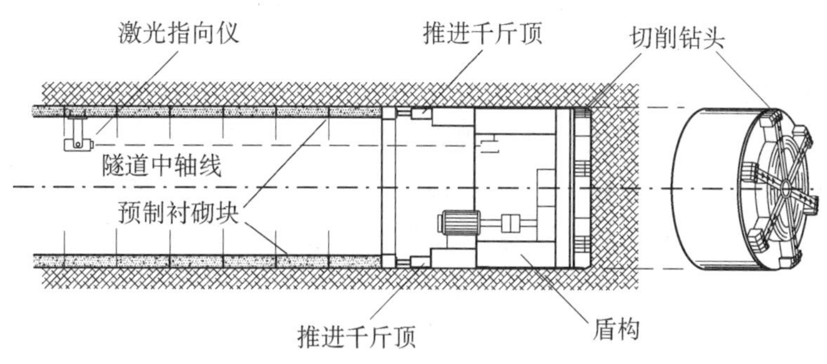

图 11-30　盾构掘进及隧道衬砌

盾构施工测量主要是控制盾构的位置和推进方向。利用洞内导线点和水准点测定盾构的三维空间位置和轴线方向，用激光全站仪或激光指向仪指示推进方向，用千斤顶编组施以不同的推力，调整盾构的位置和推进方向。盾构每推进一段，随即用预制的衬砌管片对隧道壁进行支撑。

思考题

三维激光扫描是一种快速、高精度、立体扫描技术，可快速获取建筑目标三维坐标，在地下工程中应用广泛。请查阅文献资料，试述三维激光扫描技术在地下工程施工和运营中的应用。

11.4 工程变形监测

建(构)筑物在荷载或环境条件变化作用下产生形状、大小和位置的改变，称为变形。变形监测是指利用专门的仪器和方法对所监测的物体产生的变形和相关影响因素进行测量，包括数据采集、数据处理、变形分析与预报等工作。监测对象包括建(构)筑物的沉降、水平位移、倾斜、挠度、裂缝、振动等。

建(构)筑物施工期间和建成后运行中的变形监测，关系到施工安全、工程质量和建成后的运行维护等重要问题，而一些影响工程安全的建(构)筑物的变形，开始时往往是比较微小的。因此，变形监测需要有较高的测量精度，并要求及时提供变形数据，据此作出变形分析和预报，以便采取必要的措施。

通过长期的变形监测积累，能够加深对建(构)筑物变形特征和规律的认识，可以为工程设计、工程施工、变形分析、变形趋势预报等提供依据，也可以作为相关领域科学研究的技术支撑。

11.4.1 变形监测特点

变形监测是通过高精度的测量方法，实现对沉降、位移、形变等微小变形量的观测，并通过数据处理，识别出变形的规律和特征，实现对变形的认识和对变形原因的解释，从而预测出所监测对象未来可能发生的变形，为工程安全提供决策支持。变形监测工作具有以下特点：

(1) 测量精度要求高。由于变形通常较为微小，因此，与其他测量工作相比，变形测量精度要求更高。例如，在《建筑变形测量规范》(JGJ 8—2016)中，对于地基基础设计为甲、乙级的建筑的变形测量，沉降监测点测站高差中误差为 0.5 mm，对于一般场地边坡、基坑变形测量，沉降监测点测站高差中误差为 1.5 mm。确定合理的测量精度很重要，过高的精度要求会增加测量的成本，过低的精度要求会增加变形分析的困难程度。

(2) 周期性重复观测。变形监测重复观测的频率取决于变形的大小、速度和类型。对于建筑物，其在建成初期变形速度较快，因此要增加观测频率。待变形趋于稳定后，可减少观测次数，但仍需定期观测。对土地或地基的沉降监测，观测频率一般为每月、每季度或每年一次。但对于特定的工程项目、地质灾害风险区域或土地沉降敏感区域，观测频率可能会更高。

(3) 综合利用多种监测技术。变形监测所采用的技术包括常规的地面测量方法，如水准测量、三角高程测量、交会测量等，还包括 GNSS、InSAR、卫星激光测距等空间测量技术，对于倾斜、应变、挠度等还有专门的测量仪器和方法。由于不同测量技术各有优势，因此，在变形监测过程中，一般会综合考虑采用多种测量方法。

（4）数据处理要求严密。从含有观测误差的大量观测值中分离出微小的变形量需要严密的数据处理方法。观测值通常含有系统误差和粗差，需要进行剔除和修正。变形规律和特征通常是未知的，需要对其进行仔细的鉴别。变形量和引起变形的因素之间的关联性需要准确地分析。对于不同监测方法获取的数据也需要综合利用和分析。

（5）多学科交叉。准确地制订变形监测方案，进行合理的变形分析和预测，通常需要涉及多学科。例如，对于变形测量，需要具有测绘学知识；对于地壳形变监测，需要具有地球物理学知识；对于建（构）筑物的变形监测，需要具有土力学和土木工程的知识；在分析和预测变形时，还需要具有一定的统计学知识。因此，变形监测工作具有明显的多学科交叉特点。

11.4.2　变形监测关键技术

变形监测涉及的关键技术主要包含以下三个方面。

1. 精密的变形测量技术

准确的变形监测需要高精度的变形测量技术。变形监测可以使用精密高程、精密距离和角度测量方法，例如采用精密水准仪或精密三角高程方法测定监测点的高差及其变化，采用精密光电测距仪或全站仪将测距精度由毫米级提高到亚毫米级。在空间高精度测量技术方面，InSAR 可实现全球尺度大范围、全天候的毫米级高程变化测量，GNSS 可实现连续、实时、毫米级的点位位移和沉降监测。

2. 严密的数据处理技术

严密的数据处理技术在变形监测中至关重要，它可以确保数据的准确性、可靠性和可用性。数据校准是将测量数据与已知标准进行比较和调整，以消除系统误差。数据校验是对数据进行验证，确保其在合理范围内，并排除异常或错误数据。信号滤波用于去除测量信号中的噪声和干扰，提高数据的清晰度以准确识别变形量。当数据采集不连续或存在缺失时，数据插值和外推技术可以填补数据空缺，保证数据的完整性和连续性。针对特定的变形监测应用，可以使用各种数据处理算法来提取有用的信息。例如，曲线拟合、傅里叶变换、小波变换、相关分析等算法可以用于信号分析和变形特征提取。合适的数据可视化可使数据更易于理解和解释，通过可视化，可以直观地观察数据的趋势、变化和异常，辅助分析和决策。在实际应用中，需要根据具体的变形监测需求和数据特点，选择适合的数据处理方法和工具。

3. 变形分析与预报技术

变形测量的目的是开展变形分析和预报，通过对变形数据进行分析和建模，以预测未来的变形趋势和行为。常见的变形分析与预报技术有以下几种：

（1）时间序列分析。时间序列分析是一种常用的变形分析技术，通过对变形时间序列数据进行统计和模型构建，来推断未来的变形趋势和周期性。常用的时间序列分析方法有自回归移动平均模型、自回归积分移动平均模型和指数平滑法等。

(2) 傅里叶变换和小波变换。傅里叶变换和小波变换是频域分析方法,可以将变形信号转换到频域进行分析。通过分析频域特征,可以识别出变形信号中的周期性成分和异常变化,并预测未来的变形行为。

(3) 统计模型和机器学习。统计模型和机器学习技术可以利用历史变形数据,通过建立模型来预测未来的变形情况。常见的方法包括回归分析、支持向量机、人工神经网络和随机森林等。

(4) 物理模型和有限元分析。基于物理模型和有限元分析的方法可以通过建立结构的数学模型,模拟变形行为并进行预测。这种方法需要对结构的力学特性和边界条件有较好的了解,并结合数值计算方法进行模拟和预测。

(5) 数据挖掘和模式识别。数据挖掘和模式识别技术可以通过对大量变形数据进行分析和挖掘,识别出其中的规律和模式,并预测未来的变形行为。常见的方法包括聚类分析、关联规则挖掘和决策树等。

在实际变形监测项目中,需要根据具体的变形监测对象、监测数据和预测需求选择合适的变形分析与预报技术。这些技术通常需要精确的数据处理、模型构建和验证,以确保对未来变形行为的准确预测和预报。

11.4.3 建筑工程变形监测

1. 建筑工程变形监测内容

建筑工程变形监测工作内容主要有沉降观测、位移观测、倾斜观测、挠度观测、裂缝观测等。变形观测需要在不同时期多次进行,从历次观测结果的比较中,了解变形量随时间而变化的情况,是监测工程建筑物在各种应力作用下是否安全的重要手段,其成果也是验证设计理论和检验施工质量的重要资料。行业标准《建筑变形测量规范》(JGJ 8—2016)对变形观测的等级划分和精度要求如表 11-1 所示,由表可知,变形观测要求有较高的测量精度。

表 11-1 建筑变形测量的等级、精度指标及其适用范围

等级	沉降监测点测站高差中误差/mm	位移监测点坐标中误差/mm	主要适用范围
特等	0.05	0.3	精度要求特高的变形测量
一等	0.15	1.0	地基基础设计为甲级的建筑的变形测量;重要的古建筑、历史建筑的变形测量;重要的城市基础设施的变形测量等
二等	0.50	3.0	地基基础设计为甲、乙级的建筑的变形测量;重要场地的边坡监测;重要的基坑监测;重要管线的变形测量;地下工程施工及运营中的变形测量;重要的城市基础设施的变形测量等
三等	1.50	10.0	地基基础设计为乙、丙级的建筑的变形测量;一般场地的边坡监测;一般的基坑监测;地表、道路及一般管线的变形测量;一般的城市基础设施的变形测量;日照变形测量;风振变形测量等
四等	3.0	20.0	精度要求低的变形测量

变形观测的点位分为控制点和变形点，控制点又分为基准点和工作基点。基准点为设立于建筑物变形影响区之外、位置相当稳定的点。变形点为设立于被监测的建筑物上、位置变化对该建筑物有代表性的点。工作基点为可与基准点联测且靠近建筑物变形点、便于变形观测的点。变形观测主要是测定变形点相对于基准点的位置变化——水平位移和垂直位移，前者称为位移观测，后者称为沉降观测。对高耸建筑物的同一铅垂线上不同高度的两点或若干点测定其相对位移，称为倾斜观测。建筑物的倾斜主要由沉降或位移所引起。挠度观测是对建筑物的水平或直立构件（如建筑物的梁和柱）受力后产生弯曲变形的监测。裂缝观测是对建筑物上由于变形而产生破坏性裂缝的监测。

2. 建筑工程变形观测方法

1）沉降观测

建筑物在建造过程中和竣工后，由于地基负载的增加，建筑物将产生沉陷，使建筑物的高程减小，称为建筑物沉降。如果建筑物在平面的整体结构上各部分的沉降量大致相同，称为均匀沉降；否则，称为不均匀沉降。建筑物在一定时期内和一定数值范围内的均匀沉降，属于正常现象；超过一定时期和数值范围，或沉降不均匀，则属于异常沉降，对建筑物具有危害性，应引起注意或采取相应的措施。

（1）高程基准点和沉降观测点的设置。建筑物的沉降观测是根据高程基准点进行的。高程基准点是埋设于建筑沉降区以外的 2～3 个水准点，与城市水准点联测后获得城市统一高程系统的高程。基准点之间的高差，要经常检核，以验证其高程的稳定性。

在需要进行沉降观测的建筑物上的代表性部位埋设沉降观测点（简称沉降点），为便于历次观测，在沉降点与基准点之间设置若干工作基点。如图 11-31 所示，R_1、R_2 为高程基准点（实际情况应位于离开沉降建筑物更远之处），W_1、W_2 为工作基点，S_1～S_{14} 为设置于两幢建筑物墙角上的沉降点，L_1～L_5 为每次沉降观测时安置水准仪的固定地点。

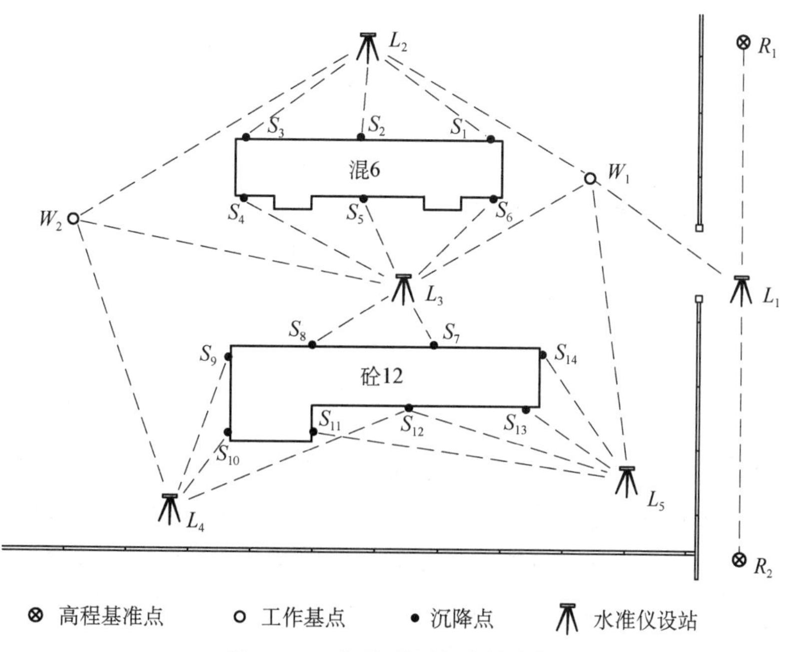

图 11-31　沉降观测点位的布置

(2) 沉降观测方法和精度要求。对于一、二、三、四等沉降观测,如采用水准测量进行观测,则所用仪器型号和标尺类型应符合表 11-2 的要求,观测视线长度、前后视距差、前后视距差累积、视线高度及重复测量次数应符合表 11-3 的规定。

表 11-2　水准仪型号和标尺类型

等级	水准仪型号	标尺类型
一等	DS05	因瓦条码标尺
二等	DS05	因瓦条码标尺、玻璃钢条码标尺
	DS1	因瓦条码标尺
三等	DS05、DS1	因瓦条码标尺、玻璃钢条码标尺
	DS3	玻璃钢条码标尺
四等	DS1	因瓦条码标尺、玻璃钢条码标尺
	DS3	玻璃钢条码标尺

表 11-3　水准观测要求

沉降观测等级	视线长度/m	前后视距差/m	前后视距差累积/m	视线高度/m	重复测量次数/次
一等	≥4 且≤30	≤1.0	≤3.0	≥0.65	≥3
二等	≥3 且≤50	≤1.5	≤5.0	≥0.55	≥2
三等	≥3 且≤75	≤2.0	≤6.0	≥0.45	≥2
四等	≥3 且≤100	≤3.0	≤10.0	≥0.35	≥2

(3) 沉降观测周期。一般建筑物在基础完成后开始沉降观测,大型和高层建筑在基础垫层或基础底部完成后即开始沉降观测。建筑物施工前期阶段的观测周期视荷载增加情况而定,民用建筑每加高 1～5 层观测 1 次;工业建筑在不同施工阶段观测,例如在完成基础施工、安装柱子、安装吊车梁和厂房屋架后进行观测。

建筑物建成后的沉降观测周期,按地基土质类型和沉降速度而定。一般情况下,第一年观测 3～4 次,第二年观测 2～3 次,第三年及以后每年 1 次,直至沉降量连续两个半年小于 2 mm 为止。

(4) 沉降观测成果整理。根据测得的沉降点高程,计算各点的本次沉降量和累计沉降量,沉降点总体的平均沉降量、沉降差和沉降速度。此外还应记载观测时建筑物的荷重情况。例如,某多层建筑的历次沉降观测的记录和计算成果,如表 11-4 所示。为了更清楚地表示时间、荷重和沉降三者之间的关系,还需要根据记录成果表中的数据绘制建筑物的沉降-荷重-时间关系曲线图,如图 11-32 所示。

表 11-4　建筑物沉降观测记录成果表示例

观测日期（年-月-日）	荷重/（t·m^{-2}）	沉降观测点								
		S_1			S_2			S_3		
		高程/m	本次下沉/mm	累计下沉/mm	高程/m	本次下沉/mm	累计下沉/mm	高程/m	本次下沉/mm	累计下沉/mm
2008-4-20	4.5	5.157	±0	±0	5.154	±0	±0	5.155	±0	±0
2008-5-5	5.5	5.155	−2	−2	5.153	−1	−1	5.153	−2	−2
2008-5-20	7.0	5.152	−3	−5	5.150	−3	−4	5.151	−2	−4
2008-6-5	9.5	5.148	−4	−9	5.148	−2	−6	5.147	−4	−8
2008-6-20	10.5	5.145	−3	−12	5.146	−2	−8	5.143	−4	−12
2008-7-20	10.5	5.143	−2	−14	5.145	−1	−9	5.141	−2	−14
2008-8-20	10.5	5.142	−1	−15	5.144	−1	−10	5.140	−1	−15
2008-9-20	10.5	5.140	−2	−17	5.142	−2	−12	5.138	−2	−17
2008-10-20	10.5	5.139	−1	−18	5.140	−2	−14	5.137	−1	−18
2009-1-20	10.5	5.137	−2	−20	5.139	−1	−15	5.137	±0	−18
2009-4-20	10.5	5.136	−1	−21	5.139	±0	−15	5.136	−1	−19
2009-7-20	10.5	5.135	−1	−22	5.138	−1	−16	5.135	−1	−20
2009-10-20	10.5	5.135	±0	−22	5.138	±0	−16	5.134	−1	−21
2010-1-20	10.5	5.135	±0	−22	5.138	±0	−16	5.134	±0	−21

观测日期（年-月-日）	荷重/（t·m^{-2}）	沉降观测点								
		S_4			S_5			S_6		
		高程/m	本次下沉/mm	累计下沉/mm	高程/m	本次下沉/mm	累计下沉/mm	高程/m	本次下沉/mm	累计下沉/mm
2008-4-20	4.5	5.155	±0	±0	5.156	±0	±0	5.154	±0	±0
2008-5-5	5.5	5.154	−1	−1	5.155	−1	−1	5.152	−2	−2
2008-5-20	7.0	5.153	−1	−2	5.151	−4	−5	5.148	−4	−6
2008-6-5	9.5	5.150	−3	−5	5.148	−3	−8	5.146	−2	−8
2008-6-20	10.5	5.148	−2	−7	5.146	−2	−10	5.144	−2	−10
2008-7-20	10.5	5.147	−1	−8	5.145	−1	−11	5.142	−2	−12
2008-8-20	10.5	5.145	−2	−10	5.144	−1	−12	5.140	−2	−14
2008-9-20	10.5	5.143	−2	−12	5.142	−2	−14	5.139	−1	−15
2008-10-20	10.5	5.142	−1	−13	5.140	−2	−16	5.137	−2	−17
2009-1-20	10.5	5.142	±0	−13	5.139	−1	−17	5.136	−1	−18
2009-4-20	10.5	5.141	−1	−14	5.138	−1	−18	5.136	±0	−18
2009-7-20	10.5	5.140	−1	−15	5.137	−1	−19	5.136	±0	−18
2009-10-20	10.5	5.140	±0	−15	5.136	−1	−20	5.136	±0	−18
2010-1-20	10.5	5.140	±0	−15	5.136	±0	−20	5.136	±0	−18

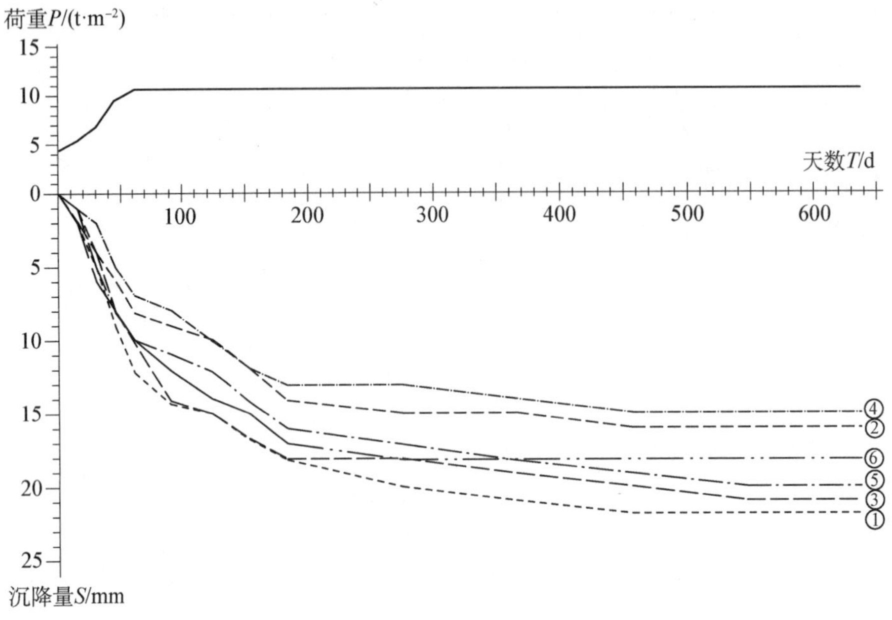

图 11-32 建筑物沉降-荷重-时间关系曲线

2）倾斜观测

变形观测中的倾斜观测主要是针对高耸建(构)筑物的主体进行的,例如多层或高层的房屋建筑、电视塔、水塔和烟囱等,测定建筑物顶部和中间各层相对于底部的水平位移,其衡量标准为水平位移除以相对高差,称为倾斜度,以百分率表示;另外需要测定的是以建筑物轴线为参照的倾斜方向。建筑物的倾斜观测方法主要有垂直投影法、全站仪坐标测定法、垂准仪法等。

3）位移观测

位移观测是指对建(构)筑物的整体水平位移或建(构)筑物上部相对于下部的位移进行测量,例如位于地质滑坡地区的建(构)筑物、受邻近大规模基础开挖影响的建(构)筑物、横向受力的构筑物(如挡土墙、围堰、拦河坝)等。在上述情况下,建(构)筑物的受力方向和可能产生水平位移的方向基本上可以确定,因此可以采用基准线法测定位移的数值及其进展情况。确定基准线的方法主要有视准线法、激光准直法、位移点边角观测法等。

4）水平度和挠度观测

建筑中的各种水平横梁在使用过程中可能产生变形,因此需要对梁的水平度(构件在水平方向相对于设计值的位移)和挠度(构件受力后发生的弯曲变形,水平构件为铅垂方向的位移)进行检测,可通过免棱镜全站仪观测钢梁下弦杆两端点及钢梁节点坐标计算建筑横梁的水平度和挠度。

11.4.4 地下工程变形监测

地下工程(如隧道、地铁、地下管道等)是城市基础设施的重要组成部分,其施工通常处于较为复杂的地质环境下,如土壤、岩石、水体等,施工造价也更高。对地下工程进行实时或定期的监测和评估，可以了解地下工程结构的变形情况和稳定性，及时发现潜在的变形问题，并采取相应的措施进行管理和修复，对于确保工程的安全运行和延长其使用寿命具有重要意义。

1. 地下工程变形监测内容

地下工程变形监测内容应根据埋深、地质条件、地面环境、开挖断面和施工方法等因素综合确定。对于应力条件和地下水位的观测应满足工程监控和变形分析的需要。地下工程变形监测内容在施工和运营阶段有所不同，具体如下。

1）地下工程施工阶段

对于地下建(构)筑物，应对支护结构进行位移监测、挠度监测、应力监测，对地基进行位移监测和地下水位监测，对结构和基础进行位移监测、挠度监测和应力监测。

对于地下隧道等工程，应对隧道结构进行位移监测、挠度监测、地下水位监测和应力监测。

对于受工程影响的地面建(构)筑物、地表、地下管线等，应进行位移监测和地下水位监测。

2）地下工程运营阶段

对于地下建(构)筑物，应对结构和基础进行位移监测、挠度监测和地下水位监测。

对于地下隧道，应对结构和基础进行位移监测和挠度监测。

2. 地下工程变形监测精度

根据《工程测量标准》(GB 50026—2020)，地下工程变形监测的精度应根据工程需要和设计要求确定，并应符合下列规定：

(1) 重要地下构筑物的结构变形和地基基础变形宜采用二等精度，一般的结构变形和基础变形可采用三等精度。

(2) 重要的隧道结构、基础变形可采用三等精度，一般的结构基础变形可采用四等精度。

(3) 受影响的地面构筑物的变形监测精度应符合表 11-1 的规定，地表沉陷和地下管线变形监测不宜低于三等精度。

3. 地下工程变形监测周期

根据《工程测量标准》(GB 50026—2020)，地下构筑物的变形监测周期应根据埋深岩土工程条件、结构特点和施工进度确定。

隧道变形监测周期应根据隧道的施工方法、支护衬砌工艺、横断面的大小以及隧道的岩土工程条件等因素综合确定。当采用新奥法施工时，新设立的拱顶下沉变形监测点的初始观测值应在隧道下次掘进爆破前获取。新奥法施工的拱顶下沉变形监测的周期应符合表 11-5 的规定。当采用盾构法施工时，对于不良地质构造、断层和衬砌结构裂缝的隧道断面的变形监测周期，在变形初期宜每天观测 1 次，变形相对稳定后可降低观测频率，稳定后可终止观测。

对于基坑周围构筑物的变形监测，应在基坑开始开挖或降水前进行初始观测，回填完成后可终止观测。周围构筑物的变形监测宜与基坑变形监测同步。

表 11-5　新奥法施工的拱顶下沉变形监测周期

阶段/d	0～15	16～30	31～90	>90
观测周期	1～2 次/d	1 次/2 d	1～2 次/周	1～3 次/月

对于受隧道施工影响的地面构筑物、地表及地下管线等的变形监测，应在开挖面与前方监测体的距离等于隧道埋深和隧道高度之和时进行初始观测。观测初期，宜每天观测1～2 次，相对稳定后可延长观测周期，恢复稳定后可终止观测。

地下工程在施工期间，当监测体的变形速率明显增大时，应增加观测次数至每周多次或每日多次；当变形量达到预警值或有事故征兆时，应持续观测。

地下工程在运营初期，第一年宜每季度观测 1 次，第二年宜每半年观测 1 次，以后宜每年观测 1 次，但在变形速率增大时应增加观测次数。

4. 地下工程变形监测方法

地下工程变形监测涉及位移测量、收敛测量、倾斜测量、应变测量、压力测量等。水平位移观测可采用交会法、视准线法、极坐标法、自动设站法、激光准直法、三维激光扫描法等。垂直位移观测可采用水准测量法和精力水准测量法。隧道拱顶下沉和底面回弹测量可采用收敛计法、断面测量法、水准测量法等。衬砌结构收敛变形测量可采用极坐标法、全站仪自由设站法、三维激光扫描法等。倾斜测量可采用激光铅锤仪法、激光位移计自动记录法、正倒垂线法等。对于应变和压力测量，主要通过布设各种物理监测传感器(应力、应变传感器和位移计、压力计等)，监测不良地质构造、断层、衬砌结构裂缝较多部位和其他变形敏感部位的内部(深层)压力、内应力和位移的变化情况，为变形处理和防范提供依据。

思考题

某建筑物外墙出现多条裂缝，请根据《建筑变形测量规范》(JGJ 8—2016)，制订一套变形监测方案，同时考虑通过卫星遥感方式监测该建筑物周围地表形变情况。

课后习题

[11-1]　施工测量与地形图测绘的主要区别是什么?

[11-2]　施工测量为何也应按照“从整体到局部”的原则?

[11-3]　施工测量的基本工作有哪几项? 与量距、测角、测高程的区别是什么?

[11-4]　测设平面点位有哪几种方法? 各适用于什么场合?

[11-5]　如何进行竖井联系测量?

[11-6]　请列举三种可用于变形监测的空间测量技术，并分别描述其优势及局限性。

参考文献

[1] GHILANI C D, WOLF P R. Elementary surveying: An introduction to geomatics[M]. 14th ed. New Jersey: Pearson Prentice Hall, 2015.

[2] KAVANAGH B F, MASTIN T B. Surveying: Principles and applications[M]. 9th ed. New Jersey: Pearson Prentice Hall, 2014.

[3] NATHANSON J A, LANZAFAMA M T, KISSAM P. Surveying fundamentals and practices[M]. 7th ed. New Jersey: Pearson Prentice Hall, 2011.

[4] Teunissen P J G, Montenbruck O. Springer handbook of global navigation satellite systems[M]. Springer International Publishing, 2017.

[5] 程效军,鲍峰,顾孝烈. 测量学[M]. 5 版. 上海:同济大学出版社,2016.

[6] 高井祥. 数字测图原理与方法[M]. 3 版. 徐州:中国矿业大学出版社,2015.

[7] 翟翊,赵夫来,杨玉海,等. 现代测量学[M]. 北京:测绘出版社,2008.

[8] 邹进贵,冯永玖,王健,等. 数字地形测量学[M]. 3 版. 武汉:武汉大学出版社,2024.

[9] 徐绍铨,张华海,杨志强. GPS 测量原理及应用[M]. 3 版. 武汉:武汉大学出版社,2008.

[10] 季顺平. 智能摄影测量学导论[M]. 北京:科学出版社,2018.

[11] 孔祥元,郭际明. 大地测量学基础[M]. 武汉:武汉大学出版社,2005.

[12] 黄丁发,张勤,张小红,等. 卫星导航定位原理[M]. 武汉:武汉大学出版社,2015.

[13] 王穗辉. 测量误差理论与测量平差[M]. 上海:同济大学出版社,2015.

[14] 武汉大学测绘学院测量平差学科组. 误差理论与测量平差基础[M]. 武汉:武汉大学出版社,2014.

[15] 姚连壁,孙海丽,许正文,等. 轨道交通移动激光测量新技术应用[M]. 上海:同济大学出版社,2022.

[16] 中华人民共和国国家质量监督检验检疫总局,中国国家标准化管理委员会. 全球定位系统(GPS)测量规范:GB/T 18314—2009[S]. 北京:中国标准出版社,2009.

[17] 童小华,刘世杰,谢欢,等. 从地球测绘到地外天体测绘[J]. 测绘学报,2022,51(4):488-500.

[18] 张祖勋,张剑清. 数字摄影测量学[M]. 2 版. 武汉:武汉大学出版社,2012.

[19] 中华人民共和国住房和城乡建设部. 城市测量规范:CJJ/T 8—2011[S]. 北京:中国建筑工业出版社,2011.

[20] 中华人民共和国住房和城乡建设部. 建筑变形测量规范:JGJ 8—2016[S]. 北京:中国建筑工业出版社,2016.

[21] 中华人民共和国住房和城乡建设部. 卫星定位城市测量技术标准:CJJ/T 73—2019[S]. 北京:中国建筑工业出版社,2019.

[22] 中华人民共和国国家质量监督检验检疫总局,中国国家标准化管理委员会. 国家基本比例尺地图图式 第 1 部分:1∶500 1∶1000 1∶2000 地形图图式:GB/T 20257.1—2017[S]. 北京:中国标准出版社,2017.

[23] 中华人民共和国住房和城乡建设部. 城市基础地理信息系统技术标准:CJJ/T 100—2017[S]. 北京:中国建筑工业出版社,2018.